기중기
운전기능사

KB192456

에듀웨이출판사 카페 닉네임 기입란

수많은 수험생이 선택하는 교재에는
그만한 이유가 있습니다!
최신 출제유형을 꼼꼼히 분석한

적중률 높은 에듀웨이 기분파 수험서로 준비하세요!

신규 출제유형을 분석한 개정 에디션
지게차
운전기능사 필기

2011~2024 12년 연속 합격수기로
검증된 온라인 통합 베스트셀러

신규 출제유형을 분석한 개정 에디션
굴착기
운전기능사 필기

2011~2024 12년 연속 합격수기로
검증된 온라인 통합 베스트셀러

책이 정말 내용이 알차요. 시험에 나올만한 것만 핵심요약 되었습니다. 문과 출제이라 이론 이해가 안되서 시간이 오래걸렸지만, 81점으로 합격했습니다. 지게차 준비하는 분들에게 강추합니다. −조**

유튜브 동영상을 반복해서 보면서 시험 준비를 했는데 3점 차이로 떨어져서, "믿을 게 못되는구나~" 생각이 들더라구요. 그래서 인터넷에서 후기가 가장 좋은 기분파 교재를 구입했습니다. 인터넷에서 보지 못했던 문제가 많아 놀랬는데 실제 시험에 많이 나왔더라구요. 최신경향 120제 대박입니다.   −토**

확실히 다른 책보다 그림이 잘 되있고 보기도 편해요. 처음에는 섹션별 기출문제를 보면서 유형을 분석해보고, 그 다음엔 이론과 그림을 보며 이해하고, 모의고사까지 다 풀었어요. 난해한 문제도 있지만 적중률이 너무 좋아 진짜 고맙더라구요.   − polo**

필수 아닌 필수가 되어가고 있는 지게차·굴삭기운전기능사를 이 카페에서 알게되어 구입하게 되었어요. 일주일 정도 문제 위주로 보고 시간과 여유가 생기면 원리를 이해해 가는 방식으로 공부! 유압과 기계장치는 거의 답만 외우는 수준으로 공부했어요. 어려운 기계분야라서 부담스러웠지만 88.33점으로 합격했습니다.   − Y**

지게차 필기 합격하고 굴착기도 내친 김에 도전하였습니다. 지게차와 중복된 부분 빼고 굴착기 구조, 기능, 주행작업 점검에 관한 것들만 집중적으로 공부했습니다. 모의고사와 빈출문제 많이 도움되었습니다.   − 지*

서점에 출간된 책 중에 이게 제일 보기 좋아 구매했어요. 문과 출신이라 어려웠지만 출제비율과 포인트를 기준으로 많이 출제되는 부분을 최대한 반복하려 했어요. 문제를 많이 풀어본 게 도움이 많이 되었어요.   − 김**

이론 풀컬러

 NCS 학습모듈 반영

 장치개념을 위한 작동 원리

 섹션별 기출 분류

 이해 향상을 위한 풍부한 이미지

 핵심이론을 요약한 빈출노트

 최신 CBT 실전문제 수록

 이론을 정리한 노트식 서술

 실기 코스 및 작업요령 상세 해설

 최신경향을 분석한 빈출문제

기분파 교재를 모방하여 출간하는 책들이 있지만 기분파의 감춰진 차별화는 결코 모방할 수 없습니다!

NCS

학습모듈을 적용한
출제기준과 출제유형

신규 출제유형을 분석한 개정 에디션

자동차 정비
기능사 필기

2019~2024
온라인 통합 베스트셀러 1위

신규 출제유형을 분석한 개정 에디션

자동차 정비
산업기사 필기

2020~2024
온라인 통합 베스트셀러 1위

여러 책을 알아보던 중 에듀웨이 책이 가장 보기 편하고 그림도 많아 구입했습니다. 계산문제는 원리를 설명해주어 암기에 대한 부담이 줄었습니다.
– 두**

기출문제만 있는 책으로 공부하다가 출제유형이 바뀐 문제가 많아 시험에 떨어져 이 책을 구입했어요. 책에서 봤던 문제가 생각보다 많이 출제되어 도움이 많이 되었습니다.
–K**

책 구성이 좋아 개념설명과 기출문제가 잘 정리되어 시험 준비에 이 책 한권이면 충분할 것 같습니다. 단기간에 이해를 원하며 시험 준비하시는 분들에게 적합한 교재하고 생각합니다.
– 고**

정말 영혼을 갈아 만든 책 같아요. 다른 책에서 보지 못한 원리와 그림도 많고 설명이 쉬워 좋았습니다. 이론에 맞게 기출문제가 잘 수록되어 있고...
– 핀**

시험문제를 풀면서 합격을 확실할 정도로 이 교재의 적중률이 굉장했기에 시험 마치고 같은 유형의 문제나 유사한 문제들을 비교하며 복기해보니 보다 열심히 했다면 90점 정도도 충분히 가능했을 거라 생각합니다.
– 사**

운전직 공무원 수험준비를 하는데 NCS 자료를 반영한 자동차정비기능사 책을 보라는 권유로 이 책을 구입했습니다. 설명이 쉬워 도움이 됩니다.
– 운**

자동차정비기능사 책이 얼마나 좋은 지 체감했기에 산업기사도 의심없이 구입했습니다. 산업기사 필기는 기출에 나오지 않은 처음보는 문제가 많아 당황했지만 이 책에 다룬 내용을 토대로 차근차근 풀어나갔습니다.
– 산**

 NCS 학습모듈 반영

 장치개념을 위한 작동 원리

 섹션별 기출 분류

 이해 향상을 위한 풍부한 이미지

 핵심이론을 요약한 빈출노트

 최신 CBT 실전문제 수록

이론을 정리한 노트식 서술

보다 나은 책을 위해 끊임없이 연구하는 에듀웨이가 여러분의 합격을 기원합니다.

주의 표지 : 도로의 형상, 상태 등의 도로 환경 및 위험물, 주의사항 등 미연에 알려 안전조치 및 예비동작을 할 수 있도록 함

+자형교차로	T자형교차로	Y자형교차로	ㅏ자형교차로	ㅓ자형교차로	우선도로	우합류도로	좌합류도로	회전형교차로

철길건널목	우로굽은도로	좌로굽은도로	우좌로굽은도로	좌우로굽은도로	2방향통행	오르막경사	내리막경사	도로폭이좁아짐

우측차로없어짐	좌측차로없어짐	우측방통행	양측방통행	중앙분리대시작	중앙분리대끝남	신호기	미끄러운도로	강변도로

노면고르지못함	과속방지턱	낙석도로	횡단보도	어린이보호	자전거	도로공사중	비행기	횡풍

터널	교량	야생동물보호	위험	상습정체구간

규제 표지 : 도로교통의 안전을 목적으로 위한 각종 제한, 금지, 규제사항을 알림(통행금지, 통행제한, 금지사항)

통행금지	자동차 통행금지	화물자동차 통행금지	승합자동차 통행금지	이륜자동차 및 원동기 장치자전거통행금지	자동차·이륜자동차 및 원동기장치자전거 통행금지	경운기·트랙터 및 손수레 통행금지	자전거 통행금지	진입금지
직진금지	우회전금지	좌회전금지	유턴금지	앞지르기금지	정차·주차금지	주차금지	차중량제한	차높이제한
차폭제한	차간거리확보	최고속도제한	최저속도제한	서행	일시정지	양보	보행자 보행금지	위험물적재차량 통행금지

지시 표지 : 도로교통의 안전 및 원활한 흐름을 위한 도로이용자에게 지시하고 따르도록 함(통행방법, 통행구분, 기타)

자동차전용도로	자전거전용도로	자전거 및 보행자 겸용도로	회전교차로	직진	우회전	좌회전	직진 및 우회전	직진 및 좌회전
좌회전 및 유턴	좌우회전	유턴	양측방통행	우측면통행	좌측면통행	진행방향별 통행구분	우회로	자전거 및 보행자 통행구분
자전거전용차로	주차장	자전거주차장	보행자전용도로	횡단보도	노인보호	어린이보호	장애인보호	자전거횡단도
일방통행	일방통행	일방통행	비보호좌회전	버스전용차로	다인승차량 전용차로	통행우선	자전거나란히 통행허용	

산업안전표지

금지표지	출입금지	보행금지	차량통행금지	사용금지	탑승금지	금연
화기금지	물체이동금지	경고표지	인화성물질 경고	산화성물질 경고	폭발성물질 경고	급성독성물질 경고
부식성물질 경고	방사성물질 경고	고압전기 경고	매달린 물체 경고	낙하물 경고	고온 경고	저온 경고

몸균형 상실 경고	레이저 광선 경고	발암성 · 변이원성 · 생식독성 · 전신독성 · 호흡기 과민성 물질 경고	위험장소 경고	지시표지		보안경 착용

방독마스크 착용	방진마스크 착용	보안면 착용	안전모 착용	귀마개 사용	안전화 착용	안전장갑 착용

안전복 착용	안내표지	녹십자표지	응급구호표지	들것	세안장치	비상용기구
비상구	좌측비상구	우측비상구				

기중기

운전기능사

필기

㈜에듀웨이 R&D연구소 지음

EDUWAY

Edu
way
a qualifying examination professional publishers

(주)에듀웨이는 자격시험 전문출판사입니다.
에듀웨이는 독자 여러분의 자격시험 취득을 위해 고품격 수험서 발간을 위해 노력하고 있습니다.

머리말에 **부쳐**

기출문제만

분석하고

파악해도

반드시 합격한다!

기중기는 일반 산업 현장이나 각종 건설공사, 항만, 공항, 물류업체 등 그 사용 범위가 광범위하며 건설분야 및 물류분야가 보다 선진화·전문화·대형화될수록 기중기의 수요는 꾸준히 증가할 것으로 기대됩니다.

이 책은 기중기 운전기능사의 시험에 대비하여 NCS(국가직무능력표준)에 따른 새로운 출제기준에 맞춰 최근 개정된 법령을 반영하여 수험생들이 쉽게 합격할 수 있도록 만들었습니다.

이 책의 특징

1. NCS(국가직무능력표준)를 완벽 반영하고, 기출문제를 분석하여 핵심이론을 재구성하였습니다.
2. 핵심이론을 공부하고 바로 기출문제를 풀며 실력을 향상시키도록 구성하였습니다.
3. 적중률 높은 상시대비 모의고사를 수록하였습니다.
4. 출제 빈도수를 ★표로 표시하여 문제의 중요도를 나타내었습니다.
5. 최신 개정법 및 신출제기준을 완벽 반영하였습니다.

이 책으로 공부하신 여러분 모두에게 합격의 영광이 있기를 기원하며 책을 출판하는 데 있어 도와주신 ㈜에듀웨이 임직원, 편집 담당자, 디자인 실장님에게 지면을 빌어 감사 드립니다.

㈜에듀웨이 R&D연구소(건설기계부문) 드림

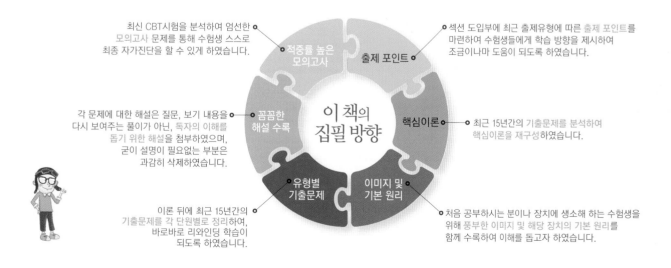

- 시 행 처 | 한국산업인력공단
- 자격종목 | 기중기운전기능사
- 직무내용 | 기중기를 이용하여 중량물의 인양과 이동작업을 수행하기 위한 가동준비를 하고, 작업안전에 유의하여 조종에 필요한
  전 과정을 수행하는 직무이다.
- 필기검정방법(문제수) | 객관식 (전과목 혼합, 60문항)
- 시험시간 | 1시간
- 합격기준(필기 · 실기) | 100점을 만점으로 하여 60점 이상

주요항목	세부항목	세세항목
1 기중기 일반	1. 기중기 구조	1. 기중기의 주요 구조부 2. 기중기 주요 구조의 특성 3. 안전장치
	2. 기중기 규격 파악	1. 기중기 정격용량 2. 기중기 작업반경
2 기중기 점검 및 작업	1. 기중기 점검 및 안전사항	1. 작업 전 · 후 점검 2. 작동상태 확인 3. 안전장치 확인
	2. 작업 환경 파악	1. 작업장 주변 확인 2. 지반상태 확인 3. 중량물 확인 4. 줄걸이 결속 확인
	3. 인양작업	1. 인상 준비 및 인상작업 2. 인하 준비 및 인하작업 3. 주행, 선회 작업 4. 특정작업장치 작업
	4. 줄걸이 및 신호체계	1. 줄걸이 용구 확인 2. 줄걸이 작업 방법 3. 신호체계 확인 4. 신호방법 확인

주요항목	세부항목	세세항목
③ 안전관리	1. 안전보호구 착용 및 안전장치 확인	1. 안전보호구 2. 안전장치
	2. 위험요소 확인	1. 안전표시 2. 안전수칙 3. 위험요소
	3. 안전작업	1. 장비사용설명서 2. 작업안전 및 기타 안전 사항
	4. 장비안전관리	1. 장비 상태 확인 2. 기계 · 기구 및 공구에 관한 사항
④ 건설기계관리법 및 도로교통법	1. 건설기계관리법	1. 건설기계 등록 및 검사 2. 면허 · 사업 · 벌칙
	2. 도로교통법	1. 도로통행방법에 관한 사항 2. 도로통행법규의 벌칙
⑤ 장비구조	1. 엔진구조	1. 엔진 구조와 기능 2. 윤활장치 구조와 기능 3. 연료장치 구조와 기능 4. 흡배기장치 구조와 기능 5. 냉각장치 구조와 기능
	2. 전기장치	1. 시동장치 구조와 기능 2. 충전장치 구조와 기능 3. 등화 및 계기장치 구조와 기능 4. 퓨즈 및 계기장치 구조와 기능
	3. 전 · 후진 주행장치	1. 조향장치의 구조와 기능 2. 변속장치의 구조와 기능 3. 동력전달장치 구조와 기능 4. 제동장치 구조와 기능 5. 주행장치 구조와 기능
	4. 유압장치	1. 유압 기초 2. 유압장치 구성 3. 기타 부속장치

2022년 1월 1일부터 국가직무능력표준(NCS)를 기반으로 자격의 내용 (시험과목, 출제 기준 등)을 직무 중심으로 개편하여 시행합니다.

한 눈에 살펴보는
필기응시절차
Accept Application - Objective Test Process

원서접수기간,
필기시험일 등...
큐넷 홈페이지에서
해당 종목의 시험일
정을 확인합니다.

01
시험일정 확인

기능사검정 시행일정은 큐넷 홈페이지를 참조하거나 에듀웨이 카페에 공지 합니다.

1️⃣ 큐넷 홈페이지(**www.q-net.or.kr**)에서 상단 오른쪽에 [로그인] 을 클릭합니다.

02
원서접수

2️⃣ '로그인 대화상자가 나타나면 아이디/비밀번호를 입력합니다.

※회원가입 : 만약 q-net에 가입되지 않았으면 회원가입을 합니다.
(이때 반명함판 크기의 사진(200kb 미만)을 반드시 등록합니다.)

3️⃣ 원서접수를 클릭하면 [자격선택] 창이 나타납니다. [접수하기] 를 클릭합니다.

※ 원서접수기간이 아닌 기간에 원서접수를 하면
[현재 접수중인 시험이 없습니다.] 이라고 나타납니다.

4️⃣ [종목선택] 창이 나타나면 응시종목을 [기중기운전기능사]로 선택하고 [다음] 버튼을 클릭합니다. 간단한 설문 창이 나타나고 다음을 클릭하면 [응시유형] 창에서 [장애여부]를 선택하고 [다음] 버튼을 클릭합니다.

원서접수는 모바일(큐넷 전용 앱 설치) 또는 PC에서 접수하시기 바랍니다. (빠른 접수를 하려면 모바일을 이용하세요)

필기 시험은 1년에 4번
응시할 수 있으며, 필기
합격자 발표날짜를 기준
으로 2년 동안 필기 시험
이 면제됩니다.

5 [장소선택] 창에서 원하는 지역, 시/군구/구를 선택하고 조회 🔍 를 클릭합니다. 그리고 시험일자,
입실시간, 시험장소, 그리고 접수가능인원을 확인한 후 선택 을 클릭합니다. 결제하기 전에 마지막
으로 다시 한 번 종목, 시험일자, 입실시간, 시험장소를 꼼꼼히 확인한 후 접수하기 를 클릭합니다.

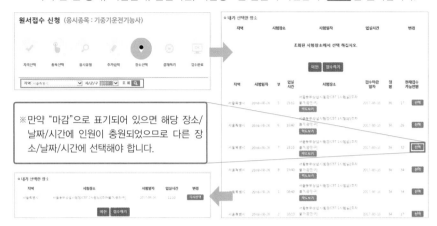

※만약 "마감"으로 표기되어 있으면 해당 장소/
날짜/시간에 인원이 충원되었으므로 다른 장
소/날짜/시간에 선택해야 합니다.

6 [결제하기] 창에서 검정수수료를 확인한 후 원하는 결제수단을 선택하고 결제를 진행합니다.
(필기 : 14,500원 / 실기 : 30,600원)

마지막
수험표 확인은
필수!
– 반드시 출력할
필요는 없어요.

03 필기시험 응시

필기시험 당일 유의사항

1 신분증은 반드시 지참해야 하며(미지참 시 시험응시 불가),
   필기구도 지참합니다(선택).

2 고사장에 고시된 시험시간 20분 전부터 입실이 가능합니다.
   (지각 시 시험 응시 불가) ※ 시험장소가 초행길이라면 시간을 넉넉히 두고 출발하세요.

3 CBT 방식(컴퓨터 시험 – 마우스로 정답을 클릭)으로 시행합니다.

4 문제풀이용 연습지는 해당 시험장에서 제공하므로 시험 전 감독관에 요청합니다.
   (연습지는 시험 종료 후 가지고 나갈 수 없습니다)

※ 기능사 시험에서는 공학용 계산기는 지참할 필요가 없습니다.

04 합격자 발표 및 실기시험 접수

• 합격자 발표 : 합격 여부는 필기시험 후 바로 알 수 있으며, 합격자 발표
  일에 큐넷의 '마이페이지'에서 '합격자발표 조회하기'에서 조회 가능

• 실기시험 접수 : 필기시험 합격자에 한하여
  실기시험 접수기간에 Q-net 홈페이지에서 접수

※ 기타 사항은 큐넷 홈페이지(www.q-net.or.kr)를 방문하거나 또는 전화 1644-8000에 문의하시기 바랍니다.

CBT 수검요령
computer-based testing

수시로 현재 [안 푼 문제 수]와 [남은 시간]를 확인하여 시간 분배합니다. 또한 답안 제출 전에 [수험번호], [수험자명], [안 푼 문제 수]를 다시 한번 더 확인합니다.

글자 크기 및 화면 배치 조정
시험을 보기 편한 글자 크기로 변경할 수 있으며, 한 화면에 문제 배열 방식을 2문제/2단/1문제로 조정할 수 있습니다.

정답 체크
문제의 번호에 정답을 클릭하거나 [답안 표기란]의 각 문제 번호에 정답을 클릭합니다.

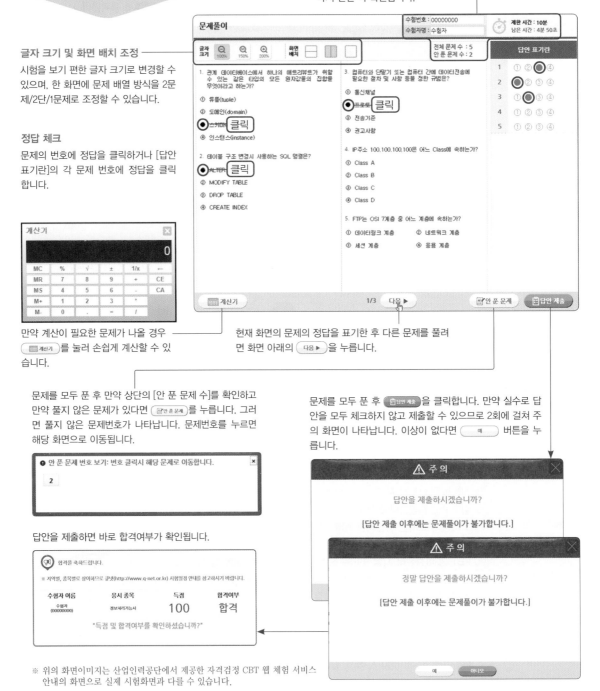

만약 계산이 필요한 문제가 나올 경우 [계산기]를 눌러 손쉽게 계산할 수 있습니다.

현재 화면의 문제의 정답을 표기한 후 다른 문제를 풀려면 화면 아래의 [다음 ▶]을 누릅니다.

문제를 모두 푼 후 만약 상단의 [안 푼 문제 수]를 확인하고 만약 풀지 않은 문제가 있다면 [안 푼 문제]를 누릅니다. 그러면 풀지 않은 문제번호가 나타납니다. 문제번호를 누르면 해당 화면으로 이동됩니다.

문제를 모두 푼 후 [답안 제출]을 클릭합니다. 만약 실수로 답안을 모두 체크하지 않고 제출할 수 있으므로 2회에 걸쳐 주의 화면이 나타납니다. 이상이 없다면 [예] 버튼을 누릅니다.

● 안 푼 문제 번호 보기: 번호 클릭시 해당 문제로 이동합니다.

2

답안을 제출하면 바로 합격여부가 확인됩니다.

⚠ 주 의

답안을 제출하시겠습니까?

[답안 제출 이후에는 문제풀이가 불가합니다.]

⚠ 주 의

정말 답안을 제출하시겠습니까?

[답안 제출 이후에는 문제풀이가 불가합니다.]

예   아니오

합격을 축하드립니다.

※ 지역별, 종목별 상이하므로 큐넷(http://www.q-net.or.kr) 시험일정 안내를 참고하시기 바랍니다.

수험자 이름	응시 종목	득점	합격여부
수험자 (00000000)	정보처리기능사	100	합격

"득점 및 합격여부를 확인하셨습니까?"

※ 위의 화면이미지는 산업인력공단에서 제공한 자격검정 CBT 웹 체험 서비스 안내의 화면으로 실제 시험화면과 다를 수 있습니다.

자격검정 CBT 웹 체험 서비스 안내
큐넷 홈페이지 우측하단에 'CBT 체험하기'를 클릭하면 CBT 체험을 할 수 있는 동영상을 보실 수 있습니다. (스마트폰에서는 동영상을 보기 어려우므로 PC에서 확인하시기 바랍니다)
※ 필기시험 전 약 20분간 CBT 웹 체험을 할 수 있습니다.

처음 방문하셨나요?
큐넷 서비스를 미리 체험해보고 사이트를 읽고 빠르게 이용할 수 있는 이용 안내, 큐넷 길라잡이를 제공.

차례 및 예상출제문항수

합격하려면 36문제 이상 정답처리가 되어야 합니다. 기출 위주로 출제되나 기출문제를 변형하거나 신규 문제도 꾸준히 출제됩니다.

이 책의 구성과 특징

Preview

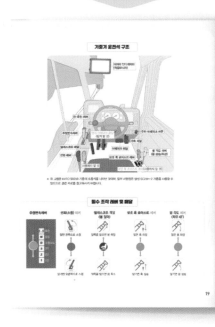

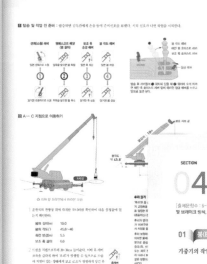

◀ 실기 코스운전·작업 요령

단순한 도면 수록이 아닌 실기 코스·작업 요령을 마련하였습니다. 시험의 순서 및 각 코스·작업에서의 방법 및 유의사항을 설명하여 실기시험에 대비하도록 하였습니다.

핵심이론요약 ▶

15년간 기출문제를 분석하여 출제가 거의 없는 이론은 과감히 삭제, 시험에 출제되는 부분만 중점으로 정리하여 필요 이상의 책 분량을 줄였습니다.

※ 기출문제를 푸는 것도 중요하지만 이론을 이해하시면 합격률을 높일 수 있습니다.

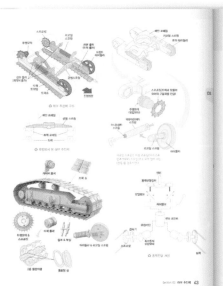

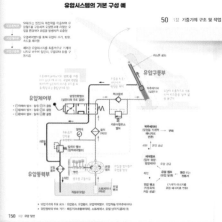

◀ 이해를 돕는 그림자료

내용 이해를 위해 그림자료를 수록하였으며, 필요에 따라 작동 원리도 함께 수록하여 이해도를 향상시켰습니다.

기출문제 및 단원별 파이널테스트 ▶

섹션 마지막에 이론과 연계된 10년간 기출문제를 수록하여 최근 출제유형을 파악할 수 있도록 하였습니다. 문제 상단에는 해당 문제의 출제빈도 및 중요도를 '★'표로 표기하였습니다. 가급적 별 3개 이상은 체크하시기 바랍니다.

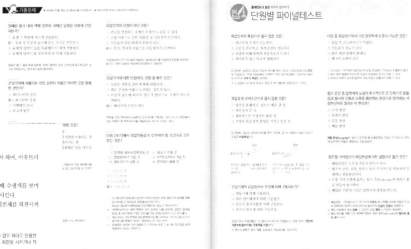

◀ 부가 설명 및 각종 학습장치

초보자를 위해 생소하고 관련 전문용어를 최대한 설명하였으며, 주요 부분에 밑줄 표시, 다이어그램, 참고 내용, 관련 내용도 추가로 수록하였습니다.

실전모의고사 ▶

최근 출제유형을 분석하여 모의고사 4회분을 수록하였습니다.

기중기운전기능사 실기요령 (유압식)

◆ 일러두기

기중기운전기능사 실기에는 유압식(훅작업)과 기계식(클렘셸)이 있으며, 둘 중 하나를 채택하여 응시할 수 있다. 실무에서 대부분 유압식이 많이 사용되므로 유압식을 많이 선택한다. 이에 본 교재에서는 유압식만 다루기로 한다.

- **배점** | 100점 만점에 60점 이상
- **항목별 배점** | 코스운전 30점, 훅작업 70점 (2과목 중 1과목이라도 실격되면 불합격)

◆ 수험자 유의사항

가. 공통

1) 시험위원의 지시에 따라 시험 장소에 출입 및 장비운전을 하여야 한다.
2) 휴대폰 및 시계류(손목시계, 스톱워치 등)는 시험시작 전 시험감독위원에게 제출한다.
3) 음주상태 측정은 시험 시작 전에 실시하며, 음주상태이거나 음주 측정을 거부하는 경우 실기시험에 응시할 수 없다.(도로교통법에서 정한 혈중 알코올 농도 0.03% 이상 적용)
4) 장비조작 및 운전 중 이상 소음이 발생되거나 위험사항이 발생되면 즉시 운전을 중지하고, 시험위원에게 알려야 합니다.
5) 장비조작 및 운전 중 안전수칙을 준수하여 안전사고가 발생되지 않도록 유의한다.
6) 시험시간

- 코스 : 출발선 및 종료선을 통과하는 시점으로 한다.(단, 앞바퀴 기준)
- 작업 : 수험자가 준비된 상태에서 시험위원의 호각신호에 의해 시작하고 작업이 끝나고 화물을 지면에 완전히 내려놓을 때까지로 한다.

나. 실격처리 대상

- 수험자 본인이 수험 도중 기권 의사를 표시하는 경우
- 시험 전체 과정(코스 및 훅 작업)을 응시하지 않은 경우
- 운전 조작이 미숙하여 안전사고 발생 및 장비손상이 우려되는 경우
- 시험시간을 초과하는 경우
- 요구사항 및 도면대로 운전하지 않거나 요구사항과 관련 없는 조작을 하는 경우(메인 훅 등)
- 코스운전 및 훅 작업 중 어느 한 과정 전체가 0점일 경우
- 출발신호 후 1분 내에 장비의 앞바퀴가 출발선을 통과하지 못하는 경우
- 주차브레이크를 해제하지 않고 앞바퀴가 출발선을 통과하는 경우
- 코스 중간지점의 정지선 내에 일시정지하지 않은 경우
- 뒷바퀴가 도착선을 통과하지 않고 후진 주행하여 돌아가는 경우
- 코스운전 중 라인을 터치하는 경우 (단, 출발선(및 종료선), 정지선, 도착선, 주차구역선, 주차선은 제외)
- 수험자의 조작 미숙으로 엔진이 1회 정지된 경우(단, 수동변속기형 기중기는 2회 엔진정지)
- 훅이 붐 메인(엘리베이팅) 실린더 상단 끝을 초과하여 상승하는 경우
- 화물, 훅, 로프, 붐 등이 폴(pole) 또는 줄을 건드리는 경우 (단, 오버스윙 제한선 및 폴은 연장선이 있는 것으로 간주하여 적용

기중기운전기능사 실기 동영상

▶ YouTube (기중기운전기능사 실기)

유튜브 사이트에서 '기중기운전기능사 실기'를 검색하면 다양한 실기 동영상을 보실 수 있습니다.

기중기 운전석 구조

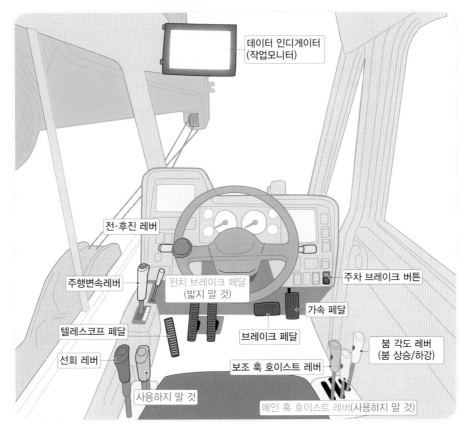

데이터 인디게이터
(작업모니터)

전·후진 레버

주행변속레버

윈치 브레이크 페달
(밟지 말 것)

주차 브레이크 버튼

텔레스코프 페달

가속 페달

브레이크 페달

선회 레버

붐 각도 레버
(붐 상승/하강)

보조 훅 호이스트 레버

사용하지 말 것

메인 훅 호이스트 레버(사용하지 말 것)

※ 위 그림은 KATO SR250 기종의 조종석을 나타낸 것이며, 일부 시험장은 삼성 SC25H-2 기종을 사용할 수
있으므로 관련 자료를 참고하시기 바랍니다.

필수 조작 레버 및 페달

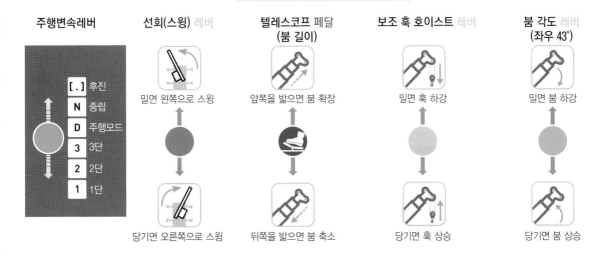

주행변속레버

[.] 후진
N 중립
D 주행모드
3 3단
2 2단
1 1단

선회(스윙) 레버

밀면 왼쪽으로 스윙

당기면 오른쪽으로 스윙

텔레스코프 페달
(붐 길이)

앞쪽을 밟으면 붐 확장

뒤쪽을 밟으면 붐 축소

보조 훅 호이스트 레버

밀면 훅 하강

당기면 훅 상승

붐 각도 레버
(좌우 43°)

밀면 붐 하강

당기면 붐 상승

1. 코스운전 (30점)

※ 본 실기 코스요령은 독자의 이해를 돕기 위한 설명으로 개개인에 따라 다를 수 있습니다.
※ 본 실기 코스요령의 기종은 KATO-SR250R을 기준으로 하였습니다.

코스 도면

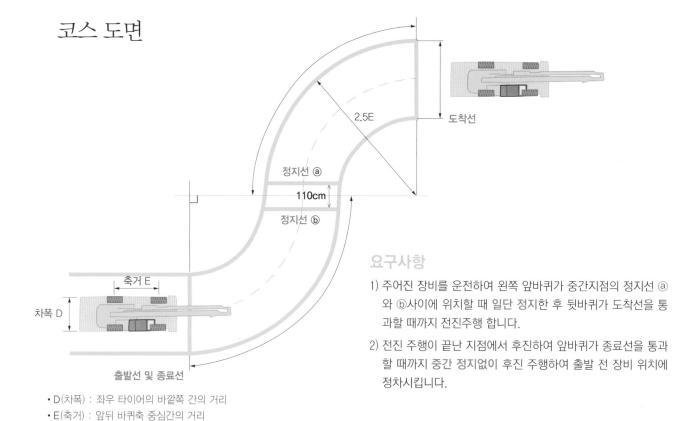

2.5E
도착선
정지선 ⓐ
110cm
정지선 ⓑ
축거 E
차폭 D
출발선 및 종료선

요구사항

1) 주어진 장비를 운전하여 왼쪽 앞바퀴가 중간지점의 정지선 ⓐ
와 ⓑ사이에 위치할 때 일단 정지한 후 뒷바퀴가 도착선을 통
과할 때까지 전진주행 합니다.

2) 전진 주행이 끝난 지점에서 후진하여 앞바퀴가 종료선을 통과
할 때까지 중간 정지없이 후진 주행하여 출발 전 장비 위치에
정차시킵니다.

• D(차폭) : 좌우 타이어의 바깥쪽 간의 거리
• E(축거) : 앞뒤 바퀴축 중심간의 거리

KATO-SR250R(맹꽁이 크레인)의 외형

기본 제원
• 총중량   : 26ton
• 축하중   : 12ton
• 차체 높이   : 3.4m
• 차량 길이   : 11.5m
• 차폭   : 2.6m
• 최고 작업높이 : 45m
• 최대 작업반경 : 31m
• 최고 속도   : 49km/h

1 준비사항

① 복장 : 피부 노출이 되지 않는 긴소매 상하의, 안전화 및 운동화

② 신분증 및 수험표

2 탑승 및 탑승 후 절차

① 지게차에 탑승 시 떨어지지 않도록 두 손으로 사다리를 잡고 자리에 오른다.(떨어지면 감점 요인)

② 착석 후 출발 전에 반드시 안전벨트를 착용하고, 손을 들어 시험 준비를 알린다.

3 출발 및 코너링

① 감독관의 출발 지시가 있으면 브레이크를 밟은 상태에서
주차 브레이크 버튼을 눌러 해제시킨다.

② 변속레버의 홀더 버튼을 누르면서 'D단'으로 변경한다.

③ 가속페달을 밟으며 출발한다.

주차브레이크를 해제하지 않고
출발하면 실격
(※ 도착 후에도 반드시 잠글 것)

홀더를 올리면서 버튼 위를 누른다.

홀더를 누르고
레버를 이동시킨다.

⬆ 주차 브레이크 버튼
(대시보드 우측 위치)

⬆ 변속레버
(운전석 좌측 앞 위치)

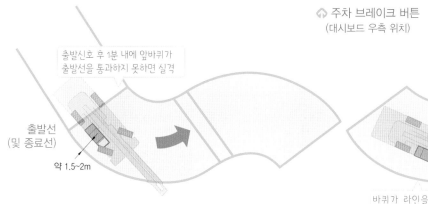

출발신호 후 1분 내에 앞바퀴가
출발선을 통과하지 못하면 실격

출발선
(및 종료선)

약 1.5~2m

바퀴가 라인을
터치하면 실격

약 1.5~2m

④ 출발선을 넘자마자 핸들을 왼쪽으로 최대한으로 돌려준다. 얼굴을 차
창 밖으로 내밀어 라인과 앞바퀴 사이의 거리를 1.5~2m 정도 유지시
키며 서행한다.

⑤ 눈으로 보았을 때 정지선 ⓐ가 휀다 아래 끝에 닿을 정도가 되면
3초간 정지한다. 이때 가속페달에서 발을 떼도 정지가 되지만,
브레이크 페달을 밟아 **차량의 브레이크 등이 켜지도록 한다.**

※ 정지상태에서도 핸들은 좌측으로 꺾인 상태를 유지시킨다.

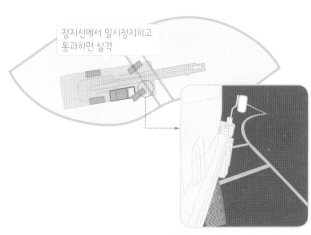

정지선에서 일시정지하고
통과하면 실격

⬆ 운전석 쪽에서 앞을 본 모습

정지선 ⓑ

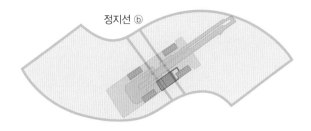

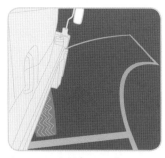

⑥ 핸들을 그대로 유지한 채 앞바퀴가 정지선 ⓑ를 넘었을 때 정지시킨다. 핸들을 우측으로 돌려 바퀴를 일자로 정렬시키고, 정지선을 통과한다.

⬆ 운전석 쪽에서 앞바퀴를 바라본 모습

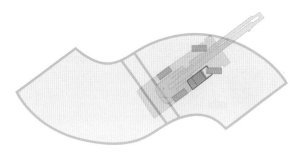

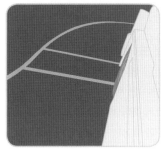

⑦ 뒷바퀴가 정지선 ⓑ를 통과했을 때 핸들을 최대한 우측으로 최대한 돌린 후 도착선까지 주행한다.

⬆ 운전석 쪽에서 뒷바퀴를 바라본 모습

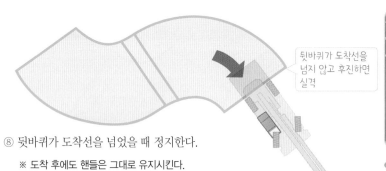

뒷바퀴가 도착선을 넘지 않고 후진하면 실격

⬆ 운전석 쪽에서 뒷바퀴를 바라본 모습

⑧ 뒷바퀴가 도착선을 넘었을 때 정지한다.

※ 도착 후에도 핸들은 그대로 유지시킨다.

4 후진

① 핸들이 우측으로 꺾인 상태를 유지하면서 변속레버를 '후진 단 [.]'으로 변경한다.

※ 핸들을 풀지 말고 그대로 후진한다.

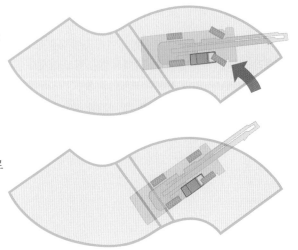

② 뒷바퀴가 정지선 ⓑ 근처에 오면 정지한 후, 앞바퀴를 일자로 정렬한다.

③ 정지선 부근에서 천천히 후진하며 운전석 탑승사다리 중앙에 정지선 ⓑ가 위치할 때 핸들을 반대로(왼쪽으로) 최대한 돌려준다.

※ 중간 정지가 없으므로 장시간 정지하지 않도록 한다. (감독관마다 따라 감점 요인)

정지선 ⓑ

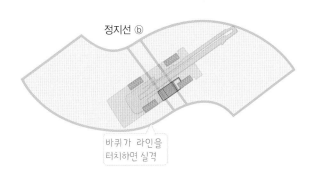

바퀴가 라인을
터치하면 실격

탑승사다리

⬆ 운전석 쪽에서 밑을 바라본 모습

④ 뒷바퀴가 종료선(출발선)에 닿을 때까지 도착할 때까지 후진한다.
뒷바퀴가 종료선에 닿으면 핸들을 일자로 정렬한다.

⬆ 운전석 쪽에서 뒷바퀴를
바라본 모습

⑤ 앞바퀴가 종료선을 통과하면 차체를 정지시킨다.

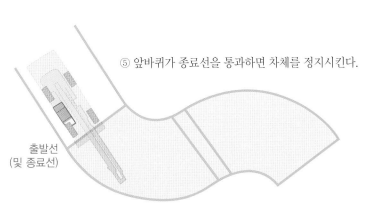

출발선
(및 종료선)

5 종료

① 변속레버의 홀더 버튼을 누르면서 'N단'으로 변경한다.
② 주차 브레이크를 아래로(잠금 상태로) 누른다.

홀더를 누르고
레버를 이동시킨다.

N

2. 훅운전 (70점)

⏰ 시간제한 : **3분30초**

코스 도면

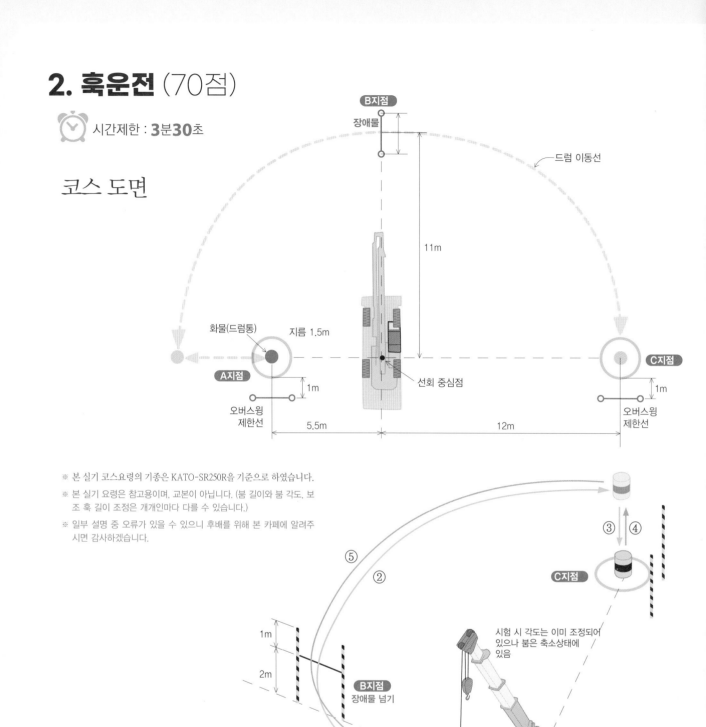

- B지점
- 장애물
- 드럼 이동선
- 11m
- 화물(드럼통)
- 지름 1.5m
- A지점
- 1m
- 선회 중심점
- C지점
- 1m
- 오버스윙 제한선
- 5.5m
- 12m
- 오버스윙 제한선

※ 본 실기 코스요령의 기종은 KATO-SR250R을 기준으로 하였습니다.

※ 본 실기 요령은 참고용이며, 교본이 아닙니다. (붐 길이와 붐 각도, 보조 훅 길이 조정은 개개인마다 다를 수 있습니다.)

※ 일부 설명 중 오류가 있을 수 있으니 후배를 위해 본 카페에 알려주시면 감사하겠습니다.

③ ④

C지점

⑤

②

시험 시 각도는 이미 조정되어 있으나 붐은 축소상태에 있음

1m

2m

B지점
장애물 넘기

보조 훅

요구사항

A지점의 드럼을 들어서 B지점의 장애물을 통과하여 C지점의 원 안에 내려놓는다. 다시 반대로 C지점의 드럼을 들어 B지점을 통과한 후 A지점 안에 내려놓는다.

※ 시험시작과 끝은 붐을 빼지 않은 상태임(단, 붐의 충격을 감안하여 덜 삽입한 길이 50cm까지는 허용함)

① ⑥

A지점

오버스윙 제한선

1 **탑승 및 작업 전 준비 :** 탑승하면 감독관에게 손을 들어 준비신호를 보낸다. 시작 신호가 나면 작업을 시작한다.

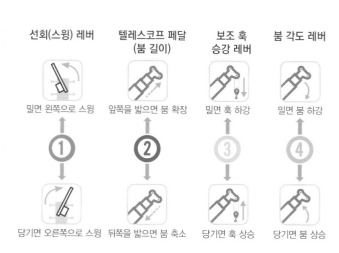

선회(스윙) 레버	텔레스코프 페달 (붐 길이)	보조 훅 승강 레버	붐 각도 레버
밀면 왼쪽으로 스윙	앞쪽을 밟으면 붐 확장	밀면 훅 하강	밀면 붐 하강
①	②	③	④
당기면 오른쪽으로 스윙	뒤쪽을 밟으면 붐 축소	당기면 훅 상승	당기면 붐 상승

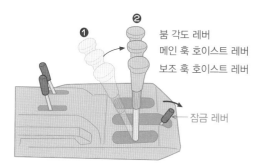

❶ ❷ 붐 각도 레버
메인 훅 호이스트 레버
보조 훅 호이스트 레버
잠금 레버

탑승 후 레버들이 ❶ 위치에 있을 때 ❷ 위치에 오게 하려면 메인 훅 호이스트 레버 앞에 위치한 잠금 레버를 누르고 앞으로 밀면 된다.

2 **A→ C 지점으로 이동하기**

⬆ 차체 앞 좌측면에서 바라본 모습

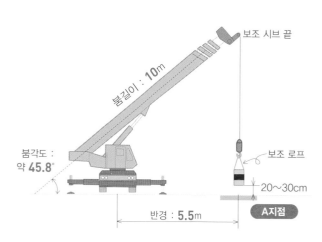

보조 시브 끝
붐길이 : **10**m
보조 로프
붐각도 :
약 **45.8**°
20~30cm
반경 : **5.5**m
A지점

운전석의 전방창 위에 위치한 모니터를 확인하여 다음 설정값에 있는지 확인한다.

붐의 길이(m)	10.0
붐의 각도(°)	45.8~46
회전 반경(m)	5.5
보조 훅 길이	6.0

드럼을 지면으로부터 20~30cm 들어준다. 이때 훅 레버 조작을 급하게 하여 '후리'가 발생할 수 있으므로 드럼이 지면이 있는 상태에서 보조 로프가 팽팽하게 당긴 후 들어올리는 것이 좋다.

훅레버
당기기

후리 잡기

'후리'란 줄 끝에 달린 물체가 고정축을 중심으로 좌우로 일정한 주기로 진동하는 (흔들리는) 현상을 말한다.

후리가 생기면 정확한 착지가 어려우며, 장애물 통과 시 지장을 줄 수 있다.

후리 보정하기 흔들림을 줄이려면 물체가 이동하는 방향으로 중심점을 이동시켜준다.(즉, 스윙해줌) 스윙속도는 좌우 진동 속도에 따라 다르나 보통 고정축에서 같은 방향으로 거리를 이동시킨다.

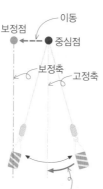

이동
보정점 ● 중심점
보정축
고정축

진동할 때 보정축으로 후리를 잡으려면 물체가 우측에서 좌측으로 이동할 때 고정축 부근에서 같은 방향(좌측)으로 스윙 레버를 살짝 밀어준다.

많은 수험생들이
이 과정에서도
탈락된다.

눈높이까지 조정한다.

약 2~2.7m

A지점

10.8~10.9m

3 모니터를 보면서 작업반경을 11m까지 확장한다.(텔레스코프 페달을 먼저 밟고, 가속 페달을 밟는다.)

※ 가속페달은 붐의 확장속도를 증가시키는 역할을 한다. 천천히 끝까지 밟아준다.

실제 작업에서는 작업반경을 10.8~10.9에서 설정한다.

※ 유압장치 특성 상 제어밸브 작동 후 실린더나 유압 모터에 전달되는 시간이 지연되기 때문이다.

설정이 끝나면 가속페달에서 발을 뗀 후, 텔레스코프 페달에서도 발을 뗀다.

붐이 확장되므로 드럼도 함께 상승하기 때문에 보조 로프를 내려(보조 훅 레버를 밀어) 드럼이 눈높이 정도에 오도록 조정한다.

텔레스코프 페달
앞쪽 밟기

가속 페달

훅 레버
밀기

스윙 레버
당기기

4 드럼이 흔들리지 않도록 하고 B 지점의 장애물 사이까지 우측으로 스윙한다. 후리를 방지하기 위해 스윙 시 처음에서는 천천히 시작하며, 점진적으로 속도를 올려주는 것이 좋다.

B지점의 설정값은 다음과 같다.(붐의 각도 변화는 없다.)

붐의 길이(m)	17.8
붐의 각도(°)	45.8~46
회전 반경(m)	11 (실제 작업 시 약 10.8~10.9)
보조 훅 길이	13.6

※ 선회 시 스윙을 갑자기 멈추면 후리가 발생할 수 있으므로 주의한다.

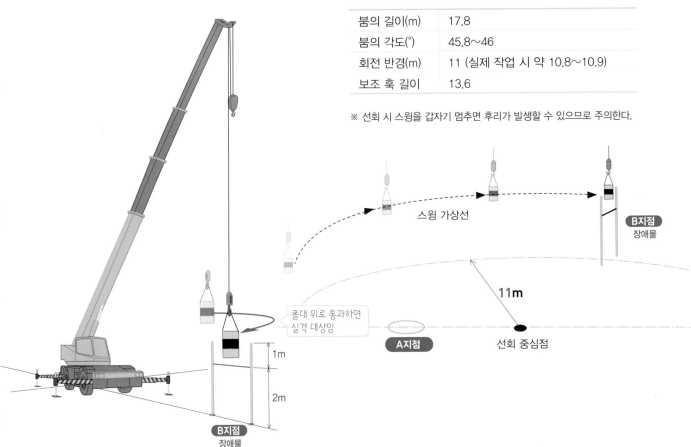

스윙 가상선

B지점
장애물

11m

A지점

선회 중심점

폴대 위로 통과하면
실격 대상임

1m

2m

B지점
장애물

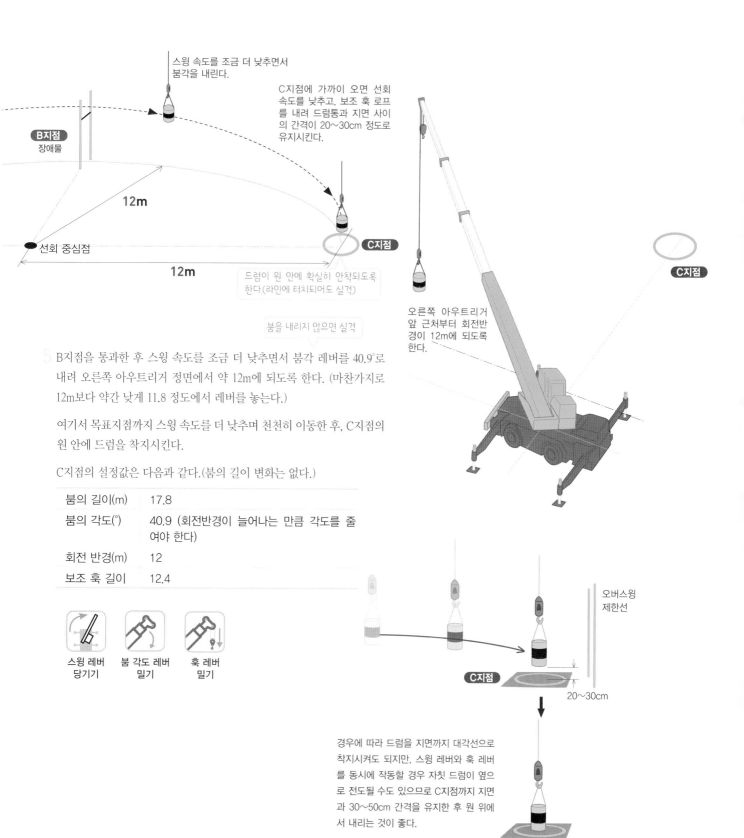

스윙 속도를 조금 더 낮추면서
붐각을 내린다.

C지점에 가까이 오면 선회
속도를 낮추고, 보조 훅 로프
를 내려 드럼통과 지면 사이
의 간격이 20~30cm 정도로
유지시킨다.

B지점
장애물

12m

선회 중심점

12m

C지점

드럼이 원 안에 확실히 안착되도록
한다.(라인에 터치되어도 실격)

붐을 내리지 않으면 실격

C지점

오른쪽 아우트리거
앞 근처부터 회전반
경이 12m에 되도록
한다.

5 B지점을 통과한 후 스윙 속도를 조금 더 낮추면서 붐각 레버를 40.9°로
내려 오른쪽 아우트리거 정면에서 약 12m에 되도록 한다. (마찬가지로
12m보다 약간 낮게 11.8 정도에서 레버를 놓는다.)

여기서 목표지점까지 스윙 속도를 더 낮추며 천천히 이동한 후, C지점의
원 안에 드럼을 착지시킨다.

C지점의 설정값은 다음과 같다.(붐의 길이 변화는 없다.)

붐의 길이(m)	17.8
붐의 각도(°)	40.9 (회전반경이 늘어나는 만큼 각도를 줄여야 한다)
회전 반경(m)	12
보조 훅 길이	12.4

스윙 레버
당기기

붐 각도 레버
밀기

훅 레버
밀기

오버스윙
제한선

C지점

20~30cm

경우에 따라 드럼을 지면까지 대각선으로
착지시켜도 되지만, 스윙 레버와 훅 레버
를 동시에 작동할 경우 자칫 드럼이 옆으
로 전도될 수도 있으므로 C지점까지 지면
과 30~50cm 간격을 유지한 후 원 위에
서 내리는 것이 좋다.

3 C→A 지점으로 이동하기

1 "A→C 지점으로 이동하기"의 역순이다. 후리가 발생하지 않도록 드럼의 보조로프를 당긴 후 20~30cm 올리고, 우측으로 천천히 선회하기 시작한다.

점진적으로 속도를 높이며, 동시에 붐각을 올려 작업반경을 11m로 줄인다.(실제 작업 시 약 11.1~11.2) 그런 후 B지점에 가까이 오면 장애물 높이에 맞게 보조 훅 레버를 당겨 드럼 높이를 조절해준다.

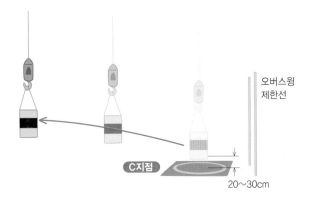

훅 레버 당기기   스윙 레버 밀기   붐 각도 레버 당기기

2 B지점을 지나면 먼저 텔레스코프 페달 아래를 밟아 붐을 축소시켜 선회반경을 5.5m로 맞춘다. 붐이 축소된 만큼 보조 훅 레버를 당겨 로프 길이를 줄여준다. A지점으로 갈수록 선회속도는 낮춰준다.

※ 텔레스코트 페달과 보조 훅 레버를 동시 작동시킬 때 자칫 드럼이 위로 올라갈 수 있으므로 각 작동을 구분하여 단계적으로 하는 것이 좋다.

C지점에서의 착지와 마찬가지로 드럼이 원 안에 들어올 때까지 속도를 최대한 낮추고 훅 로프 길이를 조정하며 착지하도록 한다.

※ 훅 작업 실격의 30~40%가 드럼 착지과정에서 발생되므로 주의해야 한다.

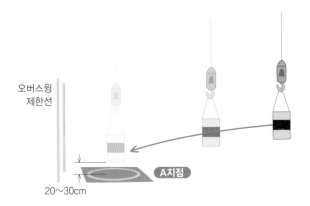

스윙 레버 밀기   텔레스코프 페달 뒤쪽 밟기   훅 레버 당기기

작업모니터 모습

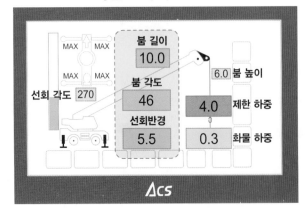

※ 훅 작업 시 작업모니터를 참고하면서 조종하는 것이 좋습니다.

✦ 코스운전에서의 주의사항 및 유의사항

① 방향 전환 시 핸들을 돌릴 때 밀리기 쉬우므로 가급적 한번에 전·후진을 하지 말고 구간구간 멈춘 후 핸들을 돌린 후 진행한다.
② 기중기는 일반 자동차와 달리 엑셀을 밟지 않으면 멈춘 상태가 되므로 진행 시 엑셀을 밟아야 한다.
③ 얼굴을 차창 밖으로 내밀어 라인을 확인한다.(코스에서는 주로 라인 터치로 불합격됨)
④ 약간의 실수에 있어도 당황하지 않고 마무리할 수 있도록 한다.
⑤ 코스보다 훅작업이 어려우므로 가급적 코스에서 높은 점수를 확보할 수 있도록 한다.

✦ 훅 작업에서의 주의사항 및 유의사항

보통 훅작업을 먼저 시작한 후 코스운전을 할 만큼 탈락자가 많다. (20~30%)

① 레버 조작 숙지가 충분치 못해 떨어지는 경우가 많다. 예를 들어 B지점을 통과하고 C지점에서 드럼을 내릴 때 훅 레버를 올려 착지 시점을 놓치는 경우도 있다. 또는 레버를 헤깔려 다른 레버를 조작하는 경우도 많다.
   ※ 레버 조작 실수 후 재수정은 가능하나 감점 대상이며, 무엇보다 시간 제한을 넘길 수 있다.
② 후리가 발생되지 않도록 레버 조작 시에는 한번에 천천히 작업하며, 급작동하거나 조금씩 나누어 조작하지 않도록 한다.
③ 가급적 시험감독관이나 학원관계자의 훅 작업 시범 시 붐의 각도와 훅 로프 길이의 위치도 함께 관찰하여 연습한다.
④ A지점이나 C지점의 폴이나 제한선을 터치하거나 넘으면 바로 실격이므로 주의해야 한다.(가상선도 넘지않도록 한다)
⑤ 마찬가지로 B지점의 폴이나 장애물을 터치하거나 폴 위로 통과할 경우 실격이므로 주의해야 한다.
⑥ 시간 초과로 탈락하는 것은 자주 없으나 레버 조작 미숙 등으로 작업과정이 느려 시간을 초과하여 탈락하는 경우도 있으므로 주의해야 한다.
⑦ 레버 조작 시 시간 단축과 부드러운 작동을 위해 3가지 동작을 동시에 진행해도 되나, 충분히 숙달되지 못하므로 단계를 나누어 구분해서 조작한다. (물론 선회 시 스윙레버는 계속 조작되어야 한다)

✦ 기본 유의사항

① 시험위원의 지시에 따라 시험장소에 출입 및 장비운전을 하여야 한다.
② 음주상태 측정은 시험 시작 전에 실시하며, 음주상태이거나 음주 측정을 거부하는 경우 실기시험에 응시할 수 없다.(혈중 알콜 농도 0.03% 이상 적용)
③ 규정된 작업복장을 착용하여야 한다.
   • 작업복 : 피부 노출이 되지 않는 긴소매 상의(팔토시 허용), 피부 노출이 되지 않는 긴바지 하의(반바지, 7부 바지, 찢어진 청바지, 치마 등 허용 안 됨)
   • 작업화 : 안전화 및 운동화 (샌들, 슬리퍼, 굽 높은 신발(하이힐) 등 허용 안 됨)
   • 휴대폰 및 시계(스톱워치 포함)는 시험 전 시험위원에게 제출한다.
④ 보통 훅 작업 후 코스운전을 한다.(단, 시험장 사정에 따라 순서가 바뀔 수 있음)
⑤ 장비운전 중 이상 소음이 발생되거나 위험 사항이 발생되면 즉시 운전을 중지하고, 시험위원에게 보고하여야 한다.
⑥ 장비 조작 및 운전 중 안전수칙을 준수하여 안전사고가 발생되지 않도록 유의한다.

✦ 선배들이 전하는 합격수기

① 가급적 학원에 다니길 권장한다. 실기 시험 여러번 보는 것보다 학원에서 1시간이라도 제대로 타보는 것이 좋다. 또한 학원에서 시험을 볼 수 있는 곳이라면 실기 시험 응시가 가능하므로 학원 차체로 익숙하게 연습한 수험생에게 유리하다.
② 지정학원에서 시험 볼 경우 동일한 기체로 시험을 보므로 알려준 붐 길이, 각도, 회전반경을 충분히 암기하기 바란다.
③ 가장 큰 탈락 원인은 바로 '긴장'이다. 차례가 오면 심호흡을 크게 몇 번하여 마인드 컨트롤을 한다.
④ 유튜브 동영상을 보며 각 과정마다 레버와 페달의 작동 상태를 인지하며 이미지 트레이닝을 많이 하기 바란다.

【기중기운전기능사(유압) 실기 채점기준】

- **배점** | 100점 만점에 60점 이상
- **항목별 배점** | 코스운전 30점, 훅작업 70점 (2과목 중 1과목이라도 실격되면 불합격)

구분	항목	항목별 점검방법	배점
코스 운전 (30점)	① 작업복장 준수상태	양호 2점, 기타 0점	2
	② 안전벨트 체결하기	양호 2점, 기타 0점	2
	③ 전진 주행하기 (부드러운 핸들 조작, 전진 중 후진 여부)	양호 6점, 보통 3점, 기타 0점, 불량 실격	6
	④ 정지선에 정지하기 (정지선 밟음 여부, 정지선에서 후진 여부)	양호 6점, 보통 3점, 기타 0점, 불량 실격 (보통 : 정지선을 밟음)	5
	⑤ 출발지점으로 후진 주행하기	양호 6점, 보통 3점, 기타 0점, 불량 실격	6
	⑥ 기관의 회전상태 및 기관 정지 (레버·페달 조작으로 인한 기관의 과부하)	양호 6점, 보통 3점, 기타 0점, 불량 실격	6
	⑦ 작업종료 시 각종 레버위치와 주차 브레이크 체결 여부	양호 : 3점, 기타 0점	3
훅작업 (70점)	① 작업 시 기관의 회전상태 (레버·페달 조작으로 인한 기관의 과부하)	양호 5점, 보통 3점, 기타 0점	5
	② 화물 상승 시 충격 여부 (붐 레버 부드럽게)	양호 5점, 보통 3점, 기타 0점	5
	③ 화물 착지 전 지면 50cm 이내 정지 후 재하강 여부	양호 5점, 보통 3점, 기타 0점	5
	④ 붐 길이의 조정 (장애물 통과 시 제원에 따라 붐을 적정하게 뽑기)	양호 5점, 보통 3점, 기타 0점	5
	⑤ 붐 선회 시 화물의 흔들림 여부 (스윙 레버 부드럽게)	양호 5점, 보통 3점, 기타 0점	10
	⑥ 붐 하강 시 충격 여부 (붐 레버 부드럽게)	양호 5점, 보통 3점, 기타 0점	5
	⑦ 화물 상승 시 지면 50cm 이내 정지 후 재상승 여부	양호 5점, 보통 3점, 기타 0점	5
	⑧ 화물과 지면과의 높이 (규정 높이 준수)	양호 5점, 보통 3점, 기타 0점	5
	⑨ 훅 작업 시 붐 각도 (규정 높이 준수)	양호 5점, 보통 3점, 기타 0점, 불량 실격	5
	⑩ 붐 상승 시 충격 여부	양호 5점, 보통 3점, 기타 0점	5
	⑪ 화물 하강 시 충격 여부	양호 5점, 보통 3점, 기타 0점	5
	⑫ 각종 레버 조작 숙련도	양호 5점, 보통 3점, 기타 0점	5
	⑬ 작업종료 후 붐 길이 및 각도 (규정 높이 준수)	양호 5점, 보통 3점, 기타 0점, 불량 실격	5
총 점수			

※위 채점기준표는 실제와 다를 수 있으므로 참고하시기 바랍니다.

【전국 기중기운전(전문)학원·전문학교】

지역	상호	주소	문의
강원	원주코끼리중장비학원	강원도 원주시 호저면 감박산길 66	033-745-4114
	원주제일중장비시험장	강원 원주시 소초면 치악로 3121-55	033-732-6671
경기	수풍중장비교육원	경기도 용인시 처인구 남사면 각궁로 252-3	031) 323-6911~3
	연안중장비운전학원	고양시 덕양구 동헌로 61	031-969-6933
	현대중장비운전전문학교	경기도 파주시 문산읍 임진나루길 253-24	1566-1425 031-953-4200
	김포중장비자동차정비학원	경기도 김포시 양촌읍 석모리 398	031-984-9923~4
경남	부산중장비학원	부산시 연제구 연산4동 739-17	051-804-3100
	현대중장비학원	부산시 북구 낙동대로 1694번길 10	051-343-2030, 2043
	김해중장비학원	경남 김해시 유하로 179-59	055-3358-8778
	경남창원중장비학원	경남 창원시 마산합포구 삼진의거대로 328	055-262-0058
	경남제일중장비학원	경남 함안군 여항면 진함로 1098-1	055-298-9000
경북	건영직업전문학교(경주)	경북 경주시 천북면 모아동산길 281	054-744-6699
	포항직업전문학교	포항시 남구 냉천로 58(인덕동)	054-274-0082 054-277-0004
전남	순천중장비학원	전남 순천시 양율길 166 (대룡동)	061-745-8080
	상무중장비학원	전남 보성군 벌교읍 조정래길 210-27	061-858-1700
전북	현대직업전문학교(전주)	전북 전주시 덕진구 동부대로 930	063-211-3000
충남	온양·아산중장비운전학원 2관	충남 아산시 염치읍 현대로 16-19	041-546-4888
	천안중장비운전학원	충남 천안시 서북구 두정공단1길 69-4(두정동)	041-569-9912
	현대직업전문학교(당진)	충남 당진시 원성산1길 130	041-353-9968
충북	충북중장비운전자동차정비학원	충북 청주시 청원구 사천로 18번길 34	043-211-3300
	대영중장비운전학원	청주시 청원구 내수읍 구성길 17	043-218-7701~3

※ 2024년 10월 기준 자료입니다. 누락된 부분이 있을 수 있으며, 일부 학원·직업학교는 폐업하거나 개강하지 않을 수 있으므로 확인하시기 바랍니다. 또한, 해당 학원·직업학교에 보유한 장비는 문의하기 바랍니다.

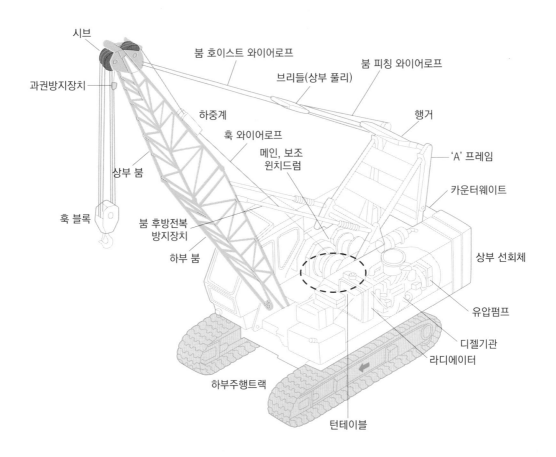

시브

붐 호이스트 와이어로프

붐 피칭 와이어로프

브리들(상부 풀리)

과권방지장치

행거

하중계

'A' 프레임

훅 와이어로프

카운터웨이트

메인, 보조
윈치드럼

상부 붐

상부 선회체

훅 블록

붐 후방전복
방지장치

유압펌프

하부 붐

디젤기관

라디에이터

하부주행트랙

턴테이블

⬆ 무한궤도형 기중기 기본 구조

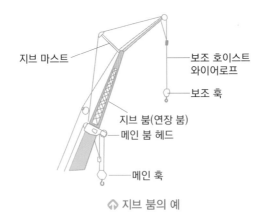

지브 마스트

보조 호이스트
와이어로프

보조 훅

지브 붐(연장 붐)

메인 붐 헤드

메인 훅

⬆ 지브 붐의 예

CHAPTER

01

예상문항수
20/60

기중기의
구조 및 작업

 Study Point 이 섹션의 출제비율은 높기 때문에 반드시 학습해야 합니다. 특히 작업장치와 기중기 작업의 비중이 가장 높습니다. 특히 이 섹션에서의 공개된 기출이 충분하지 않기 때문에 본 연구소에서는 NCS 자료를 기반으로 출제가능한 문제를 다수 포함시켰습니다. 문제를 위주로 이론도 함께 보며 정리하시기 바랍니다.

01 기중기 일반

[출제문항수 : 1~2문제] 이 섹션에서는 기중기 구조적 분류와 용어 위주로 공부하시면 됩니다.

01 기중기의 구분 및 기본 구조

1 주행장치별 구분

1) 무한궤도식 (크롤러형, Crawler Type)
① 무한궤도식은 기복이 심한 곳에서 작업이 용이하다.
② 무한궤도식은 습지, 사지, 연약지에서 작업이 유리하다.
③ 약 2km 이상의 원거리 주행 시는 트레일러에 탑재하여 이동한다.

2) 타이어식 (휠형, Wheel Type) : 주행장치가 고무 타이어로 된 형식
① 타이어식은 변속 및 주행 속도가 빠르다.
② 타이어식은 장거리 이동이 쉽고 기동성이 양호하다.
③ 습지나 사지 등의 작업이 곤란하다.
④ 원동기가 한 개로 주행과 작업을 함께 하며, 조종자 1명이 동시 가능하다.

3) 트럭탑재형
① 차대 또는 트럭 기중기 전용 차체로 제작된 캐리어나 트럭 위에 기중작업 장치인 상회 선회체를 설치하여, 트럭 운전실과 기중기 조종실이 별도로 설치된 형태이다.
② 기동성이 좋고, 기중 시 안전성이 좋다.
③ 습지, 사지, 험한 지역, 협소 장소에서의 작업이 곤란한다.

⬆ 트럭탑재형
⬅ 휠형
⬅ 크롤러형

▶ 작업방식의 분류

기계식	• 기관 동력을 축, 체인, 기어 등 기계식 방법으로 전달하며, 클러치의 단속으로 동력을 전달/차단시킨다.
전기식	• 작업 장치 작동의 전부 또는 일부의 동력을 전기로 얻는다.
유압식	• 기중작업장치 작동의 전부 또는 대부분을 유압 장치를 이용하며, 가장 많이 사용된다. • 기관 동력에 의해 유압펌프를 구동하고, 발생된 유압을 유압모터 등에 통해 작업장치에 전달되며, 운전조작은 제어밸브를 조정한다.

2 기중기의 기본 구조(3요소) ☆☆☆

기중기의 기본 구조	작업장치	붐(지브), 훅블록, 와이어로프, 전도방지장치, 권과장치 등 작업을 위한 장치
	상부 회전체	기관, 연료탱크, 카운터웨이트, 유압발생장치, 작업장치 등이 선회 프레임과 함께 설치
	하부 주행체 ＝하부 추진체	상부회전체를 탑재하여 크레인의 주행을 담당(무한궤도형과 휠형이 있음)

붐(텔레스코핑형, 유압형)
메인 붐 헤드
호이스트 케이블
암(기복 실린더)
훅 블록
카운터 웨이트
훅(hook)
휠형
아웃트리거

⬆ 휠형 기중기의 기본 구조

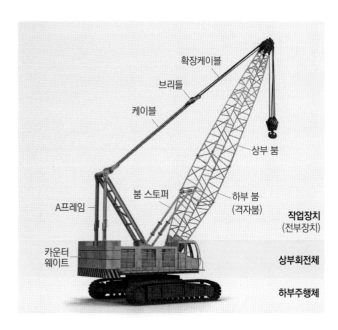

↑ 무한궤도식형 기중기의 기본 구조

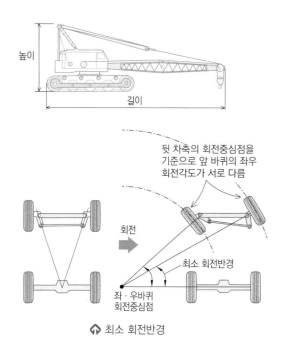

↑ 최소 회전반경

02 기중기의 제원 및 용어

길이	작업 장치를 부착한 건설기계의 앞뒤 양쪽 끝이 만드는 최단 거리
너비	작업 장치를 부착한 건설기계의 좌우 양쪽 끝이 만드는 최단 거리 (후사경 및 고정용 장치 포함)
높이	작업 장치를 부착한 건설기계의 가장 위쪽 끝이 만드는 수평면으로부터 지면까지의 최단 거리
최소 회전반경	타이어식 건설기계가 주행 중 선회할 때, 바깥쪽 앞바퀴의 중심선을 따라 측정할 때 회전중심점에서 궤적과의 거리(반지름)
기중기의 규격	인양할 수 있는 기중능력(TON)이다.
정격속도	크레인에 정격하중에 상당하는 하중을 매달고 권상, 주행, 선회 또는 수평 이동 시의 최고속도
양정(Lift)	훅크, 크래브, 버켓 등의 달기기구를 유효하게 올리고 내리는것이 가능한 상한과 하한과의 수직거리

1 기중기의 하중 ✿

① 임계 하중 : 전도 발생되기 직전 크레인 붐 끝단에서 양중 할 수 있는 최대하중

→ 또는, 스윙없이 최대로 들어 올릴 수 있는 하중과 들어 올릴 수 없는 하중의 경계 하중

② 정격 총하중(권상하중) : 들어 올릴 수 있는 최대 하중

→ 또는, 인양된 최대 허용하중(붐 길이 및 작업반경에 따라 결정)과 부가하중(훅와 그 이외의 인양된 도구들의 무게)을 합한 하중

③ **정격 하중**(Rated load) : 정격 총하중에서 훅 등 달기기구의 중량에 상당하는 하중을 뺀 하중이다.

④ **작업 하중**(사용하중) : 안전하게 작업할 수 있는 하중

• 트럭 탑재형 = 임계하중×85%

• 크롤러형, 타이어형의 작업하중 = 임계하중×75%

> ▶ 기타
> • 정하중 : 이동식 크레인 등의 자중과 인양하는 하중 등에 의한 부하가 크레인의 아웃트리거와 지지지반을 두고 작용하는 하중
> • 충격하중 : 비교적 짧은 시간 내에 충격적으로 작용하는 하중 (정하중과 비교하여 보통 1.3~5배 정도)

② 중량 중심(무게 중심)

① 모든 물체는 중력의 작용에 의하여 물체의 중심이 결정되는데 이를 물체의 중량 중심이라 한다.

② 무게 중심은 어떠한 물체라도 일정하며 물체의 위치가 바뀌어도 **중심은 변하지 않는다.**

③ 물체를 양중 시(들어올릴 때) 무게 중심과 훅의 위치는 수직상태에 놓이도록 해야 한다.

④ 물체의 중량은 체적이 동일하다 하여도 재질이 다르다. 이는 그 물체가 갖고 있는 비중이 다르기 때문이다. 비중에 따라 중량과 중심을 검토하여 양중 계획에 반영한다.

→ 비중은 금속이 가장 크다.

③ 기중기 7개 기본 동작

호이스트 (Hoist)	화물 및 버킷을 상승 또는 하강운동을 하게 하는 것 – 화물의 인양작업(기중작업)
붐 호이스트 (Boom Hoist)	붐을 상승, 하강시키는 운동
회전(Swing)	상부 선회체를 360° 회전시키는 운동
파기 (Crawd)	삽 혹은 버킷에 흙을 퍼 담는 운동 – 클램셸 버킷과 드래그라인과 같은 굴착장치 이용
당기기 (Retract)	삽을 당기는 운동
덤프 (Dump)	굴토된 흙을 부리는 운동
주행 (Travel)	하부 추진체의 추진 및 조향 운동

 **기출모음** ★ 숫자는 빈출 정도 및 중요도를 나타냅니다. ★3개 이상은 반드시 숙지하기 바랍니다.

1 ★★
일반적으로 기중기가 할 수 없는 작업은?

① 땅고르기 작업　　② 차량 토사 적재
③ 경사면 굴토　　　④ 리핑 작업

리핑 작업은 도저나 트랙터 후부에 리퍼를 설치하여 토사나 암석을 파내는 작업으로 기중기로도 가능하나 일반적인 작업은 아니다.

2 ★★★★
기중기로 할 수 있는 작업으로 가장 적절한 것은?

① 인양 작업　　　② 다짐 작업
③ 송토 작업　　　④ 잡목 제거 작업

3 ★★★
타이어식 기중기의 장점이 아닌 것은?

① 주행저항이 적다.　　② 자력으로 이동한다.
③ 견인력이 약하다.　　④ 기동성이 좋다.

타이어식 기중기는 **주행저항이 적고**, 변속 및 주행속도가 빨라 **기동성이 좋고 자력으로 이동**이 가능하지만, 견인력은 무한궤도형에 비하여 떨어진다.

4 ★★★
무한궤도식 기중기와 타이어식 기중기의 운전 특성에 대한 설명으로 틀린 것은?

① 무한궤도식은 기복이 심한 곳에서 작업이 불리하다.
② 타이어식은 변속 및 주행 속도가 빠르다.
③ 무한궤도식은 습지, 사지에서 작업이 유리하다.
④ 타이어식은 장거리 이동이 쉽고 기동성이 양호하다.

• 무한궤도식 : 습지, 사지, 연약지 등 기복이 심한 곳에서의 작업이 유리하다.
• 타이어식 : 기동성과 이동성이 좋으나 습지나 사지 등의 작업이 곤란하다.

5 ★★★
기중기의 주요 구성으로 적절하기 않는 것은?

① 작업장치　　　② 중간선회체
③ 상부회전체　　④ 하부주행체

6 ★★★
무한궤도식 기중기를 구성하고 있는 장치가 아닌 것은?

① 트랙　　　② 호이스트 드럼
③ 블레이드　④ 선회장치

블레이드는 불도저의 트랙터 앞쪽에 부착한 삽날을 말한다.

7 ★★
정격하중(Rated Load)에 대해 설명한 것은? (단, 지브가 있는 크레인은 제외)

① 크레인 지브의 경사각 및 길이 또는 지브에 따라 훅, 슬링 (인양로프 또는 인양용구) 등의 달기구 중량을 포함하여 인양할 수 있는 최대 하중이다.
② 정격 총하중에서 훅, 슬링 등의 달기 기구의 중량을 제외한 실제 인양 가능한 무게이다.
③ 기중기를 안전하게 사용할 수 있는 하중이다.
④ 이동식 크레인이 최대로 들어 올릴 수 있는 하중과 들어 올릴 수 없는 하중의 경계하중을 말한다.

---

① : 정격 총하중
③ : 작업 하중
④ : 임계 하중

8 ★★
기중기 하중에 대한 용어 설명으로 틀린 것은?

① 정격 총하중 : 각 붐의 길이와 작업 반경에 허용되는 훅, 그래브, 버킷 등 달아올림 기구를 포함한 최대하중
② 정격하중 : 정격 총하중에서 훅, 그래브, 버킷 등 달기 기구의 무게에 상당하는 하중을 뺀 하중
③ 호칭하중 : 기중기의 최대 작업하중
④ 작업하중 : 기중기로 화물을 최대로 들 수 있는 하중과 들 수 없는 하중과의 한계점에 놓인 하중

9 ★
다음 [보기]가 설명하는 하중은?

┌─ 보기 ─────────────────────┐
권상하중에서 훅 또는 버킷 등 달기기구의 중량에 상당하는 하중을 뺀 하중이다.
└──────────────────────────┘

① 작업 하중　　　② 정격 하중
③ 임계 하중　　　④ 정격 총하중

정답 1 ④　2 ①　3 ③　4 ①　5 ②　6 ③　7 ②　8 ④　9 ②

02 상부 회전체 (Upper Structure)

[출제문항수 : 1~2문제] 앞 섹션의 하부 주행체를 포함하여 3~4문제 정도가 출제됩니다. 카운터 웨이트와 센터 조인트를 묻는 문제가 대부분입니다.

상부 회전체에는 작업장치를 비롯한 기관, 조종석, 오일 탱크, 오일펌프 등이 설치되어 있으며, 하부 구동체 프레임에 스윙 베어링에 의하여 결합되어 360° 회전할 수 있도록 되어 있다.

01 동력전달순서

1 선회장치(Swing device) ☆

선회모터, 감속장치, 피니언, 링기어, 스윙 볼 레이스 등으로 구성된다.

① **스윙(선회) 모터** : 상부 회전체를 회전시키는 장치로, 피스톤식 유압모터를 사용한다.

→ 피스톤식은 출력(힘)이 가장 크다.

② **선회 감속장치** : 유성기어장치(선기어, 유성기어, 캐리어)에 의해 감속하며, 축 끝에 피니언기어를 장착하여 링기어에 치합되어 회전하면 상부 회전체가 회전한다.

③ **회전 고정 장치**(Swing lock system, 선회 록 장치) : 기중기가 운전 중에 상부 회전체를 고정시켜 상부 회전체의 회전으로 인한 사고를 방지한다.

> ▶ **선회(스윙) 동작이 원활하게 이루어지지 않는 이유**
> 컨트롤 밸브 스풀 불량, 릴리프 밸브 설정 압력 부족, 스윙(선회) 모터 내부 손상 등 유압밸브 및 모터의 이상이 원인이다.

2 컨트롤 밸브(control valve)

① 엔진 동력을 이용하여 피스톤 펌프가 유압을 형성하고, 형성된 유압을 각 부에 전달하여 기중기의 주행 및 작업을 가능하게 하는 유압장치이다.

② 릴리프 밸브(안전밸브), 체크밸브, 과부하 밸브, 방향제어 밸브(스풀밸브), 회로 내의 진공을 방지하는 메이크업 밸브 등이 설치되어 있다.

3 센터 조인트(선회이음, 터닝 조인트, 스위블 조인트) ☆

① 상부 회전체와 하부 추진체의 회전 중심에 위치하며, 상부 회전체의 오일을 하부 추진체의 주행모터 등에 공급하는 역할을 한다.

② 상부 회전체가 360° 회전하더라도 오일 관로가 꼬이지 않고 오일을 하부 주행체로 공급하는 구조로 되어 있다.

4 카운터 웨이트(밸런스 웨이트, 평형추) ☆

상부 회전체의 뒷부분에 무거운 추를 설치하여 훅이나 버킷 등에 중량물이 실리고 회전할 때 기중기의 전방 전도를 방지하고, 장비의 균형을 잡아준다.

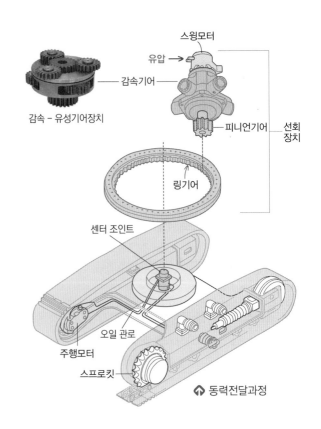

감속 – 유성기어장치 / 스윙모터 / 유압 → / 감속기어 / 피니언기어 / 선회 장치 / 링기어 / 센터 조인트 / 오일 관로 / 주행모터 / 스프로킷 / ⚓ 동력전달과정

1 ★ 기중기 상부 회전체에서 선회장치의 구성요소가 <u>아닌</u> 것은?

① 선회모터
② 차동기어
③ 링기어
④ 스윙 볼 레이스

선회장치는 선회모터(스윙모터), 피니언, 링기어, 스윙 볼 레이스 등으로 구성되며, 차동장치는 타이어식 건설기계에 사용되며, 노면이 고르지 못한 곳에서 좌우 바퀴의 회전수를 다르게 하여 선회를 원활하게 하여 주는 장치이다.

2 ★ 다음 [보기]가 설명하는 것은?

┌ 보기 ┐
기중기의 주요 구성장치 중 하나로, 조종석 및 엔진 등이 설치되어 있으며 360° 선회가 가능하다.
└────┘

① 상부 선회체
② 타이어
③ 무한궤도
④ 블레이드

3 ★★★★ 기중기 작업 시 안정성을 주고 장비의 균형을 유지하기 위해 설치한 것은?

① 선회장치(swing device)
② 카운터 웨이트(counter weight)
③ 버킷(bucket)
④ 센터 조인트(center joint)

카운터 웨이트는 '밸런스 웨이트'라고도 하며, 상부 회전체의 제일 뒷부분에 설치되어 기중기가 앞으로 넘어지는 것을 방지한다.

4 ★★ 기중기에 설치된 카운터웨이트의 기능은?

① 권상하중이 커지는 것을 방지해 준다.
② 상부회전체를 회전시켜 준다.
③ 장비의 회전반경을 작게 해준다.
④ 차체의 균형을 유지시켜 준다.

5 ★★★ 상부 선회체의 중심부에 설치되어 회전하더라도 호스, 파이프 등이 꼬이지 않고 오일을 하부 주행체로 공급해주는 부품은?

① 센터 조인트
② 트위스트 조인트
③ 등속 조인트
④ 유니버셜 조인트

센터 조인트는 상부 회전체가 회전 시에도 오일을 하부 주행모터에 원활히 공급한다.
※ 하부 구동체에는 브레이크, 주행모터, 브레드 등에 오일 공급을 필요로 한다. 이때 상부회전체의 오일을 하부 구동체에 보낼 때 호스, 파이프 등을 이용하면 상부회전체의 회전을 방해하므로 센터 조인트를 이용하여 오일을 공급한다.

6 ★★★ 센터 조인트의 기능으로 가장 알맞은 것은?

① 트랙을 구동시켜 주행하도록 한다.
② 차체에 중앙 고정축 주위에 움직이는 암이다.
③ 메인 펌프에서 공급되는 오일을 하부 유압 부품에 공급한다.
④ 전·후륜의 중앙에 있는 디퍼런셜 기어에 오일을 공급한다.

센터 조인트는 상부 회전체가 회전하더라도 오일 관로가 꼬이지 않고 오일을 하부 주행체로 원활히 공급하는 기능을 한다.

센터 조인트 참조

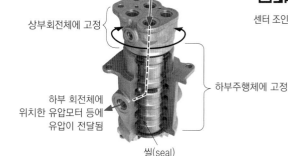

상부 회전체에 위치한 유압펌프에 의해 발생된 유압이 센터 조인트에 유입됨
상부회전체에 고정
하부 회전체에 위치한 유압모터 등에 유압이 전달됨
하부주행체에 고정
씰(seal)

⬆ 센터 조인트

01

정답 1② 2① 3② 4④ 5① 6③

7 ★★ 무한궤도형 기중기에 사용되는 센터 조인트에 대한 설명으로 적절하지 않은 것은?

① 상부회전체의 중심부에 설치되어 있다.
② 스위블 조인트라고도 한다.
③ 압력 상태에서는 선회가 불가능한 관이음이다.
④ 상부회전체가 회전하더라도 오일 관로가 꼬이지 않고 오일을 하부주행체로 원활히 공급 가능하다.

센터 조인트(스위블 조인트)는 상부회전체와 하부주행체 사이의 회전중심부에 위치하며, 상부회전체가 회전하더라도 유압펌프(상부회전체에 위치)에서 발생한 유압이 하부주행체로 이동할 수 있도록 한다. 즉, 상부회전체가 회전하더라도 오일 관로가 꼬이지 않고 오일이 하부주행체로 공급된다.
압력 상태란 펌프에 의해 오일에 압력이 가한 상태를 말한다.

8 ★★ 무한궤도형 기중기의 스윙(선회) 동작이 원활하게 안 되는 원인으로 틀린 것은?

① 컨트롤 밸브 스풀 불량
② 릴리프 밸브 설정 압력 부족
③ 터닝 조인트(Turning Joint) 불량
④ 스윙(선회) 모터 내부 손상

터닝 조인트(센터 조인트)는 유압펌프의 오일을 하부 주행체의 유압모터에 공급하므로 불량 시 조향 또는 주행이 불량하며, 스윙(스윙모터)과는 무관하다.

① 컨트롤 밸브 스풀 : 방향을 제어하는 역할을 하므로 불량 시 스윙 방향이 원활하지 않다. (자세한 설명은 유압장치 참조)
② 릴리프 밸브는 규정압력을 제한하며, 설정 압력이 부족하면 스윙에 필요한 유압(힘)이 작아지므로 스윙에 원활하지 못한다.
④ 기중기는 스윙모터에 의해 회전되므로 손상 시 스윙이 원활하지 않는다.

9 ★★★★ 기중기의 상부선회체가 회전하지 못하도록 하는 선회 록 장치는 언제 사용하는가?

① 수직 굴토할 때
② 양중 작업할 때
③ 스윙 작업할 때
④ 도로를 주행할 때

기중기가 주행하거나 트럭 등에 의해 운반될 때 상부 회전체를 고정시켜 상부 회전체의 회전으로 인한 사고를 방지한다.

Craftsman Crane Operator

03 하부 추진체 (Upper Structure)

[출제문항수 : 1~2문제] 이 섹션의 출제비율은 매우 낮습니다. 각 구성품 및 역할 위주로 공부하시기 바랍니다. 참고로 트랙장력 부분은 2024년 현재 출제가 되지 않았습니다.

01 동력전달순서

기중기는 무한궤도(크롤러형)형과 휠형으로 구분되며, 무한궤도형의 동력전달방식은 기계식과 유압식으로 구분된다. 대부분의 무한궤도형은 유압식을 사용한다.

→ 따라서 무한궤도의 동력장치에 관한 문제가 나올 때 유압식을 기준으로 해답을 찾는다.

1 유압식

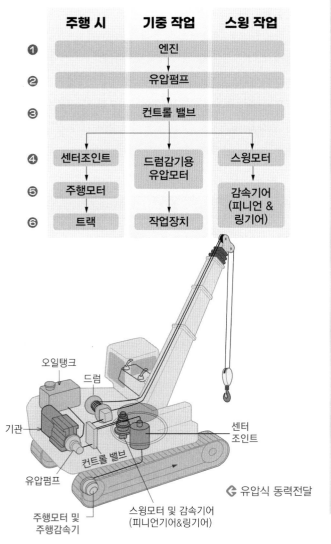

주행 시	기중 작업	스윙 작업
❶	엔진	
❷	유압펌프	
❸	컨트롤 밸브	
❹ 센터조인트	드럼감기용 유압모터	스윙모터
❺ 주행모터		감속기어 (피니언 & 링기어)
❻ 트랙	작업장치	

오일탱크
드럼
기관
컨트롤 밸브
유압펌프
주행모터 및 주행감속기
스윙모터 및 감속기어 (피니언기어&링기어)
센터 조인트

◀ 유압식 동력전달

2 기계식

동력전달순서는 일반 차량과 유사한 방식이나 차이점은 각 트랙마다 조향 클러치를 두어 방향전환이 가능하다.

> 기관 → 클러치(유체클러치) → 변속기 → 자재이음 → 종감속기어 → 조향클러치 → 구동륜 → 트랙

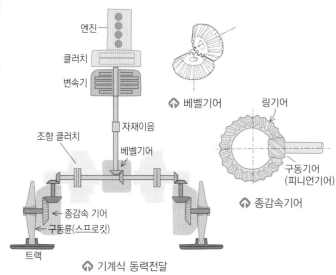

엔진
클러치
변속기
조향 클러치
종감속 기어
구동륜(스프로킷)
트랙
자재이음
베벨기어
베벨기어
링기어
구동기어 (피니언기어)
종감속기어

⬆ 기계식 동력전달

02 동력전달장치

1 무한궤도형 - 기계식

메인 클러치 (마스터 클러치)	기관의 동력을 변속기로 전달시키거나 차단시키는 장치로, 토크변환기가 주로 사용된다.
변속기	클러치로부터 동력을 받아 속도조절과 후진을 가능하게 해준다.
자재이음	변속기에 나온 동력을 변속기에 전달하는 할 때 축의 각도나 길이를 변화시켜 준다.

피니언 및 베벨 기어	변속기 출력축에 연결된 피니언 기어와 환향축에 연결된 베벨기어의 조합으로 수직동력을 수평동력으로 변환하여 주고 2.8 : 1의 감속을 한다. → 환향축 : 還向軸, 방향을 바꾸어 주는 축
조향 클러치 (스티어링 클러치, 환향 클러치)	무한궤도식 추진장치는 좌우 트랙 중 어느 한쪽의 동력을 끊으면 트랙이 동력을 끊은 쪽으로 돌게 되는 조향 방법이다.
최종구동장치 (종감속 기어, 파이널 드라이브)	엔진의 회전속도를 최종적으로 감속시켜(10:1로 감속되어 구동력을 증가) 구동 스프로킷에 전달하는 장치이다.

② 무한궤도형 – 유압식 ☆☆☆

1) 주행모터(running motor) – 유압모터식
→ 유압모터는 4장 유압장치를 참고할 것

① 유압장치의 액추에이터로 사용되는 유압모터를 회전시켜 주행체를 움직인다.

② 유압모터의 회전력(동력)은 감속기어, 스프로킷을 거쳐 트랙을 구동시킨다.

③ 조향은 좌우 주행모터의 속도를 조절하여 이루어진다.

④ 조향방법

완회전 (피벗턴)	한쪽 주행 레버만 밀거나 당겨서 한쪽 트랙만 전·후진시킴으로 회전한다.
급회전 (스핀턴)	좌우측 주행레버를 한쪽 레버는 앞으로 밀고, 한쪽 레버는 조종자 앞쪽으로 동시에 당기면 급회전이 이루어진다.

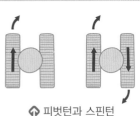

⬆ 피벗턴과 스핀턴

③ 제동장치

① 주행모터의 주차 제동은 '네거티브(negative)' 형식이다.

② 수동에 의한 제동이 불가하며, 주행신호에 의해 제동이 해제된다.

③ 제동은 '주차 제동' 한가지만을 사용한다.

④ 주행모터 내부에 설치된 브레이크 밸브는 주행 시에 열린다.

> ▶ 참고) 제동 방식
> • 네거티브 제동 : 멈추어 있는 상태가 기본이며, 주행할 때 제동이 풀리는 방식
> • 포지티브 제동 : 움직이는 것을 멈추는 일반적인 제동 방식
> ⓔ 일반 승용차
>
> ▶ 참고) 브레이크 밸브는 유압 실린더 및 유압 모터의 브레이크로 사용되며, 임의의 압력으로 브레이크를 걸 수 있고, 또한 충격 없이 부드럽게 정지시킬 수 있다.

④ 휠형

1) 마찰클러치
플라이휠(크랭크축과 연결)과 클러치판(변속기 입력축)과 마찰을 통해 엔진의 동력을 변속기에 전달되는 구조이다.

2) 토크컨버터(유체클러치)
펌프(크랭크축과 연결)와 터빈(변속기 입력축) 사이에 오일이 있어 오일을 매개체로 엔진의 동력을 변속기에 전달되는 구조이다.

03 하부 추진체의 구성품

① 트랙 아이들러 (Track idler) = 전부 유도륜 = 프런트 아이들러(front idler)

① 좌우 트랙 앞부분에 설치되어 있다.

② **트랙의 진로를 조정하면서 주행방향으로 트랙을 유도**한다.

③ 트랙 아이들러는 실린더에 의해 프레임에 고정되어 있고, 리코일 스프링으로 지지되어 스프링 장력에 의해 앞뒤로 조정되어 움직이는 구조로, 주행 중 **지면으로부터 받는 충격을 완화**시킨다.

→ 충격 등에 대한 '반동'을 의미

② 리코일 스프링(Recoil spring) ☆☆
주행 중 트랙 전면에 외부 영향으로 스프링의 반동에 의해 **아이들러(또는 트랙)에 가해지는 충격을 흡수**하고 트랙의 장력을 유지시킨다.

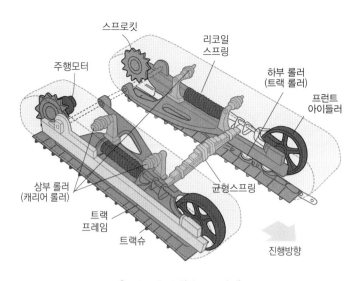

스프로킷

리코일
스프링

주행모터

하부 롤러
(트랙 롤러)

프런트
아이들러

상부 롤러
(캐리어 롤러)

균형스프링

트랙
프레임

트랙슈

진행방향

⬆ 하부 추진체(하부 주행체) 구조

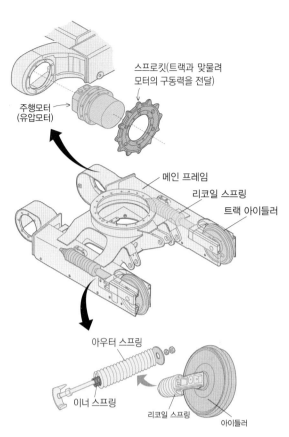

스프로킷(트랙과 맞물려
모터의 구동력을 전달)

주행모터
(유압모터)

메인 프레임

리코일 스프링

트랙 아이들러

아우터 스프링

이너 스프링

리코일 스프링

아이들러

리코일 스프링은 이중 스프링(이너 스프링과 아우터 스프링)으로
되어 있어 서징(진동)을 감소시킨다.

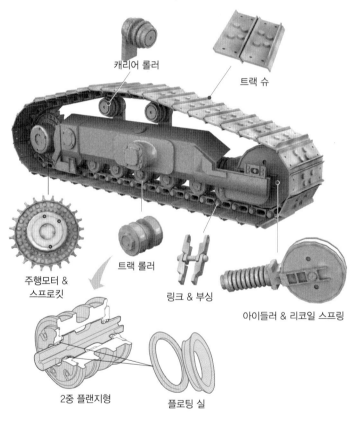

캐리어 롤러

트랙 슈

주행모터 &
스프로킷

트랙 롤러

링크 & 부싱

아이들러 & 리코일 스프링

2중 플랜지형

플로팅 실

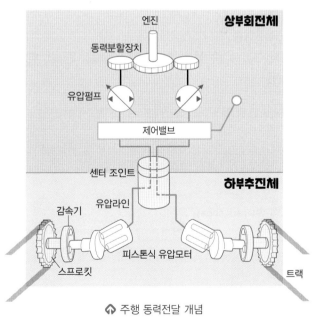

엔진

동력분할장치

상부회전체

유압펌프

제어밸브

센터 조인트

하부추진체

감속기

유압라인

피스톤식 유압모터

스프로킷

트랙

⬆ 주행 동력전달 개념

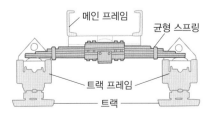

메인 프레임

균형 스프링

트랙 프레임

트랙

⬆ 앞에서 본 하부 추진체

❸ 균형 스프링 (Equalizer spring)

일종의 판스프링으로, 불규칙한 노면을 주행할 때 발생되는 충격을 흡수하며, 좌우 트랙 프레임에 작용하는 하중이 균일하도록 작용한다.

❹ 스프로킷 (Sprocket)

주행모터에 장착되어 유압모터의 동력(구동력)을 트랙으로 전달하기 위해 트랙과 맞물릴 수 있는 기어 역할을 한다. 트랙 장력이 과대하거나 이완되면 스프로킷의 마모가 심해진다.

❺ 주행 모터 (Running motor)

주행 모터는 좌우로 각각 1개씩 하부 추진체 뒤에 설치되어 있다. 센터 조인트로부터 상부 회전체의 유압을 받아 기중기의 주행에 필요한 **구동력을 발생**시키는 **유압 모터**이다.

→ 센터 조인트(터닝 조인트) : 상부 회전체에 위치한 오일펌프에서 발생된 유압을 하부구동체의 유압모터나 조향장치 등에 전달할 때 배관을 사용할 수 없다.(하부구동체는 고정된 상태에서 상부 회전체는 360° 회전하므로 배관이 꼬이므로) 그러므로 원통형의 터닝 조인트에 구멍을 내어 유압을 전달시킨다.

▶ 참고) 주행모터는 구조적으로 내부에 파킹장치에 있어, 주행레버 조작을 멈추면 자동으로 제동이 된다.

❻ 트랙 (Track)

1) 주요 구성품

트랙 슈(슈판), 슈 볼트, 링크, 부싱(bushing), 핀(pin), 더스트 실 등

▶ 마스터 핀(Master pin) : 무한궤도식 건설기계에서 트랙을 쉽게 분리하기 위해 설치한 것

▶ 더스트 실(Dust seal) : 트랙이 흙탕물 속에서 기동될 때 핀과 부싱 사이에 토사가 들어가는 것을 방지한다.

2) 트랙 슈(Track shoe)

① 트랙 슈는 트랙의 겉면을 구성하는 트랙의 신발에 해당하는 부분으로 토질이나 작업 내용에 따라 여러 형태가 있다.

② 단일 돌기, 이중 돌기 및 삼중 돌기 슈 등이 사용된다.

③ 트랙 슈는 지면과 맞닿는 부분이므로 주유를 하지 않아도 된다.

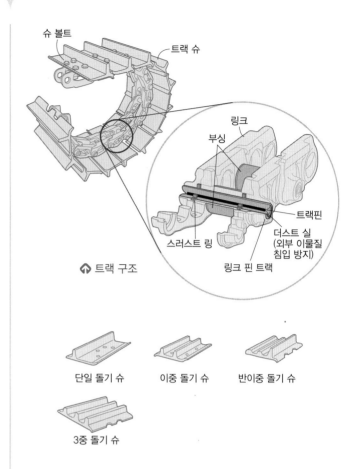

슈 볼트 / 트랙 슈 / 링크 / 부싱 / 트랙핀 / 더스트 실 (외부 이물질 침입 방지) / 스러스트 링 / 링크 핀 트랙

⬆ 트랙 구조

단일 돌기 슈   이중 돌기 슈   반이중 돌기 슈

3중 돌기 슈

3) 트랙장력의 조정

① 목적 : 트랙 구성품의 수명연장, 트랙의 이탈방지, 스프로킷의 마모 방지

② 트랙 장력의 측정 및 조정

• 장비를 평지에 정차시킨다.

• 한쪽씩 트랙을 들고 늘어지는 것을 점검한다.

• **아이들러와 1번 상부롤러 사이**에서 측정하고 트랙 슈의 처진 상태가 30~40mm 정도면 정상이다.

• 상부롤러와 트랙 사이에 지렛대를 넣고 들어 올렸을 때 간극이 30~40mm 정도면 정상이다.

• 주행 중 구동체인의 장력조정은 아이들러(유동륜)를 전·후진시켜 조정한다.

• 트랙의 장력은 **25~40mm**로 조정한다.(2~3회 반복 조정한다.)

▶ 트랙 긴도(장력) 조정 : 트랙 어저스터(Track adjuster)로 하며, 기계식과 그리스 주입식이 있다.
　• 기계식(너트식) : 조정나사를 돌려 조정
　• 그리스 주입식(그리스식) : 긴도 조정 실린더에 그리스를 주입하여 조정
▶ 무한궤도 기중기의 트랙장력 조정방법
　① 장비를 평지에 정차시킨다.
　② 한쪽씩 트랙을 들고 늘어지는 것을 점검한다.
　③ 2~3회 반복 조정한다.

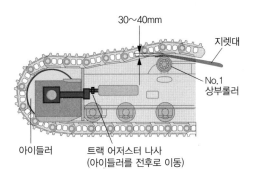

30~40mm
지렛대
No.1
상부롤러
아이들러
트랙 어저스터 나사
(아이들러를 전후로 이동)

04 크롤러형 기중기의 점검

1 트랙이 벗겨지는 원인
　① 트랙 유격(긴도)이 너무 큰(이완된) 경우
　② 트랙의 정렬이 불량할 때 – 프런트 아이들러와 스프로킷의 중심이 일치되지 않은 경우
　③ 프런트 아이들러, 상·하부 롤러 및 스프로킷의 마멸이 큰 경우
　④ 고속주행 중 급선회를 한 경우
　⑤ 리코일 스프링의 장력이 부족한 경우
　⑥ 경사지에서 작업하는 경우

2 트랙의 유격(장력)
1) 규정값보다 클 때 (트랙장력 이완)
　① 트랙이 벗겨지기 쉽다.
2) 규정값보다 작을 때 (트랙장력 과다)
　① 스프로킷, 프런트 아이들러의 마모 촉진
　② 트랙 핀, 부싱, 트랙 링크, 롤러 등 트랙 부품의 조기 마모

3 트랙의 점검항목 및 조치사항
　① 트랙의 장력을 규정 값으로 조정한다.
　② 구동 스프로킷의 마멸한계를 초과하면 교환한다.
　③ 리코일 스프링의 손상 등 상·하부 롤러 균열 및 마멸 등이 있으면 교환한다.

4 무한궤도식 건설기계에서 주행 불량 현상의 원인
　① 한쪽 주행모터의 브레이크 작동이 불량할 때
　② 유압펌프의 토출 유량이 부족할 때
　③ 스프로킷이 손상되었을 때

01

1 주행장치에 따른 기중기의 분류가 아닌 것은?

① 트럭식
② 무한궤도식
③ 로터리식
④ 타이어식

주행장치에 따른 기중기의 분류 : 무한궤도식(크롤러형), 트럭식(트럭탑재형), 휠형(타이어식)

2 기중기 하부 구동체 기구의 구성요소와 관련된 사항이 아닌 것은?

① 트랙 프레임
② 주행용 유압모터
③ 트랙 및 롤러
④ 윈치 드럼

윈치 드럼은 상부 회전체에 위치한다.

3 무한궤도식 기중기의 하부주행체를 구성하는 요소가 아닌 것은?

① 선회 고정장치   ② 주행모터
③ 스프로킷   ④ 트랙

선회 고정장치는 상부 회전체를 고정시켜 주는 장치이다.

4 무한궤도식 기중기에서 하부 주행체 동력전달 순서로 맞는 것은?

① 유압펌프 → 제어밸브 → 센터조인트 → 주행모터
② 유압펌프 → 제어밸브 → 주행모터 → 자재이음
③ 유압펌프 → 센터조인트 → 주행모터 → 제어밸브
④ 유압펌프 → 센터조인트 → 주행모터 → 자재이음

엔진의 동력을 이용하여 피스톤 펌프가 유압을 형성 → 형성된 유압은 Main Control Valve가 각 부에 전달 → 상부 회전체와 하부추진체를 연결하는 센터조인트를 거쳐 → 주행감속기 및 주행모터로 이어진다.

5 트랙에 있는 롤러에 대한 설명으로 틀린 것은?

① 상부 롤러는 보통 1~2개가 설치되어 있다.
② 하부 롤러는 트랙프레임의 한쪽 아래에 3~7개 설치되어 있다.
③ 상부 롤러는 스프로킷과 아이들러 사이에 트랙이 처지는 것을 방지한다.
④ 하부 롤러는 트랙의 마모를 방지해 준다.

하부 롤러(트랙 롤러)는 작업장치의 무게를 지탱하며 무게를 분산시킨다.

6 무한궤도식 기중기의 주행을 담당하는 것은?

① 스티어링 펌프
② 메인 펌프
③ 주행모터
④ 스윙모터

무한궤도식 기중기는 유압을 이용하여 주행모터에 의해 트랙을 구동시킨다.
참고) 스티어링 펌프는 자동차와 같은 조향장치에 필요한 유압을 발생시키는 구성품으로, 타이어식 기중기에 필요하다.

7 무한궤도식 기중기에서 센터조인트로부터 유압을 받아 스프로킷을 회전시켜 주행과 조향기능을 하는 장치는?

① 트랙   ② 주행모터
③ 스티어링 펌프   ④ 아이들러

주행모터(유압모터)는 유압을 이용하여 주행 상태에 알맞은 구동력 증대와 전/후진 변경, 동력을 전달/차단시키며, 조향 시에는 한쪽 주행모터를 정지시키고 다른 주행모터를 회전시키거나 주행모터의 회전방향을 바꾼다.

8 무한궤도식 기중기에서 상부 롤러의 설치 목적은?

① 전부 유동륜을 고정한다.
② 기동륜을 지지한다.
③ 트랙을 지지한다.
④ 리코일 스프링을 지지한다.

상부 롤러는 트랙을 지지하는 역할만 하고, 하부 롤러는 트랙터 전체의 무게를 지지한다.

정답   1 ③   2 ④   3 ①   4 ①   5 ④   6 ③   7 ②   8 ③

9 하부 주행체에서 프런트 아이들러의 작동으로 맞는 것은?

① 동력을 발생시켜 트랙으로 전달한다.
② 트랙의 진로를 조정하면서 주행방향으로 트랙을 유도한다.
③ 트랙의 구동력을 증대시킨다.
④ 차체의 파손을 방지하고 원활한 운전이 되도록 해준다.

프런트 아이들러(전부 유동륜)는 트랙 앞부분에 위치하여 트랙의 진행 방향을 유도한다.

10 무한궤도식 건설기계에서 리코일 스프링의 주된 역할로 맞는 것은?

① 주행 중 트랙 전면에서 오는 충격 완화
② 클러치의 미끄러짐 방지
③ 트랙의 벗어짐 방지
④ 삽에 걸리는 하중 방지

리코일 스프링의 장력에 의해 주행 중 트랙이 외부 물체와 부딪힐 때 충격을 완화하여 트랙 및 아이들러의 손상을 방지하는 역할을 한다.

11 무한 궤도식에서 트랙 아이들러 완충장치인 리코일 스프링의 설치목적 중 틀린 것은?

① 트랙 전면의 충격 흡수
② 트랙 장력과 긴장도 유지
③ 트랙의 마모방지 및 평행 유지
④ 차체 파손 방지와 원활한 운전

12 리코일 스프링의 설명으로 적절한 것은?

① 주행 중 아이들러에 미치는 충격을 흡수한다.
② 기중기 전체의 무게를 지지하여 균일하게 트랙에 배분한다.
③ 트랙의 무게를 지지하여 트랙이 처지는 것을 방지한다.
④ 좌·우 트랙의 하중분포를 같게 하여 균형을 잡는 역할을 한다.

13 무한궤도식 건설기계 프런트 아이들러에 미치는 충격을 완화시켜주는 완충장치로 틀린 것은?

① 코일 스프링식
② 압축 피스톤식
③ 접지 스프링식
④ 질소 가스식

프런트 아이들러의 완충장치에는 코일 스프링식, 접지 스프링식, 질소가스식이 있다.
코일 스프링식(주로 사용)과 접지 스프링식(다이어프램)은 스프링의 장력을 이용하며, 질소가스식은 기체의 압축성을 이용한 탄성력에 의해 충격을 완충시켜준다.

14 트랙에서 스프로킷이 이상 마모되는 원인은?

① 트랙의 이완
② 유압유의 부족
③ 댐퍼스프링의 장력 약화
④ 유압이 높음

스프로킷은 최종 구동의 동력을 트랙으로 전달해 주는 역할을 하며, 트랙 장력이 과대하거나 너무 이완되어 있으면 마멸이 심해진다.

15 무한궤도식 기중기에서 슈(shoe), 링크(link), 핀(pin), 부싱(bushing) 등이 연결되어 구성된 장치의 명칭은?

① 센터 조인트(center joint)
② 트랙(track)
③ 붐(boom)
④ 스프로킷(sprocket)

트랙의 주요 구성품 : 트랙 슈, 슈 볼트, 링크, 핀, 부싱, 더스트 실 등

16 무한궤도식 건설기계에서 트랙의 구성품은?

① 슈, 조인트, 스프로킷, 핀, 슈 볼트
② 스프로킷, 트랙 롤러, 상부 롤러, 아이들러
③ 슈, 스프로킷, 하부 롤러, 상부 롤러, 감속기
④ 슈, 슈 볼트, 링크, 부싱, 핀

트랙은 트랙 슈, 링크, 부싱, 핀, 더스트 실 등으로 되어 있다.

정답 **9** ② **10** ① **11** ③ **12** ① **13** ② **14** ① **15** ② **16** ④

01

17 트랙의 주요 구성부품이 아닌 것은?

① 슈판
② 스윙기어
③ 링크
④ 핀

스윙기어는 상부 회전체의 선회장치의 구성품이다.

18 기중기에서 그리스를 주입하지 않아도 되는 곳은?

① 버킷 핀
② 링키지
③ 트랙 슈
④ 선회 베어링

트랙 슈는 지면에 닿으므로 그리스를 주입하지 않는다.
※ 그리스는 베어링, 연결 부위(링키지), 핀 등과 같이 회전체가 원활하게 하기 위한 점도가 높은 오일류이다.

19 트랙이 잘 벗겨지는 이유로 가장 적절하지 않은 것은?

① 트랙 유격이 너무 수축된 경우
② 전부 유동륜과 스프로킷이 마모되었을 경우
③ 고속주행 중 급커브를 도는 경우
④ 트랙의 중심 정렬이 맞지 않는 경우

트랙이 벗겨지는 원인
① 트랙 유격이 너무 큰 경우
② 트랙의 중심 정렬이 불량한 경우
③ 전부유동륜, 상·하부 롤러 및 스프로킷이 마멸된 경우
④ 고속주행 중 급선회를 한 경우
⑤ 리코일 스프링의 장력이 부족한 경우
⑥ 경사지에서 작업하는 경우

20 하부 롤러, 링크 등 트랙부품이 조기 마모되는 원인으로 가장 적절한 것은?

① 겨울철에 작업을 하였을 때
② 트랙 장력이 너무 팽팽할 때
③ 일반 객토에서 작업을 하였을 때
④ 트랙 장력 실린더에 그리스가 누유 될 때

21 다음 중 트랙을 분리할 필요가 없는 경우는?

① 하부 롤러 교환 시
② 트랙 교환 시
③ 아이들러 교환 시
④ 트랙이 벗어졌을 때

상·하부 롤러는 트랙이 처지지 않도록 하거나, 트랙이 받는 중량을 지면에 트랙터 전체의 무게를 지지하는 역할을 한다. 교환 시에는 트랙을 분리할 필요가 없다.

22 트랙이 자주 벗겨지는 원인으로 가장 거리가 먼 것은?

① 유격(긴도)이 규정보다 클 때
② 트랙의 상·하부 롤러가 마모 되었을 때
③ 최종 구동기어가 마모 되었을 때
④ 트랙의 중심 정렬이 맞지 않았을 때

트랙이 벗겨지는 원인
① 트랙 유격이 너무 큰경우
② 트랙의 중심 정렬이 불량한 경우
③ 전부유동륜, 상·하부 롤러 및 스프로킷이 마멸된 경우
④ 고속주행 중 급선회를 한 경우
⑤ 리코일 스프링의 장력이 부족한 경우
⑥ 경사지에서 작업하는 경우

23 기계식 무한궤도 기중기의 동력전달 계통에서 최종적으로 구동력을 증가시키는 것은?

① 트랙 모터
② 종감속 기어
③ 스프로킷
④ 변속기

기계식 무한궤도 기중기에서는 좌·우 스프로킷에 동력이 전달되기 전에 종감속기어에 의해 구동력이 증가된다.

24 무한궤도식 주행 장치에서 스프로킷의 이상 마모를 방지하기 위해서 조정하여야 하는 것은?

① 슈의 간격
② 트랙의 장력
③ 롤러의 간격
④ 아이들러의 위치

트랙의 장력이 과대하거나 이완되면 스프로킷이 이상 마멸된다.

25 무한궤도식 건설기계에서 주행 구동체인의 장력 조정 방법으로 가장 적합한 것은?

① 구동 스프로킷을 전·후진시켜 조정한다.
② 리코일 스프링의 장력을 조정한다.
③ 슬라이드 슈의 위치를 변화시켜 조정한다.
④ 아이들러를 전·후진시켜 조정한다.

무한궤도 건설기계의 트랙장력조정은 트랙 어저스터로 하며, 주행 중 트랙 장력 조정은 아이들러를 전·후진시키며 조정한다.

26 무한궤도식 기중기에서 트랙 장력을 조정하는 이유가 아닌 것은?

① 스프로킷 마모 방지
② 스윙 모터의 과부하 방지
③ 구성품 수명 연장
④ 트랙의 이완 방지

무한궤도 건설기계에서 트랙 장력 조정은 트랙과 스프로킷·아이들러·상하 롤러와의 이탈을 방지하고, 특히 트랙과 스프로킷의 맞물림이 느슨하면 기어 손상을 줄 수 있다.
스윙 모터는 선회장치의 구성품이다.

27 무한궤도식 건설기계에서 트랙 장력을 측정하는 부위로 가장 적합한 것은?

① 아이들러와 스프로킷 사이
② 1번 상부 롤러와 2번 상부 롤러 사이
③ 스프로킷과 1번 상부 롤러 사이
④ 아이들러와 1번 상부 롤러 사이

트랙 장력은 아이들러와 1번 상부 롤러 사이에서 측정한다.

28 기중기 트랙의 장력 조정 방법으로 맞는 것은?

① 하부 롤러의 조정방식으로 한다.
② 트랙 조정용 심(shim)을 끼워서 한다.
③ 트랙 조정용 실린더에 그리스를 주입한다.
④ 캐리어 롤러의 조정방식으로 한다.

트랙의 장력 조정 방법 중 그리스 주입식은 트랙 조정용 실린더에 그리스를 주입하여 조정한다.

29 무한궤도식 건설기계에서 트랙 장력의 조정은?

① 스프로킷의 조정볼트로 한다.
② 장력 조정 실린더로 한다.
③ 상부 롤러의 베어링으로 한다.
④ 하부 롤러의 심을 조정한다.

무한궤도 트랙의 장력 조정 실린더에 그리스를 주입하여 조정한다.

30 기중기에서 트랙 장력을 조정하는 기능을 가진 것은?

① 트랙 어저스터
② 스프로킷
③ 주행모터
④ 아이들러

무한궤도의 건설기계의 트랙장력은 트랙 어저스터로 조정하며, 아이들러는 주행 중 트랙의 장력이 유지될 수 있도록 전후로 움직여 조정한다.
※ 어저스터(adjuster) : 조정기

31 기중기의 프런트 아이들러와 스프로킷이 일치되게 하기 위해서는 브래킷 옆에 무엇으로 조정하는가?

① 시어 핀
② 쐐기
③ 편심볼트
④ 심(shim)

무한궤도 트랙의 프런트 아이들러와 스프로킷을 일치시키기 위하여 브래킷 옆에 있는 심(shim)으로 조정한다.
※ 심(shim) : 와셔와 유사한 형태로 두께를 조정하는 역할을 한다.

01

정답 **25** ④ **26** ② **27** ④ **28** ③ **29** ② **30** ① **31** ④

Section 03 하부 추진체 **49**

04 작업장치 (전부장치)

[출제문항수 : 6~7문제] 학습분량에 비해 출제비율이 적지 않습니다. 작업반경과 붐의 각도, 와이어로프 구성, 안전율, 달기기구 종류 및 줄걸이 방법, 드럼 클러치 및 브레이크 방식, 안전장치의 종류 등 전체적으로 꼼꼼하게 공부하시기 바랍니다.

01 붐(Boom)

기중기의 작업장치는 붐, 암, 버킷으로 구성된다.

1 개요

붐은 철골 구조의 트러스트형(격자형, box형)이나 유압으로 작동되는 텔레스코핑형(Telescoping, 다단식) 붐이 사용된다.

> ▶ **붐의 일반 분류**
> • 마스터 붐 : 하부 붐과 상부 붐의 연결한 구조로, 주로 무거운 하중을 수직으로 인양하는 역할을 한다.
> • **지브 붐**(Jib Boom) : 인양 작업 시 작업 반경을 확장시키기 위해 일반 붐 끝에 붙인 붐으로 메인 붐에 비해 구조가 간단하고 가볍다. 즉, **수평 도달 범위 증대와 기동성을 제공**하는 보조 붐이다. ☆
>
> ▶ **격자형 붐·유압형 붐의 비교**
>
> | 격자형 붐 | • 붐 중량이 가벼워 긴 붐/반경을 가능케 한다.
• **붐 조립/해체 시 장소·공간·시간이 필요**하다.
• 취급 시 붐이 쉽게 손상된다.
• 붐 길이 당 정격 용량의 톤당 비용이 낮다. |
> |---|---|
> | 유압형 붐 | • **이동·설치가 쉽다.**
• 작업 후 이동을 위한 준비시간이 짧다.
• 붐 끝에 지브 붐을 연장하여 반경을 확장시킬 수 있다.
• 동일한 붐 길이에서 격자형보다 중량이 무겁다.
• 붐 길이 당 정격 용량의 톤당 비용이 높다. |

① **붐 길이**(Boom Length) : 붐 고정핀(foot pin)에서 붐 끝단의 아래 시브 핀까지의 거리 ☆ (→붐 하단부의 지지점)
② 붐의 각도 : 붐 고정핀(foot pin) 중심과 붐 중심선의 각을 말하며, 조종자가 작업조건에 따라 최대 안전각도를 선정해야 한다.
• 최대 제한각 : **78°** ☆
• 최소 제한각 : **20°**
• 최대 안정각 : 66° 30′
• 크레인 붐이나 셔블 붐의 보통 작업각도 : 45~65°

2 붐의 작업 반경(하중 반경) ☆☆☆

① **작업 반경**이란 크레인의 선회 중심선으로부터 혹의 중심선까지의 수평거리를 말한다. 최대 작업반경은 크레인 작업이 가능할 때의 최대치를 말한다.
② **작업범위는 붐의 각도와 붐의 길이 및 권상 높이에 결정**되므로 붐의 각도가 낮고 붐의 길이가 길수록 작업범위도 길어진다.
> → 붐의 각도가 높을 때 : 화물이 크레인의 중심선(선회중심)에 더 가깝고 붐이 더 많은 무게를 들어 올릴 수 있다.
> → 붐의 각도가 더 낮을 때(지면과 수평에 더 가까울 때) : 하물이 크레인 중심선(선회중심)에서 멀어지고 붐은 더 적은 무게를 들어 올릴 수 있다.

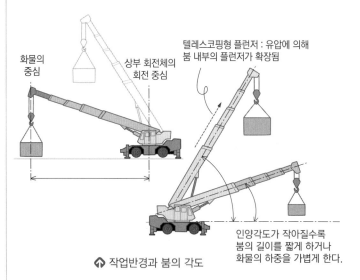
⬆ 작업반경과 붐의 각도

02 와이어 로프

1 개요

① 탄소량 소재로 인장강도가 우수하고, 심강·가닥(strand)·소선(wire)으로 구성되며, 약 6개 이상의 가닥으로 구성되어 있다.

② 동일한 크기의 와이어 로프일지라도 **소선이 가늘고 소선 수가 많을수록 유연성이 좋다.**

② 와이어 로프의 구조 ☆

명칭	설명
소선 (Wire)	로프를 구성하는 1가닥의 선 (탄소강 소재)
가닥 (스트랜드)	다수의 소선을 서로 꼰 것
심강 (섬유심)	강 재질 또는 섬유 재질로 로프의 중심을 구성한 것으로, 그리스(grease)를 함유하여 소선의 방청과 로프의 굴곡 시 소선 간의 윤활을 돕는다.

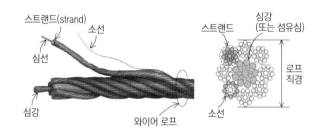

③ 와이어로프의 꼬임 구분

보통 꼬임	• 로프를 구성하는 가닥(strand)의 꼬임 방향과 가닥을 구성하는 소선(wire)의 꼬임 방향이 반대로 된 것을 말한다. • 소선과 외부의 접촉면이 짧아 마모 특성이 좀 나쁘지만 꼬임이 잘 풀리지 않아 일반적으로 많이 사용한다.
랭꼬임 (lang)	• 로프를 구성하는 가닥의 꼬임 방향과 가닥을 구성하는 소선의 꼬임 방향이 동일하게 된 것을 말한다. • 내마모성, 유연성, 내피로성이 우수

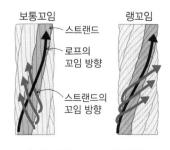

⬆ 와이어로프의 꼬임 구분

④ 와이어로프의 안전계수(안전율)

① 로프가 끊어질 수 있는 최대하중(절단하중)을 실제 허용하는 하중을 나눈 값이다.

$$안전율 = \frac{파단하중(기준강도)}{사용하중(하용능력)}$$

② **권상용 와이어 로프의 안전율 : ⑤** ☆
③ 붐 신축용 와이어 로프의 안전율 : 4

⑤ 와이어로프 단말처리 (소켓팅, socketing)

① 매다는 장치 끝부분의 단말처리의 종류 : 소켓(socket), 딤블(thimble), 웨지(wedge), 아이 스플라이스(eye splice), 클립(clip) 체결이 있다.
② 소켓 방식이 가장 효율이 좋으며 많이 사용된다. (100%)

⑥ 와이어로프의 교체 기준 ☆

① 이음매가 있는 것
② 와이어로프의 한 꼬임(스트랜드)에서 끊어진(파단된) 소선의 수가 **10% 이상**인 것

10% 이상 파단

③ 지름의 감소가 공칭 지름의 **7%**를 초과한 것
④ 꼬이거나, 마모·부식·파단된 것
⑤ 소선이 이탈된 것

⑥ 압착, 킹크, 부풀림, 스트랜드의 불량 등
→ 킹크(kink) : 와이어로프의 변형 형상으로, 로프가 똑바로 곧게 뻗지 않고 와이어가 비틀려져 굽혀지는 현상

▶ 꼬임, 파손, 마모 등으로 사용할 수 없는 와이어로프는 폐기해야 한다.(수리 재사용 금지)
▶ 와이어로프의 세척 : 엔진오일

7 와이어로프의 마모 원인

① 와이어로프의 윤활 부족
② 시브(활차) 베어링의 급유 부족
③ 시브 홈이 과도하게 마모된 경우
④ 드럼에 흐트러져 감길 때
⑤ 과열에 장시간 노출될 경우 등

8 와이어로프를 걸 때 고려해야 할 사항

① 화물의 중량 및 중심
② 줄걸이 용구와 줄걸이 방법
③ 화물을 매는 방법 및 위치
④ 화물의 이동 경로와 신호의 유도
⑤ 짐을 푸는 방법과 쌓는 방법

9 시브(sheave, 도르래, 활차)

① 시브는 붐 끝 또는 훅 블록, 클램셸 버킷 등 다양한 곳에 설치되어 시브 홈 사이로 로프가 이동하며, **로프의 이동 방향을 바꾸어** 인양물을 상승 또는 하강시킨다.
② 시브 홈에서 로프가 이탈되어 있는지 점검해야 한다.
③ 올바른 시브의 홈은 와이어로프 직경의 135~150° 정도를 지지해야 한다. 홈은 와이어로프보다 커야 하고, 홈에는 거칠거나 날카로운 엣지(edge)가 없어야 한다.
→ 시브의 홈보다 직경이 큰 와이어로프는 시브 플랜지의 림에 균열을 발생시키고 와이어로프 및 시브의 빠른 마모를 유발시킨다.

⤴ 시브

와이어 로프
베어링

시브
와이어 로프
135~150°

줄걸이(슬링, sling)은 인양물건을 쉽게 체결하여 운반작업을 안전하게 수행 할 수 있는 운반보조 기구를 말한다.

1 줄걸이의 종류 ☆

① 로프슬링(Rope-sling), 체인슬링(Chain-sling), 링(Ring), 훅(Hook), 샤클(Shackle), 아이볼트 등
• 체인 : 화물의 중량에 따라 적당한 것을 선정한다. 체인은 화물과의 표면 마찰력이 떨어지므로 무게 중심을 고려하여 사용하여야 한다.
• 샤클 : 핀 고정용 구멍이 맞지 않거나 벌어진 경우 폐기처분하여야 한다.
② 특수형 : 스프레더 빔, 턴버클, 체인블록, 스내치 블록, 클램프 등

▶ 스프레더 빔(Spreader Beam) : 부피가 크거나 긴 부하를 인양할 때 쓰이며, 허용용량 범위 내에서 길이를 조정한다.
▶ 턴버클 : 양쪽 고리에 케이블이나 로프를 체결하고, 몸체를 돌려 로프 길이(또는 장력)를 조절한다. − 턴버클은 직접적인 인양도구에 해당하기보다는 로프 사이에 연결시켜 길이를 조정한다.
▶ 체인 블록 : 훅에 화물을 건 다음 도르래의 원리를 이용해 중량물을 들어올리는 데 사용한다. 들어올린 후 조작을 멈추더라도 하중은 그대로 유지된다.

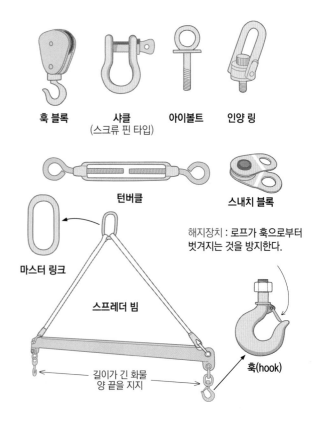

훅 블록
샤클 (스크류 핀 타입)
아이볼트
인양 링

턴버클
스내치 블록

해지장치 : 로프가 훅으로부터 벗겨지는 것을 방지한다.

마스터 링크
스프레더 빔
길이가 긴 화물 양 끝을 지지
훅(hook)

2 줄걸이(달기기구)의 재질

① 섬유로프형

종류	• 로프 슬링 • 웹 슬링(Web) = 평평한 벨트 형태 • 라운드 슬링
특징	• 가볍고, 유연하며, 미끌림이 없다. • **비교적 가벼운 화물에만** 사용해야 한다. • 화학약품이나 기름에 대한 저항력이 있다. • 크기가 다양하며, 걸이에 있어 **조정이 자유롭다.** • 와이어로프·체인형에 비해 강도가 약하다. • **한번 끊어진 섬유로프는 재사용하지 않도록 폐기**해야 한다.

② 와이어로프형(Wire Rope Sling)·체인형(Chain Sling)

- 내마모성, 내열성이 우수하다.
- 수명이 길고, 안정성 및 인장강도가 우수하다.
- 와이어 로프 슬링은 **꼬임, 파손 등으로 사용할 수 없는 와이어로프는 미리 폐기 처분**하여 작업자가 사용할 수 없도록 조치하여야 한다.
- 체인 슬링은 화물과의 **표면 마찰력이 떨어지므로** 무게 중심을 고려하여 사용하여야 한다.

3 줄걸이의 안전율(안전계수)

① 권상용·줄걸이용 와이어로프 : 5 이상
② 줄거리용 섬유로프 : 6 이상

4 화물의 결속 방법 ☆

① 1줄걸이 : 화물이 회전할 우려가 있으며, 와이어로프의 꼬임이 풀릴 염려가 있어 **원칙적으로 사용하지 않는다.**
② 2줄걸이 : 긴 자재를 인양할 때 적합
③ 3줄걸이 : U자, T자형의 형상을 인양할 때 적합
④ 4줄걸이(십자걸이) : 사다리꼴 형상에 적합하며, 2개의 로프를 십자형으로 걸 때 로프 간격이 같게 함
⑤ 비대칭걸이
- 부하의 수평 유지를 위해 주로프와 보조로프의 길이를 다르게 함
- 좌우 로프의 장력차에 주의해야 함

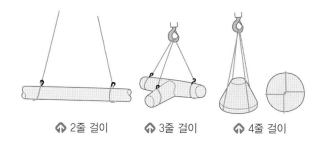

⬆ 2줄 걸이   ⬆ 3줄 걸이   ⬆ 4줄 걸이

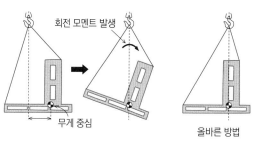

회전 모멘트 발생

무게 중심   올바른 방법

훅의 중심과 화물의 무게 중심 사이에 거리가 있으면 무게 중심이 훅의 중심과 같아지므로 화물이 기울어진다. 그러므로 훅의 위치와 무게중심이 수직선상에 위치해야 한다.

⬆ 비대칭 걸이

5 줄걸이 시 주의사항 ☆

① 반드시 **무게중심과 훅의 위치를 수직선상에 위치**하도록 한다.
→ 기중기의 훅을 줄걸이 화물의 무게 중심에서 벗어나지 않도록 한다.
→ 큰 하중을 걸 때에는 중심위치가 훅 바로 아래에 오도록 하고 구부러지는 부분에는 적당한 보조기구를 사용한다.
② 여러 줄을 사용하는 것보다 **굵은 소수의 가닥**으로 구성하는 것이 좋다.
③ 줄걸이 로프의 걸이 각도는 **60도 이내**가 유지되도록 한다.
→ 샤클을 이용할 경우 120도 이내가 되도록 한다.
④ 줄걸이 화물의 인양작업 시 로프가 인장을 받기까지 서서히 감아올리고 로프가 완전히 인장을 받은 상태에서 일단 정지하고 로프 상태를 확인한다.
⑤ 로프의 굵기, 꼬임, 걸이각도, 손상 유무 등을 확인한 후에 줄걸이 작업을 한다.
⑥ 줄걸이용 체인, 섬유로프 및 섬유벨트와 훅, 샤클, 링 등의 줄걸이 용구는 적정한 용량인지 확인한다.
⑦ 줄걸이 와이어로프가 미끄러지지 않도록 한다.

⑧ 모서리 진 것을 매달 때에는 모서리에 닿는 로프부분에 큰 힘이 작용하지 않도록 목편 등 보조 받침을 덧댄다.

⑨ 줄걸이 로프를 구부려 줄걸이 작업을 할 경우에는 로프의 구부림에 의한 강도 저하를 고려하고 안전하중을 엄수한다.

04 와이어 드럼 (wire drum, 윈치 드럼)

① 호이스트 드럼(hoist drum)이라고도 한다.

② 와이어로프의 한 쪽은 훅(hook) 등 작업장치에 연결되어 있으며, 다른 한 쪽은 드럼에 감겨 화물을 들어올리는 역할을 한다.

③ 붐의 인양 속도는 드럼의 회전속도를 말하며, 드럼축을 유압모터가 구동하여 클러치를 통해 감속기어를 거쳐 호이스트 드럼을 회전시켜 와이어로프를 감는다.

④ **드럼 클러치**(Drum Clutch) : 드럼에 동력을 전달/차단시키는 장치로, **내부 확장식**(팽창식 클러치)이 사용된다. ☆

→ 팽창 클러치 : 마찰 클러치의 일종으로, 유압으로 클러치 실린더를 작동시켜 클러치 슈를 벌려서 드럼에 닿아 마찰력으로 동력이 전달된다.

⑤ **드럼 브레이크** 및 드럼 고정장치 : 화물을 들어올리거나 내릴 때 일시적으로 정지시키고 고정하는 역할을 한다. **외부 수축식 밴드식**을 주로 사용한다. ☆

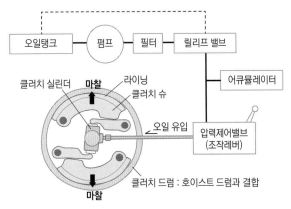

유압을 이용하여 조종실에서 조작레버에 의해 클러치 슈를 내부에서 확장시키며 드럼에 마찰을 일으켜 유압모터의 동력을 클러치 드럼에 전달된다.

⤴ 드럼 클러치(내부확장방식)의 작동 개념

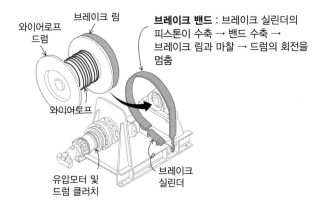

⤴ 작업 브레이크(외부수축방식)

▶ 참고) **플리트(Fleet) 각도**
• 드럼에 와이어 로프를 감을 때 와이어 드럼의 홈과 시브 롤러 사이를 이루는 각을 말하며, **와이어로프가 엇갈려서 겹쳐 감김을 방지**하는 역할을 한다.
• 플리트 각도 : 2° 이내 (홈이 있는 경우 4°)

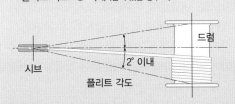

▶ **전자기 드럼 브레이크**
코일에 전기를 보내 발생하는 전자력으로 패드가 드럼에 밀착시켜 제동을 건다.

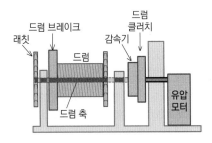

⤴ 와이어 드럼(윈치)의 구조 개념

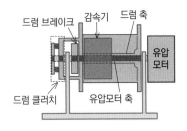

⤴ 감속기 내장형 와이어 드럼의 구조 개념

05 기중기의 안전장치(방호장치) ☆☆☆

권과 경고방지장치
로프의 초과 권상/권하 방지

붐 기복정지장치
전복 방지를 위한
붐의 각도 제한

과부하방지 장치
정격하중 초과 시
자동으로 작동 정지

안전밸브
과도한 압력상승방지

선회 경고등 및 센서
상부체 선회 시 경보음 발생

아웃트리거
차체 전도 방지

⬆ 기중기의 안전장치

1 과부하방지 장치(Overload Limiter)

① 크레인으로 화물을 들어올릴 때 정격하중 이상이 되면 경보음 및 경보등을 통해 운전자의 주의를 환기시키거나 자동으로 작동을 정지시켜 과부하에 의한 붐의 파손, 장비의 전도 등의 사고를 방지한다.

→ 과부하 감지 요소 : 붐길이 검출, 붐각도 검출, 모멘트 검출
→ 자동정지 제어 : 붐의 하강, 붐의 신장, 권상
→ 전도 하중의 크기가 안전 하중의 크기에 가까워지면 경보가 울리고 자동으로 정지시킨다.

▶ 정격하중의 1.1배 권상 시 경보와 함께 권상동작이 정지되고, 횡행 동작 및 과부하를 증가시키는 동작이 불가능한 구조일 것(단, 지브형 크레인은 1.05배)

▶ 과부하방지 장치의 종류

기계식	하중의 압력에 의해 스프링 처짐을 이용하여 마이크로 스위치를 동작시켜 과부하 감지
전기식	권상 모터의 부하 변동에 따른 전류 변화에 따라 과부하 상태 감지
전자식	스트레인 게이지를 이용한 하중 감지로 과부하 상태 감지

2 권과 방지장치

└ 捲過 : 감길 권, 과할 과 – 과하게 감기다

화물을 달아 감아올릴 때 와이어로프를 너무 감으면 와이어 로프가 절단되거나 훅 블록이 시브와 충돌하여 와이어 로프의 손상, 파선, 화물의 낙하 등의 재해를 유발한다. 이러한 위험 방지를 위해 붐 헤드에 권과방지장치를 설치되어 일정 한도 이상으로 감기면 권상모터로 유입되는 전원을 차단시키고, 경보음이 울린다.

→ 권과 방지장치에는 리미트 스위치가 사용되며, 일정 높이까지 화물이 도달하면(로프를 감거나 풀리면) 스위치가 ON되어 더 이상 권상모터의 작동을 멈추게 한다.
→ 참고) 권과방지장치는 훅의 달기 기구 상부와 접촉 우려가 있는 도르래(시브)와의 간격이 최소 25cm 이상이어야 한다.

3 지브(붐) 전도 방지장치

기중 작업 시 권상 와이어로프가 절단되거나 화물이 로프에서 갑자기 이탈될 때, 험한 도로를 주행할 때 붐이 뒤로 넘어지는 것을 방지하기 위한 장치이다.

→ 지브는 일반 붐 끝에 붙여 일반 붐으로 하기 어려운 작업에 쓰인다.

4 지브(붐) 기복정지 장치

붐 권상 레버를 당겨 붐이 최대 제한각(78°)에 달하면 유압회로를 차단하거나 붐 권상 레버를 중립으로 복귀시켜 붐 상승을 정지시킨다.

5 비상정지장치

돌발적인 상황이 발생했을 때 모든 전원을 차단하여 크레인을 정지시키는 장치이다.

▶ 기타 밸브
• 릴리프 밸브(안전밸브) : 운전석 조작밸브 및 아웃트리거 조작밸브에 부착되어 정격압력 이상의 과압력을 제한
• 오버센터 밸브 : 실린더에 부착되어 인양된 하중의 낙하를 방지
• 체크밸브 : 아웃트리거 잭 실린더에 부착되어 있는 밸브로, 지면에 올린 차량의 낙하를 방지

▶ 경사각 지시계 : 붐(지브)에 경사각 지시기가 설치되어 있어야 하며, 작업 시 제원표에 기재된 경사각 이내에서 작업해야 한다.

▶ 압력 스위치 : 크레인 중량물 인양시 크레인 상·하부 압력을 비교하여 과하중 여부를 판단하는 장치로, 과하중 시 압력스위치가 작동하여 붐 인출, 윈치 상승을 제한

1 ★★★ 기중기에서 선회 장치의 회전 중심을 지나는 수직선과 훅의 중심을 지나는 수직선 사이의 최단거리를 무엇이라 하는가?

① 붐의 각
② 붐의 중심축
③ 작업 반경
④ 선회 중심축

작업 반경
선회중심축   훅의 중심

2 ★★★ 기중기의 붐 각을 40도에서 60도로 조작하였을 때의 설명으로 옳은 것은?

① 붐의 길이가 짧아진다.
② 입체 하중이 작아진다.
③ 작업 반경이 작아진다.
④ 기중 능력이 작아진다.

붐의 각도가 상승하면 작업 반경은 작아진다.

3 ★★★ 화물의 하중을 직접 지지하는 와이어로프의 안전계수는?

① 4 이상   ② 5 이상
③ 8 이상   ④ 10 이상

권상용 와이어 로프의 안전율 : 5 이상

4 ★★ 기중기에서 와이어 로프의 끝을 고정시키는 장치는?

① 조임장치   ② 스프로킷
③ 소켓장치   ④ 체인장치

와이어 로프의 끝단은 소켓 등을 이용하여 단말처리를 해야 한다.

5 ★★★★ 일반적으로 기중기의 드럼 클러치로 사용되고 있는 것은?

① 외부 확장식   ② 외부 수축식
③ 내부 확장식   ④ 내부 수축식

• 드럼 클러치 : 내부 확장식
• 드럼 브레이크 : 외부 수축식

6 ★★★★★ 기계식 기중기에서 붐 호이스트의 가장 일반적인 브레이크 형식은?

① 내부 수축식
② 내부 확장식
③ 외부 수축식
④ 외부 확장식

7 ★★ 기중기 붐은 무엇에 의해 상부 회전체에 연결되어 있는가?

① 로크 핀(lock pin)
② 디퍼 핀(dipper pin)
③ 암 핀(arm pin)
④ 풋 핀(foot pin)

붐 선단 시브
(붐 헤드 시브)

풋 핀

8 ★ 기중기의 붐이 올라가지 않는 원인은?

① 붐 작동 드럼 브레이크가 풀리지 않는다.
② 폴이 래칫 휠에서 떨어지지 않는다.
③ 붐의 로어링 장치가 차단된 상태로 있다.
④ 붐의 호이스트용 클러치가 연결된 상태로 떨어지지 않는다.

① 붐의 상승·하강을 담당하는 와이어 로프의 **드럼 브레이크가 풀리지 않으면 붐이 올라가지 않는다.**
② 붐이 떨어지는 것을 방지하기 위해 윈치 드럼에 래칫(rachet)이 설치되어 있어 붐 상승 시에는 래칫이 회전되지만, 붐 하강 시에는 폴(pawl)이 래칫 휠에 걸려 잠긴다.
③ 로어링(lowering)이란 붐이나 지브 끝단의 와이어로프에 묶인 화물을 내리는 동작을 말하며, 붐 상승과는 무관하다.
④ 호이스트용 클러치가 연결되어야 붐이 올라간다.

9 ★★★ 기중기의 붐이 하강하지 않는 원인에 해당하는 것은?

① 붐과 호이스트 레버를 하강방향으로 같게 작용시켰기 때문이다.
② 붐에 큰 하중이 걸려있기 때문이다.
③ 붐에 너무 낮은 하중이 걸려있기 때문이다.
④ 붐 호이스트 브레이크가 풀리지 않는다.

붐 호이스트 브레이크는 드럼의 회전을 제동시켜 붐의 하강을 방지시킨다.

10 크롤러형 크레인은 작업 중에 무엇으로 안전성을 유지하는가?

① 붐
② 트랙우트
③ 카운터 웨이트
④ 아우트리거

크롤러형 크레인은 평형추(카운터 웨이트)로 하중 안전성을 유지한다.
휠형의 경우 아우트리거로 작업 안전성을 유지한다.

11 기중기의 붐을 교환할 때 가장 좋은 방법은?

① 롤러를 이용한다.
② 굴착기를 이용한다.
③ 기중기를 이용한다.
④ 붐 교환대를 이용한다.

붐은 무겁고 길기 때문에 가장 적합한 방법은 다른 기중기를 이용한다.

12 와이어로프를 시브와 드럼에 연결할 때 고려해야 할 사항은?

① 틸트각
② 앵글각
③ 플레이트각
④ 수평각

플레이트각은 드럼의 홈과 시브 롤러 사이에 이루는 각을 말하며, 2도를 넘어서는 안된다.

13 같은 굵기의 와이어로프 일지라도 소선이 가늘고 수가 많은 것에 대한 설명 중 맞는 것은?

① 유연성이 좋으나 더 약하다.
② 유연성이 좋고 더 강하다.
③ 유연성이 나쁘고 더 약하다.
④ 유연성은 나빠도 더 강하다.

동일한 크기의 와이어 로프일지라도 소선이 가늘고 소선수가 많은 것일수록 유연성이 좋다.

14 와이어로프의 주요 구성요소에 포함되지 않는 것은?

① 가닥(Stand)
② 소선(Wire)
③ 심(Core)
④ 블록(Block)

와이어로프의 주요 구성요소 : 심, 가닥, 소선
※ 블록 : 후크(hook)와 시브(sheave, 도르래)가 장착되며, 후크의 흔들림을 최소화하기 위해 추 역할도 한다.

15 와이어로프의 구성요소 중 심강(core)의 역할에 해당하지 않는 것은?

① 충격 흡수
② 마멸 방지
③ 부식 방지
④ 풀림 방지

와이어로프의 중심에 섬유소재의 심강이 있으며, 그리스(grease)를 함유하여 충격 흡수, 마멸 방지, 부식 방지(와이어의 윤활작용) 역할을 한다.

16 와이어로프의 교체기준에 해당하지 않는 것은?

① 지름이 5% 이상 줄어든 경우
② 심한 변형이 발생한 경우
③ 소선이 10% 이상 절단된 경우
④ 꺾이거나 꼬임(kink)이 발생한 경우

지름의 감소가 공칭 지름의 **7%**를 초과한 것

17 와이어로프 취급 상 주의사항으로 틀린 것은?

① 케이블의 끝을 확실히 고정하고 규정에 맞는 것을 사용한다.
② 정비 시 엔진오일을 주유하고, 휘발유나 경유를 사용하여 세척한다.
③ 로프가 꼬이지 않도록 한다.
④ 케이블 양끝을 주기적으로 교환하여 사용한다.

와이어로프의 윤활에는 주로 오일를 이용하므로 휘발유나 경유로 세척하면 오일이 희석될 우려가 있다.

18 기중기의 지브 붐에 대한 설명으로 옳은 것은?

① 붐 중간을 연결하는 붐이다.
② 붐 끝단에 전장을 연결하는 붐이다.
③ 붐 하단에 연결하는 붐이다.
④ 활차 1개를 사용하기 위한 붐이다.

지브 붐은 훅 작업(인양작업) 시 붐의 끝단에 전장을 연결하는 붐이다.

01

19 *** 기중기에 지브 붐을 설치하여 작업할 수 있는 장치는?

① 훅 장치
② 셔블 장치
③ 드래그라인 장치
④ 클램셸 장치

지브 붐은 수평 도달 범위와 기동성을 제공하는 보조 붐으로, 다양한 리프팅 (훅 장치) 및 장애물 우회, 위치 지정 작업을 수행할 수 있게 한다.

20 * 기중기에 작업반경을 크게 하기 위하여 사용되는 기구는?

① 카운터 웨이트
② 보조 로프
③ 훅
④ 보조 붐

보조 붐을 메인 붐에 연장시켜 인양작업의 작업반경이 커진다.

21 *** 권상용 와이어 로프의 최저 안전율은?

① 2.7 　　　② 4.0
③ 5.0 　　　④ 10.0

권상용 와이어로프, 지브의 기복용 와이어로프, 횡행용 와이어로프 및 케이블 크레인의 주행용 와이어로프의 안전율은 **5.0** 이상이어야 한다.

22 ** 줄걸이(달기기구)의 사용에 대한 설명으로 <u>틀린</u> 것은?

① 섬유로프형은 끊어지면 수리해서 재사용이 가능하다.
② 체인형은 화물과의 마찰력이 떨어지므로 무게중심을 고려해야 한다.
③ 와이어로프형은 꼬임, 파손이 있으면 사용할 수 없다.
④ 샤클은 핀고정의 구멍이 맞지 않거나 벌어지면 폐기처분해야 한다.

섬유로프형은 끊어지면 재사용하지 않도록 폐기해야 한다.

23 ** 와이어로프 슬링 선정 시 고려사항이 <u>아닌</u> 것은?

① 화물의 크기와 비슷한 길이일 것
② 화물의 고정이 용이할 것
③ 화물에 손상을 주지 않을 것
④ 하중에 충분한 강도를 가지고 있을 것

24 * 와이어로프의 단말 가공 중 가장 효율적인 것은?

① 심블(Thimble)
② 소켓(Socket)
③ 웨지(Wedge)
④ 클립(Clip)

소켓 방식이 100%로 가장 효율이 좋다.

25 * 기중기로 화물을 인양할 때 붐에 작용하는 가장 큰 하중은?

① 인장 하중
② 압축 하중
③ 전단 하중
④ 비틀림 하중

붐에는 압축 하중, 케이블(로프)에는 인장 하중이 걸린다.

26 *** 기중 작업 시 가장 안정성 있는 작업을 위한 붐의 상태는?

① 붐의 길이를 짧게 한다.
② 붐의 풋 핀 길이를 길게 한다.
③ 지브 붐을 사용한다.
④ 조인트 붐을 삽입하여 사용한다.

붐의 길이를 길게 하거나, 조인트 붐이나 지브 붐은 작업반경을 확장하므로 그 만큼 안정성이 떨어진다.
풋 핀(foot pin)은 상부회전체에 붐을 지지하기 위한 부품으로, 붐이 풋 핀을 중심으로 상하로 제한된 회전을 한다. 풋 핀 길이는 적당해야 하며 길다고 안정성이 있는 것과는 무관하다.

27 *** 와이어 로프 슬링을 이용한 중량물 인양작업방법으로 <u>틀린</u> 것은?

① 로프의 정격하중이 화물의 무게보다 커야 한다.
② 화물이 기울어지지 않게 균형을 맞게 들어야 한다.
③ 화물을 들어 올릴 때 훅의 중심은 항상 화물의 중심에서 벗어나야 한다.
④ 모서리가 각이 진 화물은 보호대를 로프와 화물 사이에 삽입한다.

훅의 중심은 항상 화물의 중심(무게중심)과 일치시킨다.

28 화물 인양 시 줄걸이용 와이어로프에 장력이 걸리면 일 단 정지하여 바로 확인해야 할 내용으로 가장 적절하지 않은 것은?

① 장력의 배분이 맞는지 확인한다.
② 장력이 걸리지 않는 로프는 없는지 확인한다.
③ 와이어로프의 종류와 규격을 확인한다.
④ 화물이 파손될 우려는 없는지 확인한다.

와이어로프의 종류와 규격은 인양 전에 확인해야 할 사항이다.

29 기중기의 권상 작업레버를 당겨도 중량물이 상승하지 않는 원인으로 옳은 것은?

① 주행 브레이크가 풀려 있을 때
② 확장 클러치에 오일이 묻었을 때
③ 케이블 길이가 짧을 때
④ 스프로킷이 마모되었을 때

드럼축에 유압모터가 구동하면 드럼클러치(확장 클러치)를 통해 감속기어를 거쳐 호이스트 드럼을 회전시키며 케이블을 감는다. 그러므로 클러치에 오일이 묻으면 미끄러져 케이블이 감겨지지 않는다.

30 다음 [보기]가 설명하는 것은?

| 보기 |
물건을 달아 감아올릴 때 잘못하여 와이어로프를 너무 감게 되면 물건이 기체에 충돌하여 와이어로프가 끊어지거나 물건이 떨어지는 것을 방지하기 위한 장치이다.

① 권과 방지 장치
② 지브기복 정지 장치
③ 과부하 방지 장치
④ 비상 정지 장치

31 과권 방지 장치의 설치 위치 중 맞는 것은?

① 붐 끝단 시브와 훅 블록 사이
② 메인윈치와 붐 끝단 시브 사이
③ 겐트리 시브와 붐 끝단 시브 사이
④ 붐 하부 푸트 핀과 상부 선회체 사이

과권 방지 장치는 와이어로프를 지나치게 감겨 훅 블록이 붐 끝단 시브까지 올라가지 못하도록 한다.
※ 용어) 겐트리 시브 : 하중을 직접 지지하는 시브

32 다음 중 기중기의 권상, 권하조작에 필요한 안전장치로서 직접 관계가 없는 것은?

① 전자 브레이크
② 인터록 장치
③ 권과 방지 장치
④ 과부하 방지 장치

· 권과방지장치 : 매달아 올리는 장치나 기복 장치의 와이어로프의 과도한 감김으로 인해 훅과 시브 등이 파손(손상)되거나 와이어로프가 끊어지는 것을 방지한다.
· 과부하 방지장치 : 정격하중을 초과하는 권상을 방지한다.
※ 인터록 장치 : 2개 이상의 기능을 가진 장치에서 하나의 기능이 작동되면 다른 기능의 작동을 멈추게 하는 안전장치이다. (즉, 서로 상반되는 동작이 동시에 동작하지 않도록 한다.)

33 와이어로프가 이탈되는 것을 방지하기 위해 훅에 설치된 안전장치는?

① 해지 장치
② 걸림 장치
③ 이송 장치
④ 스위블 장치

34 작업장치를 갖춘 건설기계의 작업 전 점검사항이다. 틀린 것은?

① 제동장치 및 조종장치 기능의 이상 유무
② 하역장치 및 유압장치 기능의 이상 유무
③ 유압장치의 과열 이상 유무
④ 전조등, 후미등, 방향지시등 및 경보장치의 이상 유무

유압장치의 과열은 작업 후에 점검할 수 있다.

35 사용 중인 와이어로프의 육안 점검사항과 거리가 먼 것은?

① 로프의 마모상태
② 변형부식 유무
③ 로프 끝의 풀림 여부
④ 로프의 꼬임방향

로프의 꼬임방향은 점검사항이 아니다.

05 기중기 작업

[출제문항수 : 10문제] 공부할 분량에 비해 출제문항수가 많은 편입니다. 기중능력과 로트 챠트기본 개념 파악, 인양작업 시 주의사항, 기중기의 작업 종류 및 구성 품·특징에 대해 꼼꼼하게 학습하기 바랍니다.

01 기중능력 (양중 능력, 인양 능력)

기중능력이란 크레인이 들어올릴 수 있는 제한 하중(인양 능력, 리프팅 용량)을 말한다.

1 인양능력 결정 요소 ☆☆☆

① 크레인의 강도(구조물의 파괴 여부)
② 크레인의 안정도(크레인 전도)
③ 윈치 용량(중량물 권상 능력)

→ 크레인의 양중 능력은 3가지 요소 중 최소치로 임계하중이 산정되며, 이 임계하중 값에 어느 정도 안전 여유를 두어 크레인의 정격 총하중이 결정한다.

→ 정격 총하중은 작업반경이 클 때 크레인 안정도에 기초하고, 반경이 적을 때는 붐 및 기타 구조물의 강도에 의해 결정한다.

▶ **기중기의 붐 길이를 결정하는 요소**
  • 작업 반경
  • 권상 높이 (양중 높이)
  • 화물의 무게

2 크레인별 정격총하중 기준

① 무한궤도형 : 임계하중×75%
② 트럭형 – 아우트리거 확장 시 : 임계하중×85%
  타이어 사용 시 : 임계하중×75%
③ 카고형 : 임계하중×85%

3 기중 능력과 작업 반경·붐 각도의 관계 ☆☆☆

① **작업 반경**이란 크레인이 넘어지거나 무너지지 않고 화물을 들어올릴 수 있는 최대회전반경, 또는 장비의 선회장치 중심에서 훅 중심까지의 거리
② **작업 반경은 기중 능력과 반비례**이다.
  → 작업 반경이 커질수록 기중 능력은 감소한다.
③ **붐의 길이가 짧고, 붐의 각도가 커질수록 기중 능력이 상승**된다.

④ **작업범위는 붐의 각도와 붐의 길이 및 권상 높이에 결정**
되므로 붐의 각도가 낮고 붐의 길이가 길수록 작업범위도 길어진다.

→ 붐의 각도가 높을 때 : 화물이 크레인의 중심선에 더 가깝고 붐이 더 많은 무게를 들어 올릴 수 있다.
→ 붐의 각도가 더 낮을 때 : 화물이 크레인 중심선에서 멀어지고 붐은 더 적은 무게를 들어 올릴 수 있다.

4 기중 용량에 영향을 주는 조건

지반 경사 (수평 편차)	기중기는 인양 전에 완벽한 수평 상태로 설정되어야 한다. **수평이 아니면 기중기 용량이 감소**하며, 기중 용량이 감소하며, 구조적 손상 및 사고를 일으킬 수 있다. → 최대 1% 범위 내에서 작업하도록 규정하고 있다. → 3°일 때 50%까지 감소할 수 있다.
지반 및 아우트리거 상태	아우트리거를 펼쳤을 때 지반의 지지력이 약하거나, 아우트리거 빔을 완전히 확장시키지 않을 때 정격 용량이 급격히 감소된다.
바람(풍속)	바람에 의해 측면하중이 발생되며 작업 반경이 증가된다. 또한, 화물 부피가 클수록 바람의 영향은 증가된다.
측면 하중	붐 끝을 기준으로 작용하며, 대부분을 붐 밑동 편에서 감당한다. 예방을 위해서는 부하를 측면으로 부터 끌지 말고, 급선회를 피해야 한다.
충격 하중	인양작업 중 급상승, 급하강, 급정지, 급회전 시 갑작스런 움직임에 의한 동적 하중
편심 로프 감음	훅 등에서 로프에 감을 때 한쪽으로 기울어질 때 로프 및 시브의 마모를 증가
붐 처짐	화물이 무거울 때 붐의 휨이 발생하여 반경 증가 및 용량 감소가 발생할 수 있다.

02 로드 차트(하중 차트, 양중능력표, Load Charts)

허가된 조건 아래서의 최대 인양중량을 나타낸 것이며, 이를 정확히 이용함으로써 인양작업을 안전하게 할 수 있다.

1 로드 차트의 사용 ☆

① 로드 차트에는 작업 반경, 붐 길이, 붐 각도, 붐 끝 높이가 표시된다.

② 인양 능력을 계산할 때 기중기의 설정과 일치하지 않으면 반드시 다음 단계의 긴 반경, 긴 붐 길이, 낮은 붐 각도를 선택해야 한다.

③ 구조적 강도의 구분을 굵은 선, 음영 표시, 별표 기호 등으로 표시한다.

④ **로드 차트는 읽기 쉽고, 편리한 장소(조종석)에 비치해야 한다.**

⑤ 로드 차트를 **정확하게 이해**하는 것은 조종사와 작업 관련자에게 매우 중요하다.

→ 어림짐작 또는 추측이나 단순 계산에 의한 로드 차트 사용을 금해야 한다.

2 작업 범위도(Range Diagram)

① 해당 기중기의 최대 운전 범위를 측면도로 표시한 것으로 인양 높이와 작업 반경(부하 반경), 붐의 각도, 붐의 길이 그리고 크레인 양중 능력을 **입체적으로 확인**할 수 있다.

② 세로에 인양 높이와 가로축에 작업 반경 그리고 붐 길이에 따라 붐 끝이 그리는 반경과 각도가 표시된다.

03 인양작업 전 점검 및 작업

1 아우트리거 설치

① 지반의 평탄성, 지내력 등을 확인한다.

② 플로트 하부의 받침은 아우트리거와 90도를 유지할 수 있도록 지반을 평탄화하여야 한다.

→ 플로트(float) 하부의 받침은 차체 하중을 균일하게 지표면으로 전달하는 역할을 한다.

③ 아우트리거 지지부에 하부 받침대(목재 침하)로 받치며, 지내력이 약할 경우 철판을 깔아둔다.

→ 건축용 자재(미송)는 강도가 약하므로 적합하지 않다.

④ 받침은 잭의 플로트 아래에 설치되어야 하며, 아우트리거 확장빔 하부에 사용하지 말 것

⑤ 아우트리거의 **빔은 최대로 인출**한다.

⑥ 빔 확장 후 지면에 잭을 확장한다. 이때 수평계를 보며 기중기가 지면과 수평이 되도록 정렬시킨다.

⑦ 정렬 후 아우트리거 고정핀을 꼽는다.

⑧ 크레인으로 인양작업하기 전에 상부회전체를 회전시켜 아우트리거의 침하 여부를 점검한다.

▶ **참고) 아우트리거의 좌우 인출 폭이 다를 경우**
부득이하게 아우트리거의 좌우 인출 폭을 다를 경우 최대로 인출한 쪽에서만 작업을 한다. 인출 폭이 짧은 쪽으로 회전을 시키거나 작업을 하게 되면 차량이 전복될 위험이 있다.

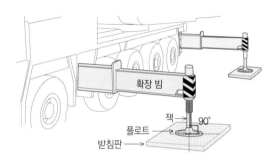

▶ **아우트리거**(outrigger)
휠형(타이어식) 크레인의 필수 안전장치이며, 실린더를 이용하여 빔과 잭을 확장시켜 기중기 본체의 하중을 지반에 지지시켜 인양작업 시 **옆방향 전도를 방지**한다.

인양 작업 전에 반드시 아우트리거를 설치하여 장비가 항상 수평 상태로 유지해야 한다.

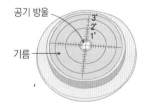

부력의 원리에 의해 공기방울은 뜨며, 기울기에 따라 공기방울이 수평계 정 가운데에 위치하도록 아우트리거의 잭을 조정한다.

↩ 수평계

2 장애물과 이격 거리

크레인과 장애물과의 이격 거리 : **60cm 이상**

참고) 하중 차트

- 하중 반경 계산 : 작업 범위도에서 붐의 길이와 붐의 각도에 따라 하중 반경(부하 반경)을 계산한다.
- 하중 차트에서 하중반경을 찾아 **인양용량**을 확인한다.
- 하중 차트를 분석하여 기타 환경 요인과 액세서리가 용량에 어떤 영향을 미치는지 확인한다.

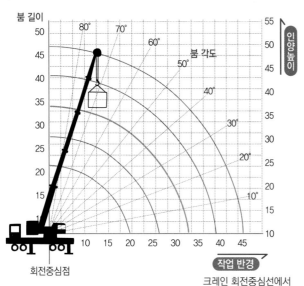

⬆ 작업 범위도(Range Diagram)

크레인 회전중심선에서
훅의 중심축까지의 수평 거리

⬆ 예 아우트리거는 완전 신장되어 있고, 붐의 길이가 14.4m이고, 작업 반경이 7m일 때의 정격 총하중은 얼마인가?

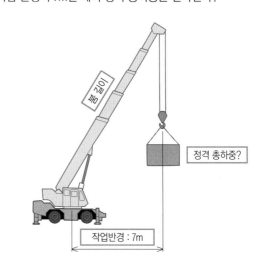

반경 (m)	붐 길이(m)			
	32	38	44	50
12	60,000	50,000	45,000	42,500
15	46,500	42,000	40,000	37,000
20	34,000	2,000	31,000	29,500
25	25,000	25,000	25,000	25,000
30		18,000	18,000	18,000
35			15,200	15,200
40			12,300	12,300

⬆ 로드 차트의 '구조적 강도' 표기

음영처리되거나 굵은 선으로 표시된 부분은 붐이나 다른 구조물의 강도에 의해 결정된다. (이 수치보다 높은 화물을 들면 붐이 부러지거나 아우트리거 등에서 파손이 발생할 수 있다.

음영처리 이외는 작업반경이 큰 부분으로 전도될 수 있는 최대 무게를 나타낸다.

반경 (m)	붐 확장 (m)	16.00×24	
		Oner Front	Over Side
10	30	26,000*	19,300
12	36	23,700*	15,700
15	42	15,700*	11,050
20	48	9,900*	5,800
25	54	7,000	3,650
40	60	4,850	2,100

← 타이어

← 별표 기호
(구조강도)

← 전복점

⬆ 로드 차트의 예 - 별표 기호

[단위 : kg]

B \ A	아우트리거 완전 신장 시 (360도)				E \ C \ D	7.5m	
	8.45m	14.4m	20.35m	26.3m		5°	30°
3.0m	25000	16000			80°	3000	2000
3.5m	20000	16000	9000		75°	3000	2000
4.0m	18500	15500	9000		70°	3000	2000
4.5m	16500	14200	9000	6800	65°	2500	1850
5.0m	15000	13200	9000	6800	60°	2100	1700
5.5m	13700	12200	9000	6800	55°	1600	1450
6.0m	12500	11400	9000	6800	50°	1250	1150
6.5m	11500	10600	8500	6800	45°	950	900
7.0m		9900	8100	6800	40°	750	700
8.0m		7700	7300	6100	30°	550	550
9.0m		6200	6500	5500			
10.0m		5100	5500	5000			
11.0m		4200	4600	4600	A : 붐 길이		
12.0m		3500	4000	4200	B : 작업반경		
13.0m			3400	3600	C : 지브(JIB) 길이		
14.0m			2900	3100	D : 지브 오프셋		
15.0m			2500	2700	E : 붐 각도		
16.0m			2200	2400			

3 신호수

① 장치별로 **신호수는 1인만 지정**하여 신호에 대한 혼선을 피하도록 한다.

② 신호수는 크레인 조종자 및 줄걸이 작업자와 **잘 보이는 곳에 위치**할 것

→ 신호수는 조종자와 작업자가 잘 볼 수 있도록 붉은색 장갑 등을 착용하도록 하여야 하며, 신호 표지를 몸에 부착하여야 한다.

③ 크레인 주행 및 붐 선회 시는 움직이는 방향으로 장애물 유무 등을 확인하고 신호수의 위치를 잡는다.

④ 부재를 양중할 경우 조종자가 보이지 않는 시각지대에는 반드시 신호수를 배치한다.

⑤ 크레인 병렬 작업 시 주 신호수를 정하고, 보조 신호수는 주 신호수의 신호에 따른다.

⑥ 의사소통은 음성, 수신호, 호각, 무전기를 활용하며, 무전기 사용 시 복명, 복창하여 상호 의사를 확인한다.

⑦ 사고방지를 위해 신호수와 부재(인양물)와의 거리는 **5m 이상** 유지한다.

> ▶ 신호수의 복장
> 붉은색 장갑(눈에 잘 띄는 색), 주황색 조끼, 무전기, 호각, 적색 안전모, 허가증

4 화물의 고정 점검

① 크레인의 정격하중과 화물의 형상·무게·비중·부피·무게중심(중량 중심)·특성 등을 고려해야 한다.

→ 화물의 비중 확인 : 비중이 클수록 무겁다는 의미이며, 금속류가 비중이 크다. (중량 = 비중×체적)

② 줄걸이 와이어로프의 **매단 각도는 60° 이내**로 한다. ☆

③ 나무나 전봇대와 같이 길이가 긴 화물은 인양 시 회전 및 움직임이 잘 되어 충돌 위험이 크므로 **유도 로프**를 부착한다.

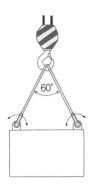

---

1 충격하중

① 충격하중이란 지면에서 인양물이 들어올리는 과정에서 갑작스런 움직임(급상승, 급하강, 급정지, 급회전)에 의한 무게중심 이동을 말하며, 슬링이나 케이블 절단, 붐의 파괴, 장비의 전도사고로 이어질 수 있다.

> ▶ 충격하중의 원인
> • 급상승(갑작스런 양중) 및 급하강
> • 흔들림 등 동요 시 발생하는 충격 발생
> • 낡은 구조물(건축물)의 철거 목적으로 충격을 줄 때
> • 박혀있는 말뚝, H-빔 등을 뽑는 등 인장력이 작용할 때 충격을 줄 때 하중 초과가 발생할 때
> • 중량물 인양 시 양중물을 끌거나 낚아채는 행위
> • 양중 후 이동 시 출렁일 때

2 측면하중

① 붐 끝(붐 밑의 핀)에서 작용하는 것으로, 급선회 또는 화물을 옆에서 끌 때 발생된다.

② 인양물의 무게로 인한 중심이동으로 인해 양중 반경이 증가하고 크레인의 전체 무게중심은 인양 전보다 상부로 이동하며 안정성은 떨어지게 된다.

③ 격자형 붐 크레인보다 유압식 붐에서 붐의 탄성 변형과 중심 이동에 의해 더 많은 양중 반경 증가와 충격이 발생될 수 있다.

④ 이동식 크레인에 작용하는 충격하중은 슬링이나 호이스트 라인에 절단될 수도 있고 크레인 붐의 파괴나 전도사고로 이어질 수 있다. 따라서 다음과 같은 작업을 피하여 충격하중을 최소화 하여야 한다.

3 풍속

① 순간 최대 풍속이 10m/sec를 초과하는 강한 바람이 불 때에는 작업을 중지하고 장비를 격납한다.

→ 붐을 확장한 경우나 큰 면적의 물체를 인양 중인 경우 풍속이 10m/sec 미만일지라도 안전상 상황에 따라 작업을 중지한다.

② 풍속계 : 붐 끝단 섹션 또는 타워 캡에 장착

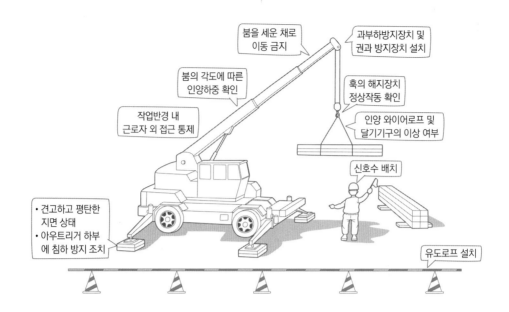

붐을 세운 채로 이동 금지

과부하방지장치 및 권과 방지장치 설치

붐의 각도에 따른 인양하중 확인

혹의 해지장치 정상작동 확인

작업반경 내 근로자 외 접근 통제

인양 와이어로프 및 달기기구의 이상 여부

신호수 배치

• 견고하고 평탄한 지면 상태
• 아우트리거 하부에 침하 방지 조치

유도로프 설치

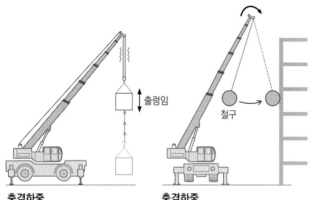

충격하중
초기 인양 시 급작스런 양중속도로 인해 화물과 와이어가 상하로 출렁인다.

출렁임

충격하중
구조물 철거 시 철구의 급회전으로 인한 무게중심 이동

철구

측면하중
급선회로 인해 원심력이 발생하며 무게중심이 이동한다.

급선회

원심력

측면하중
화물을 옆에서 끌 때 붐과 와이어에 하중이 작용하여 파손(절단)될 경우 장치의 전복 위험이 있다.

갑작스런 모멘트에 의해 후방으로 전도

붐의 각도가 커지고 붐의 높이가 높아질 때 로프 장력이 느슨해지면 하중 전이가 되어 후방으로 전도될 위험이 있음

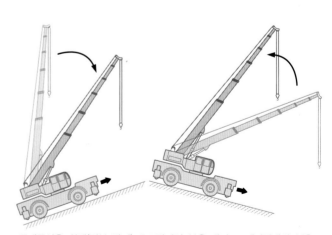

무게중심을 위해(전복 방지) 오르막에서 붐을 내리고, 내리막에서 붐을 올린다.

05 인양작업 시 유의사항

1 화물의 권상

① 지면에서 서서히 30cm 정도 들어보고 안전하다고 판단 되면 권상을 시작한다.

② 작업 시 붐의 각도를 **20° 이하, 78° 이상**으로 하지 말 것

③ 신축용의 붐을 사용할 때는 각단 붐의 신축 길이를 같 게 한다.

④ 지정된 신호수의 신호에 따라서 양중한다.

　→ 신호는 자격이 있는 자 중 한사람의 신호만을 따라야 한다.

⑤ 작업 시 운전석에는 운전자만 탑승한다.

⑥ 작업 중에는 하부 주행체의 변속기는 중립으로 하고 트 럭 크레인, 휠 크레인에서는 주차 브레이크를 걸어 놓 아야 한다.

⑦ 작업 시 신호수와 교신이 불분명할 때는 작업을 중지 한다.

⑧ 호이스트 작동이나 스윙은 서서히 한다.

⑨ 시야에 장애가 있을 때는 절대로 작업을 금한다.

⑩ 고압선 주위에서 작업할 때는 **3m 이상** 거리를 두고 작 업한다. 단, 우천 시에는 작업을 금지한다.

⑪ 권상 와이어로프가 시브 롤러에서 벗겨진 채로 인양 작 업을 하는 것을 금한다.

2 2대의 크레인으로 동시에 양중물을 인양할 때

① 동일 규격의 크레인을 선정하고 충분한 양중여유를 가 진다.

② 보조수가 있어도 **신호수는 1명으로 지정**한다.

③ 줄걸이 방법을 적절하게 선정한다.

④ 선회 시에는 크레인 인접구간에 사람이 있는지 확인하 고 경고부저를 사용하면서 양중한다.

06 크레인 이동 시 유의사항

1 주행 시 유의사항

① 기중기가 이동할 때는 붐의 방향을 전방에 두고, 붐을 하강시키고, **붐의 길이는 짧게** 한다. ☆

② 주행 시 상부회전체의 선회를 방지하기 위해 **선회 브레 이크(스윙 록)을 잠근다.** ☆

③ 후진 시는 기수를 세운다.

④ 이동 시 후방보다 측방 쪽의 양중 능력이 저하되는 경 우가 있으므로 하중을 매달고 선회할 경우 유의하여 야 한다.

⑤ 트럭형, 휠형은 적정 타이어 공기압인지 점검하고, 주 차할 경우 반드시 주차 브레이크를 걸어두고 경우에 따 라 고임목을 괸다.

⑥ 도로 주행의 경우 도로교통법(축하중 10톤, 총하중 40톤)을 준수하여야 하며, 주행 속도는 60~80km/h로 제한되 어 있다.

⑦ 고압선 아래를 통과할 때는 충분한 간격을 두고 신호수 의 지시에 따른다.

> ▶ 건설기계 도로 통행 제한
> • 축중량 10t 초과 또는 총중량 40t 초과 차량
> • 차량 폭 2.5m, 높이 4.0m, 길이 16.7m의 기준 중 어느 하나라도 초과하는 차량
> • 단, 도로를 통행하려면 도로관리청의 허가를 받아야 한다.

2 화물을 매달고 이동하기(양중 이동) ☆

① **붐을 가능한 짧게 하고, 지상으로부터 약 30cm 이하**로 낮 게 유지하고, 크레인과 가깝게 한다.

② 크레인의 **이동 방향과 붐의 방향이 일치**하게 한다.

③ 양중물에 흔들리지 않게 **보조 로프(유도 로프)**를 매달아 작업자가 잡는다.

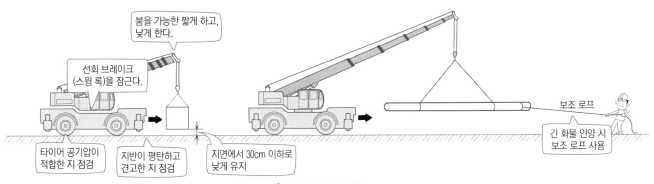

붐을 가능한 짧게 하고, 낮게 한다.

선회 브레이크 (스윙 록)을 잠근다.

타이어 공기압이 적합한 지 점검

지반이 평탄하고 견고한 지 점검

지면에서 30cm 이하로 낮게 유지

보조 로프

긴 화물 인양 시 보조 로프 사용

⬆ 이동 시 주의사항

④ 이동선은 평탄하고 지반이 견고하게 한다.

⑤ 경사각 이동 시 전복을 방지하기 위해 오르막일 경우 붐을 내리고, 내리막일 경우 붐을 올린다.

⑥ 선임된 신호수의 신호에 따라 이동한다.

❸ 인하 위치에 놓기

① 화물을 내려놓을 장소 및 위치 확인

② 화물을 내려놓을 위치의 수평 상태 확인

③ 긴장 완화에 의한 충격하중 여부

> ▶ 양중물을 내려놓기 전에 일단 정지한 후 확인사항
> • 흔들림 상태
> • 인하 위치 및 받침목 위치(둥근 물건은 미끄럼 방지용 쐐기목을 사용)
> • 묶임 상태

07 기중기 작업장치의 분류

⇧ 훅   ⇧ 파워셔블   ⇧ 드래그라인

⇧ 클램셸   ⇧ 트렌치호   ⇧ 어스 드릴

⇧ 리프팅 마그넷   ⇧ 파일 드라이버

명칭	설명
훅(Hook) 갈고리	• 일반 기중작업, 화물의 적재·적하 작업에 사용된다.
셔블 (shovel) 삽처럼 퍼올림	• 장비가 위치한 지면보다 높은 쪽의 굴착에 적합하다. • 경사면의 토사 굴토, 적재 등에 사용
드래그라인 (Dragline) 긁어내기	• 장비가 위치한 지면보다 낮은 쪽의 굴착에 적합하며 굴착반경이 크고 수중작업도 가능하지만 굴착기의 백호(back hoe)만큼 견고한 땅의 굴착은 어렵다. • 수중작업, 제방구축, 평면 굴토 등에 사용
클램셸 (Clamshell) 조개모양	• **수직 굴토작업**, 우물파기, 오물제거, 수중 굴착, 토사적재작업, 구멍파기에 사용
트렌치호 (Trench hoe) 도랑파기	• 굴착기와 유사하며 흙을 끌어당겨 퍼올리는 구조로 비교적 협소한 배수로, 송유관 등의 굴토, 채굴, 매몰작업에 사용
파일 드라이버 (Pile driver) 기둥 박기	• 붐에 파일을 때리는 해머를 설치하여 파일을 땅에 박는 작업을 말한다. • 철도 또는 교량 기둥의 항타 또는 건물의 기초 공사들에 사용
어스 드릴 (Earth drill)	• 나사형식의 드릴 버킷을 갖는 지반 기중기로, 땅에 큰 구멍을 뚫어 기초 공사용 작업을 한다.
리프팅 마그넷 – 전자석	• 마그넷을 이용하여 철 등을 전자석에 부착해 들어올려 이동시키는 작업 • 조선소, 자동차 제작공정에 사용

08 드래그라인 작업

드래그라인(drag line)은 장비가 위치한 지면보다 낮은 곳을 굴착하는데 적합하고 수중 굴삭, 호퍼 작업, 교량 기초, 건축물의 지하실 공사 등 깊게 굴착하는데 적합하다.

1 드래그라인의 특징 ☆☆

① **지면보다 낮은 곳의 굴착에 적합하다.**

② **정확한 굴착은 어렵고, 굴삭력은 작다.**

③ **연약 지반**의 굴착 작업에 적합하다.

④ **굴삭 반경이 크므로** 굴삭 지역이 넓고 부드러운 곳에서 단순한 굴착에 사용된다.

　→ 넓은 면적을 굴착할 수 있으나 굴착하는 힘이 약하다.

⑤ 유압을 이용하는 굴착기와는 달리 **중력을 이용**하여 굴착한다.

⑥ 모래 채취, 골재 투입에 사용된다.

2 드래그라인의 구성

① 구성 : 버킷, 와이어로프, 페어리드(fair lead) 등

② **페어리드**(fair lead) : 드래그 로프를 드럼에 확실하게 감기도록 안내하는 활차이며, 와이어로프가 다른 구조물과 마찰을 방지하는 역할을 한다. ☆

> ▶ 드래그라인 케이블의 역할
> • 붐 호이스트 케이블 : 붐의 상승 및 하강
> • 호이스트 케이블 : 버킷의 상승 및 하강
> • 덤프 케이블 : 적재물의 투하
> • 드래그 케이블 : 버킷을 장비 쪽으로 당겨 토사를 굴삭

③ 붐 : 일반적으로 격자 모양이고, 상부 붐과 하부 붐 사이에 중간 붐을 넣어서 그 길이를 변경시킬 수 있다.

　→ 상부 붐과 중간붐 및 하부 붐으로 이루어져 있는데, 붐의 길이를 늘이기 위해서는 중간 붐에 연결대(extension)을 삽입한다.

④ 일반적으로 붐이 길면 작은 버킷을 사용하고 붐이 짧으면 대용량의 버킷이 사용 가능하다.

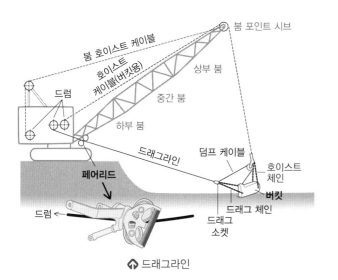

⬆ 드래그라인

우물 공사 등 좁은 곳에서 **수직으로 깊이 파는** 굴착 작업, 토사를 적재하는 작업, 선박 또는 무게 화차에서 토사 및 화물의 취급 및 오물 제거 작업 등에 주로 사용된다.

1 클램셸의 구성

① 구성 : 클램셸 버킷, 와이어로프, 태그라인 등

② 특징 : 드래그 라인과 마찬가지로 견고한 지반을 굴착하는 것은 곤란하며, 연한 토질을 굴착할 때 적합하다.

③ **태그라인**(tag line) : 선회나 지브를 기복할 때 버킷이 흔들리거나(요동), 스윙할 때 와이어로프(케이블)가 꼬이는 것을 방지하기 위해 와이어로프로 가볍게 당겨준다.

> ▶ 클램셸 케이블의 역할
> • 붐 호이스트 케이블 : 붐의 상승 및 하강
> • 홀딩 케이블 : 버킷의 상승 및 하강
> • 클로징 케이블 : 버킷의 개폐
> • 태그 라인 : 버킷이 공중에서 회전하는 것을 방지

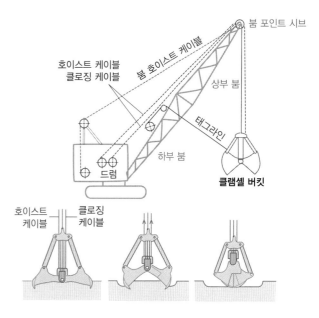

⬆ 클램셸

01

10 파일링 작업

파일링(piling) 작업은 교량 건설 및 건물을 신축할 때 기초를 튼튼히 하기 위해 파일을 박는 작업을 말한다. 파일 드라이버(pile driver)는 붐에 파일(말뚝)을 때리는 부속장치를 붙여서 드롭 해머(drop hammer) 또는 디젤 해머(diesel hammer)를 이용하여 강관 파일이나 콘크리트 파일을 때려 박는데 사용된다.

① **리더**(leader) : 어댑터에 의해 붐 포인트에 연결되어 수직으로 설치되어 있으며, 해머의 작동을 안내한다.
② **스트랩**(strap) : 리더의 진동을 방지하며, 리더의 수직 상태를 유지시킨다.
③ **디젤 해머** : 2사이클 디젤 엔진과 동일한 구조로서, 본체는 그 중량과 낙하 높이에 따라 타격력이 결정되는 램(ram), 충격력을 말뚝에 전달하는 앰빌, 이를 안내하는 실린더, 연료 분사장치 및 기동장치 등으로 구성되어 있다. ✿

▶ **디젤 해머의 특징**

장점	• 타격력이 크다. • 작업성 및 기동성에 있어서, 타격 속도가 빠르다. • 램 중량을 말뚝 구경에 따라 선택할 수 있다.
단점	• 비스듬한 말뚝 항타는 30° 정도까지만 가능하지만 에너지 손실이 있다. • 연약 지반에서는 발화하기 어려우므로 능률 저하가 발생한다. • 장시간 연속 사용은 능력 저하를 발생시킨다.(약 20~30분) • 진동 및 소음이 발생한다.

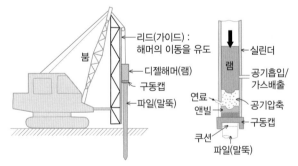

작동원리 : 기동장치로 램을 위로 올린 후 자동으로 낙하→램이 낙하하며 실린더 내 공기가 압축→연료를 공급하여 폭발하며 앰빌을 타격 → 파일(말뚝)을 박는다.→연소 후 팽창된 가스가 램을 밀어올려 배기가스가 배출

11 기중기 점검

1 항타 작업을 할 때 바운싱(Bouncing)이 일어날 때

① 파일이 장애물과 접촉 할 때
② 2중 작동 해머를 사용할 때
③ 가벼운 해머를 사용할 때

→ 유압식 기중기에서 조작 레버를 중립으로 하였을 때 붐이 하강하거나 수축하는 것은 유압실린더의 내부누출이나 제어밸브의 내부누출, 배관호스의 파손으로 인한 누출 등으로 오일의 압력이 저하 되는 것이 원인이다.
→ 붐 호이스트 브레이크가 풀리지 않으면 기중기의 붐이 하강하지 않는다.

2 붐의 속도가 늦어질 때

① 유압이 낮아지는 경우 – 유압펌프, 유압모터, 제어밸브, 붐 실린더(텔레스코픽) 등의 오일 누설·고장
② 릴리프 밸브가 설정압력이 낮을 때
③ 유량의 부족 등

3 붐의 자연 하강량이 많을 때

① 유압실린더의 누출이 있다.
② 컨트롤 밸브의 스풀에서 누출이 많다.

→ 스풀 밸브에 대한 설명은 유압장치 참조할 것

③ 유압실린더 배관이 파손되었다.

1 ★★
기중기 선정 시 사전에 검토해야 할 항목이 아닌 것은?

① 양중 높이
② 양중 무게
③ 양중 속도
④ 작업 반경

인양능력과 양중 속도와는 무관하다.

2 ★★★
기중기의 붐 길이를 결정할 때 해당되지 않는 요소는?

① 화물의 이동거리
② 화물의 무게
③ 작업량
④ 화물 적재 높이

기중기 붐 길이의 결정요소 : 화물의 이동거리, 화물의 무게, 화물의 위치, 적재 높이, 장애물 높이 등

3 ★★★
다음 중 기중기의 인양능력과 관계없는 것은?

① 기중기의 강도
② 기중기의 안정도
③ 윈치 용량
④ 양중물의 비중

크레인의 인양 능력의 3요소
• 크레인의 강도 (구조물의 파괴 여부)
• 크레인의 안정도 (크레인 전도)
• 윈치 용량 (중량물 권상 능력)

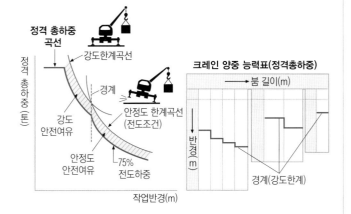

4 ★★★★★
크레인 붐의 최대 제한 각도는?

① 45   ② 66
③ 78   ④ 65

• 최대 제한각도 : **78°**
• 최소 제한각도 : 20°
• 최대 안정각도 : 66° 30′

5 ★
기중기의 붐 각이 커졌을 때의 설명으로 옳은 것은?

① 붐의 길이가 짧아진다.
② 작업반경이 작아진다.
③ 기중능력이 작아진다.
④ 임계하중이 적어진다.

붐 각도는 작업반경에 반비례한다.
※ 기중능력(인양능력) : 크레인이 들어올 수 있는 최대 무게

6 ★★★
기중기 용량에 영향을 주는 조건에 대한 설명으로 틀린 것은?

① 지반 경사각이 클수록 용량이 감소한다.
② 붐이 짧을수록 용량은 감소한다.
③ 작업반경이 클수록 용량이 감소한다.
④ 급상승, 급하강 시 용량이 감소한다.

붐 길이는 기중능력(용량)에 반비례한다. 붐이 짧을수록 용량은 증가된다.

7 ★★★★
기중기가 최대 및 최소 제한각도 이내에서 붐 작업을 할 때, 작업반경이 작아지면 기중능력은 어떻게 되는가?

① 증가한다.
② 변함없다.
③ 감소한다.
④ 감소와 증가가 주기적으로 나타난다.

작업반경은 기중능력(용량)에 반비례한다. 작업반경이 작을수록 기중능력이 증가한다.

정답 ▶ 1③ 2③ 3④ 4③ 5② 6② 7①

8 기중 작업에서 물체의 무게가 무거울수록 붐 길이와 각도는 어떻게 하는 것이 좋은가?

① 붐 길이는 짧게, 각도는 크게
② 붐 길이는 길게, 각도는 크게
③ 붐 길이는 길게, 각도는 작게
④ 붐 길이는 짧게, 각도는 작게

화물의 무게가 무거울수록 붐 길이는 짧게, 붐 각도는 크게 한다.

9 기중기에 대한 설명 중 옳은 것은?

① 붐의 각과 기중 능력은 반비례한다.
② 붐의 길이와 운전 반경은 반비례한다.
③ 상부 회전체의 치대 회전각은 270°이다.
④ 마스트 클러치가 연결되면 케이블 드럼에 축이 제일 먼저 회전한다.

① 붐의 각과 기중능력은 비례한다.
② 붐의 길이는 작업반경에 비례한다.
③ 상부회전체의 최대 회전각은 360°이다.

10 기중기 작업에서 붐의 각도, 기중능력 및 작업반경 등에 대한 설명으로 틀린 것은?

① 붐을 낮추면 붐 호이스트 로프에 걸리는 하중이 작아진다.
② 작업 시에는 작업반경과 기중능력을 동시에 고려해야 한다.
③ 화물의 하중이 커지면 붐의 길이는 짧게 하고 각도는 올린다.
④ 붐을 낮추면 작업반경은 커지지만 기중능력은 작아진다.

붐을 낮추면(작업 반경이 커지면) 로프에 걸리는 하중이 커지므로 기중능력이 작아진다.

11 2줄 걸이로 화물을 인양 시 인양각도가 커지면 로프에 걸리는 장력은?

① 증가한다.　　　② 장소에 따르다.
③ 감소한다.　　　④ 변화가 없다.

2줄 걸이 시 인양각도가 커지면 장력은 증가하며, 60° 이내로 제한한다.

12 크레인으로 물건을 운반할 때 주의사항으로 틀린 것은?

① 규정 무게보다 약간 초과할 수 있다.
② 적재물이 떨어지지 않도록 한다.
③ 로프 등 안전 여부를 항상 점검한다.
④ 선회작업 전에 항상 선회경로를 확인한다.

13 와이어로프를 훅에 거는 경우 각도는 얼마가 적당한가?

① 90도 이하
② 70도 이하
③ 80도 이하
④ 60도 이하

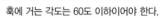
60도 이하

훅에 거는 각도는 60도 이하이어야 한다.

14 기중기 로드차트에 대한 설명으로 거리가 먼 것은?

① 로드차트는 읽기 쉽고, 편리한 장소(조종석)에 비치해야 한다.
② 기중기 조종사는 로드챠트의 정확한 이해와 숙지가 필요하다.
③ 로트챠트는 허가된 조건 아래서의 최대 인양 중량을 표시한 것이다.
④ 로드챠트가 비치되어 있지 않을 시는 경험을 바탕으로 작업하면 된다.

로드차트(load chart)는 붐의 길이, 각도 등의 구성 내용에 따른 인양 능력(최대 인양 중량)을 확인하여 파손·전복을 방지하기 위한 필수 참고자료이므로 작업 전 해당 크레인의 로드챠트를 숙지해야 한다.

15 기중기 로드 차트에 포함되어 있는 정보가 아닌 것은?

① 작업 반경
② 최소회전반경
③ 아우트리거 확장 길이
④ 카운터웨이트의 무게

로드 차트의 정보 : 붐의 종류, 붐의 길이, 아우트리거 확장, 카운터웨이트의 무게, 작업반경, 인양능력 등
※ 최소회전반경은 주행 시 회전 중심점을 중심으로 바깥쪽 바퀴가 회전하는 반경을 말한다.

16 기중기에 아우트리거를 설치 시 가장 나중에 해야 하는 일은?

① 아우트리거 고정 핀을 빼낸다.
② 모든 아우트리거 실린더를 확장한다.
③ 기중기가 수평이 되도록 정렬시킨다.
④ 모든 아우트리거 빔을 원하는 폭이 되도록 연장시킨다.

빔과 잭을 확장한 후 최종적으로 수평이 되도록 정렬시킨다.

17 타이어식 기중기에서 전도지점을 확대하기 위해 설치하는 아우트리거 형식으로 옳은 것은?

① L형, A형   ② I형, W형
③ H형, X형   ④ T형, V형

아우트리거(outrigger) 형식 : H형, X형

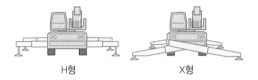

H형   X형

18 기중기로 양중 이동 시 안전한 이동을 위한 붐의 상태로 옳은 것은?

① 조인트 붐을 삽입하여 사용한다.
② 지브 붐을 사용한다.
③ 붐의 풋 핀 길이를 길게 한다.
④ 붐의 길이를 짧게 한다.

양중이란 중량물(重)을 들어올린(揚) 상태를 말하며, 양중 이동 시 붐의 길이를 짧게 하여야 붐에 작용하는 하중 감소하여 안전하다.

19 작업하중을 지키며 양중작업을 하였으나 장비가 전도될 수도 있는 요인으로 가장 거리가 먼 것은?

① 양중 작업 중 풍속이 갑자기 강해졌을 때
② 경사면에서 양중 작업 시
③ 양중물을 장비 정면으로 하여 인양 시
④ 양중 작업 중 급격한 회전 시

안전한 인양을 위해 장비를 정면으로 향해야 한다.

20 기중기의 작업 시 고려해야 할 사항으로 적절하지 않은 것은?

① 작업 지반의 강도
② 붐 선단과 상부회전체 후방 선회반지름
③ 하중의 크기와 종류 및 형상
④ 화물의 현재 임계하중과 화물의 응력

화물의 임계하중·응력이 아니라, 붐의 임계하중·응력을 고려해야 한다.

21 기중기의 사용 용도와 가장 거리가 먼 것은?

① 파일 항타 작업
② 차량의 화물적재 및 적하작업
③ 경지정리 작업
④ 철도 교량 설치 작업

경지정리(땅고르기) 작업은 모터 그레이더를 이용한다.

22 다음 중 기중기 붐에 설치하여 작업할 수 없는 것은?

① 클램셸
② 파일 드라이버
③ 훅
④ 스캐리 파이어

스캐리 파이어는 모터 그레이더나 농기계의 작업장치로, 지반의 견고한 흙을 긁어 일으키는 쇠스랑을 말한다.

23 장비가 있는 장소보다 높은 곳의 굴착에 적합한 기중기 작업장치는?

① 훅
② 셔블
③ 드래그라인
④ 파일 드라이버

셔블은 장비가 위치한 지면보다 높은 쪽의 굴착에 적합하다.

정답   16 ③   17 ③   18 ④   19 ③   20 ④   21 ③   22 ④   23 ②

24 드래그 라인 부착 크레인에서 페어리드의 역할은?

① 버킷이 요동되지 않게 하는 장치
② 케이블이 드럼에 잘 감기도록 하는 장치
③ 호이스트, 크라우드 케이블이 꼬이는 것을 방지하는 장치
④ 작업 중에 오는 충격을 완화시켜 주는 장치

페어리드(fair-leader)의 '리드(lead)'는 줄의 감김을 안내하다는 의미로 케이블이 드럼에 잘 감기도록 한다.

25 작업장치 중 프런트 붐, 버킷, 로프, 페어리드 등으로 구성되어 있고, 장비의 위치보다 낮은 곳의 굴착이 적합한 작업 장치는?

① 드래그 라인
② 슈퍼 마그넷
③ 컴팩터
④ 우드 그래플

페어리드는 드래그 라인(drag line)에만 있으며, 장비가 위치한 지면보다 낮은 곳의 굴착에 적합하다. (수중 굴삭, 호퍼 작업, 교량 기초, 건축물의 지하실 공사 등)

26 드래그라인의 구성 요소가 아닌 것은?

① 버킷
② 페어리드
③ 드래그 소켓
④ 크래브

크래브는 천장크레인의 거더 위에 설치된 레일을 따라 움직이며 권상장치와 횡행 장치를 설치된다.

27 기중기의 클램셸 장치에서 태그라인의 역할로 옳은 것은?

① 전달을 안전하게 연장하는 로프이다.
② 지브 붐이 휘는 것을 방지한다.
③ 드래그 로프가 드럼에 잘 감기도록 안내한다.
④ 와이어 케이블이 꼬이고 버킷이 요동되는 것을 방지한다.

태그라인 : 선회나 지브 기복을 실시할 때 버킷이 흔들리거나(요동) 스윙할 때 와이어로프(케이블)가 꼬이는 것을 방지하기 위해 와이어로프로 가볍게 당겨준다.

28 클램셸(clamshell) 기중기의 케이블과 그 역할의 연결이 잘못된 것은?

① 붐 호이스트 케이블 – 붐의 상승 및 하강
② 클로징 케이블 – 버킷의 회전
③ 태그라인 – 버킷이 공중에서 회전하는 것을 방지
④ 홀딩 케이블 – 버킷의 상승 및 하강

클로징 케이블은 버킷의 개폐를 제어한다.

29 기중기의 드래그 라인에서 드래그 로프를 드럼에 잘 감기도록 안내하는 것은?

① 시브
② 새들 블록
③ 태그라인 와인더
④ 페어리드

① 시브는 '도르래'를 말하며, 작업장치의 와이어 이동각도를 변경한다.
② 새들 블록(Saddle block) : 셔블의 디퍼스틱(버킷)의 압출, 인입작용을 유도해 줌
③ 태그라인 와인더 : 클램셸에 해당

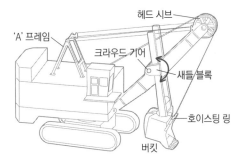

↑ 파워 셔블(Shovel)의 구조

30 다음 중 기중기의 작업에 대한 설명으로 옳은 것은?

① 기중기가 감아올리는 속도는 드래그 라인보다 빠르다.
② 클램셸은 좁은 면적에서 깊은 굴착을 하는 경우나 높은 위치에서의 적재에 적합하다.
③ 드래그라인은 굴착력이 강하므로 주로 견고한 지반의 굴착에 사용된다.
④ 파워 셔블은 지면보다 낮은 지면의 굴착에 사용된다.

① 드래그라인은 붐의 길이가 긴 편이기 때문에 감아올리는 속도가 디퍼를 당기는 속도보다 더 느리다.
③ 드래그라인은 굴착력이 약하므로 주로 연한 지반의 굴착에 사용된다.
④ 파워 셔블(power shovel)은 장비가 있는 지면보다 높은 지면의 굴착에 사용되며, 굳은 지반의 굴착에 사용된다.

정답 ▶ **24** ② **25** ① **26** ④ **27** ④ **28** ② **29** ④ **30** ②

31 기중기에 적용되는 작업장치에 대한 설명으로 틀린 것은?

① 클램셸(Clamshell) 작업 : 우물 공사 등 수직으로 깊이 파는 굴토 작업, 토사를 적재하는 작업

② 드래그 라인(Dragline) : 장비가 위치한 지면보다 낮은 곳을 굴착하는 작업

③ 콘크리트 펌핑(Concrete Pumping) 작업 : 콘크리트를 펌핑하여 타설 장소까지 이송하는 작업

④ 마그넷(Magnet) 작업 : 마그넷을 이용하여 철 등을 자석에 부착해 들어 올려 이동시키는 작업

콘크리트 펌핑은 콘크리트 펌프카를 이용한다.

32 기둥 박기, 건물의 기초공사 등에 주로 사용되는 기중기의 작업장치는?

① 파일 드라이버(pile driver)

② 백호(Shovel)

③ 드래그 라인(drag line)

④ 셔블(Shovel)

파일링 작업은 교량 건설 및 건물을 신축할 때 기초를 튼튼히 하기 위해 파일을 박는 작업을 말한다. 파일 드라이버는 붐에 파일(말뚝)을 때리는 부속장치를 붙여서 드롭 해머(drop hammer) 또는 디젤 해머(diesel hammer)를 이용하여 강관 파일이나 콘크리트 파일을 때려 박는데 사용된다.
※ 백호(Shovel) : 일반 굴착기와 같이 흙을 끌어당겨 퍼올리는 구조

33 기중기 작업 장치 중 디젤해머로 할 수 있는 작업은?

① 건축물 해체

② 수중 굴착

③ 수직 굴토

④ 파일 항타

34 항타기 작업에서 바운싱이 일어나는 원인이 아닌 것은?

① 파일이 장애물과 접촉할 때

② 파일의 비트가 파손되었을 때

③ 파일이 수직이 아닐 때

④ 가벼운 해머를 사용할 때

---

① 항타 시 파일이 바위 등 장애물과 부딪히면 바운싱이 일어난다.
④ 해머가 가벼우면 항타 시 파일을 박는 힘이 약해 튕길 수 있다.

35 기중기의 주행 중 유의사항으로 틀린 것은?

① 언덕길을 올라갈 때는 가능한 붐을 세운다.

② 기중기를 주행할 때는 선회 록(lock)을 고정 시킨다.

③ 타이어식 기중기를 주차할 경우 반드시 주차브레이크를 걸어둔다.

④ 고압선 아래를 통과할 때는 충분한 간격을 두고 신호자의 지시에 따른다.

언덕길을 올라갈 때는 붐을 전방으로 눕힌다.

36 다음 중 기중기의 작업 시 후방전도 위험상황으로 가장 거리가 먼 것은?

① 급경사로 내려올 때

② 붐의 기복각도가 큰 상태에서 기중기를 앞으로 이등할 때

③ 붐의 기복각도가 큰 상태에서 급가속으로 양중할 때

④ 양중물을 갑자기 해제하여 반력이 붐의 후방으로 발생할 경우

급경사에서 내려올 때는 전방전도 우려가 있다.

37 기중기를 트레일러에 상차하는 방법을 설명한 것으로 틀린 것은?

① 흔들리거나 미끄러져 전도되지 않도록 고정한다.

② 붐을 분리시키기 어려운 경우 낮고 짧게 유지시킨다.

③ 최대한 무거운 카운터웨이트를 부착하여 상차한다.

④ 아우트리거는 완전히 집어넣고 상차한다.

38 연약지반 위에 기중기를 설치할 때 운전자가 해야 할 조치사항으로 가장 적합한 것은?

① 아우트리거 빔을 최소한으로 인출한다.

② 목재받침 또는 강철판을 아우트리거 하부에 받친다.

③ 인양물 방향의 아우트리거를 5도 이상 높게 설치한다.

④ 인양물에서 가급적 멀리 설치한다.

---

① 아우트리거 빔을 최대로 인출한다.
③ 아우트리거는 수평으로 설치한다.
④ 인양물을 크레인에서 60cm 이상 이격하고, 가급적 가까이 설치하여 붐에 무리를 주지 않는다.

정답 **31** ③ **32** ① **33** ④ **34** ③ **35** ① **36** ① **37** ③ **38** ②

(참고–수신호) 크레인 표준신호

※ 2024년 현재 수신호에 대한 문제는 출제되지 않습니다.

조종 구분	1. 조종자 호출	2. 작업 시작 신호	3. 주권 사용	4. 보권 사용	5. 조종 방향 지시
수신호	호각 등을 사용하여 조종자와 신호자의 주의를 집중시킨다.	손을 펴서 머리 위로 수직으로 올린다.	주먹을 머리에 대고 떼었다 붙였다 한다.	팔꿈치에 손바닥을 떼었다 붙였다 한다.	집게손가락으로 조종방향을 가리킨다.
호각신호	아주 길게 아주 길게		짧게 – 길게	짧게 – 길게	짧게 – 길게

조종 구분	6. 위로 올리기	7. 천천히 조금씩 위로 올리기	8. 아래로 내리기	9. 천천히 조금씩 아래로 내리기	10. 수평 이동
수신호	집게손가락을 위로 해서 수평원을 크게 그린다.	한 손을 지면과 수평하게 들고 손바닥을 위쪽으로 하여 2~3회 작게 흔든다.	팔을 아래로 뻗고 (손끝이 지면을 향함) 2~3회 적게 흔든다.	한 손을 지면과 수평하게 들고 손바닥을 지면쪽으로 하여 2~3회 작게 흔든다.	손바닥을 움직이고자 하는 방향의 정면으로 하여 움직인다.
호각신호	길게 – 길게	짧게 – 짧게			강하고 – 짧게

조종 구분	11. 물건 걸기	12. 정지	13. 비상정지	14. 작업 완료	15. 뒤집기
수신호	양쪽 손을 몸 앞에 대고 두 손을 깍지낀다.	한 손을 들어올려 주먹을 쥔다.	양손을 들어올려 크게 2~3회 좌우로 흔든다.	거수경례 또는 양손을 머리 위에 교차시킨다.	양손을 마주보게 들고 뒤집으려는 방향으로 2~3회 역전시킨다.
호각신호	길게 – 짧게	아주 길게	아주 길게 – 아주 길게	아주 길게	길게 – 짧게

조종 구분	16. 천천히 이동	17. 기다려라	18. 신호 불명	19. 기중기 이상 발생	
수신호	방향을 가리키는 손바닥 밑에 집게손가락을 위로 해서 원을 그린다.	오른손으로 왼손을 감싸 2~3회 흔든다.	조종자는 손바닥을 안으로 하여 얼굴 앞에서 2~3회 흔든다.	조종자는 경보 또는 한쪽 주먹을 다른 손바닥에 2~3회 두드린다.	
호각신호	짧게 – 길게	길게	짧게 – 짧게	강하고 짧게	

(참고-수신호) 붐이 있는 크레인 작업시의 신호방법

조종 구분	1. 붐 위로 올림	2. 붐 아래로 내림	3. 붐을 올려서 짐을 내리기	4. 붐을 내리고 짐을 올리기	5. 붐 늘리기
수신호	팔을 펴고 엄지손가락을 위로 향하게 한다.	팔을 펴고 엄지손가락을 아래로 향하게 한다.	팔을 수평으로 뻗고 엄지손가락을 위로 해서 손바닥을 오므렸다 폈다 한다.	팔을 수평으로 뻗고 엄지손가락을 아래로 해서 손바닥을 오므렸다 폈다 한다.	두 주먹을 몸 허리에 놓고 두 엄지손가락을 바깥쪽으로 향하게 한다.
호각신호	짧게 – 짧게	짧게 – 짧게	짧게 – 길게	짧게 – 길게	강하고 짧게

조종 구분	6. 붐 줄이기	7. 보조붐 올리기 및 내리기			
수신호	두 주먹을 몸 허리에 놓고 두 엄지손가락을 서로 안으로 향하게 한다.	왼손 주먹을 오른쪽 팔꿈치에 대고 오른손 바닥을 위로 하거나 아래로 한다.			
호각신호	길게 – 길게				

(참고-수신호) 마그네틱크레인 사용 작업시의 신호방법

조종 구분	1. 마그네틱 붙이기	2. 마그네틱 떼기
수신호	양쪽 손을 몸 앞에다 대고 꽉 낀다.	양 팔을 몸 앞에서 측면으로 벌린다. (손바닥은 지면으로 향하도록 한다.)

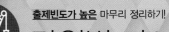
1 기중기의 3대 주요 구성부품으로 가장 적당한 것은?

① 상부 회전체, 하부 추진체, 중간 선회체
② 작업장치, 하부 추진체, 중간 선회체
③ 작업장치, 상부 선회체, 하부 추진체
④ 상부 조정장치, 하부 추진체, 중간 동력장치

기중기는 작업장치, 상부 회전체(상부 선회체), 하부 추진체(하부 구동체)로 구성되어 있다.

2 무한궤도식 기중기를 구성하고 있는 장치가 아닌 것은?

① 트랙
② 호이스트 드럼
③ 블레이드
④ 선회장치

블레이드는 도저의 차체 앞에 장착된 삽날(토공판, 배토판)을 말한다.

3 기중기에서 프런트 아이들러의 작용에 대한 설명으로 가장 적당한 것은?

① 트랙의 진로를 조정하면서 주행 방향으로 트랙을 유도한다.
② 파손을 방지하고 원활한 운전을 할 수 있도록 하여 준다.
③ 트랙의 주행을 원활히 한다.
④ 동력을 트랙으로 전달한다.

프런트 아이들러(전부 유동륜)는 트랙의 장력을 조정하면서 트랙의 진행 방향을 유도한다.

4 주행장치의 스프로킷이 이상 마멸하는 원인에 해당되는 것은?

① 작동유의 부족
② 트랙의 장력 과대
③ 라이닝의 마모 과대
④ 실 마모

스프로킷은 최종 구동의 동력을 트랙으로 전달해 주는 역할을 하며, 트랙 장력이 과대하거나 너무 이완되어 있으면 마멸이 심해진다.

5 기중기에서 작업 시 안정 및 균형을 잡아주기 위해 설치하는 것은?

① 버킷(bucket)
② 암(arm)
③ 붐(boom)
④ 카운터 웨이트(counter weight)

카운터 웨이트(밸런스 웨이트)는 기중기의 상부 회전체의 제일 뒷부분에 설치되어 버킷 등에 중량물이 실릴 때 장비의 뒷부분이 들리는 것을 방지하고 장비의 밸런스를 잡아준다.

6 무한궤도식 기중기에서 상부 회전체의 회전에는 영향을 주지 않고 주행모터에 작동유를 공급할 수 있는 부품은?

① 컨트롤 밸브
② 센터 조인트
③ 사축형 유압모터
④ 언로더 밸브

센터조인트는 상부 회전체가 회전 시에도 오일 관로가 꼬이지 않고 오일을 하부 주행모터에 원활히 공급한다.

7 센터 조인트(선회 이음)의 기능이 아닌 것은?

① 스위블 조인트라고도 한다.
② 압력 상태에서도 선회가 가능한 관이음이다.
③ 스윙 모터를 회전시킨다.
④ 상부 회전체의 오일을 주행 모터에 전달한다.

스윙 모터는 유압에 의해 회전하며, 센터 조인트와는 무관하다.

8 기중기 붐의 작동이 느린 이유가 아닌 것은?

① 오일에 이물질 혼입
② 오일의 압력 저하
③ 오일의 압력 과다
④ 오일량 부족

유압이 낮아질 때 기중기의 붐 작동이 느려진다.

정답 1 ③ 2 ③ 3 ① 4 ② 5 ④ 6 ② 7 ③ 8 ③

9 기중기에 작업반경을 크게 하기 위하여 사용하는 기구는?

① 보조 붐
② 보조 로프
③ 카운터 웨이트
④ 훅

10 기중기 붐의 자연 하강량이 많을 때의 원인이 <u>아닌 것</u>은?

① 유압실린더의 내부 누출이 있다.
② 컨트롤 밸브의 스풀에서 누출이 많다.
③ 유압실린더 배관이 파손되었다.
④ 유압작동 압력이 과도하게 높다.

기중기 붐의 자연 하강량이 많은 것은 오일 계통의 누설 및 고장 등으로 유압이 낮아지기 때문이다.

11 트랙 장력을 조절하면서 트랙의 진행 방향을 유도하는 무한궤도 장치의 구성품은?

① 전부 유동륜
② 상부 롤러
③ 리코일 스프링
④ 하부 롤러

전부 유동륜(프런트 아이들러)은 트랙 앞부분에 설치되어 있으며 리코일 스프링으로 지지되어 있다. 트랙의 진행방향을 유도하는 역할을 한다.

12 와이어로프에서 소선을 꼬아 합친 것은?

① 스트랜드
② 트래드
③ 공심
④ 심강

소선을 꼬아 합친 것은 스트랜드(가닥)이다.

13 훅(hook) 블록의 점검 사항이 <u>아닌 것</u>은?

① 해지장치
② 베어링의 마모
③ 시브 축의 급유상태
④ 와이어로프의 장력

훅 블록의 점검과 와이어로프의 장력은 무관한다.

14 유연성이 좋은 와이어로프에 해당하는 것은?

① 지름이 작은 와이어의 적은 수로 만든 와이어로프
② 지름이 작은 와이어의 많은 수로 만든 와이어로프
③ 지름이 큰 와이어의 적은 수로 만든 와이어로프
④ 지름이 큰 와이어의 많은 수로 만든 와이어로프

같은 굵기의 와이어로프 일지라도 소선이 가늘고 수가 많은 것이 유연성이 좋다.

15 줄걸이 용구에 해당하지 <u>않는 것</u>은?

① 슬링 와이어로프
② 섬유 벨트
③ 받침대
④ 샤클

16 와이어로프의 마모의 원인으로 <u>틀린 것</u>은?

① 고열의 화물을 걸고 장시간 작업한 경우
② 무리하게 장력이 걸리는 경우
③ 시브(활차)의 지름이 큰 경우
④ 급유가 부족할 경우

17 기중기에 사용하는 권상용 와이어로프의 안전율은 얼마 이상인가?

① 3   ② 5
③ 7   ④ 10

권상용 와이어로프의 안전율 : 5

18 와이어로프의 교체 대상으로 <u>옳지 않은 것</u>은?

① 한 꼬임의 소선수가 10% 이상 단선 된 것
② 공칭 직경이 5% 감소 된 것
③ 킹크 된 것
④ 현저하게 변형되거나 부식 된 것

마모로 인해 공칭 직경이 7% 이상 감소된 경우 교체 대상이다.

정답 ▶ 9 ① 10 ④ 11 ① 12 ① 13 ④ 14 ② 15 ③ 16 ③ 17 ② 18 ②

19 기중기의 붐 길이를 결정하는 요소가 아닌 것은?

① 화물 적재 높이
② 작업량
③ 화물 이동 거리
④ 화물의 무게

붐 길이를 결정하는 요소 : 화물 적재 높이, 이동거리(작업반경), 장애물 높이, 인양물 무게 등
※ 작업량이 많다고 붐 길이가 결정되는 것은 아니다.

20 기중기 작업에서 붐의 각도, 기중능력 및 작업반경 등에 대한 설명으로 틀린 것은?

① 붐을 낮추면 붐 호이스트 로프에 걸리는 하중이 작아진다.
② 작업 시에는 작업반경과 기중능력을 동시에 고려해야 한다.
③ 화물의 하중이 커지면 붐의 길이는 짧게 하고 각도는 올린다.
④ 붐을 낮추면 작업반경은 커지지만 기중능력은 작아진다.

붐은 각도에 따라 들 수 있는 무게가 달라진다. 큰 각도에서(붐을 위로 올린 상태) 들 수 있는 무게라 하더라도 각도가 낮아지면(붐을 지면쪽으로 낮추면) 작업반경은 커지지만 기중능력이 작아진다. 즉, 각도가 낮아질 때 크레인이 전도되거나 붐이 휘어질 수 있으므로 붐의 길이를 짧게 하거나 무게를 줄여야 한다

21 기중 작업에서 물체의 무게가 무거울수록 붐 길이와 각도는어떻게 하는 것이 좋은가?

① 붐 길이는 짧게, 각도는 크게
② 붐 길이는 길게, 각도는 크게
③ 붐 길이는 길게, 각도는 작게
④ 붐 길이는 짧게, 각도는 작게

22 기중기가 최대 및 최소 제한각도 이내에서 붐 작업을 할 때, 작업반경이 작아지면 기중능력은 어떻게 되는가?

① 증가한다.
② 변함없다.
③ 감소한다.
④ 감소와 증가가 주기적으로 나타난다.

23 기중기의 작업 반경이란?

① 기중기의 후부 선단에서 화물 선단까지의 거리
② 붐의 길이
③ 기중기의 총 길이
④ 회전체 중심에서 화물 중심까지의 거리

작업반경은 회전체 중심에서 화물 중심(훅 중심)까지의 거리이다.

24 기중기의 선회장치 회전중심을 지나는 수직선과 훅의 중심을 지나는 수직선 사이의 최단거리를 무엇이라 하는가?

① 축간 거리　　　② 트랙 중심간 거리
③ 작업 반경　　　④ 중심면

25 기중기의 붐 각을 40도에서 60도로 조작했을 때의 설명으로 옳은 것은?

① 붐의 길이가 짧아진다.
② 작업 반경이 작아진다.
③ 기중 능력이 작아진다.
④ 임계하중이 적어진다.

붐 각은 작업반경에 반비례하고, 기중 능력에 비례한다.

26 기중기의 붐이 하강하지 않는 원인으로 옳은 것은?

① 와이어로프가 오일에 오염되었기 때문이다.
② 붐 호이스트 브레이크가 풀리지 않기 때문이다.
③ 붐과 호이스트 레버를 하강방향으로 같이 작용시켰기 때문이다.
④ 붐에 낮은 하중이 걸려 있기 때문이다.

27 기중기의 권상 작업레버를 당겨도 중량물이 상승하지 않는 원인으로 옳은 것은?

① 주행 브레이크가 풀려 있을 때
② 케이블 길이가 짧을 때
③ 확장 클러치에 오일이 묻었을 때
④ 스프로킷이 마모되었을 때

중량물 권상 시 유압모터가 구동하면 드럼 클러치(확장 클러치) 및 감속기어를 거쳐 윈치 드럼을 회전시켜 케이블을 감는다. 그러므로 클러치에 오일이 묻으면 미끄러져 드럼이 회전하지 못해 케이블이 감겨지지 않는다.

28 크램셸 작업장치의 작업능률을 향상시키기 위한 기본적인 사항으로 틀린 것은?

① 작업장 주변의 장애물에 유의하여 붐을 선회시킨다.
② 굴착 대상물의 종류와 크기에 적합한 버킷을 선정한다.
③ 경토질을 굴착할 때는 버킷에 투스를 설치한다.
④ 덤프트럭에 적재할 때는 붐 끝에서 되도록 멀리 설치한다.

29 기중기 로드 차트에 대한 설명으로 거리가 먼 것은?

① 로드차트는 읽기 쉽고, 편리한 장소(조종석)에 비치해야 한다.
② 로드차트는 허가된 조건 아래서의 최대 인양 중량을 표시한 것이다.
③ 로드차트가 비치되어 있지 않을 시는 경험을 바탕으로 작업하면 된다.
④ 기중기 조종사는 로드차트의 정확한 이해와 숙지가 필요하다.

> 로드챠트(load chart)는 양중능력을 나타내는 표로, 크레인의 스윙·선회반경·붐의 위치와 최대 인양 중량과의 관계를 나타내는 것이다. 인양작업에 있어 고장 또는 전복을 방지하기 위한 필수품이므로 작업 전 해당 크레인의 로드챠트를 숙지해야 한다.

30 기중기에서 와이어로프 드럼에 주로 쓰이는 브레이크 형식은?

① 외부 수축식
② 내부 확장식
③ 내부 수축식
④ 외부 확장식

31 아우트리거 잭 실린더 유압회로의 고압호스나 파이프가 파손될 경우 압력을 차단하여 기중기가 균형을 잃은 것을 방지하기 위해 설치하는 것은?

① 드럼홀드
② 아우트리거 안전밸브
③ 아우트리거 수직 록 핀
④ 아우트리거 수평 록 핀

32 기중기 붐에 설치하여 작업할 수 있는 장치로 적절하지 않은 것은?

① 파일드라이버   ② 훅
③ 스캐리파이어   ④ 파워 셔블

> 스캐리파이어(쇠스랑)는 모터 그레이더 등에 부착하여 굳은 땅을 파헤치고, 나무의 뿌리를 뽑는 등의 작업이 가능하다.

33 기중기에 크램셸을 설치하면 어느 작업에 가장 적합한가?

① 경사지 구축 작업   ② 배수로 굴토 작업
③ 수직 굴토 작업   ④ 수평 평삭 작업

> 크램셸은 조개모양의 버킷으로, 수직으로 토사를 굴착할 때 사용된다.

34 작업장치 중 프런트 붐, 버킷, 로프, 페어리드 등으로 구성되어 있고, 장비의 위치보다 낮은 곳의 굴착이 적합한 작업장치는?

① 드래그 라인   ② 슈퍼 마그넷
③ 컴팩터   ④ 우드 그래플

35 정격하중의 의미로서 가장 적합한 것은?

① 훅 및 달기기구의 중량을 포함하여 기중기가 들어올릴 수 있는 최대 하중
② 훅 및 달기기구의 중량을 제외한 기중기가 들어올릴 수 있는 최대 하중
③ 평상 시 주로 취급하는 화물의 하중
④ 훅의 중량을 포함한 기중기가 들어올릴 수 있는 최대하중

> 정격하중은 총 하중에서 훅 및 달기기구의 중량을 제외한 기중기가 들어올릴 수 있는 최대 하중을 말한다.

36 기중기의 정상 운전 작업에 해당하는 것은?

① 하중을 땅에서 끌어당기는 작업
② 땅 속에 박힌 하중을 인양하는 작업
③ 수중의 모래를 채취하는 작업
④ 작업 반경 밖으로 내려놓기 위한 흔들기 작업

> ①, ②, ④는 충격하중 및 측면하중이 발생하므로 정상 작업에 해당하지 않는다.

정답 28 ④ 29 ③ 30 ① 31 ② 32 ③ 33 ③ 34 ① 35 ② 36 ③

37 훅으로 상승작업 중 하물의 낙하가 발생하였다. 그 원인과 거리가 가장 먼 것은?

① 줄걸이 상태 불량
② 권상용 와이어로프의 절단
③ 지브와 달기기구의 충돌
④ 붐 확장 시 상부의 불균형

38 줄걸이용 와이어로프에 장력이 걸리면 일단 정지하고 줄걸이 상태를 점검, 확인할 때 해당사항이 아닌 것은?

① 줄걸이용 와이어로프에 걸리는 장력이 균등하게 작용하는가
② 줄걸이용 와이어로프에 안전율은 5 이상 되는가
③ 하물이 붕괴 또는 추락할 우려는 없는가
④ 줄걸이용 와이어로프가 이탈 또는 보호대가 벗겨질 우려는 없는가

안전율 검사는 장력이 걸리기 전에 확인·점검할 사항이다.

39 기중기의 훅 작업 시 준수사항으로 틀린 것은?

① 인양할 화물이 보이지 않을 경우에는 경험을 바탕으로 신중히 작업할 것
② 인양할 화물을 바닥에서 끌어당기거나 밀어내는 작업을 하지 아니할 것
③ 고정된 물체를 직접 분리·제거하는 작업을 하지 아니할 것
④ 인양 중인 화물이 작업자의 머리 위로 통과하지 않도록 할 것

40 와이어로프 슬링을 이용한 중량물 인양작업방법으로 틀린 것은?

① 화물이 기울어지지 않게 균형을 맞춰 들어야 한다.
② 로프의 정격하중이 화물의 무게보다 커야 한다.
③ 모서리가 각이 진 화물은 보호대를 로프와 화물 사이에 삽입한다.
④ 화물을 들어 올릴 때 훅의 중심은 항상 화물의 중심에서 벗어나게 한다.

훅의 중심과 화물의 중심은 일치해야 한다.

41 기중기로 양중 이동 시 안전한 이동을 위한 붐의 상태로 옳은 것은?

① 조인트 붐을 삽입하여 사용한다.
② 지브 붐을 사용한다.
③ 붐의 풋 핀 길이를 길게 한다.
④ 붐의 길이를 짧게 한다.

양중 이동 시에는 인양물의 무게중심 이동을 최소화하기 위해 붐의 길이를 짧게 한다.

42 양중물의 인양작업 시 확인 및 점검사항으로 가장 거리가 먼 것은?

① 양중물의 무게와 중심위치
② 와이어로프의 걸림 각도
③ 고임목의 위치
④ 양중물의 수평유지와 안정성

타이어식 기중기는 인양 중에는 아우트리거를 확장시켜야 하며, 고임목은 주·정차 시에 사용된다.

43 작업하중을 지키며 양중작업을 하였으나 장비가 전도될 수도 있는 요인으로 가장 거리가 먼 것은?

① 양중 작업 중 풍속이 갑자기 강해졌을 때
② 경사면에서 양중 작업 시
③ 양중물을 장비 정면으로 하여 인양 시
④ 양중 작업 중 급격한 회전 시

안전한 인양을 위해 장비를 정면으로 향해야 한다.
① 강한 바람에 의한 중량물이 이동으로 전도 우려
② 경사면에서 중량물이 지면에 가까울수록 하중에 쏠림
④ 급격한 스윙으로 전도 우려

44 기중기 주행 시 확인 및 주의해야 할 항목으로 가장 적절하지 않는 것은?

① 주행 중 위험상황이 있다면 경적을 울려 주위에 경고
② 주행 주변 장애물 확인
③ 선회작업을 위한 장애물 확인
④ 후방 상황 확인

주행 시에는 선회작업을 해서는 안된다.

37 ④ 38 ② 39 ① 40 ④ 41 ④ 42 ③ 43 ③ 44 ③

45 기중기의 상부선회체가 회전하지 못하도록 하는 선회 록 장치는 언제 사용하는가?

① 수직 굴토할 때
② 도로를 주행할 때
③ 수평 굴착을 할 때
④ 양중 작업할 때

선회 록은 도로를 주행할 때 상부선회체가 회전하는 것을 방지한다.

46 기중기로 철근 다발을 지상으로 내려놓을 때 가장 적합한 운전방법은?

① 철근 다발이 지면에 가까워지면 권하속도를 서서히 증가시킨다.
② 권하 시의 속도는 항상 권상속도와 같은 속도로 운전한다.
③ 철근 다발의 흔들림이 없다면 속도에 관계없이 작업해도 좋다.
④ 지면에 닿기 전 30cm 정도까지 내린 다음 일단 정지 후 서서히 내린다.

인양물을 내려놓을 때 지면에서 20~30cm 정도 내려 일시 정지시켜 충격하중을 제거한 후 서서히 내리는 것이 좋다.

47 기중기로 인양한 인양물을 인하위치로 이동할 때 적절한 방법이 아닌 것은?

① 출발 전 선회 브레이크의 잠근다.
② 주행 시 제작사 규정 속도를 준수하여 천천히 부드럽게 주행한다.
③ 주행하여 충격하중과 측면하중을 최소화한다.
④ 적재 높이만큼 인양물을 최대로 상승한 후 이동한다.

주행 시 화물이 지상으로부터 약 30cm 이하 상태를 유지하면서 최저 속도로 주행한다.

48 기중기의 작업에 대한 방호장치가 아닌 것은?

① 지브 전도방지 장치
② 퀵 커플러(Quick Coupler)
③ 권과 방지장치(Over Hoisting Limiter)
④ 과부하 방지장치(Overload Limiter)

퀵 커플러는 굴착기의 버킷 등의 작업장치를 쉽게 결합 또는 분리할 수 있는 장치이다.

49 기중기로 인양작업 시 줄걸이 안전사항으로 적합하지 않은 것은?

① 신호수는 원칙적으로 1인이다.
② 신호수는 기중기 조종사가 잘 확인할 수 있도록 정확한 위치에서 행한다.
③ 2인 이상이 고리 걸이 작업할 때는 상호간에 복창소리를 주고 받으며 진행한다.
④ 인양 작업시 지면에 있는 보조자는 와이어로프를 손으로 꼭잡아 화물이 흔들리지 않게 하여야 한다.

인양물의 흔들림을 최소화하기 위해 인양 시 인양물에 보조 로프를 매달아 보조자가 이 로프를 잡아준다.

50 기중기에 사용하는 권과방지 장치에 해당하는 것은?

① 리미트(Limit) 스위치
② 유압 스위치
③ 초음파 스위치
④ 광전 스위치

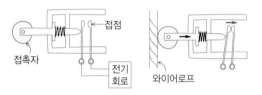

와이어로프가 설정된 위치에 왔을 때 접촉자가 눌려지면 접점을 닫혀 드럼 회전을 멈추고 경고등을 점등한다.

⬆ 리미트 스위치 개념

51 신호수의 준수사항으로 부적합한 것은?

① 신수호는 지정된 신호방법으로 신호한다.
② 두 대의 기중기로 동시 작업 시 두 사람의 신호수가 동시에 신호한다.
③ 신호수는 그 자신이 신호수로 구별될 수 있도록 눈에 잘 띄는 표시를 한다.
④ 신호장비는 밝은 색상이며, 신호수에게만 적용되는 특수 색상으로 한다.

52 일상점검에 대한 설명으로 가장 적절한 것은?

① 운전 전·중·후 행하는 점검
② 신호수가 행하는 점검
③ 감독관이 행하는 점검
④ 1일 1회 행하는 점검

일상점검은 작업 기계의 운전 전·중·후에 일상적으로 하는 점검을 말한다.

53 권상용 드럼에 플리트(Fleet) 각도를 두는 이유는?

① 드럼의 균열 방지
② 드럼의 역회전 방지
③ 와이어로프의 부식 방지
④ 와이어로프가 엇갈려서 겹쳐 감김을 방지

플리드 각도는 드럼에 와이어 로프를 감을 때 와이어 드럼의 홈과 시브 롤러 사이를 이루는 각을 말하며, 와이어로프가 엇갈려서 겹쳐 감김을 방지하는 역할을 한다.

54 양중작업 시 부하 반경 또는 작업 양정을 극대화시키기 위해 사용하는 붐은?

① 격자형 붐
② 지브 붐
③ 상단 붐
④ 메인 붐

CHAPTER

02

예상문항수
6/60

기관 구조

Study Point 기관에서는 각 섹션마다 거의 1문제가 출제됩니다. 학습량에 비해 출제비율이 낮으나 다른 챕터에서 충분하게 점수를 획득하지 못할 경우 이 단원에서 3~4문제에서 점수를 획득해야 합니다. 이론보다 **기출문제 위주로 정리**하시기 바랍니다.

01 기관(엔진) 주요부

[출제문항수 : 1~2문제] 이 섹션은 전체에서 골고루 출제되므로 꼼꼼한 학습이 필요한 부분입니다.

01 디젤 기관의 특성

기관에는 가솔린기관, 가스기관, 디젤기관으로 구분하며, **대부분의 건설기계는 주로 디젤기관을 사용**한다.

① 경유를 연료로 사용한다.
② 디젤기관의 점화 방법 : 압축착화한다.

→ 압축착화 : 피스톤이 올라와 공기를 압축시킬 때 발생된 고온의 공기에 연료를 분사시킴

→ 가솔린 기관은 혼합기(공기와 연료)를 실린더 내로 흡입하여 압축·점화하여 연소하지만, 디젤 기관은 공기만을 실린더 내로 흡입하여 고압축비로 압축한 후 압축열에 연료를 분사시켜 자연 착화시킨다. 그러므로 디젤 기관에는 점화장치(점화플러그, 배전기 등)가 없다.

③ 가솔린 기관보다 **압축비가 높고 출력효율이 좋다.**
④ 디젤기관의 장·단점

장점	• **열효율이 높아 출력이 크다.** → 열효율이 높다 : 일정한 연료로써 큰 출력을 얻는 것 • 인화점이 높아 화재 위험이 적다. • 연료소비율이 낮다.
단점	• 소음 및 진동이 크다. • 마력당 무게가 무겁다. • 제작비가 비싸다.

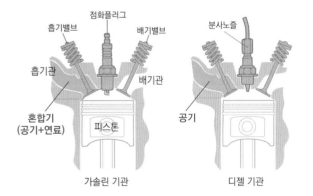

⬆ 가솔린 기관과 디젤 기관의 연소실 구분

▶ **기관의 분류 – 사용 연료에 따라**
• 디젤 기관 : 경유 → 점도가 있고, 인화점이 높다.
• 가솔린 기관 : 휘발유 → 휘발성이 강하고, 인화점이 낮다.

▶ **기관의 분류 – 점화방법에 따라**
• 전기점화방식 : 점화플러그에 의한 전기 점화 (가솔린 기관)
• 압축착화방식 : 압축열을 이용한 자연 착화 (디젤 기관)

▶ **기계학적 사이클에 의한 분류**
• 4행정 사이클 기관 : 1 사이클이 이루려면 크랭크축이 2회전해야 한다.
• 2행정 사이클 기관 : 1 사이클이 이루려면 크랭크축이 1회전해야 한다.
※ 1회전할 때 피스톤이 1회 왕복한다.

▶ **4사이클의 행정 순서** : 흡입 → 압축 → 동력 → 배기

▶ **가솔린 기관의 장점** : 디젤기관에 비해 회전수가 빠르고, 가속성(순간가속력)이 좋으며 운전이 정숙하다.

02 실린더 및 연소실

1 실린더 블록

① 실린더 : 실린더 블록 내부에 위치하며, 피스톤이 왕복 운동하는 곳이다.
② 실린더 외벽에 냉각수 통로(워터재킷)가 있어 실린더의 열을 냉각수에 전달된다.
③ 상부에 실린더 헤드, 하부에 오일 팬이 부착된다.

▶ **실린더 블록에 설치되는 부품** : 실린더, 크랭크 케이스, 물재킷, 크랭크축 지지부
▶ 엔진블록의 세척 시 솔벤트나 **경유**를 사용한다.

2 연소실

① 위치 : 실린더 헤드와 실린더 블록 사이
② 연소실의 조건
• 압축 행정시 혼합가스의 와류가 잘 되어야 한다.
→ 원활한 연소를 위해
• 화염 전파시간이 가능한 짧고, 가열되기 쉬운 돌출부를 두지 말아야 한다. → 노킹 방지를 위해

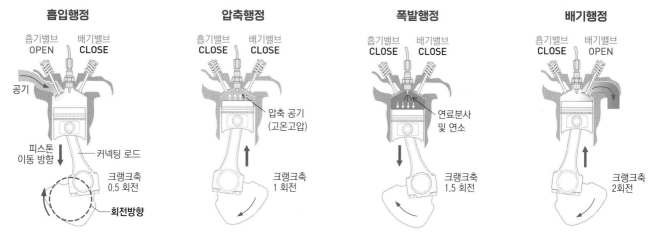

흡입행정	압축행정	폭발행정	배기행정
흡기밸브 OPEN / 배기밸브 CLOSE	흡기밸브 CLOSE / 배기밸브 CLOSE	흡기밸브 CLOSE / 배기밸브 CLOSE	흡기밸브 CLOSE / 배기밸브 OPEN

공기
피스톤 이동 방향 — 커넥팅 로드
크랭크축 0.5 회전
회전방향

압축 공기 (고온고압)
크랭크축 1 회전

연료분사 및 연소
크랭크축 1.5 회전

크랭크축 2회전

피스톤이 하강하며 공기 흐름의 관성에 의해 흡입공기를 유입시킨다.

피스톤이 상승하여 공기를 압축함에 따라 공기가 뜨거워진다.

압축행정 말(피스톤이 최대로 상승)에 고온고압의 흡입공기에 분사노즐의 연료를 분사시켜 연소되므로써 팽창된 연소가스에 의해 피스톤을 하강시키며 동력이 발생된다.

이 과정을 '착화(불이 붙음)'라고 한다.

연소된 가스를 배기관을 통해 배출시킨다.

⬆ 디젤기관의 4행정 사이클 순서 및 기초 원리

- 연소실 내의 표면적은 최소가 되어야 한다.
  → 연소실 표면적이 넓으면 열 손실이 커지고, 미연소 가스가 증대된다.

③ 디젤기관의 **연소실 종류** :

직접분사식, 예연소실식, 와류실식, 공기실식

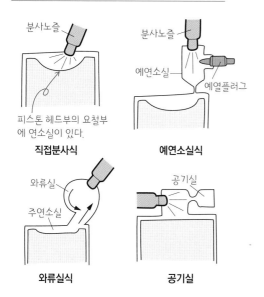

분사노즐
피스톤 헤드부의 요철부에 연소실이 있다.
직접분사식

분사노즐
예연소실
예열플러그
예연소실식

와류실
주연소실
와류실식

공기실
공기실

엔진 본체의 기본 구성

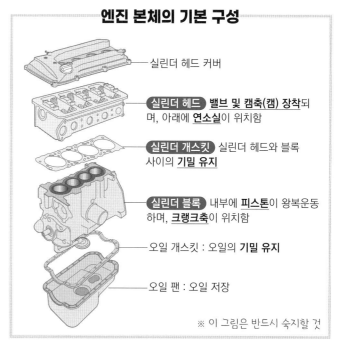

실린더 헤드 커버

실린더 헤드 밸브 및 캠축(캠) 장착되며, 아래에 **연소실**이 위치함

실린더 개스킷 실린더 헤드와 블록 사이의 **기밀 유지**

실린더 블록 내부에 **피스톤**이 왕복운동하며, **크랭크축**이 위치함

오일 개스킷 : 오일의 **기밀 유지**

오일 팬 : 오일 저장

※ 이 그림은 반드시 숙지할 것

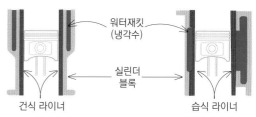

워터재킷 (냉각수)
실린더 블록
건식 라이너
습식 라이너

피스톤의 왕복운동을 하는 통로이며, 열교환 방식에 따라 습식과 건식으로 구분한다.

⬆ 실린더 라이너

③ 실린더 라이너(Liner)
① 습식 라이너
- 장점 : 냉각수가 라이너의 바깥 둘레에 직접 접촉하고 정비시 라이너 교환이 쉬우며 냉각효과가 좋다.
- 단점 : 크랭크케이스에 냉각수가 들어갈 수 있다.
② 건식 라이너 : 실린더 라이너와 냉각수가 직접 접촉하지 않는 형식으로 가솔린기관에 사용

④ 실린더 헤드 개스킷(Gasket)
실린더 블록과 실린더 헤드 사이에 금속 개스킷을 설치하여 실린더 블록이나 실린더 헤드에 있는 냉각수과 연소실 내 연료, 오일이 새지 않도록 **기밀유지**를 목적으로 한다.

> ▶ 실린더헤드 개스킷의 손상 영향
> - 압축공기가 누설되어 압축압력이 떨어지거나, 폭발압력이 떨어져 출력 감소(연비 감소)
> - 실린더 블록에 흐르는 냉각수 누설 또는 엔진오일 누설

⑤ 실린더 마모(실린더 벽 또는 피스톤 링의 마모)로 인한 영향
→ 실린더와 피스톤 간극이 클 때의 영향과 같은 의미

① 블로우 바이에 의한 압축효율(압축 압력) 및 출력 저하
② 윤활유 오염 및 오일 소모 증대
→ **정상 상태**에서 실린더벽과 피스톤링은 밀착되어 연소실의 가스가 크랭크축으로 누설되는 것을 방지하고, 실린더벽과 피스톤 사이의 마찰감소를 위해 뿌려진 오일을 긁어내린다.
→ 마모가 커지면 연소실의 미연소 가스가 크랭크축으로 누설(블로바이)되고, 실린더벽에 뿌려진 오일이 연소실까지 올라온다.
③ 피스톤 슬랩(Slap) 현상이 발생된다.
→ 피스톤의 운동 방향이 바뀔 때 실린더 벽에 충격을 주는 현상

> ▶ 비교) 블로우바이, 블로우 백, 블로우 다운
>
> | 블로우바이 (blow by) | 압축 및 폭발행정에서 가스가 피스톤과 실린더 사이로 누출되는 현상 |
> |---|---|
> | 블로우 백 (blow back) | 압축 및 폭발행정에서 가스가 밸브와 밸브시트 사이로 누출되는 현상 |
> | 블로우 다운 (blow by) | 폭발행정 말기에 배기밸브가 열리고, 피스톤이 하강함에도 불구하고 배기가스 자체 압력으로 배출되는 현상 |
>
> ▶ 참고) 피스톤 간극(피스톤과 실린더벽과의 간극)이 작을 때의 영향
> 마멸이 증대되며, 마찰열에 의해 소결(늘러붙음)된다.

실린더 내를 왕복 운동하여 동력 행정시 크랭크축을 회전 운동시키며 흡입, 압축, 배기 행정에서는 크랭크축으로부터 동력을 전달받아 작동된다.

① 피스톤의 구비 조건
① 고온·고압에 견딜 것
② 열전도가 잘 될 것 → 피스톤 헤드부의 높은 열을 분산
③ 열팽창율이 적을 것 → 열에 의해 부피가 늘어나지 않을 것
④ 관성을 방지하기 위해 무게가 가벼울 것
⑤ 가스 및 오일 누출이 없어야 할 것

② 피스톤 링의 작용
① **기밀 유지** : 압축가스가 새는 것을 막아준다.
② **오일 제어** : 엔진오일을 실린더 벽에서 긁어 내린다.
③ **열전도** : 피스톤 헤드의 높은 열을 실린더 벽으로 전달한다.

> ▶ 피스톤 링의 구성
> - 압축링 : 압축가스의 누설 방지 (실린더 헤드 쪽에 있는 것이 압축링이다.)
> - 오일링 : 엔진오일을 실린더 벽에서 긁어내림 (오일제어)

③ 커넥팅 로드
① 폭발의 힘은 피스톤을 강하게 밑으로 내림으로 피스톤에 연결된 커넥팅 로드를 통해 크랭크축에 전달한다.
② 충분한 강성, 내마멸성, 가벼울 것

> ▶ 피스톤이 고착되는 원인
> - 냉각수량 및 엔진오일 부족
> - 기관 과열
> - 피스톤과 벽의 간극이 적을 때

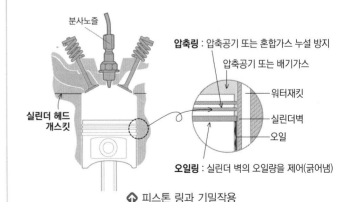

분사노즐
압축링 : 압축공기 또는 혼합가스 누설 방지
압축공기 또는 배기가스
워터재킷
실린더 헤드 개스킷
실린더벽
오일
오일링 : 실린더 벽의 오일량을 제어(긁어냄)

⬆ 피스톤 링과 기밀작용

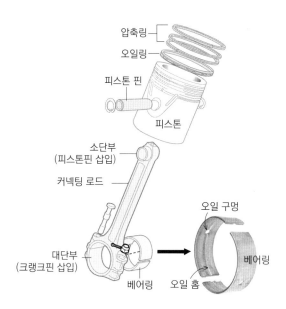

커넥팅 로드의 소단부는 피스톤에, 대단부는 크랭크핀에 삽입되어 회전하므로 베어링이 필요하다.

⬆ 피스톤 어셈블리 구조

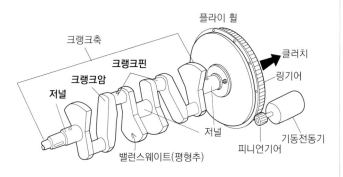

⬆ 크랭크축과 플라이 휠

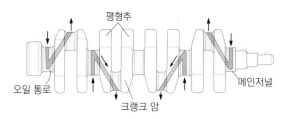

➡ 오일펌프로부터 오일을 공급받아 커넥팅로드 베어링으로 흐름

⬆ 크랭크축의 윤활

---

04 크랭크축과 플라이 휠

1 크랭크축

① 피스톤의 직선왕복운동을 회전운동으로 변환하여 동력을 플라이휠 및 클러치로 전달하며, 그 외에 흡·배기 밸브의 작동을 위한 캠축, 냉각팬, 오일펌프, 발전기 등을 구동시킨다.

② 크랭크축의 구성부품

크랭크 암(Crank Arm), 크랭크 핀(Crank Pin), 저널(Journal)

2 크랭크축의 베어링

피스톤에 연결된 커넥터 로드와 회전운동으로 하는 크랭크축 사이의 마찰 감소를 목적으로 사용되며, 윤활을 위한 오일공급이 필요하다.

① 베어링의 필요조건
- 하중 부담 능력이 좋을 것
- 내피로성, 내마멸성, 내식성이 있을 것

② 오일 간극(틈새)
- 오일 간극이 크면 : 누설로 인해 윤활유 소비가 증가한다.
- 오일 간극이 작으면 : 마모가 촉진되고 소결된다.

3 플라이 휠(Fly Wheel)

① 기관의 맥동적인 회전 관성력을 원활한 회전으로 바꾸어 주는 역할을 한다.

→ 크랭크축을 회전시키는 힘은 폭발행정에서만 발생되어 회전력이 불규칙해지므로(맥동) 회전 관성력을 주어 회전을 일정하게 유지시킨다.

② 클러치와 연결되어 있으며, 링기어를 함께 장착되어 시동 시 기동전동기의 동력을 링기어를 통해 크랭크축을 회전시킨다.

→ 시동 시 배터리 전원을 기동전동기를 공급하여 전동기의 회전 동력으로 크랭크축을 회전시켜 피스톤의 1사이클을 이뤄지면 엔진이 작동된다.

1 캠축

① 캠축은 기어나 벨트(또는 체인)를 사용하여 크랭크축에 의해 구동된다.

② 캠축에 결합된 각각의 캠에 의해 실린더의 흡·배기 밸브를 열리게 한다.

③ 크랭크축 2회전(1사이클당) 캠축은 1회전한다.

2 밸브

① 실린더 헤드에는 혼합가스를 흡입하는 흡입밸브와 연소된 가스를 배출하는 배기밸브가 한 개의 연소실당 2~4개 설치되어 흡·배기 작용을 한다.

② 밸브의 구비 조건
- 열전도율이 좋을 것
- 열에 대한 팽창력이 적을 것
- 가스에 견디고 고온에 견딜 것
- 충격과 부식에 견딜 것

③ 밸브 스프링 : 캠에 의해 열려진 밸브를 닫게 하며, 혼합가스 및 배기가스의 누설을 방지시킨다.

> ▶ 밸브 스프링의 서징 현상(surging)
> 캠 회전수와 밸브 스프링의 고유 진동수가 같아질 때 강한 진동이 수반되는 공진 현상

3 밸브 간극

① 밸브 간극이란 : 밸브스템 엔드와 로커암 사이의 간극(틈새)를 말하며, 정상온도 운전 시 열팽창을 고려하여 흡·배기 밸브에 간극을 둔다.

② 밸브 간극의 영향

밸브간극이 클 때	• 정상온도에서 밸브가 완전히 개방되지 않는다. • 소음이 발생된다. • 출력이 저하되며, 스템 엔드부의 찌그러짐이 발생한다.
밸브간극이 작을 때	• 정상온도에서 밸브가 확실하게 닫히지 않는다. • 역화 및 후화 등 이상연소가 발생한다. • 출력이 저하된다.

> ▶ 유압식 밸브 리프터
> 엔진오일의 압력을 이용하여 온도 변화에 관계없이 열팽창을 고려하여 밸브 간극을 '0'이 되도록 하여 밸브 개폐 시기가 정확하게 유지되도록 한다.

'겹치다'는 의미로, 여기서는 밸브가 모두 열린 것을 말함

4 밸브 오버랩 (valve overlap)

① 흡입공기 및 배기가스 흐름의 관성을 이용하여 배기행정이 끝나고, 흡입행정이 시작되는 지점(상사점) 부근에서 <u>흡·배기 밸브를 동시에 열어주는 시기</u>를 말한다.

② 밸브 오버랩의 효과 : 체적 효율(흡입효율) 향상, 배기가스 완전 배출, 실린더 냉각효과

→ 공기가 연소실에 들어올 때 배기밸브가 열려 있으면 배기가스가 배출되는 흐름관성에 의해 공기의 유입이 보다 원활해진다.

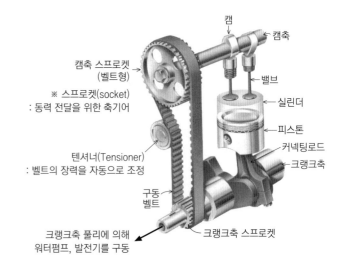

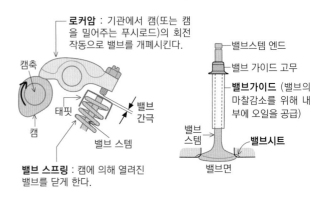

⬆ 밸브 시스템의 기본 구성

06 기관의 점검

1 기관 시동 전 점검사항

① 연료의 양

② 엔진오일의 양과 색깔 상태 (오일레벨 게이지 확인)

③ 냉각수의 양과 온도 (엔진 수온 게이지 확인)

④ 기관의 팬 벨트 장력 상태

⑤ 배터리 충전 상태 (충전 경고등 점등 여부를 확인하거나 엔진룸을 열고 배터리의 점검창에서 녹색 상태인 지 확인)

⑥ 배기가스의 색깔 상태

⑦ 연료/냉각수/각종 오일류 등 유체가 흐르는 계통에서의 누설 여부

▶ **기관 시동 전 점검이란**
엔진을 워밍업시킨 후 약 5분 후 시동을 끈 상태에서의 점검을 말한다.

2 기관 출력을 저하시키는 원인

→ 기관 출력이 저하된다는 것은 엔진이 충분한 회전력이 발생되지 못해 구동력(가속력)이 약하다는 의미이다. 출력은 주로 착화(연료에 불이 붙는 것)와 관련이 있으므로 흡입공기의 고온고압 상태 및 충분한 연료량에 영향을 받는다.

① 연료분사량이 적을 때

② 실린더 내의 압축압력이 낮을 때

③ 분사시기가 맞지 않을 때

④ 흡·배기 계통이 막혔을 때

⑤ 밸브 간격이 맞지 않을 때

⑥ 노킹이 일어날 때 (→ 노킹에 대한 설명은 다음 섹션을 참조할 것)

3 기관의 예방정비 시 운전자가 해야 할 정비

① 연료 여과기의 엘리먼트 점검

② 연료 파이프의 풀림 상태 조임

4 디젤기관에서 시동이 되지 않는 원인

① 연료 부족

② 연료공급 펌프 불량

③ 연료계통에 공기 유입

④ 크랭크축 회전속도가 너무 느릴 때

▶ **디젤기관의 시동을 용이하게 하기 위한 방법**
• 압축비를 높인다.
• 예열플러그를 충분히 가열한다.
• 흡기온도를 상승시킨다.

5 디젤기관의 진동원인

① 분사시기, 분사간격이 다르다.

② 각 피스톤의 중량차가 크다.

③ 각 실린더의 분사압력과 분사량이 다르다.

④ 인젝터에 불균율이 크다.

▶ **기관 운전 중에 진동이 심해질 경우 점검해야 할 사항**
• 타이밍 라이트로 기관 타이밍이 정확한지 점검한다.
• 기관과 차체 연결 마운틴 레버를 점검해본다.
• 연료계통에 공기가 들어 있는지 점검한다.

6 건설기계 관리 일반

① 기관이 과열됐을 때는 기관을 정지시킨 후 냉각수를 조금씩 보충한다.

② 윤활 계통에 이상이 생기면 운전 중에 오일압력 경고등이 켜진다.

③ 연료탱크는 주기적으로 청소를 하여 물과 찌꺼기를 제거시킨다.

▶ **기관 과열 시 일어날 수 있는 현상**
• 실린더 헤드 개스킷 손상
• 실린더 헤드의 변형 또는 균열
• 실린더 헤드 개스킷 손상이나 헤드의 변형 또는 균열이 생기면 압축이나 배기 행정시 가스가 스며들어 냉각수로 연소가스가 누출될 수 있다.

▶ **디젤기관을 정지시키는 가장 좋은 방법**
• 연료공급 차단

1 ***
기관에서 열효율이 높다는 것은?

① 일정한 연료 소비로서 큰 출력을 얻는 것이다.
② 연료가 완전 연소하지 않는 것이다.
③ 기관의 온도가 표준 보다 높은 것이다.
④ 부조가 없고 진동이 적은 것이다.

2 **
공기만을 실린더 내로 흡입하여 고압축비로 압축한 다음 압축열에 연료를 분사하는 작동원리의 디젤기관은?

① 압축착화 방식
② 전기점화식
③ 불꽃점화식
④ 제트점화식

• 가솔린기관 : 전기 점화 • 디젤기관 : 압축 착화

3 **
디젤기관의 구성품이 아닌 것은?

① 분사 펌프
② 공기 청정기
③ 점화 플러그
④ 흡기 다기관

디젤기관에는 착화방식이므로 점화장치가 필요없다.

4 **
오토기관에 비해 디젤기관의 장점이 아닌 것은?

① 화재의 위험이 적다.
② 열효율이 높다.
③ 가속성이 좋고 운전이 정숙하다.
④ 연료소비율이 낮다.

오토기관은 가솔린 기관을 말하며, 가솔린 기관은 가속성이 좋고 운전이 정숙하다. 경유는 인화점이 높기 때문에 화재 위험이 적고, 열효율이 높고 연료소비율이 낮다.

5 ***
4행정 사이클 기관의 행정 순서로 맞는 것은?

① 압축 → 동력 → 흡입 → 배기
② 흡입 → 동력 → 압축 → 배기
③ 압축 → 흡입 → 동력 → 배기
④ 흡입 → 압축 → 동력 → 배기

6 ★
압축말 연료분사노즐로부터 실린더내로 연료를 분사하여 연소시켜 동력을 얻는 행정은?

① 흡입행정
② 압축행정
③ 폭발행정
④ 배기행정

7 ★
4행정 기관에서 1사이클을 완료할 때 크랭크축은 몇 회전하는가?

① 1회전
② 2회전
③ 3회전
④ 4회전

각 행정마다 크랭크축은 180° 회전하며 전체 2회전(720°)한다.

8 ★
디젤기관에서 압축 행정 시 밸브는 어떤 상태가 되는가?

① 흡입 밸브만 닫힌다.
② 배기 밸브만 닫힌다.
③ 흡입과 배기밸브 모두 열린다.
④ 흡입과 배기밸브 모두 닫힌다.

• 흡기행정 : 흡입밸브만 열림
• 압축행정, 폭발행정 : 흡·배기 밸브 모두 닫힘
• 배기행정 : 배기밸브만 열림

9 ★
다음 중 기관정비 작업 시 엔진블록의 찌든 기름때를 깨끗이 세척하고자 할 때 가장 좋은 용해액은?

① 냉각수
② 절삭유
③ 솔벤트
④ 엔진오일

10 ★
기관 과열 시 일어날 수 있는 현상으로 가장 적합한 것은?

① 연료가 응결될 수 있다.
② 실린더 헤드의 변형이 발생할 수 있다.
③ 흡배기 밸브의 열림량이 많아진다.
④ 밸브 개폐시기가 빨라진다.

기관 과열 시 실린더 헤드의 변형이나 헤드 개스킷이 손상된다.

정답 **1**① **2**① **3**③ **4**③ **5**④ **6**③ **7**② **8**④ **9**③ **10**②

11 냉각수가 라이너의 바깥 둘레에 직접 접촉하고 정비 시 라이너 교환이 쉬우며 냉각효과가 좋으나, 크랭크케이스에 냉각수가 들어갈 수 있는 단점을 가진 것은?

① 진공식 라이너
② 건식 라이너
③ 유압 라이너
④ 습식 라이너

12 실린더 헤드 개스킷이 손상되었을 때 일어나는 현상으로 가장 적합한 것은?

① 엔진 오일의 압력이 높아진다.
② 피스톤링의 작동이 느려진다.
③ 압축압력과 폭발압력이 낮아진다.
④ 피스톤이 가벼워진다.

실린더 헤드 개스킷은 실린더 헤드와 실린더 블록 사이의 위치한 연소실 내의 압축가스나 연소 후 폭발가스의 기밀을 유지(누설 방지)시키는 부품이다.

13 실린더에 마모가 생겼을 때 나타나는 현상이 아닌 것은?

① 블로바이 가스의 배출 증가
② 윤활유 소비 증가
③ 연료 소비량 증가
④ 압축압력의 증가

실린더의 마모가 발생하면 기밀유지가 불량하여 혼합가스 및 배기가스가 누설되어 **압축효율(압축압력)이 저하**되므로 출력이 저하된다. 또한 윤활유의 소모량이 증가하고, 오염이 증가된다.
※ 압축효율(압축압력)은 '압축비'와 관계가 있으며, 압축행정에서 공기를 얼마나 압축할 것인지를 나타낸다. 즉, 고압고열을 충분히 발생시켜야 한다. 압축비가 높을수록 연료의 연소가 좋아져 출력(연비)이 좋아진다.
①,③ 블로바이 가스(미연소가스)의 배출이 증가하여 연료 소비량이 증가한다.
② 실린더벽의 뿌려진 오일이 연소실까지 올라가므로 오일 소모량이 증가한다.
④ 간극 사이로 압축공기가 누설되므로 압축압력은 감소된다.

14 기관출력을 저하시키는 원인이 아닌 것은?

① 연료 분사량이 적을 때
② 노킹이 일어날 때
③ 기관 오일을 교환하였을 때
④ 실린더 내의 압축압력이 낮을 때

엔진 오일의 교환은 원활한 윤활작용을 위해 일정 기간마다 해야 하며, 오일상태가 불량하면 기관 출력이 저하된다.

15 기관에서 출력저하의 원인이 아닌 것은?

① 분사시기 늦음
② 배기계통 막힘
③ 흡기계통 막힘
④ 압력계 작동 이상

출력저하의 근본 원인은 **공기나 연료가 부족**상태이며, 분사할 시기에 분사되지 못할 때이다. 배기계통이 막히면 연소가스가 배출되지 못하므로 연소실에 흡입공기가 들어오지 못한다.

16 기관에서 실린더 마모 원인이 아닌 것은?

① 희박한 혼합기에 의한 마모
② 연소 생성물(카본)에 의한 마모
③ 흡입공기 중의 먼지, 이물질 등에 의한 마모
④ 실린더 벽과 피스톤 및 피스톤 링의 접촉에 의한 마모

혼합기가 마모에 영향을 주지 않는다.

17 엔진오일이 연소실로 올라오는 주된 이유는?

① 피스톤 링 마모
② 피스톤 핀 마모
③ 커넥팅로드 마모
④ 크랭크축 마모

피스톤 링에는 압축링과 오일링이 있으며, **오일링**은 실린더 벽과 피스톤 사이의 윤활을 위해 뿌려진 오일을 아래로 긁어내리는 역할을 하므로, 피스톤 링이 마모되면 오일이 연소실로 올라오게 된다.

18 피스톤과 실린더 사이의 간극이 너무 클 때 일어나는 현상은?

① 엔진의 출력 증대
② 압축압력 증가
③ 실린더 소결
④ 엔진 오일의 소비증가

실린더와 피스톤간극이 크면 블로 바이로 인한 압축 압력의 저하, 오일의 연소실 유입에 따른 오일 소비량 증가, 피스톤 슬랩 현상 등이 일어난다.

정답 ▶ **11** ④ **12** ③ **13** ④ **14** ③ **15** ④ **16** ① **17** ① **18** ④

19 기관의 실린더 벽이 마멸되었을 때 발생되는 현상은?

① 압축압력의 저하   ② 폭발압력의 증가

③ 기관회전수 증가   ④ 열효율의 높아짐

실린더 벽이나 피스톤이 마멸되면 **압축압력의 저하**, 폭발압력 감소, 오일·냉각수의 누설, 출력 저하 등이 나타난다.

20 기관에서 압축가스가 누설되어 압축압력이 저하될 수 있는 원인으로 가장 적절한 것은?

① 냉각팬의 벨트 유격 과대

② 실린더 헤드 개스킷 불량

③ 매니폴드 개스킷의 불량

④ 워터펌프의 불량

압축압력이 저하되는 원인에는 **실린더 헤드 개스킷 불량**, 실린더나 피스톤의 마멸, 피스톤 링의 절손 등이 있다.

21 피스톤의 구비 조건으로 틀린 것은?

① 고온고압에 견딜 것   ② 열전도가 잘 될 것

③ 열팽창율이 적을 것   ④ 피스톤 중량이 클 것

피스톤은 왕복운동을 하므로 관성을 최소화하기 위해 중량은 가벼울수록 좋다.

22 기관에서 피스톤 링의 주요 작용이 아닌 것은?

① 자기 작용

② 열전도 작용

③ 오일 제어 작용

④ 기밀 유지 작용

피스톤 링의 작용 : 열전도 작용, 오일 제어 작용, 기밀 유지 작용

23 기관을 시동하기 전에 점검할 사항과 가장 관계가 먼 것은?

① 연료의 량

② 냉각수 및 엔진오일의 량

③ 기관 오일의 온도

④ 유압유의 량

기관오일의 온도는 엔진 가동 중 점검한다.

24 기관에서 폭발행정 말기에 배기가스가 실린더 내의 압력에 의해 배기밸브를 통해 배출되는 현상은?

① 블로 바이(blow by)

② 블로 백(blow back)

③ 블로 업(blow up)

④ 블로 다운(blow down)

블로우바이, 블로우 백, 블로우 다운

블로우바이	압축 및 폭발행정에서 가스가 피스톤과 실린더 사이로 누출되는 현상
블로우 백	압축 및 폭발행정에서 가스가 밸브와 밸브시트 사이로 누출되는 현상
블로우 다운	폭발행정 말기에 배기밸브가 열리고, 피스톤이 하강함에도 불구하고 배기가스 자체 압력으로 배출되는 현상

25 흡·배기 밸브의 구비조건이 아닌 것은?

① 열전도율이 좋을 것

② 열에 대한 팽창율이 적을 것

③ 열에 대한 저항력이 작을 것

④ 가스에 견디고, 고온에 잘 견딜 것

열에 대한 저항력이 작으면 흡·배기 밸브가 쉽게 손상된다.

26 기관의 밸브 간극이 너무 클 때 발생하는 현상에 관한 설명으로 올바른 것은?

① 정상온도에서 밸브가 확실하게 닫히지 않는다.

② 밸브 스프링의 장력이 약해진다.

③ 푸시로드가 변형된다.

④ 정상온도에서 밸브가 완전히 개방되지 않는다.

기관의 밸브 간극이 너무 크면 정상온도에서 밸브가 완전히 개방되지 않고 소음이 발생한다.

27 기관이 작동되는 상태에서 점검 가능한 사항으로 가장 적절하지 않은 것은?

① 냉각수의 온도   ② 기관 오일의 압력

③ 충전 상태   ④ 엔진 오일량

냉각수 온도, 오일 압력, 충전 상태는 계기판을 통해 수온계, 오일압력계, 배터리 전압계를 통해 알 수 있으나. 엔진 오일량은 기관을 정지시킨 후 점검해야 한다.

정답   19 ①   20 ②   21 ④   22 ①   23 ③   24 ④   25 ③   26 ④   27 ④

28 운전 중 운전석 계기판에서 확인해야 하는 것이 아닌 것은?

① 실린더 압력계
② 연료량 게이지
③ 냉각수 온도게이지
④ 충전경고등

실린더 압력계는 정비 시 연소실 내 압축압력을 측정하여 압축공기의 누설을 점검할 때 사용된다.

29 기관을 시동하여 공전시에 점검할 사항이 아닌 것은?

① 기관의 팬벨트 장력을 점검
② 오일의 누출 여부를 점검
③ 냉각수의 누출 여부를 점검
④ 배기가스의 색깔을 점검

기관의 팬벨트 장력 점검은 기관의 시동 전에 점검할 사항이다.

30 일상 점검정비 작업 내용에 속하지 않는 것은?

① 엔진 오일량
② 브레이크액 수준 점검
③ 라디에이터 냉각수량
④ 연료 분사노즐 압력

분사노즐의 압력은 노즐 시험기를 사용해야 하므로 일상 점검정비에 해당하지 않는다.

31 디젤기관에서 시동이 되지 않는 원인과 가장 거리가 먼 것은?

① 연료가 부족하다.
② 기관의 압축압력이 높다.
③ 연료 공급펌프가 불량이다.
④ 연료계통에 공기가 혼입되어 있다.

압축압력이 높으면 시동이 용이해진다.

32 디젤기관의 시동 용이성을 위한 방법이 아닌 것은?

① 압축비를 높인다.
② 흡기온도를 상승시킨다.
③ 겨울철에 예열장치를 사용한다.
④ 시동 시 회전속도를 낮춘다.

원활한 시동을 위해 크랭킹 속도가 낮으면 안된다.

33 디젤기관의 진동 원인과 가장 거리가 먼 것은?

① 각 실린더의 분사압력과 분사량이 다르다.
② 분사시기, 분사간격이 다르다.
③ 윤활펌프의 유압이 높다.
④ 각 피스톤의 중량차가 크다.

윤활펌프는 윤활유를 각 부분으로 압송하는 장치이며, 진동과는 거리가 멀다.

34 일반적인 건설기계에 대한 설명 중 틀린 것은?

① 기관이 과열됐을 때는 기관을 정지시킨 후 냉각수를 조금씩 보충한다.
② 운전 중 팬벨트가 끊어지면 충전 경고등이 꺼진다.
③ 윤활 계통에 이상이 생기면 운전 중에 오일압력경고등이 켜진다.
④ 연료탱크는 주기적으로 청소를 하여 물과 찌꺼기를 제거시킨다.

팬벨트가 끊어지면 발전기가 구동되지 못해 배터리 충전이 안되므로 충전 경고등이 점등된다.

36 디젤엔진의 연소실에는 연료가 어떤 상태로 공급되는가?

① 기화기와 같은 기구를 사용하여 연료를 공급한다.
② 노즐로 연료를 안개와 같이 분사한다.
③ 가솔린 엔진과 동일한 연료 공급펌프로 공급한다.
④ 액체 상태로 공급한다.

디젤 엔진은 흡입공기와 연료를 혼합한 혼합기를 압축하여 불꽃 점화하는 가솔린 엔진과 달리 공기를 압축하여 발생된 고온고압의 압축공기에 연료를 안개와 같이 분사시켜 태우는 방식이다.

37 직접분사식 엔진의 장점 중 틀린 것은?

① 구조가 간단하므로 열효율이 높다.
② 연료의 분사압력이 낮다.
③ 실린더 헤드의 구조가 간단하다.
④ 냉각에 의한 열 손실이 적다.

직접 분사실식은 구조가 간단한 대신 **분사압력이 높아** 펌프와 노즐의 수명이 짧다.

38 예연소실식 연소실에 대한 설명으로 거리가 먼 것은?

① 예열플러그가 필요하다.
② 사용 연료의 변화에 민감하다.
③ 예연소실은 주연소실 보다 작다.
④ 분사압력이 낮다.

예연소실은 먼저 분사된 연료가 예연소실에서 착화한 후 나머지 연료가 주연소실에 분출되어 공기와 혼합하여 완전 연소하는 방식이므로 사용연료 변화에 다소 둔감한 특징이 있다.

39 다음 [보기]에 나타낸 것은 어느 구성품을 형태에 따라 구분한 것인가?

보기
직접분사식, 예연소실식, 와류실식, 공기실식

① 연소실   ② 연료분사장치
③ 기관 구성   ④ 동력전달장치

[보기]는 디젤기관의 연소실 형태에 따른 구분이다.

40 예연소실식 디젤기관에서 연소실 내의 공기를 직접 예열하는 방식은?

① 맵 센서식
② 예열플러그식
③ 공기량계측기식
④ 흡기가열식

02 디젤 연료장치

[출제문항수 : 1~2문제] 전체적으로 학습해야 하지만 특히, 연소실의 종류 및 특징, 노킹 및 엔진 부조, 연료의 성질(세탄가), 분사펌프 및 분사노즐, 기타 연료기기 등에서 출제가 많이 됩니다.

01 디젤 연료(경유)의 성질

1 디젤 연료의 구비조건

① 착화성이 좋고(낮은 착화온도), 인화점이 높아야 한다.
② 연소 후 카본 생성이 적어야 한다.
③ 불순물과 유황성분이 없어야 한다.

▶ 경유의 중요한 성질 : **비중, 착화성, 세탄가**
▶ 착화성과 인화성의 구분

착화성	• 압축행정에 의해 흡입공기에 압력을 가하여 뜨거워진 공기에 연료를 분사시켜 연소되는 것 • 디젤 연료는 착화성이 좋아야 함
인화성	• 스스로 발화하는 것이 아니라 불꽃 등 점화원으로 연소되는 것 → 경유는 가솔린에 비해 인화성은 떨어지나 착화성이 좋아야 한다. • 가솔린 연료는 인화성이 좋아야 함

▶ 세탄가와 옥탄가

세탄가	• 디젤 기관에서 점화가 지연되는(점화가 늦게 일어나는) 정도를 나타내는 수치 • 세탄가가 클수록 노킹이 잘 일어나지 않음
옥탄가	• 가솔린 기관의 노킹에 대한 저항성을 나타내는 수치

2 이론 공연비와 혼합기(공기비)

① 공연비(혼합비) : 혼합기 내의 **공**기와 **연**료의 **비**율
② **이론 공연비** : 이론상 완전연소하는데 필요한 공연비를 말하며, 연료 1kg을 연소하는데 필요한 이론공기량은 14.7kg이다. (즉, 공기 : 연료 = 14.7 : 1)
 • 희박 혼합기 : 공기의 양이 더 많을 때
 • 농후 혼합기 : 연료의 양이 더 많을 때
③ 디젤기관의 특징 : 고온압축 공기에 연료를 분사하는 방식이므로 높은 압축비에 의해 공기량이 더 많은 희박연소를 한다.

▶ 혼합기 상태에 따른 영향

희박	시동성 저하, 공전 중 부조현상, 출력 감소
농후	불안전 연소(유해가스 배출), 기관 과열, 카본 생성

▶ 출력에 영향을 미치는 요소
 압축압력 부족, 연료분사량 부족, 노즐분사 압력 저하, 과도한 분사 시기 지각 등

02 디젤 노킹

1 개념

디젤 노킹은 연소 과정에서 착화지연기간이 길어질 때 일시적으로 **이상 연소가 되어 급격한 압력 상승으로 인해 발생되는 충격음**을 말한다.

→ 노킹(knocking)이란 : 실린더 안에서 연료가 비정상적으로 연소되면서 금속을 두드리는 타격음(진동, 떨림)을 말한다.
→ 착화지연기간 : 고온고압의 공기에 연료를 분사하여 불이 붙는 시간을 말하며, 이 기간이 길어질수록 연료 공급이 과잉이 되며 누적된 연료가 일시에 연소되며 노킹이 발생된다.

2 디젤 노킹의 원인 (즉, 착화성이 떨어지는 원인)

① 착화기간 중 분사량이 많다.
 → 연료가 너무 많으면 불이 잘 붙지 않는다. (디젤엔진의 특징은 가솔린 엔진에 비해 점도가 높아 연료 비율이 적다. 즉, 희박혼합기로 연소된다)
② 기관이 과냉되어 있다. → 온도가 낮아져 불이 잘 붙지 않음
③ 연료의 세탄가가 너무 낮다. → 착화성이 떨어진다.
④ 노즐의 분무상태가 불량하거나 연료의 분사 압력이 낮다. → 연료가 미세하게 무화가 잘 안됨
⑤ 착화지연시간이 길다. → 연료 분사가 많아진다.

3 디젤 노크 방지

① 착화지연시간을 짧게 한다.

② **착화성이 좋은 연료(세탄가가 높음)**를 사용한다.

③ 압축비를 높여 실린더 내의 압력·온도를 상승시킨다.

④ 연소실 내에서 공기 와류가 일어나도록 한다.

　　→ 화염 전파가 잘 되도록 하기 위함

⑤ 연소실 온도를 높게 유지한다.

⑥ 착화기간 중(착화 초기)의 분사량을 적게 한다.

4 노킹이 발생되었을 때 디젤 기관에 미치는 영향

① 연소실 온도 상승 및 기관 과열

② 엔진 손상 초래

③ 기관의 출력 및 흡기 효율이 저하

03　기계식 디젤기관의 연료장치

1 연료공급 순서

연료탱크 – **연료공급펌프** – 연료 여과기 – **분사펌프** – 고압 파이프 – **분사노즐** – 연소실

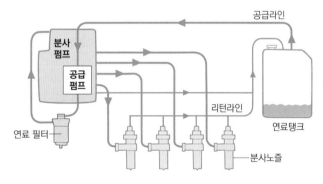

⬆ 기계식 디젤엔진 연료장치 기본 개념도

2 연료공급펌프

① 연료탱크의 연료를 분사펌프까지 공급하는 펌프로, 분사노즐로 분사할 수 있도록 연료압력을 생성시킨다.

② 종류 : 플런저식(피스톤식), 기어식, 베인식

3 연료 필터

① 연료 공급펌프와 연료 분사펌프 사이에 설치되어 연료 속의 불순물, 수분, 먼지 등을 제거한다.

② **오버플로우 밸브 (Overflow Valve)** – 여과기 내에 장착

· 여과기 내의 압력이 규정 이상으로 상승 방지(연료필터 엘리멘트를 보호)

· 연료라인 내의 공기(기포) 배출 및 소음 발생 방지

4 분사펌프 (Injection Pump)

① 연료공급펌프에서 발생된 고압의 연료를 엔진속도나 부하에 따라 캠축 및 조속기와 타이머에 의해 분사시기에 맞게 분사노즐로 압송하며, 연료량을 조정한다.

② 연료 분사펌프가 불량하면 연료 분사가 극감하여 시동이 잘 안되거나 출력이 감소된다.

> ▶ 참고) 조속기와 타이머
> · 조속기(거버너, Governor) : 엔진의 회전 속도나 부하의 변동에 따라 연료량을 조정
> · 타이머 : 연료 분사 시기 조정 (엔진의 속도가 빨라지면 분사시기를 빨리 하고, 속도가 늦어지면 분사 시기를 늦춤)

5 딜리버리 밸브(delivery valve)

① 분사 종료 후 연료의 역류 방지

② 분사 파이프 내 연료의 잔압 유지

③ 분사노즐의 후적 방지

6 분사노즐 (Injector)

실린더 헤드에 설치되어 연소실에 연료를 분사하는 부품으로, 분사펌프의 고압의 연료가 분사노즐을 통해 분사된다.

1) 연료분사의 3대 요소

① 무화(霧化) : 액체를 미립자화하는 것

② 관통력 : 분사된 연료입자가 압축된 공기층을 통과하여 먼 곳까지 도달할 수 있는 힘

③ 분포 : 연료의 입자가 연소실 전체에 균일하게 분포

2) 분사노즐의 요구조건

① 가혹한 조건(고온, 고압)에서 장기간 사용할 수 있을 것

② 분무를 연소실의 구석구석까지 뿌려지게 할 것

③ 연료를 미세한 안개 모양(무화)으로 분사하여 쉽게 착화하게 할 것

④ 후적이 없을 것

　→ 후적 : 분사노즐에서 연료 분사가 완료 후 노즐 팁에 연료 방울이 생기는 현상으로 엔진 출력 저하, 엔진 과열의 원인이 된다.

▶ **인젝터 간 연료 분사량이 일정하지 않을 때 나타나는 현상**
연소 폭발음의 차이로 인해 엔진이 떨리며(부조) 진동이 발생한다.

3) 분사 노즐의 종류

① 개방형 : 평상시에도 열린 구조로 분사펌프에 의해 연료
량이 조절되어 간단하나, 분사의 시작과 끝에서 연료의
무화가 나쁘고 후적이 많다.

② 밀폐형 : 평상시에는 닫힌 구조로, 분사 시에만 솔레노
이드 밸브에 의해 열려 분사한다. 밀폐되어 있으므로
연료압력이 충분하여 연료의 무화가 좋고 후적도 없
어서 디젤기관에서 주로 사용되나 구조가 복잡하고 가
공이 어렵다. 핀틀(Pintle)형, 스로틀(Throttle)형, 홀(Hole)형
이 있다.

▶ 디젤기관의 연료 분사노즐에서 섭동면의 윤활은 경유로 한다.

4) 연료분사노즐 테스터기

① 연료의 분사 상태
② 연료분사 개시 압력
③ 연료 후적 유무 등

→ 연료분사시간은 테스트하지 않는다.

▣ 프라이밍 펌프(priming pump)

① 연료계통의 정비 및 부품교환 후에 시동을 걸면 연료
공급이 원활하지 못해 시동이 잘 걸리지 않는다. 이럴
경우 프라이밍 펌프(수동 펌프)로 강제 흡입하여 연료탱
크의 연료를 분사펌프로 공급해주는 역할을 한다.

② 연료계통에 연료가 공급되었더라도 연료에는 공기가
포함되어 있으므로 프라이밍 펌핑 작업 및 워밍업을 통
해 **공기빼기 작업**을 필수이다.

③ 공기 빼기작업은 '공급펌프 → 연료여과기 → 분사펌프'
순으로 진행한다.

→ 연료계통 내에 공기가 포함되어 있으면 연료 공급이 불량하여 시동 불량,
엔진 부조가 발생할 수 있다.

▶ **벤트 플러그(Vent Plug)**
디젤기관 연료장치에서 연료필터의 공기를 배출하기 위해 설
치되어 있는 것

▮ 감압장치(De-comp) De-compressor의 약자

디젤 엔진을 시동할 때 흡기 및 배기 밸브를 강제적으로
열어 실린더 내 압력을 감압시켜 엔진의 회전이 원활하게
이루어지도록 한다.

① 한랭 시 시동할 때 원활한 회전으로 시동이 잘 될 수 있
도록 하는 역할을 하는 장치이다.
② 기동 전동기에 무리가 가는 것을 예방한다.
③ 기관의 시동을 정지할 때 사용될 수 있다.
④ 시동 시 밸브를 열어주므로 압축 압력을 없애 크랭크축
을 가볍게 회전시킨다.

▮ 예열기구

디젤엔진의 연소실 내의 공기를 가열시켜 겨울철에 시동
을 쉽게 하기 위하여 설치한다.

① 예열방식

흡기 가열식	흡입 통로인 다기관에서 흡입공기를 가열하여 흡입시킨다.
예열플러그식 (Glow Plug)	실린더 헤드에 있는 예연소실에 부착된 예열 플러그가 공기를 직접 예열하는 방식 • 실드형 : 금속 튜브속에 히트코일이 들어 있 으며 열선이 병렬로 연결되어 있다. • 코일형 : 히트코일이 노출되어 있으며 열선 은 직렬로 연결되어 있다.
히트레인지	직접 분사식 디젤기관의 흡기 다기관에 설치 되는 것으로 예연소실식의 예열 플러그의 역 할을 한다.

1 ★★★★
디젤기관의 착화성을 수치적으로 표시한 것은?

① 수막지수
② 세탄가
③ 옥탄가
④ 점도지수

<u>세탄가는 디젤 연료의 착화성을 나타내는 척도</u>를 말한다.

2 ★★★
건설기계에서 사용하는 경유의 중요한 성질이 <u>아닌</u> 것은?

① 옥탄가
② 비중
③ 착화성
④ 세탄가

연료가 연소될 때 이상폭발을 일으키는 것을 노킹이라 하고, 이를 방지하기 위한 연료의 특성으로 세탄가(경유), 옥탄가(가솔린)가 있다. <u>세탄가가 높을수록 착화성이 좋으며</u>, 경유의 비중과 점도는 가솔린(휘발유)보다 높은 특징이 있다.

3 ★
디젤기관에서 노킹을 일으키는 원인으로 맞는 것은?

① 흡입공기의 온도가 높을 때
② 착화지연기간이 짧을 때
③ 연료에 공기가 혼입되었을 때
④ 연소실에 누적된 연료가 많이 일시에 연소할 때

디젤 노킹이란 연소실에 누적된 연료가 많아 일시에 연소하기 때문에 발생하며 급격한 압력상승이나 엔진부조현상 등을 일으킨다.

4 ★★
디젤기관의 노킹 발생 원인과 가장 <u>거리가 먼</u> 것은?

① 착화기간 중 분사량이 많다.
② 노즐의 분무상태가 불량하다.
③ 고세탄가 연료를 사용하였다.
④ 기관이 과냉되어 있다.

디젤 노킹의 원인은 **착화지연 기간이 길어지는** 것이다. 이는 착화기간 중에 연료는 계속 분사되지만 착화가 제 때에 이뤄지지 않고 연료량이 점차 많아지게 된다. 그리고 나중에 쌓인 연료가 한꺼번에 일시에 연소되면서 급격한 폭발로 압력이 급상승하게 된다.
즉, 제 때에 이뤄지지 않은 원인을 찾으면 된다. 분무상태 불량, 세탄가(착화성) 불량, 낮은 분사압력, 낮은 연소실·흡입공기 온도 등

5 ★★
건설기계 기관에서 노킹이 발생하였을 때 기관에 미치게 되는 영향으로 <u>틀린</u> 것은?

① 기관의 출력이 낮아진다.
② 기관의 회전수가 높아진다.
③ 기관이 과열된다.
④ 기관의 흡기 효율이 저하된다.

축적된 다량의 연료가 한 번에 연소하면 기관이 과열되고 실린더 내 압력이 급상승하여 충격음이 나타나며 회전력이 급변한다. 또한 늦게 폭발되므로 배기가 충분히 빠지지 못하므로 공기유입량도 그만큼 낮아져 흡기 효율이 저하되고 출력 저하로 이어진다.

6 ★★
디젤기관의 노킹발생 방지대책에 <u>해당되지 않는</u> 것은?

① 착화성이 좋은 연료를 사용한다.
② 분사 시 공기온도를 높게 유지한다.
③ 연소실 벽 온도를 높게 유지한다.
④ 압축비를 낮게 유지한다.

착화기간에 착화가 원활하게 이루어지려면 흡입공기가 충분한 고온상태로 압축되어야 하므로 **압축비가 높은 것**이 좋다.

7 ★
디젤 노크의 방지방법으로 가장 적합한 것은?

① 착화지연시간을 길게 한다.
② 압축비를 높게 한다.
③ 흡기압력을 낮게 한다.
④ 연소실 벽의 온도를 낮게 한다.

8 ★
디젤기관에서 노킹의 원인이 <u>아닌</u> 것은?

① 연료의 세탄가가 높다.
② 연료의 분사압력이 낮다.
③ 연소실의 온도가 낮다.
④ 착화지연 시간이 길다.

정답 1② 2① 3④ 4③ 5② 6④ 7② 8①

9 $\star$ 디젤기관에 공급하는 연료의 압력을 높이는 것으로 조속기와 분사시기를 조절하는 장치가 설치되어 있는 것은?

① 유압펌프
② 프라이밍 펌프
③ 연료분사펌프
④ 플런져 펌프

연료분사펌프는 연료를 고압으로 하여 노즐로 보내는 장치로 조속기와 타이머 등이 설치되어 있다.

10 $\star$ 디젤엔진의 고압펌프 구동에 사용되는 것으로 옳은 것은?

① 캠축   ② 커먼레일
③ 인젝터   ④ 냉각팬 벨트

디젤엔진의 고압펌프는 연료분사장치의 한 부분으로 엔진의 회전력이 타이밍 벨트 및 캠축을 통해 전달되어 구동된다.

11 $\star$ 디젤엔진의 연료탱크에서 분사노즐까지 연료의 순환 순서로 맞는 것은?

① 연료탱크 → 연료공급펌프 → 분사펌프 → 연료필터 → 분사노즐
② 연료탱크 → 연료필터 → 분사펌프 → 연료공급펌프 → 분사노즐
③ 연료탱크 → 연료공급펌프 → 연료필터 → 분사펌프 → 분사노즐
④ 연료탱크 → 분사펌프 → 연료필터 → 연료공급펌프 → 분사노즐

연료탱크의 연료는 공급펌프에 먼저 공급된 후 연료분사펌프에서 연료압력을 상승시켜 분사노즐로 분사된다. 그리고 공급펌프와 분사펌프 사이에 여과시켜 준다.

12 $\star\star\star$ 디젤기관의 연료여과기에 장착되어 있는 오버플로우 밸브의 역할이 아닌 것은?

① 연료계통의 공기를 배출한다.
② 연료압력이 지나친 상승을 방지한다.
③ 연료공급펌프의 소음 발생을 방지한다.
④ 분사펌프의 압송 압력을 높인다.

분사펌프의 압송 압력을 높이는 장치는 연료분사펌프(인젝션 펌프)이다.

13 $\star\star\star$ 연료계통의 고장으로 기관이 부조를 하다가 시동이 꺼지는 원인으로 가장 거리가 먼 것은?

① 연료파이프 연결 불량
② 연료필터 막힘
③ 리턴호스 고정클립 체결 불량
④ 탱크 내에 이물질이 연료장치에 유입

부조란 인젝터에 연료 공급 부족 등으로 **연료 흐름이 원활하지 못할 때** 과희박 혼합기로 인해 엔진 회전수가 불규칙해지고 엔진이 떨리는 현상이며, 부조하다가 시동이 꺼지는 원인은 연료 공급이 불량할 때이다.

14 $\star\star$ 디젤엔진에서 연료를 고압으로 연소실에 분사하는 것은?

① 프라이밍 펌프   ② 인젝션 펌프
③ 분사노즐(인젝터)   ④ 조속기

분사노즐은 분사펌프에서 보내온 고압의 연료를 연소실에 분사한다.

15 $\star$ 다음 중 디젤기관의 연료공급 펌프를 구동시키는 것은?

① 분사펌프 내의 캠축   ② 배전기 연결축
③ 딜리버리 밸브   ④ 타이밍라이트

연료공급 펌프는 연료분사 펌프에 부착되며, 캠축에 의해 구동된다.

16 $\star\star$ 연료분사펌프에 연료를 보내거나 공기빼기 작업을 할 때 필요한 장치는?

① 체크 밸브   ② 프라이밍 펌프
③ 오버플로 펌프   ④ 드레인 펌프

프라이밍 펌프(priming pump)는 기관의 연료분사펌프에 연료를 보내거나 연료계통에 공기를 배출할 때 사용하는 장치이다.

17 $\star\star$ 디젤기관에서 연료가 정상적으로 공급되지 않아 시동이 꺼지는 현상이 발생되었다. 그 원인으로 적합하지 않는 것은?

① 연료파이프 손상
② 프라이밍 펌프 고장
③ 연료 필터 막힘
④ 연료탱크 내 오물 과다

프라이밍 펌프는 연료를 분사펌프까지 연료 공급이 원활하지 않아 시동이 걸리지 않을 때 사용하는 것으로 시동이 꺼지는 것이 아니다.

정답 ▶ **9** ③ **10** ① **11** ③ **12** ④ **13** ③ **14** ③ **15** ① **16** ② **17** ②

18 디젤기관 연료장치의 분사펌프에서 프라이밍 펌프는 어느 때 사용되는가?

① 출력을 증가시키고자 할 때
② 연료계통에 공기를 배출할 때
③ 연료의 양을 가감할 때
④ 연료의 분사압력을 측정할 때

프라이밍 펌프는 연료탱크와 분사펌프 사이에 부착되어 수동으로 연료를 분사펌프까지 공급하며, 연료계통에 연료를 강제 순환시켜 벤트 플러그를 통해 공기를 배출할 때 사용된다.

19 디젤기관에서 인젝터 간 연료 분사량이 일정하지 않을 때 나타나는 현상은?

① 연료 분사량에 관계없이 기관은 일정하게 회전한다.
② 연료소비에는 관계가 있으나 기관 회전에 영향은 미치지 않는다.
③ 연소 폭발음의 차이가 있으며 기관은 부조를 하게 된다.
④ 출력은 일정하나 기관은 부조를 하게 된다.

각 실린더의 연료분사량이 일정하지 않으므로 화염전파가 균일하지 못하므로 연소 폭발음이 차이가 있고, 엔진 회전력이 균일하지 못한다.

20 연료분사의 3대 요소에 속하지 않는 것은?

① 무화
② 관통력
③ 발화
④ 분포

연료분사의 3대 요소 : 무화, 분포, 관통력

21 분사노즐의 요구조건으로 틀린 것은?

① 고온, 고압의 가혹한 조건에서 장기간 사용할 수 있을 것
② 분무를 연소실의 구석구석까지 뿌려지게 할 것
③ 연료의 분사 끝에서 후적이 일어나게 할 것
④ 연료를 미세한 안개 모양으로 분사하여 쉽게 착화하게 할 것

후적은 분사 노즐에서 연료 분사가 완료 후 노즐 팁에 연료 방울이 생기는 현상으로 엔진 출력이 저하되고 후기 연소 기간에 연소되어 엔진이 과열한다.

22 기관의 연료장치에서 희박한 혼합비가 미치는 영향으로 옳은 것은?

① 저속 및 공전이 원활하다.
② 연소속도가 빠르다.
③ 시동이 쉬워진다.
④ 출력의 감소를 가져온다.

① 저속 및 공전 시에는 출력저하를 막기 위해 혼합비를 농후하게 한다.
② 연소속도는 약간 농후할 때 가장 빠르다.
③ 시동 시에는 원활한 시동을 위해 혼합비를 농후하게 한다.

23 작업 중 기관의 시동이 꺼지는 원인에 해당될 수 있는 가장 적절한 것은?

① 연료 공급펌프의 고장
② 가속페달 연결 로드가 해체되어 작동불능
③ 프라이밍 펌프의 고장
④ 기동 모터 고장

24 디젤 기관에서 연료 라인에 공기가 혼입되었을 때 현상으로 맞는 것은?

① 분사압력이 높아짐
② 디젤 노크가 일어남
③ 연료 분사량이 많아짐
④ 기관 부조 현상이 발생

연료라인에 공기가 유입되면 연료 공급이 불량하여 연소가 나빠져 **부조현상**(회전수가 일정하지 않아 엔진이 떨리는 현상)이 발생할 수 있다.

25 기관에서 실화(Miss Fire)가 일어났을 때의 현상으로 맞는 것은?

① 엔진의 출력이 증가
② 연료소비가 적다.
③ 엔진이 과냉한다.
④ 엔진회전이 불량하다.

실화란 작동 중 하나의 실린더 내에 비정상적인 연소가 발생하여 출력이 없거나 갑자기 감소하여 부조가 발생되고 회전이 불량해진다.

정답 18 ② 19 ③ 20 ③ 21 ③ 22 ④ 23 ① 24 ④ 25 ④

26 기관에서 예열플러그의 사용시기는?

① 축전지가 방전되었을 때
② 축전지가 과다 충전되었을 때
③ 기온이 낮을 때
④ 냉각수의 양이 많을 때

디젤엔진은 고온의 압축공기에 연료를 분사시켜 연소되므로 겨울철에 시동을 쉽게 하기 위해 기통 내의 공기를 가열시키는 예열플러그를 사용한다. 감압장치, 히트레인지와 마찬가지로 시동을 돕는 역할을 한다.

27 디젤기관에서 시동을 돕기 위해 설치된 부품으로 옳은 것은?

① 과급 장치
② 발전기
③ 디퓨저
④ 히트레인지

히트레인지는 직접 분사식 디젤 기관의 흡기 다기관에 설치되는 것으로 예연소실식의 예열 플러그의 역할을 한다.

28 예열플러그를 빼서 보았더니 심하게 오염되었다. 그 원인으로 가장 적합한 것은?

① 불완전 연소 또는 노킹
② 엔진 과열
③ 플러그의 용량 과다
④ 냉각수 부족

오염은 주로 카본에 의한 것으로 불완전 연소 또는 노킹이 주원인이다.

29 디젤기관에만 해당되는 회로는?

① 예열플러그 회로
② 시동회로
③ 충전회로
④ 등화회로

디젤기관은 고온의 압축공기에 연료를 분사하여 연소되므로 냉간 시에는 연소실(실린더) 내 온도를 높여 연소가 원활하게 하기 위해 예열플러그를 설치한다.

30 커먼레일 디젤기관의 연료장치 시스템에서 출력요소는?

① 브레이크 스위치
② 공기 유량 센서
③ 인젝터
④ 엔진 ECU

기관에서 연료를 최종적으로 분사되는 장치는 인젝터이며, 이는 출력요소에 해당한다.

▶ **기계식 디젤엔진과 커먼레일식 디젤엔진의 비교**
- 기계식 디젤엔진 : 연료분사펌프의 구동이 캠에 의해 조절되어 분사압력이 일정하지 않다. (엔진 회전속도에 영향을 받음)
- 커먼레일(전자식) 디젤엔진 : 고압펌프에서 연료를 고압으로 압축하여 "커먼레일"이라는 연료파이프에 저장하였다가 엔진 컴퓨터(ECU)에서 분사 지시가 있을 때 엔진 회전속도에 관계없이 항상 일정량을 분사할 수 있다. 또한, 분사시기도 실린더에 설치된 인젝터에 의해 전자제어 되므로 연료압력 변화의 영향을 받지 않고 원하는 시기에 분사할 수 있다. – 연비 향상, 유해가스 저감, 출력향상 등 효과

31 고속 디젤기관의 장점으로 틀린 것은?

① 열효율이 가솔린 기관보다 높다.
② 인화점이 높은 경유를 사용하므로 취급이 용이하다.
③ 가솔린 기관보다 최고 회전수가 빠르다.
④ 연료 소비량이 가솔린 기관보다 적다.

디젤기관은 열효율이 높고 연료소비율이 좋으나 **최고 회전수(또는 순간가속력)는 가솔린 기관이 더 빠르다.**
② : 휘발유는 휘발성이 강해 쉽게 연소되지만, 경유의 인화점(38℃)은 휘발유의 인화점(−43℃)보다 높아 상대적으로 높은 온도에서 불이 붙기 때문에 취급상 용이하다.

32 기관의 운전 상태를 감시하고 고장진단 할 수 있는 기능은?

① 제동 기능
② 윤활 기능
③ 조향 기능
④ 자기진단 기능

전자제어 엔진시스템은 ECU(엔진 컨트롤 장치)를 통해 제어되며, ECU는 자기진단 기능을 통해 운전 상태를 감시하여 엔진 작동을 최적화시키며, 고장을 진단할 수 있다.

정답 ▶ 26 ③　27 ④　28 ①　29 ①　30 ③　31 ③　32 ④

03 냉각장치

[출제문항수 : 1문제] 이 섹션도 전체에서 골고루 출제되므로 꼼꼼하게 학습하시기 바랍니다.

01 냉각장치 개요

1 냉각장치의 필요한 이유
① 냉각장치는 기관에서 발생하는 열의 일부를 냉각하여 기관 과열로 인한 엔진 변형이나 소손을 방지하고, 적정 온도(약 80~100℃)로 유지시킨다.
② 대표적으로 공냉식과 수냉식이 있으며, 건설기계 장비는 수냉식(가압식)을 주로 사용한다.

2 수냉식 냉각장치의 특징
① 실린더 블록과 실린더 헤드의 워터재킷(물 통로)에 냉각수가 이동하며 엔진 열과 교환하며, 데워진 냉각수는 라디에이터에 보내어 냉각팬에 의해 유입된 공기로 식히는 방식이다.
② 장점 : 냉각기능이 우수하고 엔진 전영역에 걸쳐 균일하게 온도를 유지시킨다.
③ 단점 : 공냉식에 비해 구조가 복잡하여 고장 가능성이 높고, 기관의 무게 및 크기가 커진다.

02 냉각수와 부동액

1 부동액의 주요 성분
① 냉각수의 비율 : 물(50%)+부동액(50%)
② 부동액의 성분 : **에틸렌글리콜, 글리세린, 메탄올**
└ 응고점을 낮추는 역할

Aha
• 겨울철에 물은 0℃에서 얼면 냉각수의 체적이 늘어나 엔진 동파의 원인이 되며, 냉각수가 흐르지 못해 냉각작용을 할 수 없다. 따라서 부동액을 혼합하여 냉각수를 얼지 않도록 한다.
• 응고점 : "얼기 시작하는 온도"를 말하며, 응고점을 낮출수록 쉽게 얼지 않는다.

참고) 에틸렌 글리콜의 성질
① 무취성으로 도료를 침식하지 않는다.
② 불연성이고, 응고점이 낮다.(-50℃)
③ 비점(끓기 시작하는 온도)이 높아 쉽게 증발하지 않는다.

2 부동액의 구비조건
① 물과 쉽게 혼합될 것
② 침전물의 발생이 없을 것
③ 부식성이 없을 것
④ 물보다 비등점은 높고, 응고점은 낮을 것
⑤ 팽창계수가 작을 것

03 라디에이터(Radiator)

라디에이터는 실린더 헤드 및 블록에서 뜨거워진 냉각수가 라디에이터로 들어와 수관을 통해 흐르는 동안 자동차의 주행에 따른 맞바람와 냉각팬에 의하여 유입되는 대기와의 열 교환이 냉각핀에서 이루어져 냉각된다.

1 라디에이터의 구비 조건
① 냉각수 흐름에 대한 저항이 적어야 한다.
② 공기 흐름에 대한 저항이 적어야 한다.
③ 강도가 크고, 가볍고 작아야 한다.
④ 단위 면적당 방열량이 커야 한다.

2 라디에이터 코어
냉각수를 냉각시키는 부분으로, 냉각수를 통과시키는 물 통로(튜브)와 냉각 효과를 크게 하기 위해 튜브와 튜브 사이에 설치되는 냉각핀으로 구성된다.

3 라디에이터 냉각수 온도
① 냉각수 수온의 측정 : 온도 측정 센서를 **실린더 헤드 물 재킷부**에 설치되어 측정한다.
② 실린더 헤드 물 재킷부의 냉각수 온도는 **75~95℃ 정도**이다.

▶ 가압식 라디에이터의 장점
• 방열기를 작게 할 수 있다.
• 냉각수 손실이 적다.
• 냉각수의 비등점(끓는점)을 높일 수 있다.

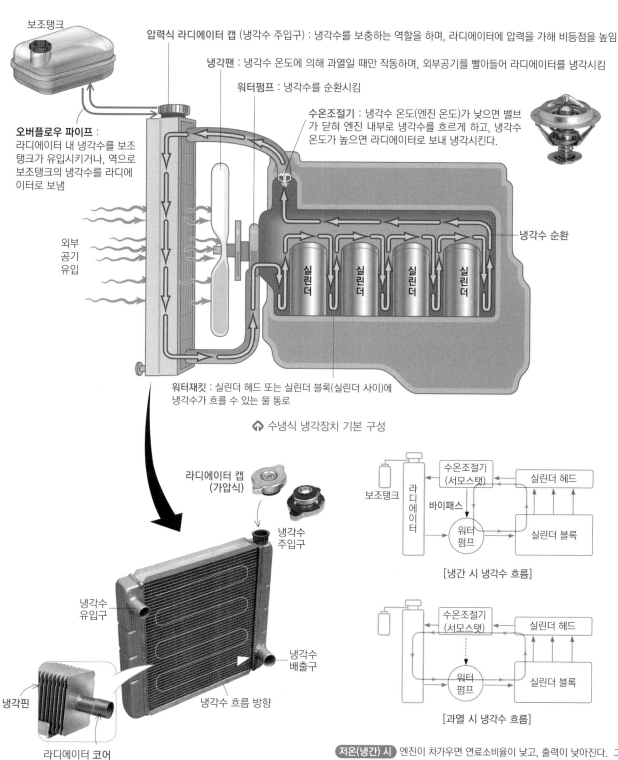

보조탱크

압력식 라디에이터 캡 (냉각수 주입구) : 냉각수를 보충하는 역할을 하며, 라디에이터에 압력을 가해 비등점을 높임

냉각팬 : 냉각수 온도에 의해 과열일 때만 작동하며, 외부공기를 빨아들여 라디에이터를 냉각시킴

워터펌프 : 냉각수를 순환시킴

수온조절기 : 냉각수 온도(엔진 온도)가 낮으면 밸브가 닫혀 엔진 내부로 냉각수를 흐르게 하고, 냉각수 온도가 높으면 라디에이터로 보내 냉각시킨다.

오버플로우 파이프 : 라디에이터 내 냉각수를 보조탱크가 유입시키거나, 역으로 보조탱크의 냉각수를 라디에이터로 보냄

외부 공기 유입

냉각수 순환

실린더 실린더 실린더 실린더

워터재킷 : 실린더 헤드 또는 실린더 블록(실린더 사이)에 냉각수가 흐를 수 있는 물 통로

⬆ 수냉식 냉각장치 기본 구성

라디에이터 캡 (가압식)

냉각수 주입구

냉각수 유입구

냉각핀

냉각수 배출구

냉각수 흐름 방향

라디에이터 코어 (라디에이터 내 물 통로)

보조탱크

라디에이터

수온조절기 (서모스탯)

실린더 헤드

바이패스

워터 펌프

실린더 블록

[냉간 시 냉각수 흐름]

보조탱크

라디에이터

수온조절기 (서모스탯)

실린더 헤드

워터 펌프

실린더 블록

[과열 시 냉각수 흐름]

저온(냉간) 시 엔진이 차가우면 연료소비율이 낮고, 출력이 낮아진다. 그러므로 엔진이 정상작동온도(약 80℃ 전후)가 될 때까지 수온조절기를 닫아 냉각수를 실린더쪽으로 바이패스시킨다.

엔진 과열 시 수온조절기를 열어 실린더의 뜨거운 냉각수를 라디에이터로 보내 열을 식힌 후 다시 실린더로 보냄

⬆ 냉각수 흐름

1 라디에이터 캡

냉각수 주입구의 마개를 말하며 압력밸브와 진공밸브가 설치되어 있다.

① 압력 밸브 : 물의 비등점을 올려서 물이 쉽게 오버히트 (Overheat)되는 것을 방지한다.

→ 비등점(끓는점) : 끓기 시작하는 온도를 올려 냉각범위를 넓게 함

② 진공 밸브 : 과냉 시 라디에이터 내의 **진공(부압)이 발생되면** 코어의 파손을 방지하기 위해 **진공 밸브가 열려** 보조탱크의 냉각수가 라디에이터에 유입된다.

진공밸브
압력밸브
냉각수 누설방지 실(seal)

2 라디에이터 캡의 이상 원인

① 라디에이터 캡의 스프링이 파손되면 냉각수의 비등점이 낮아진다.

② 캡을 열였을 때 냉각수에 기름이 떠 있으면 헤드 개스킷의 파손 또는 헤드 볼트가 풀렸거나 이완된 상태이다.

→ 헤드개스킷은 실린더 헤드와 실린더 블록 사이에 끼워넣어 연소실의 미연소 연료의 누설 또는 실린더 벽 및 실린더 헤드 사이의 냉각수 유로에서 냉각수가 누설을 방지하므로 파손 시 연료와 냉각수가 혼합될 수 있기 때문이다.

③ 기관이 작동 중 라디에이터 캡 쪽으로 물이 상승하면서 연소가스가 누출될 때도 실린더 헤드의 균열이나 개스킷의 파손이다.

④ 캡을 열어보았을 때 냉각수에 오일이 섞여있는 경우는 수냉식 오일 쿨러가 파손되었을 때이다.

3 기관 방열기에 연결된 보조탱크의 역할

① 냉각수의 체적팽창을 흡수한다.

② 장기간 냉각수 보충이 필요 없다.

③ 오버플로(Overflow)되어도 증기만 방출된다.

① 실린더 헤드와 라디에이터 상부 사이에 위치한다.

② 냉각수의 온도를 일정하게 유지할 수 있도록 하는 온도조절장치로, 65℃에서 열리기 시작하여 85℃가 되면 완전히 열린다.

③ 종류

• **펠릿형** : 왁스실에 왁스를 넣어 **온도가 높아지면 왁스가 팽창하여 팽창축을 열게 하는 방식**(주로 사용)

• 벨로즈형 : 벨로즈 안에 에테르를 밀봉한 방식

▶ 수온조절기의 고장
• 열린 채 고장 : 과냉의 원인이 된다.
• 닫힌 채 고장 : 과열의 원인이 된다.

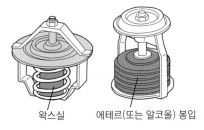

왁스실
에테르(또는 알코올) 봉입

⬆ 왁스 펠릿형   ⬆ 벨로즈형

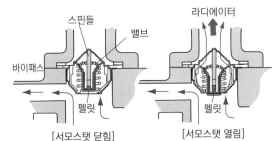

스핀들
밸브
라디에이터
바이패스
펠릿
펠릿

[서모스탯 닫힘]
설정 온도 이하면 왁스가 수축되어 밸브가 닫힘

[서모스탯 열림]
설정 온도 이상 → 왁스 팽창 → 니들밸브(케이스에 고정됨)를 밀어냄 → 팰릿이 아래로 내려감 → 밸브가 열림 → 냉각수가 라디에이터로 흐름

06 워터펌프와 냉각팬

1 워터펌프

라디에이터에서 식힌 냉각수를 다시 실린더의 워터재킷에 보내기 위해 강제 순환시킨다. (종류 : 기어펌프, 원심펌프)

2 냉각 팬

기관을 거쳐 라디에이터에 유입된 뜨거운 냉각수를 냉각시키기 위해 라디에이터 방향으로 외부 공기를 끌어들이는 장치이다.

① 벨트 구동 방식 : 크랭크 축의 동력을 벨트를 통해 냉각팬을 구동시킨다. 즉 엔진이 작동될 때 계속 작동된다.

② 전동 팬 방식
 • 전기모터로 구동하는 방식으로 팬벨트는 필요없다.
 • 냉각수 온도가 엔진의 정상작동온도(약 75~95℃)보다 높을 때만 작동한다. 즉 냉각수 온도에 따라 ON/OFF 된다.

→ 사용 이유 : 벨트 구동식은 계속 작동되므로 엔진 효율이 떨어진다.

3 팬벨트의 점검

① 정지된 상태에서 벨트의 중심을 엄지 손가락으로 눌러서 점검한다.

② 팬벨트는 약 10kgf로 눌러서 처짐이 13~20mm 정도로 한다.

③ 팬벨트의 조정은 발전기를 움직이면서 조정한다.

④ 팬벨트가 너무 헐거우면 기관 과열의 원인이 된다.

팬벨트 장력	증상
너무 강할 때	• 기관의 과냉 • 발전기 베어링의 손상 유발
너무 약할 때	• 기관의 과열(오버히팅) • 발전기 출력 저하 유발

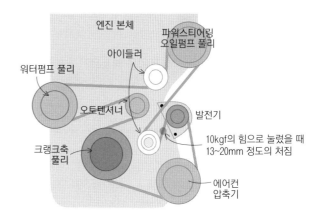

▶ 참고 : 풀리(pully)는 '도르래'를 의미하며, 각 장치 축 끝에 장착되어 벨트(운동전달 매개체)를 끼워 크랭크축의 엔진 동력이 각 장치에 전달되게 한다.

07 냉각장치 점검

1 기관 작동 시 과열 원인

① 냉각수량 부족 및 냉각수 누설

② 냉각수 흐름의 나쁨 상태 불량
 → 워터재킷 등 냉각계통에 물때가 많을 때, 라디에이터 코어 막힘

③ 물펌프 등 냉각장치 불량

④ 팬벨트의 유격이 클 때(느슨할 때) → 물펌프가 작동되지 못함

⑤ 수온조절기(정온기)가 닫힌 채로 고장 났을 때
 → 열린 채 고장일 때는 과냉의 원인

⑥ 무리한 부하의 운전을 할 때 등

2 운전 시 계기판에서 냉각수 온수 경고등의 점등 원인

① 냉각수량이 부족할 때

② 냉각 계통의 물 호스가 파손되었을 때 → 냉각수 누설

3 과열·과냉의 영향

과열의 영향	• 조기점화나 노킹 유발(출력 저하) • 윤활유의 점도 저하로 유막 파괴 • 윤활유의 연소(부족) • 엔진 부품 변형 • 열팽창으로 인한 고착(소결)
과냉의 영향	• 출력 저하 • 연료 소비율 증대 • 베어링 등 마찰부의 마멸 증대

1 기관의 냉각장치에 해당하지 않은 부품은?

① 수온 조절기
② 릴리프 밸브
③ 방열기
④ 팬 및 벨트

릴리프 밸브는 압력조절밸브로서 윤활 및 유압장치에 주로 사용된다.

2 냉각장치에서 밀봉 압력식 라디에이터 캡을 사용하는 것으로 가장 적합한 것은?

① 엔진온도를 높일 때
② 엔진온도를 낮게 할 때
③ 압력밸브가 고장일 때
④ 냉각수의 비점을 높일 때

밀봉압력식 라디에이터 캡의 압력밸브는 **냉각수의 비점을 높여준다.**

※ 압력식 캡은 약 1.1~1.3bar 정도로 압력을 유지시켜 비등점(끓기 시작하는 온도)을 약 112℃까지 올린다. 즉 순수한 물은 100℃에서 끓는데 비등점을 올려 112℃에서 끓게 한다면 그만큼 외부와의 온도차가 커지므로 냉각효과가 커지며 냉각할 수 있는 온도범위가 커진다.
※ 비점 = 비등점 = 끓는점

3 건설기계에 사용하는 라디에이터에서 냉각수 주입구 뚜껑으로 냉각장치 내의 비등점을 높이고 냉각범위를 넓히기 위한장치는?

① 정온기
② 냉각 핀
③ 코어
④ 라디에이터 캡

4 기관 냉각장치에서 비등점을 높이는 기능을 하는 것은?

① 압력식(가압식) 캡
② 물 펌프
③ 물 재킷
④ 팬 벨트

라디에이터의 압력식 캡은 냉각수의 비등점(비점)을 올려준다.

5 부동액이 구비조건으로 옳지 않은 것은?

① 침전물의 발생이 없을 것
② 비등점이 물보다 낮을 것
③ 부식성이 없을 것
④ 팽창 계수가 작을 것

비등점(끓는점)은 물보다 높아야 냉각 범위가 높아진다.
팽창계수는 온도 상승에 따른 부피가 늘어나는 정도를 나타내며, 통상 연료나 부동액, 오일 등은 작아야 한다.

6 냉각장치에 사용되는 라디에이터의 구성품이 아닌 것은?

① 냉각수 주입구
② 냉각핀
③ 코어
④ 물재킷

물재킷(워터재킷)은 실린더 블록에서 냉각수가 지나가는 통로로, 실린더와 열교환을 하는 역할을 한다.

7 방열기에 물이 가득 차 있는데도 기관이 과열되는 원인으로 맞는 것은?

① 팬벨트의 장력이 세기 때문
② 사계절용 부동액을 사용했기 때문
③ 정온기가 열린 상태로 고장 났기 때문
④ 라디에이터의 팬이 고장이 났기 때문

라디에이터의 냉각팬이 고장나면 방열기 속의 냉각수를 식혀주지 못하기 때문에 과열의 원인이 된다.

8 가압식 라디에이터의 장점으로 틀린 것은?

① 방열기를 작게 할 수 있다.
② 냉각수의 비등점을 높일 수 있다.
③ 냉각수의 순환속도가 **빠르다.**
④ 냉각수 손실이 적다.

냉각수의 순환속도는 물펌프의 회전수와 온도에 따라 좌우된다.

정답 ▶ 1② 2④ 3④ 4① 5② 6④ 7④ 8③

9 * 기관의 온도를 측정하기 위해 냉각수의 수온을 측정하는 곳으로 가장 적절한 곳은?

① 실린더 헤드 물재킷부
② 엔진 크랭크케이스 내부
③ 라디에이터 하부
④ 수온조절기 내부

기관 냉각수의 온도는 실린더 헤드 물재킷부에서 측정한다.

10 *** 냉각계통에 대한 설명으로 틀린 것은?

① 실린더 물재킷에 물때가 끼면 과열의 원인이 된다.
② 방열기 속의 냉각수 온도는 아래 부분이 높다.
③ 팬벨트의 장력이 약하면 엔진 과열의 원인이 된다.
④ 냉각수 펌프의 실(Seal)에 이상이 생기면 누수의 원인이 된다.

엔진에서 데워진 냉각수는 방열기의 위에서 아랫 방향으로 흐르며 식혀지기 때문에 윗부분의 온도가 높다.
※ 실(seal) : 부품 사이에 연결부의 누수·누유를 방지하기 위해 끼우는 부속품

11 * 기관의 정상적인 냉각수 온도에 해당되는 것으로 가장 적절한 것은?

① 20~35℃   ② 35~60℃
③ 75~95℃   ④ 110~120℃

엔진의 정상 온도는 약 75~95℃이다.

12 ** 압력식 라디에이터 캡에 대한 설명으로 옳은 것은?

① 냉각장치 내부압력이 규정보다 낮을 때 공기밸브는 열린다.
② 냉각장치 내부압력이 규정보다 높을 때 진공밸브는 열린다.
③ 냉각장치 내부압력이 부압이 되면 진공밸브는 열린다.
④ 냉각장치 내부압력이 부압이 되면 공기밸브는 열린다.

압력식 라디에이터 캡에는 압력밸브와 진공밸브가 있다.
• 압력밸브는 라디에이터 내 냉각수 압력이 높아질 때 열려 보조탱크로 약 20%의 냉각수를 보낸다.
• 라디에이터 내부의 냉각수 온도가 떨어지면 체적이 감소하여 압력이 떨어지는 부압 상태(대기압보다 낮은 압력)가 된다. 이 때 진공밸브(부압 밸브)가 열리면서 리저버 탱크의 냉각수가 라디에이터로 유입되어 라디에이터의 부압이 해소되어 진공에 의한 라디에이터의 찌그러짐을 방지하는 역할을 한다.

13 ** 기관에서 워터펌프의 역할로 맞는 것은?

① 정온기 고장 시 자동으로 작동하는 펌프이다.
② 기관의 냉각수 온도를 일정하게 유지한다.
③ 기관의 냉각수를 순환시킨다.
④ 냉각수 수온을 자동으로 조절한다.

14 * 냉각수 순환용 물 펌프가 고장났을 때 기관에 나타날 수 있는 현상으로 가장 적합한 것은?

① 기관 과열
② 시동 불능
③ 축전지의 비중 저하
④ 발전기 작동 불능

워터펌프가 고장나면 냉각수 순환이 안되므로 기관이 과열된다.

15 * 냉각장치의 수온조절기가 열리는 온도가 낮을 경우 나타나는 현상으로 가장 적합한 것은?

① 엔진의 회전속도가 빨라진다.
② 엔진이 과열되기 쉽다.
③ 워밍업 시간이 길어지기 쉽다.
④ 물 펌프에 부하가 걸리기 쉽다.

수온조절기 열림 온도가 정상보다 낮으면 **기관이 과냉되어 워밍업 시간이 길어진다.** (※ 워밍업 시간 : 시동 후 엔진이 정상 온도까지 걸리는 시간)

16 ** 디젤기관을 시동시킨 후 충분한 시간이 지났는데도 냉각수 온도가 정상적으로 상승하지 않을 경우 그 고장의 원인이 될 수 있는 것은?

① 냉각팬 벨트의 헐거움
② 수온조절기가 열린 채 고장
③ 물 펌프의 고장
④ 라디에이터 코어 막힘

수온조절기(정온기)가 열린 채로 고장이 나면 엔진이 정상온도가 되기 전에 엔진열이 라디에이터에 의해 계속 냉각되므로 과냉의 원인이 된다.
만약, 닫힌 채로 고장이 나면 냉각수가 라디에이터로 흐르지 못하므로 과열의 원인이 된다.

02

17 냉각장치에 사용되는 전동팬에 대한 설명 중 틀린 것은?

① 냉각수 온도에 따라 작동한다.
② 엔진이 시동되면 회전한다.
③ 팬벨트는 필요 없다.
④ 형식에 따라 차이가 있을 수 있으나, 약 85~100℃에서 간헐적으로 작동한다.

엔진에 의해 계속 구동되는 일반 냉각팬과 달리 전동팬은 수온센서를 이용하여 엔진의 정상 작동온도(약 75~95℃)보다 높을 경우에만 작동되며, 정상온도보다 낮으면 작동을 멈춘다.

18 냉각팬의 벨트 유격이 너무 클 때 일어나는 현상은?

① 베어링의 마모가 심하다.
② 강한 텐션으로 벨트가 절단된다.
③ 기관 과열의 원인이 된다.
④ 점화시기가 빨라진다.

냉각팬 벨트의 유격이 너무 크다(느슨하다)하면 냉각팬에 동력 전달이 되지 않으므로 기관 과열의 원인이 된다.

19 작업 중 엔진 온도가 급상승하였을 때 먼저 점검하여야 할 것은?

① 윤활유 수준 점검
② 과부하 작업
③ 장기간 작업
④ 냉각수의 양 점검

엔진온도가 급상승 시 냉각수량을 먼저 점검하여 누설 여부를 확인한다.

20 동절기에 기관이 동파되는 원인으로 맞는 것은?

① 냉각수가 얼어서
② 기동전동기가 얼어서
③ 발전장치가 얼어서
④ 엔진오일이 얼어서

냉각수가 얼면 체적이 늘어나기 때문에 기관이 동파될 수 있다. (보일러 동파와 같은 원리)

21 디젤엔진 과열 원인이 아닌 것은?

① 경유에 공기가 혼입되어 있을 때
② 라디에이터 코어가 막혔을 때
③ 물 펌프의 벨트가 느슨해졌을 때
④ 정온기가 닫힌 채 고장이 났을 때

연료에 공기가 혼입되면 연료공급이 불량해진다.

22 기관 과열의 주요 원인이 아닌 것은?

① 라디에이터 코어의 막힘
② 냉각장치 내부의 물때 과다
③ 냉각수의 부족
④ 엔진 오일량 과다

①~③과 같이 냉각수 흐름이 원활하지 않거나 부족할 때 원인이 된다.
※ 오일은 열전도 효과가 있으므로 과열과는 무관하나, 오일량 과다는 엔진회전저항의 우려가 있다.

23 기관 과열의 원인과 가장 거리가 먼 것은?

① 팬벨트가 헐거울 때
② 물 펌프 작동이 불량할 때
③ 크랭크축 타이밍기어가 마모되었을 때
④ 방열기 코어가 규정 이상으로 막혔을 때

기관 과열의 원인으로는 ①, ②, ④ 이외에도 라디에이터 캡의 고장, 냉각수가 부족, 정온기가 닫힌 채로 고장 등이 있다. (보기 위주로 체크할 것)

24 건설기계장비 작업 시 계기판에서 냉각수 경고등이 점등되었을 때 운전자로서 가장 적합한 조치는?

① 오일량을 점검한다.
② 작업이 모두 끝나면 곧바로 냉각수를 보충한다.
③ 작업을 중지하고 점검 및 정비를 받는다.
④ 라디에이터를 교환한다.

냉각수 경고등이 점등되면 엔진 과열로 인해 엔진 손상을 유발하므로 즉시 작업을 중지해야 한다.

04 윤활장치

Craftsman Crane Operator

[출제문항수 : 1문제] 이 섹션도 전체에서 골고루 출제되나 그 중 윤활유의 작용, 조건, 점도지수 등에서 출제가 좀 더 되는 편입니다.

01 윤활유

윤활장치는 피스톤과 실린더벽 사이, 크랭크축의 베어링 등 금속의 마찰부와 회전부에서의 마모를 방지하기 위한 장치이다.

1 윤활유의 작용

① 마찰감소(감마) 및 마멸방지 작용 : 기관의 마찰 및 섭동부에 유막을 형성하여 마찰 방지 및 마모 감소
② 냉각 작용 : 기관 각부의 운동 및 마찰로 인해 발생된 열을 흡수하여 온도가 낮은 오일팬 등에서 방열시킴
③ 세척 작용 : 기관 내를 순환하며 먼지, 이물질 등을 흡수하여 오일필터로 보내 여과하는 작용
④ 밀봉(기밀) 작용 : 피스톤과 실린더 사이에 유막을 형성하여 가스의 누설 차단
⑤ 방청 작용 : 기관의 산화·부식 방지(녹을 방지)
⑥ 충격완화 및 소음 방지작용 : 기관의 운동부에서 발생하는 충격을 흡수하고 마찰음 등의 소음을 방지
⑦ 응력 분산 : 기관의 국부적인 압력을 분산

2 윤활유의 구비조건

① 인화점, 발화점이 높을 것
  → 쉽게 연소하지 않도록 인화(또는 발화)되는 온도를 높게 한다.
② 응고점이 낮아야 한다.
  → 쉽게 응고되지 않도록 응고되는 온도를 낮게 한다.
③ 온도에 의하여 점도가 변하지 않아야 한다.
  → 점도지수가 클 것
④ 열전도가 양호하고, 카본 생성이 적어야 한다.
⑤ 산화에 대한 저항이 커야 한다.
  → 장시간 공기·열 등에 노출되면 산화되어 윤활유의 성질이 변함
⑥ 비중이 적당해야 한다.
⑦ 강인한 유막을 형성해야 한다.

3 윤활유 첨가제

① 산화 방지
② 부식 방지
③ 기포 방지
④ 점도지수 향상
⑤ 유성 향상 → 금속표면에 오일의 흡착율을 향상시켜 마모를 감소시킴
⑥ 청정·분산
  → 청정 : 금속표면의 불순물을 녹여 씻어냄
  → 분산 : 오염 및 불순물을 미세한 입자상태로 분산시킴

4 점도 및 점도지수

① 점도 : 오일의 '끈적끈적한 정도'를 나타내는 것으로 윤활유 흐름의 저항을 나타낸다.
  • 점도가 높으면(온도가 낮을 때) : 유동성이 저하된다.
  • 점도가 낮으면(온도가 높을 때) : 유동성이 좋아진다.

  ▶ 윤활유의 점도가 너무 높으면 엔진 시동시 필요 이상의 동력이 소모된다.
  ▶ 기관오일 압력이 높아지는 이유 : 오일의 점도가 높을 때

② 점도지수 : 온도변화에 따른 점도 변화
  • 점도지수가 크면 : 점도 변화가 적다.
  • 점도지수가 작으면 : 점도 변화가 크다.
③ 점도가 다른 두 종류를 혼합하거나 제작사가 다른 오일을 혼합하여 사용하면 안된다.

  ▶ 계절별 점도지수 : 여름 > 겨울
  겨울철에 사용하는 엔진오일은 여름철에 사용하는 오일보다 점도가 낮아야 한다.

④ **점도에 의한 분류** : SAE 분류를 일반적으로 사용

계절	겨울	봄·가을	여름
SAE 번호	10~20	30	40~50

02

1 4행정 사이클 기관의 윤활방식

① 비산식 : 오일펌프가 없고 커넥팅 로드 대단부 끝에 오일디퍼가 오일을 퍼올려 비산시킴으로 윤활유를 급유하는 방식이다. 소형기관에서 사용된다.

② 압송식 : 오일펌프로 오일 팬 내에 있는 오일을 각 윤활부분에 압송시켜 공급하는 방식으로 가장 일반적으로 사용된다.

③ 비산 압송식 : 압송식과 비산식을 혼합한 방식으로 오일펌프와 디퍼를 모두 가지고 있다.

2 오일의 여과방식

① 전류식 : 오일펌프에서 나온 오일 전부를 오일 여과기에서 여과한 후 윤활 부분으로 보낸다.

② 분류식 : 오일펌프에서 나온 오일의 일부는 윤활부분으로 직접 공급하고, 일부는 여과기를 통해 여과한 후 오일팬으로 되돌아간다.

③ 샨트식 : 전류식과 분류식을 합친 방식으로, 여과된 오일이 크랭크 케이스로 돌아가지 않고 각 윤활부로 공급된다.

> ▶ 바이패스 밸브
> 여과기(필터)가 막힐 경우 여과기를 통하지 않고 직접 윤활부로 윤활유를 공급하는 밸브이다.

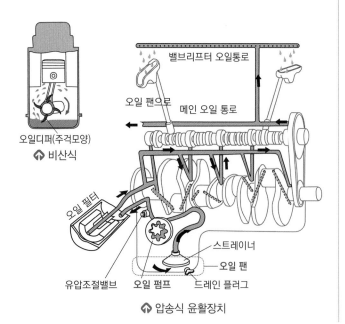

오일디퍼(주걱모양)
⬆ 비산식

밸브리프터 오일통로
오일 팬으로
메인 오일 통로
오일 필터
스트레이너
유압조절밸브   오일 펌프   드레인 플러그
오일 팬
⬆ 압송식 윤활장치

여과기가 막힐 경우 여과기를 통하지 않고 직접 윤활부로 윤활유를 공급하는 밸브이다.

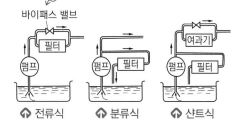

바이패스 밸브
펌프   필터   여과기
⬆ 전류식   ⬆ 분류식   ⬆ 샨트식

1 오일팬과 스트레이너

① 오일팬(Oil Pan, 오일탱크 역할)
- 엔진오일의 저장 용기로, 내부에 격리판(배플)이 설치되어 있다.
- 리턴된 오일의 방열작용을 한다.

② 오일 스트레이너(Oil Strainer) : 오일 펌프의 흡입구에 설치되어 큰 입자의 불순물을 제거한다.

2 오일 필터

① 기관의 마찰 부분이나 섭동 부분에서 발생한 금속 분말과 연소에 의한 카본 등을 여과시켜 오일을 깨끗한 상태로 유지하는 장치이다. 엘리먼트 교환식과 일체식으로 구분된다. ← 기어 등이 서로 맞물림

② 엔진오일 여과기가 막히는 것을 대비해서 바이패스 밸브를 설치한다.

③ 엘리먼트 교환식은 엘리먼트 청소 시 세척하여 사용할 수 있으며, 일체식은 엔진오일 교환 시 여과기도 같이 교환한다.

> ▶ 건설기계 기관에서 사용되는 여과장치 : 공기청정기, 오일필터, 오일 스트레이너

3 오일 펌프

① 오일 팬에 저장된 오일을 빨아올려 기관의 각 운동 부분에 압송하는 역할을 한다.

② 크랭크축 또는 캠축에 의해 기어나 체인으로 구동된다.

③ 구조에 따라 기어 펌프, 로터 펌프, 플런저 펌프, 베인 펌프 등이 있다.

◢ 유압조절밸브(유압 조정기)

① 과도한 압력 상승과 유압 저하를 방지한다.

② 오일펌프의 압력조절밸브를 조정하여 스프링 장력을 높게 하면 유압이 높아지고, 낮게 하면 유압이 낮아진다.

③ 압력조절 밸브가 불량이면 기관의 윤활유 압력이 규정보다 높게 표시될 수 있다.

◢ 오일압력 경고등 (오일 압력계)

① 계기판을 통해 엔진오일의 압력을 알 수 있다.

② 경고등의 점등 원인 : 오일 압력이 낮아질 때
  - 크랭크축 오일 틈새가 커 누설될 때
  - 윤활계통에 오일량이 적을 때
  - 오일펌프가 불량할 때

③ 시동시 점등된 후 꺼지면 유압이 정상이다.

◢ 오일의 교환 및 점검

① 엔진오일의 교환
  - 사용지침서에서 권장하는 오일로 교환한다.
  - 오일교환 시기를 맞춘다.

② 오일량 점검 : 평탄하고 안전한 곳에서 엔진을 정지시킨 다음 약 5분 후 점검하며, 오일 게이지의 Full 선과 Low 선 사이에 있으면 정상이나, Full 선에 가까이 있는 것이 좋다.

▶ 사용 중인 엔진 오일량이 처음보다 증가하였을 때 주 원인은 오일에 냉각수가 혼입되었을 때이다.

▶ 엔진오일의 오염 상태
  - 검정색 : 심하게 오염 (불순물 오염)
  - 붉은색 : 가솔린 유입
  - 우유색 : 냉각수 유입

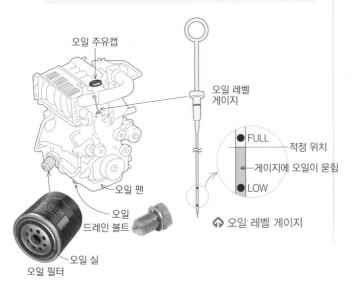

오일 주유캡
오일 레벨 게이지
오일 팬
오일 드레인 볼트
오일 실
오일 필터

● FULL ─── 적정 위치
←게이지에 오일이 묻힘
● LOW

↥ 오일 레벨 게이지

◢ 엔진의 윤활유 압력이 낮은 원인

① 오일량의 부족

② 오일 점도가 낮아짐

③ 오일 펌프의 마모 등으로 인한 성능 저하

④ 크랭크축 오일 틈새로 누설 증가

⑤ 릴리프 밸브가 열린 채 고착

→ 릴리프 밸브는 오일 압력이 규정값으로 제한하는 역할을 한다. 릴리프 밸브가 열린 채 고착되면 오일펌프에서 높아진 유압이 오일팬(오일탱크)으로 그대로 리턴되므로 유압계통의 오일 압력이 낮아진다.

→ 비교) 엔진오일의 점도가 지나치게 높을 경우는 엔진오일 압력이 규정 이상으로 높아질 수 있다.

◢ 엔진오일 압력 경고등이 켜지는 경우

오일 압력 경고등은 오일이 부족하거나 급격히 누설되거나 오일 필터가 막혀 오일 계통의 압력이 낮아질 때 점등된다.

◢ 엔진오일이 많이 소비되는 원인

① 피스톤(피스톤링)이나 실린더의 마모가 심할 때

② 계통에서 오일의 누설이 발생할 때

③ 밸브가이드의 마모가 심할 때

→ 밸브가이드에는 밸브의 개폐작용으로 인한 윤활작용을 위해 오일을 순환시킨다.

◢ 엔진에서 오일의 온도가 상승되는 원인

① 오일이 부족할 때

② 과부하 상태에서 연속작업할 때

③ 오일 쿨러가 불량할 때

④ 오일의 점도가 너무 높을 때

▶ 냉각수에 엔진오일이 혼합되는 원인
실린더 헤드 개스킷이 파손되면 손상된 틈 사이로 엔진오일이 새어 나와 냉각수 통로로 유입되어 냉각수와 혼합될 수 있다.

 **기출모음** ★ 숫자는 빈출 정도 및 중요도를 나타냅니다. ★3개 이상은 반드시 숙지하기 바랍니다.

1 다음 중 윤활유의 기능으로 모두 맞는 것은?

① 마찰 감소, 스러스트작용, 밀봉작용, 냉각작용
② 마멸 방지, 수분 흡수, 밀봉작용, 마찰 증대
③ 마찰 감소, 마멸 방지, 밀봉작용, 냉각작용
④ 마찰 증대, 냉각작용, 스러스트작용, 응력 분산

윤활유의 기능 : 마찰감소 및 마멸방지, 냉각작용, 밀봉작용, 방청작용, 세척작용, 충격완화 및 소음방지, 응력분산

2 기관에서 사용하는 윤활유의 주요 기능이 아닌 것은?

① 기밀작용
② 방청작용
③ 냉각작용
④ 산화작용

산화작용은 오일의 성질이 변화시켜 점도 등이 변질된다.

3 엔진 윤활유에 대하여 설명한 것 중 틀린 것은?

① 온도에 의하여 점도가 변하지 않아야 한다.
② 유막이 끊어지지 않아야 한다.
③ 인화점이 낮은 것이 좋다.
④ 응고점이 낮은 것이 좋다.

윤활유는 인화점과 발화점이 높고, 응고점이 낮아야 한다.

4 기관에서 윤활유 사용 목적으로 틀린 것은?

① 발화성을 좋게 한다.
② 마찰을 적게 한다.
③ 냉각작용을 한다.
④ 실린더 내의 밀봉작용을 한다.

윤활유 소모의 주 원인은 연소와 누설이며, 발화성·인화성 등이 좋으면 소모가 많아진다.

5 엔진 윤활유의 기능이 아닌 것은?

① 윤활작용 ② 냉각작용
③ 연소작용 ④ 방청작용

6 엔진오일에 대한 설명으로 맞는 것은?

① 엔진을 시동 후 유압경고등이 꺼지면 엔진을 멈추고 점검한다.
② 겨울보다 여름에는 점도가 높은 오일을 사용한다.
③ 엔진오일에는 거품이 많이 들어있는 것이 좋다.
④ 엔진오일 순환상태는 오일 레벨게이지로 확인한다.

① 유압경고등은 오일 압력이 낮을 때 점등되므로 꺼지면 정상이다.
② 여름철에는 점도가 낮아지므로 점도가 높은 오일을 사용한다.
③ 거품이 많다는 것은 공기가 포함되어 있으므로 좋지 않다.
④ 엔진오일량은 워밍업후 정지시키고 확인해야 한다.

7 점도지수가 큰 오일의 온도변화에 따른 점도변화는?

① 크다.
② 작다.
③ 불변이다.
④ 온도와는 무관하다.

점도지수는 온도 변화에 따른 점도 변화를 나타내는 수치로, 점도지수가 높을수록 온도 변화에 따른 점도 변화는 작아진다.

8 윤활방식 중 오일펌프로 급유하는 방식은?

① 비산식
② 압송식
③ 분사식
④ 비산분무식

건설기계 기관의 주된 윤활방식은 오일펌프로 오일팬의 오일을 흡입하여 오일 압력을 증가시켜 각 윤활부로 공급하는 압송식이다.

9 윤활유 공급펌프에서 공급된 윤활유 전부가 엔진오일 필터를 거쳐 윤활부로 가는 방식은?

① 분류식
② 자력식
③ 전류식
④ 샨트식

윤활오일 전부를 여과하여 윤활부로 보내는 것이 전류식이며, 일부만 여과기를 거쳐 윤활부로 가는 것은 분류식이다.

정답 1③ 2④ 3③ 4① 5③ 6② 7② 8② 9③

10 기관의 엔진오일 여과기가 막히는 것을 대비해서 설치하는 것은?

① 체크 밸브(Check Valve)
② 바이패스 밸브(Bypass Valve)
③ 오일 디퍼(Oil Dipper)
④ 오일 팬(Oil Pan)

오일 여과기(필터)가 막히면 윤활부에 오일이 공급되지 않으므로 바이패스 밸브를 두어 여과기(엘리먼트)를 거치지 않고 우회하여 공급시킨다.

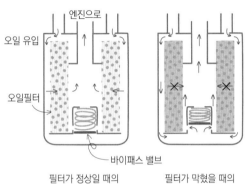

오일 유입 / 엔진으로

오일필터

바이패스 밸브

필터가 정상일 때의 오일 흐름　　필터가 막혔을 때의 오일 흐름

11 오일팬(Oil Pan)에 대한 설명으로 틀린 것은?

① 엔진오일 저장용기다.
② 오일의 온도를 높인다.
③ 내부에 격리판이 설치되어 있다.
④ 오일 드레인 플러그가 있다.

엔진 각 마찰부에서 발생된 열에 의해 뜨거워진 오일은 오일팬으로 복귀되며, 오일팬에서 온도를 낮추게 된다.

12 오일펌프의 압력조절 밸브를 조정하여 스프링 장력을 높게 하면 어떻게 되는가?

① 유압이 높아진다.
② 윤활유 점도가 증가한다.
③ 유압이 낮아진다.
④ 유량의 송출량이 증가한다.

압력조절 밸브는 일종의 릴리프 밸브로, 스프링의 장력에 의해 오일계통의 압력을 규정치 이하로 제한한다.
스프링 장력이 높으면 압력이 상승하고, 낮으면 압력이 낮아진다.

13 오일 여과기에 대한 사항으로 틀린 것은?

① 여과기가 막히면 유압이 높아진다.
② 엘리먼트 청소는 압축공기를 사용한다.
③ 여과 능력이 불량하면 부품의 마모가 빠르다.
④ 작업 조건이 나쁘면 교환 시기를 빨리한다.

에어필터는 압축공기를 사용하여 재사용이 가능하지만, 엘리먼트 청소는 오일로 세척하거나 교환해야 한다.

14 윤활장치에서 오일여과기의 역할은?

① 오일의 역순환 방지 작용
② 오일에 필요한 방청 작용
③ 오일에 포함된 불순물 제거 작용
④ 오일 계통에 압송 작용

기관의 마찰부분에서 발생한 오일속의 오물이나 불순물 등을 제거하는 작용을 한다.

15 오일량은 정상이나 오일압력계의 압력이 규정치보다 높을 경우 조치사항으로 맞는 것은?

① 오일을 보충한다.
② 오일을 배출한다.
③ 유압조절밸브를 조인다.
④ 유압조절밸브를 푼다.

오일펌프의 압력조절밸브를 조정하여 스프링 장력을 높게 하면 유압이 상승되고 풀어주면 유압이 낮아진다.

16 기관의 윤활유 압력이 규정보다 높게 표시될 수 있는 원인으로 옳은 것은?

① 엔진오일 실(Seal) 파손
② 오일 게이지 휨
③ 압력조절 밸브 불량
④ 윤활유 부족

압력조절밸브가 작동되지 않으면 압력이 높게 표시될 수 있다.

02

17 엔진 오일량 점검에서 오일게이지에 상한선(Full)과 하한선(Low) 표시가 되어 있을 때 가장 적합한 것은?

① Low 표시에 있어야 한다.
② Low와 Full 표시 사이에서 Low에 가까이 있으면 좋다.
③ Low와 Full 표시 사이에서 Full에 가까이 있으면 좋다.
④ Full 표시 이상이 되어야 한다.

엔진오일은 기관정지 상태에서 오일 게이지의 Low와 Full선 사이에 있으면 정상이고 Full선 가까이 있으면 좋다.

18 기관의 오일레벨 게이지에 대한 설명으로 틀린 것은?

① 윤활유 레벨을 점검할 때 사용한다.
② 윤활유 점도 확인 시에도 활용된다.
③ 기관의 오일 팬에 있는 오일을 점검하는 것이다.
④ 기관 가동 상태에서 게이지를 뽑아서 점검한다.

엔진오일량은 평탄한 장소에서 **기관을 정지**시킨 후 5~10분이 경과한 다음 점검한다.

19 엔진오일 압력 경고등이 켜지는 경우가 아닌 것은?

① 오일이 부족할 때
② 오일 필터가 막혔을 때
③ 오일 회로가 막혔을 때
④ 엔진을 급가속시켰을 때

엔진오일 압력경고등은 ①~③ 등의 이유로 오일 압력이 낮아질 때 켜진다.

20 기관에 사용되는 윤활유의 소비가 증대될 수 있는 두 가지 원인은?

① 연소와 누설
② 비산과 압력
③ 희석과 혼합
④ 비산과 희석

윤활유의 소비의 주 원인은 연소 및 누설이다.

21 엔진오일이 많이 소비되는 원인이 아닌 것은?

① 피스톤링의 마모가 심할 때
② 실린더의 마모가 심할 때
③ 기관의 압축 압력이 높을 때
④ 밸브가이드의 마모가 심할 때

피스톤이나 실린더, 피스톤링 등의 마멸이 생기면 오일이 연소실로 올라가 연소되므로 오일 소비량이 많아진다.

22 엔진에서 오일의 온도가 상승되는 원인이 아닌 것은?

① 과부하 상태에서 연속작업
② 오일 냉각기의 불량
③ 오일의 점도가 부적당할 때
④ 유량의 과다

23 기관의 오일 압력이 낮은 경우와 관계없는 것은?

① 아래 크랭크 케이스에 오일이 적다.
② 크랭크축 오일 틈새가 크다.
③ 오일펌프가 불량하다.
④ 오일 릴리프밸브가 막혔다.

오일 릴리프밸브가 막혔을 경우는 오일의 압력이 과도하게 높아질 수 있다.

24 디젤기관의 윤활유 압력이 낮은 원인이 아닌 것은?

① 점도지수가 높은 오일을 사용하였다.
② 윤활유의 양이 부족하다.
③ 오일펌프가 과대 마모되었다.
④ 윤활유 압력 릴리프밸브가 열린 채 고착되어 있다.

오일의 점도(끈끈한 정도)가 높으면 오일의 압력이 높아진다.

25 엔진오일 교환 후 압력이 높아졌다. 그 원인으로 가장 적절한 것은?

① 엔진오일 교환시 냉각수가 혼입되었다.
② 오일의 점도가 낮은 것으로 교환하였다.
③ 오일회로 내 누설이 발생하였다.
④ 오일 점도가 높은 것으로 교환하였다.

오일 점도가 높으면 압력이 높아진다.

정답 **17** ③ **18** ④ **19** ④ **20** ① **21** ③ **22** ④ **23** ④ **24** ① **25** ④

05 흡·배기장치

[출제문항수 : 1문제] 에어클리너 부분, 블로바이 가스, 과급기 일반 및 특징, 예열기구 등에서 주로 출제됩니다.

01 공기청정기 (에어 클리너)

1 기능 및 종류

연소에 필요한 공기를 실린더로 흡입할 때, 공기 중 불순물을 여과하여 피스톤·실린더벽 등의 마모를 방지하고, 공기 흡입시 발생하는 흡기 소음을 없애는 역할을 한다.

① **건식 방식** : 흡입공기가 필터 엘리먼트(여과지)를 통과되어 실린더로 유입된다.

→ 건식 방식은 안쪽에서 바깥쪽으로 압축공기로 불어내어 청소한다.

② **습식 방식** : 케이스 밑에 오일이 들어있어 공기가 오일에 접촉할 때 먼지 또는 오물이 여과된다.

→ 습식 방식은 오일을 이용하여 엘리먼트를 세정한다.

③ **원심식 방식** : 흡입 공기의 원심력을 이용하여 먼지 등을 분리하고 정제된 공기를 건식 공기청정기에 공급한다.

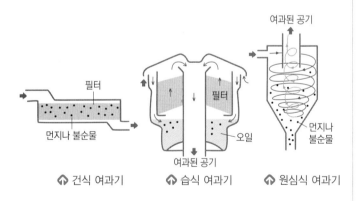

⬆ 건식 여과기   ⬆ 습식 여과기   ⬆ 원심식 여과기

2 공기청정기가 막힐 경우

공기흡입이 불량해져 혼합기가 매우 농후해지므로 출력이 감소하고 연소가 나빠지며, 배기가스가 검게 된다.

02 과급기(Supercharger)

1 과급기 개요

① 디젤엔진의 배기량이 일정한 상태에서 연소실에 **흡입 공기량을 증가**시켜 **흡입효율을 높여 출력을 증가**시키는 장치이다.

② 흡기관과 배기관 사이에 설치되어 있으며, 배기가스 압력에 의해 작동된다.

2 과급기의 특징

① 흡입공기의 밀도를 크게 하여 기관출력이 향상시킨다.

② 고지대에도 엔진의 출력 저하를 방지한다.

③ 기관이 고출력일 때 배기가스의 온도를 낮출 수 있다.

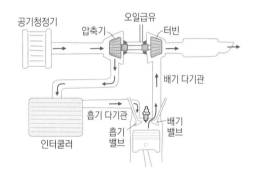

과급기의 기본 원리
고온·고압의 배기가스를 이용하여 터빈을 회전 → 압축기 구동(압축) → 단열 압축된 공기 냉각 → 실린더 내 다량 공기유입

3 과급기 구성품

① 인터쿨러(Inter Cooler) : 압축기에 의해 과급된 공기는 고온·저밀도로 인한 노킹 발생 및 충전효율 감소의 영향이 있어 과급 공기를 냉각시키는 역할을 한다.

② 디퓨저(Diffuser) : 과급기 케이스 내부에 설치되며, 공기의 속도에너지를 압력에너지로 바꾸는 장치이다.

③ 블로어(Blower) : 과급기에 설치되어 실린더에 공기를 불어넣는 송풍기이다.

03 배출가스

1 배기가스
배기관을 통해 외부로 배출되는 연소가스를 말한다.

① 무해가스 : 수증기(H_2O), 질소(N_2), 이산화탄소(CO_2)
② 유해가스 : 탄화수소(HC), 질소산화물(NOx), 일산화탄소
(CO)
→ 디젤엔진에서는 질소산화물과 PM(미세먼지)의 발생량이 많다.

2 블로바이(Blow By)
블로바이 가스는 연소에 의한 가스가 아니라 실린더벽의 마모 등으로 피스톤(피스톤 링)과 실린더의 간격이 클 때 연소실의 미연소 연료의 일부가 압축 또는 폭발과정에서 이 틈새를 통해 **크랭크 케이스를 통해 대기로 누출**되는 현상을 말한다.
→ 결과 : 기관의 출력이 저하되고 오일의 희석시킨다.
→ 대책 : 미연소 가스를 다시 연소시켜 방출하는 장치를 부착하도록 되어 있다.

▶ **블로 백**(Blow Back) : 블로바이와 유사하나 차이점은 **밸브와 밸브 시트 사이로 누출**되는 것

▶ **블로 다운**(Blow Down) : 정상적인 사이클에서는 배기행정에서 배기밸브가 열려 배기가스가 배출되어야 하는데, 블로다운은 폭발행정 말기에 실린더 내의 강한 폭발압력에 의해 배기가스가 **배기밸브를 통해 배출**되는 것

3 디젤 기관의 가스 발생 대책
① 탄화수소(HC), 일산화탄소(CO) 등은 연소가 잘 되도록 하면 감소시킬 수 있다.
② 질소산화물(NOx) 감소 방법
• 연소 온도를 낮춘다.
→ 질소산화물(NOx)은 고온에서 주로 배출량이 많다.
• 디젤기관의 연소실에서 공기의 와류가 잘 발생하도록 하면 연소 온도를 낮출 수 있다.
• 분사시기를 늦추고 연소가 완만하게 되어야 한다.

4 연소상태에 따른 배출가스의 색
① 무색 또는 담청색 : 정상 연소 시
② 백색 : 윤활유 연소 시
→ 피스톤링의 마모, 실린더 벽의 마모, 피스톤과 실린더의 간극을 점검
③ 검은색 : 농후한 혼합비, 공기청정기 막힘
→ 공기청정기 막힘 점검, 분사시기 점검, 분사펌프의 점검
④ 볏짚색 : 희박한 혼합비

▶ 비정상적인 연소가 발생할 경우 출력이 저하된다.

04 흡·배기 다기관

1 흡기 다기관(Intake Manifold)
연소에 필요한 공기를 흡입하는 통로로, 저항을 적게 하여 각 실린더에 분배할 수 있도록 한다.

2 배기 다기관(Exhaust Manifold)
배기 다기관은 배기구에 연결되는 구성품으로, 각 실린더에서 배출되는 배기가스를 모아 소음기로 방출시킨다.

3 소음기
기관에서 배출되는 배기 가스의 온도와 압력을 낮추어 배기소음을 감소시키는 역할을 한다.

▶ **배압**(back pressure)
배기관 쪽의 배기압력을 말한다. 배기압력이 크면 다음 흡기행정에서 **피스톤의 상승을 방해**하고, 배기가스 온도는 400~800℃로 **엔진이 과열**된다. 또한, 배기가스의 배출이 원활하지 못하여 흡기행정에서 연소실 내에 배기가스가 머물러 있어 흡입공기량이 적어져 **출력이 감소**된다.

1 ★★★
디젤기관 장치 중에서 터보차저의 기능으로 맞는 것은?

① 실린더 내에 공기를 압축 공급하는 장치이다.
② 냉각수 유량을 조절하는 장치이다.
③ 기관 회전수를 조절하는 장치이다.
④ 윤활유 온도를 조절하는 장치이다.

터보차저는 실린더에 **공기를 강제로 압축하여 공급**하므로써 흡입효율을 향상시켜 **기관 출력을 증가**시켜 준다.

2 ★★★
디젤엔진에 사용되는 과급기의 주된 역할은?

① 출력의 증대
② 윤활성의 증대
③ 냉각효율의 증대
④ 배기의 정화

3 ★★★
디젤엔진의 배기량이 일정한 상태에서 연소실에 흡입공기량을 증가시켜 흡입효율을 높이기 위한 장치는?

① 연료 압축기
② 냉각 압축 펌프
③ 과급기
④ 에어 컴프레셔

4 ★★
터보차저에 대한 설명 중 틀린 것은?

① 흡기관과 배기관 사이에 설치된다.
② 과급기라고도 한다.
③ 배기가스 배출을 위한 일종의 블로워(Blower)이다.
④ 기관 출력을 증가시킨다.

터보차저(과급기)는 흡기관과 배기관 사이에 설치되어, 배기가스를 식혀 흡기관 쪽으로 보내 흡입공기량을 증가시켜 출력을 증가시킨다.
※ 블로워 : 공조장치(냉·난방장치)의 구성품으로 차거나 더운 공기를 실내로 보내는 것

5 ★★★
운전 중인 기관의 에어클리너가 막혔을 때 나타나는 현상으로 맞는 것은?

① 배출가스 색은 검고, 출력은 저하한다.
② 배출가스 색은 희고, 출력은 정상이다.
③ 배출가스 색은 청백색이고, 출력은 증가된다.
④ 배출가스 색은 무색이고, 출력은 무관하다.

에어클리너 막힘 → 흡입 공기량이 낮아짐 → 혼합기가 농후 → 불완전 연소가 된다. **농후 혼합비일 때 배기색은 검고, 출력이 감소**된다.

6 ★
배기가스의 색과 기관의 상태를 표시한 것으로 가장 거리가 먼 것은?

① 무색 – 정상
② 검은색 – 농후한 혼합비
③ 황색 – 공기 청정기의 막힘
④ 백색 또는 회색 – 윤활유의 연소

공기청정기가 막히면 혼합기가 농후해지므로 배기가스는 검은색이 나온다.

7 ★★★★
연소에 필요한 공기를 실린더로 흡입할 때, 먼지 등의 불순물을 여과하여 피스톤 등의 마모를 방지하는 역할을 하는 장치는?

① 과급기(Super Charger)
② 에어 클리너(Air Cleaner)
③ 플라이휠(Fly Wheel)
④ 냉각장치(Cooling System)

8 ★
피스톤과 실린더 간격이 클 때 일어나는 현상으로 맞는 것은?

① 기관의 회전속도가 빨라진다.
② 블로바이 가스가 생긴다.
③ 기관의 출력이 증가한다.
④ 엔진이 과열한다.

피스톤(피스톤의 압축링)과 실린더 간격이 커지면 연소실의 미연소가스가 크랭크축 쪽으로 누설되는데 이 가스를 '블로바이 가스'라고 하며 출력 저하(회전속도는 낮아짐), 연비 저하 등이 나타난다.

정답 1 ① 2 ① 3 ③ 4 ③ 5 ① 6 ③ 7 ② 8 ②

9 다음 배출가스 중에서 인체에 가장 해가 없는 가스는?

① CO
② CO$_2$
③ HC
④ NOx

- 유해가스 : 일산화탄소(CO), 탄화수소(HC), 질소산화물(NOx), 미세먼지(PM)
- 무해가스 : 이산화탄소(CO$_2$), 질소(N$_2$) 등

10 다음 중 연소 시 발생하는 질소산화물(NOx)의 발생 원인과 가장 밀접한 관계가 있는 것은?

① 높은 연소 온도
② 가속 불량
③ 흡입 공기 부족
④ 소염 경계층

질소산화물은 **연소 온도가 높을 때** 많이 발생하는 가스로 연소 온도를 낮추어야 감소시킬 수 있다.

11 국내에서 디젤기관에 규제하는 배출 가스는?

① 탄화수소
② 매연
③ 일산화탄소
④ 공기과잉률

디젤기관에 규제하는 주요 배출가스 : 매연, 질소산화물

12 기관에서 배기상태가 불량하여 배압이 높을 때 생기는 현상과 관련 없는 것은?

① 기관이 과열된다.
② 냉각수 온도가 내려간다.
③ 기관의 출력이 감소한다.
④ 피스톤의 운동을 방해한다.

배압(배기가스 압력)이 높아지면 배기가스가 제대로 배출되지 못해 기관이 과열(**냉각수 온도가 올라감**)되고, 배기가스가 연소실에 머물러 있어 피스톤 운동을 방해하고 흡입공기가 제대로 흡입되지 못하므로 기관 출력이 떨어진다.

13 [보기]에서 머플러(소음기)와 관련된 설명이 모두 올바르게 조합된 것은?

보기
a. 카본이 많이 끼면 엔진이 과열되는 원인이 될 수 있다.
b. 머플러가 손상되어 구멍이 나면 배기음이 커진다.
c. 카본이 쌓이면 엔진 출력이 떨어진다.
d. 배기가스의 압력을 높여서 열효율을 증가시킨다.

① a, b, d
② b, c, d
③ a, c, d
④ a, b, c

머플러에 카본이 많이 끼면 배압이 높아져 엔진이 과열되고 출력이 떨어진다. 머플러에 구멍이 발생하면 배기가스압력이 구멍으로 빠져나가며 배기음이 커지게 된다.

1 디젤기관의 착화성을 수치적으로 표시한 것은?

① 착화지수   ② 세탄가
③ 옥탄가   ④ 점도지수

세탄가는 디젤 연료의 착화성을 나타내는 척도를 말한다.

2 기관에 사용하는 피스톤의 구비조건으로 틀린 것은?

① 블로바이가 없을 것
② 무게가 매우 무거울 것
③ 고온·고압가스에 충분히 견딜 수 있을 것
④ 열팽창률이 적을 것

3 기관에서 피스톤 링의 주요 작용이 아닌 것은?

① 자기 작용
② 열전도 작용
③ 오일 제어 작용
④ 기밀 유지 작용

피스톤 링의 주요 작용
• 기밀작용 : 압축가스가 누설 방지
• 오일제어작용 : 실린더 벽의 엔진오일을 긁어 내림
• 열전도 작용 : 피스톤의 발생한 열을 실린더 벽쪽으로 전달

4 디젤기관의 연료여과기에 장착되어 있는 오버플로우 밸브의 역할이 아닌 것은?

① 연료계통의 공기를 배출한다.
② 연료압력이 지나친 상승을 방지한다.
③ 연료공급펌프의 소음 발생을 방지한다.
④ 분사펌프의 압송 압력을 높인다.

오버플로우 밸브의 역할
• 디젤기관의 연료 여과기에 장착되어 있다.
• 연료계통의 공기를 배출한다.
• 연료공급 펌프의 소음 발생을 방지한다.
• 연료필터 엘리멘트를 보호한다.

5 냉각수에 엔진오일이 혼합되는 원인으로 가장 적절한 것은?

① 수온 조절기 파손
② 실린더헤드 개스킷 파손
③ 라디에이터 코어 파손
④ 물펌프 베어링 마모

실린더 헤드의 균열 또는 개스킷이 파손되면 압축과 배기행정 시 연료나 가스가 냉각계통으로 누설되어 냉각수와 엔진오일이 혼합될 수 있다.

6 기관의 연료장치에서 희박한 혼합비가 미치는 영향으로 옳은 것은?

① 저속 및 공전이 원활하다.
② 연소속도가 빠르다.
③ 시동이 쉬워진다.
④ 출력의 감소를 가져온다.

혼합기가 희박해지면 출력이 감소된다.

7 기관에서 폭발행정 말기에 배기가스가 실린더 내의 압력에 의해 배기밸브를 통해 배출되는 현상은?

① 블로 업(blow up)
② 블로 백(blow back)
③ 블로다운(blow down)
④ 블로바이(blow by)

블로다운(Blow Down)이란 실린더 내의 배기가스가 폭발행정의 끝에 배기밸브를 통해 뿜어져 나오는 현상을 말한다.

8 여과기 종류 중 원심력을 이용하여 이물질을 분리시키는 형식은?

① 습식 여과기   ② 원심식 여과기
③ 오일 여과기   ④ 건식 여과기

원심식 공기청정기 : 흡입 공기의 원심력을 이용하여 먼지를 분리하고 정제된 공기를 건식 공기청정기에 공급한다.

정답   1 ②   2 ②   3 ①   4 ④   5 ②   6 ④   7 ③   8 ②

9 기관 윤활유의 구비 조건이 아닌 것은?

① 발화점이 높을 것 ② 응고점이 높을 것
③ 인화점이 높을 것 ④ 점도가 적당할 것

응고점(얼기 시작하는 온도)은 낮을수록 좋다.

10 기관의 피스톤이 고착되는 원인으로 틀린 것은?

① 기관오일이 부족하였을 때
② 냉각수량이 부족할 때
③ 압축압력이 정상일 때
④ 기관이 과열되었을 때

피스톤이 고착은 엔진 열이 축적될 때 늘러붙는 현상이므로, 오일 부족, 냉각수 부족, 과열 등이 원인이다.

11 [보기]에 나타낸 것은 기관에서 어느 구성품을 형태에 따라 구분한 것인가?

┌ 보기 ┐
직접분사식, 예연소실식, 와류실식, 공기실식
└─────┘

① 연료분사장치 ② 연소실
③ 동력전달장치 ④ 점화장치

[보기]는 디젤기관의 연소실 종류이다.

12 디젤기관에서 인젝터 간 연료 분사량이 일정하지 않을 때 나타나는 현상은?

① 출력은 향상되나 기관은 부조를 하게 된다.
② 연료 소비에는 관계가 있으나 기관 회전에는 영향을 미치지 않는다.
③ 연료 분사량에 관계없이 기관은 순조로운 회전을 한다.
④ 연소 폭발음의 차이가 있으며 기관은 부조를 하게 된다.

각 실린더에 연료 분사량이 균일하지 못하면 연소 시 폭발압력이 다르기 때문에 크랭크축의 회전도 균일하지 못하고 출력은 감소되고, 부조가 일어난다.

13 냉각장치에 사용되는 라디에이터의 구성품이 아닌 것은?

① 코어 ② 물재킷
③ 냉각수 주입구 ④ 냉각핀

14 소음기나 배기관 내부에 많은 양의 카본이 부착되면 배압은?

① 높아진다.
② 영향을 미치지 않는다.
③ 저속에서는 높아졌다가 고속에서는 낮아진다.
④ 낮아진다.

15 기관 냉각장치에서 비등점을 높이는 기능을 하는 것은?

① 압력식 캡 ② 물 펌프
③ 물 재킷 ④ 팬 벨트

라디에이터의 압력식 캡은 냉각수의 비등점(끓는점)을 올려준다.

16 기관 출력을 저하시키는 직접적인 원인이 아닌 것은?

① 실린더내의 압력이 낮을 때
② 클러치가 불량할 때
③ 노킹이 일어날 때
④ 연료 분사량이 적을 때

클러치는 기관의 동력을 변속기 쪽으로 연결 및 절단하는 장치로, 기관의 출력과는 무관하다.

17 디젤기관에서 압축압력이 저하되는 가장 큰 원인은?

① 냉각수 부족 ② 엔진오일 과다
③ 기어오일의 열화 ④ 피스톤 링의 마모

디젤기관에서 압축압력이 저하되는 원인으로는 실린더 벽과 피스톤의 마모, 피스톤링의 마모 등이 있다.

18 기관의 윤활유 사용 방법에 대한 설명으로 옳은 것은?

① 계절과 윤활유 SAE 번호는 관계가 없다.
② 계절과 관계없이 사용하는 윤활유의 SAE 번호는 일정하다.
③ 여름용은 겨울용보다 SAE 번호가 큰 윤활유를 사용한다.
④ 겨울은 여름보다 SAE 번호가 큰 윤활유를 사용한다.

여름에는 점도가 높은 것(SAE 번호가 큰 것)을 사용하고, 겨울에는 점도 낮은(SAE 번호가 작은 것) 오일을 사용하여야 한다.

19 디젤기관에서 과급기를 장착하는 목적은?

① 배기 소음을 줄이기 위해서
② 기관의 유효압력을 낮추기 위해서
③ 기관의 냉각을 위해서
④ 기관의 출력을 증대시키기 위해서

과급기(터보차저)는 실린더 내에 공기를 압축 공급하는 일종의 공기펌프이며, 기관의 출력을 증대시키기 위해서 사용한다.

20 디젤기관의 윤활유 압력이 낮은 원인으로 거리가 먼 것은?

① 윤활유 압력 릴리프 밸브가 열린 채 고착되어 있다.
② 윤활유의 양이 부족하다.
③ 점도지수가 높은 오일을 사용하였다.
④ 오일펌프가 과대 마모되었다.

① 릴리프 밸브가 열린 채 고착되면 윤활장치에 고압의 윤활유가 다시 유압탱크로 흘러가기 때문에 압력이 낮아진다.
② 유압을 발생시킬 오일이 부족하면 압력이 낮아진다.
④ 오일펌프 마모가 심하면 유압 발생이 어렵다.

21 윤활유의 점도가 너무 높은 것을 사용했을 때의 설명으로 맞는 것은?

① 좁은 공간에 잘 침투하므로 충분한 주유가 된다.
② 엔진 시동을 할 때 필요 이상의 동력이 소모된다.
③ 점차 묽어지기 때문에 경제적이다.
④ 겨울철에 특히 사용하기 좋다.

윤활유의 점도가 너무 높으면 시동 시 윤활유의 주유가 늦어지며 실린더의 피스톤이나 크랭크축 등에 작동이 원활하지 못하므로 이를 구동하기 위한 동력 소모가 커진다.

22 부동액이 구비조건으로 옳지 않은 것은?

① 침전물의 발생이 없을 것
② 비등점이 물보다 낮을 것
③ 부식성이 없을 것
④ 팽창계수가 작을 것

비등점(끓는점)은 냉각수가 끓기 시작하는 온도가 물보다 높아야 한다.

23 라디에이터의 구비조건으로 옳은 것은?

① 냉각수 흐름 저항이 클 것
② 방열량이 클 것
③ 가급적 무거울 것
④ 공기 흐름 저항이 클 것

라디에이터는 기관의 과열을 방지하기 위한 냉각장치로 방열량이 커야 한다.

24 냉각장치에 사용되는 전동 팬에 대한 설명으로 가장 거리가 먼 것은?

① 정상온도 이하에서는 작동하지 않는다.
② 엔진이 시동되면 동시에 회전한다.
③ 팬벨트가 필요 없다.
④ 냉각수 온도에 따라 작동한다.

일반 냉각팬은 팬벨트를 통해 크랭크축에 의해 구동되어 엔진온도와 관계없이 항상 구동되지만, 전동팬은 냉각수 온도에 따라 엔진 컴퓨터에 의해 배터리 전원이 공급되어 구동된다.

25 다음 중 기관에서 팬벨트 장력 점검 방법으로 옳은 것은?

① 벨트길이 측정게이지로 측정 점검
② 정지된 상태에서 벨트의 중심을 엄지손가락으로 눌러서 점검
③ 엔진을 가동한 후 텐셔너를 이용하여 점검
④ 발전기의 고정 볼트를 느슨하게 하여 점검

팬벨트는 약 10kgf의 압력으로 눌러 처짐이 13~20mm 정도로 발전기를 움직이면서 조정한다

26 건설기계 기관에 있는 팬벨트의 장력이 약할 때 생기는 현상으로 옳은 것은?

① 발전기 출력이 저하될 수 있다.
② 물펌프 베어링이 조기에 손상된다.
③ 엔진이 과냉된다.
④ 엔진이 부조를 일으킨다.

팬벨트 장력이 약하면 동력전달이 원활하지 못하므로 발전기 출력이 저하되고 냉각팬 구동이 원활하지 못하므로 엔진의 과열이 된다.
※ ②는 팬벨트 장력이 너무 강할 때 발생된다.

27 디젤 엔진에서 연료분사의 주요 조건으로 옳지 않은 것은?

① 흡입력이 좋을 것
② 관통력이 좋을 것
③ 분산이 좋을 것
④ 무화가 좋을 것

연료분사의 3대 요소
· 무화(霧化) : 액체를 미립자화 하는 것
· 관통력 : 분사된 연료 입자가 압축된 공기층을 통과하여 먼 곳까지 도달할 수 있는 힘
· 분포 : 연료의 입자가 연소실 전체에 균일하게 분포

28 디젤기관 작동 시 과열되는 원인이 아닌 것은?

① 냉각수 양이 적다.
② 물 재킷 내의 물때(Scale)가 많다.
③ 수온조절기가 열려 있다.
④ 물 펌프의 회전이 느리다.

수온조절기가 닫힌 채로 고장이 나면 과열의 원인이 되고, 열린 채로 고장이 나면 과냉의 원인이 된다.

29 건설기계 기관에서 캠 회전수와 밸브 스프링의 고유 진동수가 같아질 때 강한 진동이 수반되는 공진 현상은?

① 수격현상
② 밸브 스프링 서징 현상
③ 공동 현상
④ 장막 현상

서징이란 코일 스프링 자체에는 고유 진동을 말한다. 스프링 고유 진동수에 가까운 외력(캠)이 작용하면 서징이 발생하여 스프링의 극심한 진동 현상을 일으킨다.

30 연료계통의 고장으로 기관이 부조를 하다가 시동이 꺼지는 원인으로 가장 거리가 먼 것은?

① 연료파이프 연결 불량
② 연료필터 막힘
③ 리턴호스 고정클립 체결 불량
④ 탱크 내에 이물질이 연료장치에 유입

부조나 시동꺼짐의 주 원인은 연료 부족 또는 연료 흐름 불량이며, 리턴되는 연료는 무관하다.

31 디젤기관에서 실린더가 마모되었을 때 발생할 수 있는 현상이 아닌 것은?

① 블로바이 가스의 배출 증가
② 윤활유 소비 증가
③ 연료 소비량 증가
④ 압축압력의 증가

---

① 연소가스가 누설되어 블로바이 가스 배출이 증가
② 연소실로 오일이 올라오며 누설 및 연소로 윤활유 소비가 증가
③ 블로바이 가스로 배출되므로 연료 소비량이 증가
④ 압축압력의 감소

32 엔진의 시동 전에 해야 할 가장 일반적인 점검사항은?

① 실린더의 오염도
② 충전장치
③ 유압계의 지침
④ 엔진 오일량과 냉각수량

오일량과 냉각수량이 엔진의 기본 점검사항이다.

33 기관이 작동되는 상태에서 점검 가능한 사항으로 가장 적절하지 않은 것은?

① 냉각수의 온도
② 기관 오일의 압력
③ 충전상태
④ 엔진 오일량

---

① : 냉각수온계
②,④ : 오일 압력계

34 디젤기관 운전 중 흑색의 배기가스를 배출하는 원인으로 틀린 것은?

① 공기청정기 막힘
② 압축 불량
③ 노즐 불량
④ 오일팬 내 유량과다

흑색은 혼합기가 농후할 때 즉, 공기가 적고 연료가 많을 때 배출된다.
① 공기청정기 막힘 – 공기 희박
② 압축 불량 – 공기 희박
③ 노즐 불량 – 연료분사가 적거나 많아짐

CHAPTER

03

예상문항수
4/60

전기장치

 Study Point 기관 구조와 마찬가지로 학습해야 할 양에 비해서는 출제비율이 높지 않은 부분입니다. 전략적으로 학습 시간 분배를 하시기 바랍니다.
기출문제 위주로 정리하시고 이론은 문제 이해를 위한 참고용으로 활용합니다.

01 전기 기초

[출제문항수 : 1문제] 출제문항수에 비해 학습분량이 많으므로 문제 위주의 기초부분 위주로 학습하기 바랍니다.

01 전기 기초

1 전류 (Current, 단위 : A)

① 전자의 이동에 의해 도체에 전기가 흐르는 것을 말함

② 전류의 3대 작용

발열작용	전구, 예열플러그와 같이 열에너지로 인해 발열하는 작용
화학작용	축전지의 화학작용에 의해 충·방전이 됨
자기작용	모터·발전기와 같이 코일에 전류가 흐르면 자기작용에 의해 기계적에너지로 변환

발열작용   자기작용   화학작용

2 전압 (Voltage, 단위 V) = 전위차

도체에 전류가 흐르게 하는 압력을 말한다. 즉, 전기적인 높이, 즉 전기적인 압력이다.

3 저항 (Resistance, 약호 Ω)

도체에 전기가 흐른다는 것은 전자의 움직임을 뜻한다. 이때 전자의 움직임을 방해하는 요소를 말한다.

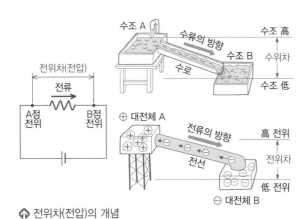

⬆ 전위차(전압)의 개념

4 전압강하

① 두 전위차 지점 사이에 저항을 직렬로 연결된 회로에서 전류가 흐를 때 전류가 각 저항을 통과할 때마다 옴의 법칙(I·R)만큼의 전압이 떨어지는 현상으로, 저항(부하) 외에 전선에서도 발생된다.

② 배선, 단자, 스위치 등에서 **접속불량이 생기면 저항**이 커지면 전압강하가 크다.

> ▶ 옴(Ohm)의 법칙
>
> 도체에 흐르는 전류(I)는 전압(E)에 비례하고, 그 도체의 저항(R)에 반비례한다.
>
> ※ 기중기 시험에서는 옴의 법칙에 대한 문제는 출제되지 않으나 전기기기에 관한 이해를 위해 알아두기 바랍니다.

$$I = \frac{E}{R}$$

5 플레밍의 법칙

구분	적용
플레밍의 왼손 법칙	• 도선이 받는 힘의 방향을 결정하는 규칙 • 전동기의 원리
플레밍의 오른손 법칙	• 유도 기전력 또는 유도 전류의 방향을 결정하는 규칙 • 발전기의 원리

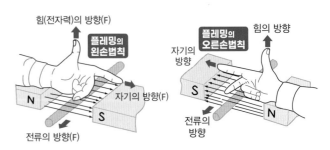

왼손의 검지를 자기장의 방향, 중지를 전류의 방향으로 했을 때, 엄지가 가리키는 방향이 도선이 받는 힘의 방향이 된다.

오른손 엄지를 도선의 운동 방향, 검지를 자기장의 방향으로 했을 때, 중지가 가리키는 방향이 유도 기전력 또는 유도 전류의 방향이 된다.

02 전조등

① 전조등은 야간에 전방을 확인하기 위한 등화이며 전구, 반사경, 렌즈 등으로 구성되어 있다.

② 전조등은 병렬로 연결된 복선식으로 구성한다.

1 세미 실드빔형 전조등

① 렌즈와 반사경은 일체이고 **전구만 따로 교환**할 수 있다.

② 반사경에 습기, 먼지 등이 들어가 조명 효율을 떨어뜨릴 수 있다.

③ 자주 사용되는 할로겐 램프는 세미 실드빔형이다.

2 실드빔형 전조등

① 반사경과 필라멘트가 일체로 되어 있다.

② 내부는 진공 상태로 되어 있어 그 속에 아르곤이나 질소가스등 불활성 가스를 봉입한다.

③ 대기 조건에 따라 반사경이 흐려지지 않는다.

④ 사용에 따른 광도의 변화가 적다.

⑤ 필라멘트가 끊어지면 **램프 전체를 교환**하여야 한다.

> ▶ 헤드라이트가 한쪽만 점등되었을 때 고장 원인
> • 전구 접지불량
> • 한 쪽 회로의 퓨즈 단선
> • 전구 불량

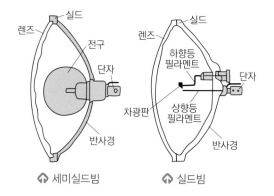

↑ 세미실드빔   ↑ 실드빔

03 기타 조명

1 방향지시등

① 방향 지시등은 차량의 진행 방향을 다른 차량이나 보행자에게 알리는 등으로 보안상 중요하다.

• 방향 지시를 운전석에서 확인할 수 있어야 한다.

• 작동에 이상이 있을 경우, 운전석에서 확인할 수 있어야 한다.

• 점멸의 주기에 변화가 없어야 한다.

② 좌·우의 점멸 횟수가 다르거나 한 쪽이 작동되지 않는 원인

• 규정 용량의 전구를 사용하지 않았다.

• 전구 중 1개가 단선되었다.(필라멘트가 끊어짐)

> → 방향지시등은 앞·뒤로 직렬로 연결되어 함께 켜지는 구조이다. 그러므로 한 쪽 전구가 끊어지거나 접촉이 안 될 경우 회로의 전체 저항이 낮아져 다른 쪽으로 많은 전류가 흘러 점멸이 빠르게 된다. (전구는 일종의 저항이다.)

• 한쪽 전구 소켓에 녹이 발생하여 전압강하가 있다.

> → 전압강하란 소켓이나 단자에서 접촉 불량으로 인해 저항이 커져 전류가 커지며 전압이 감소하는 현상이다.

• 접지가 불량하다.

• 플래셔 스위치에서 지시등 사이에 단선이 있다.

> → 플래셔 유닛은 스위치와 지시등 사이에 연결되어 지시등이나 비상등의 점멸을 반복하게 하는 역할을 한다.

2 기타 보안등

① 비상점멸 경고등

② 후진등, 미등, 제동등, 차폭등, 번호판등

> → 전조등 스위치를 조작할 때 함께 켜짐

1 충전경고등

충전이 잘 되지 않고 있음을 나타내며, 다음의 원인이 있다.

① 발전기 불량 → 주 원인
② 배터리 불량
③ 배터리 및 발전기 단자가 분리되거나 접촉불량일 때
④ 팬벨트가 느슨할 때
　　→ 팬벨트가 느슨하면 엔진 동력이 발전기에 전달되지 못하므로 충전경고등이 점등된다.

2 오일 경고등

① 운전 중 엔진오일 경고등이 점등되었을 때의 원인
　• 엔진오일량이 부족할 때 → 오일의 연소·누설 등
　• 오일필터 등 윤활계통이 막혔을 때
　• 오일펌프가 작동하지 않을 때 등
② 오일 경고등이 점등되었을 때 즉시 시동을 끄고 윤활계통을 점검한다.

3 전류계

① 발전기에서 축전지로 충전되고 있을 때는 전류계 지침이 정상에서 (+) 방향을 지시한다.
② 전류계 지침이 정상에서 (-) 방향을 지시하고 있을 때는 정상적인 충전이 되고 있지 않은 것이다.
　• 전조등 스위치가 점등위치에 있을 때
　• 배선에서 누전되고 있을 때
　• 시동스위치가 엔진 예열장치를 동작시키고 있을 때
③ 기관을 회전하여도 전류계가 움직이지 않는 원인
　• 전류계 불량, 스테이터코일 단선, 레귤레이터 고장

4 기관 온도계

① 냉각수의 온도를 나타내며, 규정값 이상이면 즉시 멈추고 확인해야 한다.
② 누설 등으로 인한 냉각수 부족
③ 냉각팬·서모스탯 고장

1 퓨즈(Fuse)

① 단락 및 누전에 의해 **과전류가 흐를 때** 퓨즈가 단선되어 회로를 보호한다.
② 퓨즈는 전기회로에 직렬로 설치되어야 한다.
③ 퓨즈 교체 시 반드시 정격용량을 사용해야 한다.
④ 재질 : 납과 주석, 창연, 카드뮴
⑤ 퓨즈의 단선 원인
　• 회로의 단락(쇼트)으로 의해 과전류가 흐를 때
　• 잦은 ON/OFF 반복으로 피로가 누적되었을 때
　• 접촉 불량으로 인해 과대 저항이 발생되었을 때

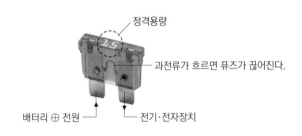

1 전류의 3대작용이 아닌 것은?
★★★★

① 발열 작용　　　　② 자기 작용
③ 원심 작용　　　　④ 화학 작용

2 전류의 자기작용을 응용한 것은?
★★

① 전구　　　　　　② 축전지
③ 예열플러그　　　　④ 발전기

발전기는 계자(직류발전기) 또는 로터(교류발전기)에 전기를 공급하여 **전자석**이 되어 자속을 발생시킨다. 이 자속을 끊어 전류(기전력)를 만든다.

3 축전지의 충·방전 작용으로 맞는 것은?
★★★★

① 화학 작용　　　　② 전기 작용
③ 물리 작용　　　　④ 환원 작용

축전지의 충·방전 작용은 화학작용에 의한 것이다.

4 전기장치에서 접촉저항이 발생하는 개소 중 가장 거리가 먼 것은?
★

① 배선 중간 지점
② 스위치 접점
③ 축전지 터미널
④ 배선 커넥터

접촉저항은 스위치 접점이나 단자 및 커넥터의 연결부분에서 주로 발생한다.

5 전류에 관한 설명이다. 틀린 것은?
★

① 전류는 전압, 저항과 무관하다.
② 전류는 전압크기에 비례한다.
③ V = IR (V 전압, I 전류, R 저항)이다.
④ 전류는 저항 크기에 반비례한다.

오옴의 법칙에 의해 전류는 전압에 비례하고 저항에 반비례한다.

6 전기회로의 안전사항으로 설명이 잘못된 것은?
★

① 전기장치는 반드시 접지하여야 한다.
② 전선의 접속은 접촉저항이 크게 하는 것이 좋다.
③ 퓨즈는 용량이 맞는 것을 끼워야 한다.
④ 모든 계기 사용시는 최대 측정 범위를 초과하지 않도록 해야 한다.

저항은 도체의 면적과 반비례 관계에 있으므로 접촉하는 도체 면적이 매우 작아지면 **접촉저항이 커져 과열이 발생**한다.(화재 위험)

7 전조등의 좌·우 램프 간 회로에 대한 설명으로 맞는 것은?
★

① 직렬 또는 병렬로 되어 있다.
② 병렬과 직렬로 되어 있다.
③ 병렬로 되어 있다.
④ 직렬로 되어 있다.

한 쪽 전기회로가 불량이더라도 다른 쪽에는 정상작동이 될 수 있도록 병렬로 되어 있다. 만약 직렬로 연결되면 한 쪽만 불량이어도 전체 조명이 꺼진다.

8 실드빔식 전조등에 대한 설명으로 맞지 않는 것은?
★

① 대기조건에 따라 반사경이 흐려지지 않는다.
② 내부에 불활성 가스가 들어있다.
③ 사용에 따른 광도의 변화가 적다.
④ 필라멘트를 갈아 끼울 수 있다.

실드빔식은 반사경과 필라멘트가 일체형 구조로, 필라멘트만 갈아 끼울 수 없고 전조등 자체를 교환해야 한다.

9 세미 실드빔 형식의 전조등을 사용하는 건설기계장비에서 전조등이 점등되지 않을 때 가장 올바른 조치 방법은?
★★★

① 렌즈를 교환한다.
② 전조등을 교환한다.
③ 반사경을 교환한다.
④ 전구를 교환한다.

세미 실드빔형은 전구만 교환하면 되지만, 실드빔식 전조등은 일체형으로 전체를 교환하여야 한다.

정답 ▶ 1 ③　2 ④　3 ①　4 ①　5 ①　6 ②　7 ③　8 ④　9 ④

10 현재 널리 사용되는 할로겐 램프에 대하여 운전자 두 사람(A, B)이 아래와 같이 서로 주장하고 있다. 어느 운전자의 말이 옳은가?

> ┌ 보기 ──────────────────┐
> • 운전자 A : 실드빔 형이다.
> • 운전자 B : 세미실드빔 형이다.
> └────────────────────────┘

① A가 맞다.　　　　② B가 맞다.
③ A, B 모두 맞다.　　④ A, B 모두 틀리다.

할로겐 램프는 세미 실드빔 형이다.

11 방향지시등 스위치를 작동할 때 한쪽은 정상이고 다른 한쪽은 점멸 작용이 정상과 다르게(빠르게 또는 느리게)작용한다. 고장 원인이 아닌 것은?

① 전구 1개가 단선되었을 때
② 플래셔 유닛 고장
③ 좌측 전구를 교체할 때 규정 용량의 전구를 사용하지 않았을 때
④ 한쪽 전구 소켓에 녹이 발생하여 전압강하가 있을 때

플래셔 유닛은 방향지시등과 비상등이 깜빡임(점멸) 속도를 제어하는 부품이며, 플래셔 유닛이 고장나면 점멸되지 않는다.

12 방향지시등의 한쪽 등 점멸이 빠르게 작동하고 있을 때, 운전자가 가장 먼저 점검하여야 할 곳은?

① 전구(램프)　　　　② 플래셔 유닛
③ 콤비네이션 스위치　④ 배터리

보통 한 쪽 등만 점멸이 빠를 때는 전구 상태를 점검해야 한다. 방향지시등은 한쪽이 끊어지면 병렬연결에서 저항이 증가하여 전류가 감소되며 플래셔 유닛의 열선 가열/냉각이 빨라져 점멸속도가 빨라진다.

13 야간작업 시 헤드라이트가 한쪽만 점등되었다. 고장 원인으로 가장 거리가 먼 것은?

① 헤드라이트 스위치 불량
② 전구 접지불량
③ 한 쪽 회로의 퓨즈 단선
④ 전구 불량

헤드라이트 스위치가 불량이면 모든 헤드라이트가 점등되지 못한다.

14 방향지시등이나 제동등의 작동 확인은 언제하는가?

① 운행 전　　　　② 운행 중
③ 운행 후　　　　④ 일몰 직전

15 운전 중 갑자기 계기판에 충전 경고등이 점등되었다. 그 현상으로 맞는 것은?

① 정상적으로 충전이 되고 있음을 나타낸다.
② 충전이 되지 않고 있음을 나타낸다.
③ 충전계통에 이상이 없음을 나타낸다.
④ 주기적으로 점등되었다가 소등되는 것이다.

충전 경고등이 점등되었다는 것은 배터리가 충전되지 않고 있을 때이다. 즉, 발전기 고장을 뜻하며, 충전이 되지 않고 있음을 나타낸다.

16 건설기계의 전조등 성능을 유지하기 위한 가장 좋은 방법은?

① 단선으로 한다.
② 복선식으로 한다.
③ 축전지와 직결시킨다.
④ 굵은선으로 갈아 끼운다.

전조등은 복선식으로 연결되어 있으며 병렬로 연결되어 있다.

※ 단선식과 복선식

단선식	• 부하가 배터리의 ⊕만 연결하고, ⊖ 단자는 차체나 프레임에 접지하는 방식 • 주로 저전류 장치에 이용
복선식	• 장치를 배터리의 ⊕, ⊖ 단자에 모두 연결 • 전조등, 기동 전동기와 같이 고전류를 필요로 하는 장치에 이용

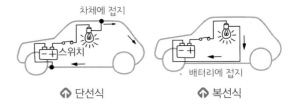

⬆ 단선식　　　　⬆ 복선식

정답 10 ②　11 ②　12 ①　13 ①　14 ①　15 ②　16 ②

17^{★★} 운전 중 배터리 충전 표시등이 점등되면 무엇을 점검하여야 하는가? (단, 정상인 경우 작동 중에는 점등 되지 않는 형식임)

① 에어클리너 점검
② 엔진오일 점검
③ 연료수준 표시등 점검
④ 충전계통 점검

18^{★★} 엔진 정지 상태에서 계기판 전류계의 지침이 정상에서 (−) 방향을 지시하고 있다. 그 원인이 아닌 것은?

① 전조등 스위치가 점등위치에서 방전되고 있다.
② 배선에서 누전되고 있다.
③ 시동시 엔진 예열장치를 동작시키고 있다.
④ 발전기에서 축전지로 충전되고 있다.

전류계는 배터리와 부하 사이에 직렬로 연결되어 배터리의 전류 상태를 알 수 있으며, 전류계 지침이 (−) 방향이면 정상 전류보다 낮은 상태를 지시한다. 즉, 방전이나 누전되거나 큰 부하가 사용될 때이다.

19^{★★★} 건설기계 장비 작업시 계기판에서 오일 경고등이 점등되었을 때 우선 조치사항으로 적합한 것은?

① 엔진을 분해한다.
② 즉시 시동을 끄고 오일계통을 점검한다.
③ 엔진오일을 교환하고 운전한다.
④ 냉각수를 보충하고 운전한다.

20^{★★★★} 퓨즈가 끊어졌을 때 조치방법으로 거리가 가장 먼 것은?

① 탈착한 퓨즈보다 더 큰 용량으로 교환한다.
② 퓨즈 교환 시 안전에 주의하여 교환한다.
③ 철사 또는 전선 등으로 대용하여 사용하지 않는다.
④ 탈착한 퓨즈와 같은 용량으로 교환한다.

퓨즈는 회로의 규정 전류에 맞는 것을 사용해야 한다.

21^{★★} 고장진단 및 테스트용 출력단자를 갖추고 있으며, 항상 시스템을 감시하고, 필요하면 운전자에게 경고 신호를 보내주거나 고장점검 테스트용 단자가 있는 것은?

① 제어유닛 기능
② 피드백 기능
③ 주파수 신호처리 기능
④ 자기진단 기능

'자기진단'이란 자동차의 각각 장치를 제어하는 컴퓨터에서 시스템을 감시하고, 필요에 따라 계기판을 통해 경고/주의 신호를 보낸다.
또한, 고장점검 테스트용 단자를 통해 스캐너와 연결되어 고장진단 결과를 출력하여 고장 파악을 용이하게 하는 기능이 있다.

※ 제어유닛(ECU, 컴퓨터) : 자동차나 건설기계는 크게 엔진, 변속기, 제동장치, 현가장치, 각종 편의장치로 구분된다. 각 장치들이 점차 전자제어 방식으로 발전되면서 여러 센서로부터 정보를 받아 최적의 성능 제어를 할 수 있도록 하는 핵심 제어부품이다.
※ 피드백 기능 : 최적의 출력을 위해 출력된 결과를 다시 입력 신호로 되돌려 받는 과정을 말한다.

정답 **17** ④ **18** ④ **19** ② **20** ① **21** ④

02 축전지(배터리)

[출제문항수 : 1문제] 전체적으로 중요하며 축전지의 구조 및 연결법, 충전의 종류, 충전 시 주의사항 등에서 자주 출제됩니다.

01 축전지 개요

1 축전지의 역할

① 엔진 시동 시 시동장치(기동전동기)에 전원을 공급한다.
② 발전기가 고장일 때 일시적인 전원을 공급한다.
③ 발전기의 출력 및 부하의 불균형을 조정한다.
④ 화학에너지를 전기에너지로 변환하고 필요에 따라 전기에너지를 화학에너지로 저장한다.

2 납산 축전지

① 가장 많이 사용하는 배터리로, 양극판은 과산화납, 음극판은 해면상납을 사용하며, 전해액은 묽은 황산을 사용한다.
② 전압은 셀의 수에 의해 결정된다.

→ 셀(cell) : 작은 방을 의미하며, 배터리의 가장 기본 단위로, 양극, 음극, 전해질, 분리막으로 구성되며 1개의 셀의 전압은 2~2.2V 정도로 6개의 셀을 직렬로 연결하여 약 배터리는 12~13V의 전압을 갖는다.

③ 전해액 면이 낮아지면 증류수를 보충하여야 한다.

> ▶ MF(Maintenance Free) 축전지 = 무보수용 배터리
> • 전해액의 보충이 필요없다.
> • 비중계가 설치되어 있으므로 색상으로 충전상태를 알 수 있다.
> • 자기방전이 적고 보존성이 우수하다.
> • 밀봉 촉매 마개를 사용한다.

02 축전지의 구조와 전해액

1 축전지의 구성

① 극판 : 양극판은 과산화납, 음극판은 해면상납을 쓴다.

→ 음극판이 양극판보다 1장 더 많다 : 양극판이 화학적 활성이 더 좋기 때문에 화학적 평형을 위하여 음극판을 1장 더 둔다.

② 격리판과 유리매트 : 극판 사이의 단락 방지

③ 벤트플러그
• 전해액 및 증류수 보충을 위한 구멍 마개이다.
• 중앙부에 구멍이 뚫어져 있어 축전지 내부에서 발생한 가스를 배출한다.
④ 셀 커넥터 : 각각의 셀(Cell)를 직렬로 접속

2 전해액 비중

① 20℃에서 전해액의 비중이 1.280 : 완전충전 상태
② 20℃에서 전해액의 비중이 1.186 이하 : 반충전 상태

> ▶ 비중계 : 납산 배터리의 전해액을 측정하여 충전상태를 알 수 있는 게이지
>
> ▶ MF 배터리의 비중 : 배터리 점검창의 색상을 통해 전해액의 비중을 알 수 있으며, 이를 통해 충전상태를 알 수 있다.

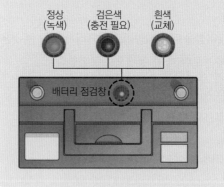

3 축전지 전해액의 비중과 온도와의 관계

① 온도가 내려가면 비중은 올라간다.
② 온도가 올라가면 비중은 내려간다.
③ 축전지 전해액의 비중은 1℃ 마다 0.0007이 변화된다.

④ 충전 및 방전시의 화학작용

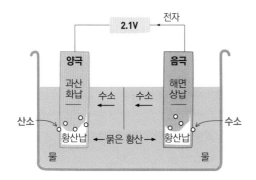

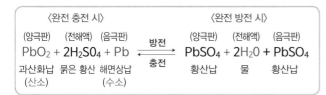

<완전 충전 시>　　　　　　　<완전 방전 시>

(양극판)	(전해액)	(음극판)		(양극판)	(전해액)	(음극판)

$$PbO_2 + 2H_2SO_4 + Pb \underset{\text{충전}}{\overset{\text{방전}}{\rightleftarrows}} PbSO_4 + 2H_2O + PbSO_4$$

과산화납　묽은 황산　해면상납　　　　　황산납　　물　　황산납
（산소）　　　　（수소）

▶ **납산 축전지의 충전 시 발생하는 가스**
⊕ 극에는 산소, ⊖ 극에는 수소가 발생하며, 발생하는 수소가스는 폭발의 위험성이 있다.

⑤ 전해액(황산+물)의 제조

① 황산을 증류수에 부어야 한다.(반대는 위험하다.)

→ 물에 황산이 용해될 때 과열이 발생되기 때문에 다량의 물에 진한황산을 조금씩 부으며 열을 식힌다. 반대로 하면 열로 인해 용액이 밖으로 튈 수 있으므로 주의해야 한다.

② 용기는 질그릇이나 유리그릇을 사용한다.

→ 화학 작용을 일으키지 않는 용기를 사용할 것

03　납산 축전지 전압과 용량

① 12V 납산 축전지의 셀

① 1개의 셀의 전압 : 2~2.2V
② 12V용 축전지는 6개의 셀이 직렬로 연결되어 있다.

② 납산 축전지의 용량

① 완전 충전한 축전지를 방전했을 때 방전종지전압으로 내려갈 때까지 낼 수 있는 전기량으로, 보통 암페어시 (Ah)로 나타낸다.
② 축전지 용량의 결정 요소 : 극판의 크기, 극판의 수, 전해액의 양

▶ 12V용 납산축전지의 방전종지전압
• 방전종지전압 : 전지의 방전을 중지하는 전압으로서, 방전 말기 전압이라고도 한다.
• 1개의 셀당 방전종지전압 : 1.75V
• 12V용 축전지는 6개의 셀이 있으므로 → 1.75×6 = 10.5V

04　축전지의 자기방전

① 자기방전 개요

① 자기방전이란 축전지를 사용하지 않고 방치해두면 조금씩 용량이 감소하는 현상을 말한다.
② 전해액의 온도가 높을수록, 전해액의 비중(농도)이 높을수록, 시간이 지날수록 자기 방전량이 커진다.

② 자기방전의 원인

① 음극판의 작용물질이 황산과의 화학작용으로 황산납이 되면서 자기 방전됨
② 불순물(냉각수에 포함된 이온)이 자기방전을 일으킴

→ 전해액(묽은 황산)은 금속 반응이 쉽기 때문에 배터리에 부하를 연결하지 않아도 전극과 반응하여 전압이 내려간다.

▶ **설페이션**(Sulfation) - 완전 방전상태
축전지의 방전상태가 오랫동안 진행되면 극판이 영구 황산납이 되어 굳어져 충방전 기능이 상실된다.

05　축전지의 충전

① 충전의 종류

① 정전류 충전법 : **일정한 전류**로 충전하는 방법으로, 일반적인 충전 방법이다.
② 정전압 충전법 : **일정한 전압**으로 충전하는 방법으로, 초기에 많은 전류가 충전되므로 충전기 수명이 짧아진다.

② 충전 시 주의사항

① 충전 시 전해액의 온도를 45℃ 이하로 유지할 것
② 충전 시 가스가 발생되므로 화기에 주의할 것
③ 통풍이 잘 되는 곳에서 충전할 것
④ 충전 시 벤트플러그(주입구 마개)를 모두 열 것

→ 충전 시 양극에서 산소와 수소 가스가 발생하므로 폭발위험이 있기 때문

03

⑤ 과충전, 급속 충전을 피할 것
⑥ 차체에서 축전지를 떼어내지 않고 충전할 경우 축전지와 다른 전기장치와 분리시켜 둘 것

③ 급속 충전

축전지가 방전되어 충전할 시간적 여유가 없을 시에 하는 충전을 말한다. (긴급 시에만 사용)

① 충전 전류는 축전지 용량 : 1/2 정도
② 급속 충전시간 : 가능한 짧게 한다.
③ 통풍이 잘되는 곳에서 한다.
④ 충전 중인 축전지에 충격을 가하지 않도록 한다.
⑤ 급속 충전할 때는 축전지의 ⊖ 케이블을 분리한다.
　→ 발전기의 다이오드를 보호하기 위해

06   축전지의 취급 및 연결

① 축전지 취급 시 주의사항

① 축전지는 사용하지 않아도 2주에 1회 정도 보충전한다.
② 축전지 보관 시 가급적 충전상태로 보관한다.
③ 전해액이 자연 감소된 경우 증류수를 보충한다.

② 축전지를 교환 및 장착할 때 연결 순서

① 탈거 시 : ⊖ 케이블(접지) → ⊕ 케이블
② 장착 시 : ⊕ 케이블 → ⊖ 케이블(접지)

③ 2개 이상의 축전지 직·병렬 연결

구분	연결방법	전류(용량)	전압
직렬	서로 다른 극과 연결	동일	2배
병렬	서로 같은 극과 연결	2배	동일

07   축전지의 고장 원인

① 축전지의 전해액이 빨리 줄어들 때 원인

① 축전지 케이스가 손상된 경우
② 과충전이 되는 경우
③ 전압조정기가 불량인 경우

② 축전지가 과충전일 경우 발생되는 현상

① 전해액이 갈색을 띠고 있다.
② 양극판 격자가 산화된다.
③ 양극 단자 쪽의 셀커버가 불룩하게 부풀어 있다.
④ 축전지의 전해액이 빨리 줄어든다.

③ 동절기 축전지 관리요령

① 동절기에 자기방전이 더 잘 되므로 자주 충전시켜 준다.
② 시동을 쉽게 하기 위하여 축전지를 보온시킨다.

▶ 전해액은 비중이 내려갈수록 쉽게 언다. 따라서 빙점은 높아지는 것이다.

▶ 축전지의 온도가 내려가면 전압과 용량이 저하되고 비중은 상승한다.

⬆ 증류수 보충 모습

1 납산축전지의 작용 중 틀린 것은?

① 엔진 시동 시 시동장치 전원을 공급한다.
② 양극판은 해면상납, 음극판은 과산화납을 사용하며 전해액은 묽은 황산을 이용한다.
③ 발전기가 고장일 때 일시적인 전원을 공급한다.
④ 발전기의 출력 및 부하의 언밸런스를 조정한다.

---

① 엔진 시동 시에는 발전기가 구동되지 않으므로 배터리 전원으로만 시동장치 전원을 공급한다.
② 양극판은 **과산화납**, 음극판은 **해면상납**을 이용한다.
③ 발전기가 고장일 때 일시적으로(약 1~2시간 정도) 배터리 전원으로만 각종 전기·전자장치 등에 전원을 공급할 수 있다.
④ 속도변화에 따른 발전기의 출력 변화를 조정하거나, 부하가 많은 모터의 경우 발전기 용량보다 커질 수 있기 때문에 배터리 전력이 보조하여 조정된다.

2 건설기계에서 사용되는 납산 축전지의 용량 단위는?

① kV   ② kW
③ Ah   ④ PS

배터리의 용량은 1시간 동안 사용할 수 있는 전류량으로 나타낸다. 즉, 전류 전류(A)×시간(h)이다.

3 건설기계 기관에서 축전지를 사용하는 주된 목적은?

① 기동전동기의 작동
② 연료펌프의 작동
③ 워터펌프의 작동
④ 오일펌프의 작동

축전지는 기동 전동기의 작동을 주 목적으로 하며, ②~④의 경우 발전기 전원을 주로 이용하며, 부하가 클 경우 배터리 전원이 보조한다.

4 축전지 전해액이 자연 감소되었을 때 보충에 가장 적합한 것은?

① 증류수   ② 황산
③ 경수   ④ 수도물

증류수(연수)를 보충한다.
※ 경수 : 시냇물, 지하수를 말하며, 경수에는 각종 광물이나 이온이 함유하여 자기방전을 촉진시키며, 충방전에도 영향을 준다.

5 MF(Maintenance Free) 축전지에 대한 설명으로 적합하지 않는 것은?

① 격자의 재질은 납과 칼슘합금이다.
② 무보수용 배터리이다.
③ 밀봉 촉매 마개를 사용한다.
④ 증류수는 매 15일마다 보충한다.

MF(Maintenance Free) 축전지는 말 그대로 '보수에서 자유로운' 무보수 배터리로, 증류수를 보충할 필요가 없다.

6 축전지 케이스와 커버 세척에 가장 알맞은 것은?

① 솔벤트와 물
② 소금과 물
③ 가솔린과 물
④ 소다와 물

전해액이 묽은 황산이므로 소다로 중화시키고 물로 씻어낸다.

7 축전지 터미널에 부식이 발생하였을 때 나타나는 현상과 가장 거리가 먼 것은?

① 기동 전동기의 회전력이 작아진다.
② 엔진 크랭킹이 잘 되지 않는다.
③ 전압강하가 발생된다.
④ 시동 스위치가 손상된다.

배터리 터미널에 부식이 발생되면 접속이 불량해지므로 접촉저항이 커져 ①~③이 발생할 수 있다. 시동 스위치 손상되는 거리는 멀다.
※ 전압강하 : 단자 저항 등에 의해 전압이 감소하는 것

8 12V 납축전지 셀에 대한 설명으로 맞는 것은?

① 6개의 셀이 직렬로 접속되어 있다.
② 6개의 셀이 병렬로 접속되어 있다.
③ 6개의 셀이 직렬과 병렬로 혼용하여 접속되어 있다.
④ 3개의 셀이 직렬과 병렬로 혼용하여 접속되어 있다.

12V용 축전지는 6개의 셀이 직렬로 연결되어 있다.

03

9 20℃에서 전해액의 비중이 1.280이면 어떤 상태인가?

① 완전 충전 ② 반 충전
③ 완전 방전 ④ 2/3 방전

축전지 비중이 20℃에서 1.280이면 완전 충전상태이다.

10 축전지 전해액의 온도가 상승하면 비중은?

① 일정하다. ② 올라간다.
③ 내려간다. ④ 무관하다.

축전지 전해액의 **비중과 온도는 반비례**한다. 따라서, 축전지 전해액의 온도가 상승하면 비중은 내려간다.

11 납산 축전지의 용량을 결정하는 요소로 짝지어진 것은?

① 극판의 크기, 극판의 수, 황산의 양
② 극판의 크기, 극판의 수, 단자의 수
③ 극판의 수, 셀의 수, 발전기의 충전능력
④ 극판의 수와 발전기의 충전능력

납산 축전지 용량은 극판의 크기와 수, 황산의 양에 의해 결정되며 셀의 수는 전압과 관련이 있다.

12 납산 축전지를 방전하면 양극판과 음극판은 어떻게 변하는가?

① 해면상납으로 바뀐다.
② 일산화납으로 바뀐다.
③ 과산화납으로 바뀐다.
④ 황산납으로 바뀐다.

납산 축전지가 완전 방전되면 양극판과 음극판은 황산납으로 바뀐다.
완전 충전시에는 양극판은 과산화납, 음극판은 순납으로 바뀐다.

13 다음 중 축전지가 내부 방전하여 못쓰게 된 이유로 가장 적절한 것은?

① 축전지 액이 규정보다 약간 높은 상태로 계속 사용했다.
② 발전기의 출력이 저하되었다.
③ 축전지 비중을 1.280으로 하여 계속 사용했다.
④ 축전지 액이 거의 없는 상태로 장기간 사용했다.

14 12V의 동일한 용량의 축전지 2개를 직렬로 접속하면?

① 저항이 감소한다.
② 용량이 증가한다.
③ 용량이 감소한다.
④ 전압이 높아진다.

같은 축전지 2개를 직렬로 접속하면 : 전압은 2배가 되고, 용량은 같다.
같은 축전지 2개를 병렬로 접속하면 : 전압은 같으나, 용량은 2배이다.

15 건설기계에 사용하는 축전지 충전방법 중 시작에서 끝까지 전류를 일정하게 하고 충전하는 방법은?

① 정전류 충전
② 정전압 충전
③ 단별전류 충전
④ 급속 충전

충전의 종류에는 정전류 충전과 정전압 충전이 있으며, 이 중 **정전류 충전**이 가장 많이 사용된다.

16 납산 축전지가 방전되었을 때 보충전 시 주의하여야 할 사항으로 가장 거리가 먼 것은?

① 충전 시 전해액 온도를 45℃ 이하로 유지할 것
② 충전 시 가스 발생이 되므로 화기에 주의할 것
③ 충전 시 벤트플러그를 모두 열 것
④ 충전 시 배터리 용량보다 높은 전압으로 충전할 것

17 축전지 급속 충전시 주의사항으로 잘못된 것은?

① 통풍이 잘 되는 곳에서 한다.
② 충전 중인 축전지에 충격을 가하지 않도록 한다.
③ 전해액 온도가 45℃를 넘지 않도록 특별히 유의한다.
④ 충전시간은 길게 하고, 가능한 2주에 한 번씩 하도록 한다.

급속충전 시간은 짧게 해야 하고, 비상시에만 실시한다.

18 건설기계에서 사용하는 납산 배터리 취급상 적절하지 않은 것은?

① 자연 소모된 전해액은 증류수로 보충한다.
② 과방전은 축전지의 충전을 위해 필요하다.
③ 사용하지 않은 축전지도 2주에 1회 정도 보충전한다.
④ 필요시 급속 충전시켜 사용할 수 있다.

19 납산축전지를 오랫동안 방전상태로 두면 사용하지 못하게 되는 원인은?

① 극판이 영구 황산납이 되기 때문이다.
② 극판에 산화납이 형성되기 때문이다.
③ 극판에 수소가 형성되기 때문이다.
④ 극판에 녹이 슬기 때문이다.

납산 축전지는 오랫동안 방전상태로 두면 **극판이 영구 황산납**이 되어 사용하지 못하게 된다.

20 축전지의 교환·장착 시 연결 순서로 맞는 것은?

① (+)나 (−)선 중 편리한 것부터 연결하면 된다.
② 축전기의 (−)선을 먼저 부착하고, (+)선을 나중에 부착한다.
③ 축전지의 (+), (−)선을 동시에 부착한다.
④ 축전기의 (+)선을 먼저 부착하고, (−)선을 나중에 부착한다.

축전지 장착 시 (+)선을 먼저 부착한 후 (−)선을 장착한다. 탈거는 그 반대로 한다.

21 축전지의 전해액이 빨리 줄어든다. 그 원인과 가장 거리가 먼 것은?

① 축전지 케이스가 손상된 경우
② 과충전이 되는 경우
③ 비중이 낮은 경우
④ 전압조정기가 불량인 경우

비중이 낮은 경우 극판은 황산납이 되어 전해액은 황산이 줄고 증류수가 많아지게 된다.

22 충전장치에서 축전지 전압이 낮을 때 원인으로 틀린 것은?

① 조정전압이 낮을 때
② 다이오드가 단락되었을 때
③ 축전지 케이블 접속이 불량할 때
④ 충전회로에 부하가 적을 때

23 축전지가 과충전일 경우 발생되는 현상으로 틀린 것은?

① 전해액이 갈색을 띠고 있다.
② 양극판 격자가 산화된다.
③ 양극 단자 쪽의 셀커버가 불룩하게 부풀어 있다.
④ 축전지에 지나치게 많은 물이 생성된다.

축전지가 방전될 경우 전해액은 물이 되고, 극판은 황산납이 된다.

24 축전지의 취급에 대한 설명 중 옳은 것은?

① 2개 이상의 축전지를 직렬로 배선할 경우 (+)와 (+), (−)와 (−)를 연결한다.
② 축전지의 용량을 크게 하기 위해서는 다른 축전지와 직렬로 연결하면 된다.
③ 축전지의 방전이 거듭될수록 전압이 낮아지고 전해액의 비중도 낮아진다.
④ 축전지를 보관할 때는 될수록 방전시키는 편이 좋다.

①, ②은 병렬에 해당하며, ④ 보관 시 가급적 50~60% 정도 충전시킨다.

25 장비에 장착된 축전지를 급속 충전할 때 축전지의 접지 케이블을 분리시키는 이유로 맞는 것은?

① 과충전을 방지하기 위해
② 발전기의 다이오드를 보호하기 위해
③ 시동스위치를 보호하기 위해
④ 기동 전동기를 보호하기 위해

발전기의 다이오드를 보호하기 위해 축전지의 접지 케이블을 분리시킨다.

정답 **18** ② **19** ① **20** ④ **21** ③ **22** ④ **23** ④ **24** ③ **25** ②

26 축전지의 온도가 내려갈 때 발생 현상이 아닌 것은?

① 비중이 상승한다.
② 전류가 커진다.
③ 용량이 저하한다.
④ 전압이 저하된다.

축전지의 온도와 비중은 반비례 관계이다. 따라서 온도가 내려가면 비중은 상승하며 전압과 용량은 저하된다.

27 축전지가 완전충전이 잘 되지 않는 원인이다. 적절하지 않은 것은?

① 전기장치 합선
② 배터리 어스선 접속 이완
③ 본선(B+) 연결부 접속 이완
④ 발전기 브러시 스프링 장력 과다

발전기의 브러시는 스프링의 장력에 의해 정류자와 접촉되며, 스프링 장력이 과소할 때 접촉이 불량하여 전류흐름이 나빠져 충전이 불량해진다.
※ 본선(B+)은 발전기에서 배터리나 각종 전기장치로 보내는 단자이므로, 연결부의 접속이 이완되면 충전이 잘 되지 않는다.

28 납산축전지를 충전할 때 화기를 가까이 하면 위험한 이유로 옳은 것은?

① 수소가스가 폭발성 가스이기 때문에
② 산소가스가 폭발성 가스이기 때문에
③ 수소가스가 조연성 가스이기 때문에
④ 산소가스가 인화성 가스이기 때문에

충전할 때 음극판에서 수소가스가 발생되며, 수소는 산소와 만났을 때 폭발 우려가 있다.

29 황산과 증류수를 이용하여 전해액을 만들 때의 설명으로 옳은 것은?

① 황산을 증류수에 부어야 한다.
② 증류수를 황산에 부어야 한다.
③ 황산과 증류수를 동시에 부어야 한다.
④ 철제용기를 사용한다.

황산과 물을 혼합할 때 황산에 물을 부으면 심한 발열과 폭발로 인해 물이 튕겨져 나올 수 있으므로 물에 황산을 조금씩 투입하여 열을 흡수할 수 있도록 한다.

30 축전지 충전 중에 화기를 가까이 하거나 충전상태를 점검하기 위하여 드라이버 등으로 스파크를 시키면 위험한 이유는?

① 축전지 케이스가 타기 때문이다.
② 전해액이 폭발하기 때문이다.
③ 축전지 터미널이 손상되기 때문이다.
④ 발생하는 가스가 폭발하기 때문이다.

31 축전지를 충전할 때 주의사항으로 맞지 않는 것은?

① 충전 시 전해액 주입구 마개는 모두 닫는다.
② 축전지는 사용하지 않아도 1개월 1회 보충전을 한다.
③ 축전지가 단락하여 불꽃이 발생하지 않게 한다.
④ 과충전하지 않는다.

충전 시 전해액 주입구 마개는 모두 열어두어야 한다.

32 납축전지 터미널에 녹이 발생했을 때의 조치방법으로 가장 적합한 것은?

① 녹을 닦은 후 터미널을 고정시키고 소량의 그리스를 상부에 도포한다.
② 녹슬지 않게 엔진오일을 도포하고 확실히 더 조인다.
③ (+)와 (-)터미널을 서로 교환한다.
④ 물걸레로 닦아내고 더 조인다.

축전지 터미널에 녹 발생 시 조치방법 : 부드러운 와이어 브러쉬 등으로 녹을 닦은 후 터미널을 고정시키고, 재부식을 막기 위해 소량의 그리스를 상부에 도포한다.

정답 26 ② 27 ④ 28 ① 29 ① 30 ④ 31 ① 32 ①

SECTION 03 시동장치

Craftsman Crane Operator

[출제문항수 : 1문제] 시동전동기의 필요성 및 취급과 고장 부분에서 출제가 자주 되고 있습니다. 그 외 전동기 구성이나 동력전달에 관한 내용도 가끔 출제됩니다.

01 기동전동기 개요

① 필요성 : 정지된 엔진을 연속적으로 작동시키려면 처음 1회 폭발이 필요하다. 그러기 위해 시동 초에 강제로 크랭크축을 회전시켜야 한다. 즉, 엔진 구동 초기에 크랭크축을 회전시키는 힘을 기동전동기가 담당한다.

② 전동기는 **플레밍의 왼손법칙의 원리**를 이용한 것이다.

③ 대부분의 건설기계에는 **토크(회전력)가 큰 직권 직류전동기**가 사용된다.

계자(자기력) 안에 설치된 전기자에 전류를 공급하면 전기자는 플레밍의 왼손법칙에 따라 힘이 작용하여 전기자를 회전시킨다.

즉, 모터는 자기력, 전류에 의해 토크(회전력, 힘)가 발생된다.

02 직류전동기 구성 및 기본 작용

전기자 (armature, 電機子, 회전자)
• 전기자 철심 + 전기자 권선
• 계자가 만들어낸 자속(전자력)을 끊어 플레밍의 왼손법칙에 의해 토크(회전력) 발생
• 전기자축에 피니언 기어가 결합

배터리 전원 공급

계자 (pole, 자극, 고정자)
• 전동기 하우징에 고정
• 계자철심+계자코일(계자권선)
• 계자철심을 자화 (자속을 만듦)

정류자 (commutator)
• 전기자에 연결되어 함께 회전하는 부품으로, 모터가 한 방향으로만 회전하기 위해 브러시에 공급되는 전류를 일정한 방향으로 흐르도록 함

전기자 권선

브러시 (brush)
• 정류자와 접촉하여 배터리 전원을 정류자를 통해 전기자 코일에 전달한다.
• 카본(탄소) 재질로, 고정되어 있어서 회전하는 정류자와 직접 맞닿기 때문에 마찰로 인해 점차 닳는 단점이 있다.
• 브러시는 본래의 길이에서 1/3 정도 마모되면 새 것으로 교환하도록 한다.

계자(자속 발생)

배터리 전원 ┗ **브러시 – 정류자 – 전기자 회전 – 피니언 기어 – 링기어**(플라이휠) **– 크랭크축 회전**

⬆ 크랭킹의 기본 흐름

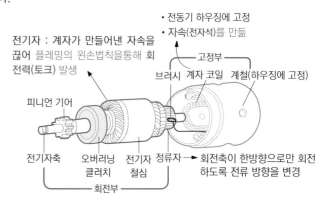

전기자 : 계자가 만들어낸 자속을 끊어 플레밍의 왼손법칙을통해 회전력(토크) 발생

• 전동기 하우징에 고정
• 자속(전자석)를 만듦

고정부

브러시 계자 코일 계철(하우징에 고정)

피니언 기어

전기자축 오버러닝 클러치 전기자 철심 정류자 ➙ 회전축이 한방향으로만 회전하도록 전류 방향을 변경

회전부

계자 코일과 전기자 코일의 연결에 따라 직권식, 분권식, 복권식으로 구분한다.

구분	특징
직권식	• 전기자 코일과 계자 코일이 **직렬 연결** • **기동 회전력(토크)이 크고**, 부하 증가 시 회전 속도가 낮아짐 • **회전 속도가 일정하지 않음**
분권식	• 전기자 코일과 계자 코일이 병렬 연결 • 회전속도가 일정하나, 기동 회전력이 약함
복권식	• 전기자 코일과 2개의 계자 코일이 직·병렬 연결 • 기동시에는 직권식과 같은 큰 회전력을 얻고, 시동 후에는 분권식과 같은 일정한 회전속도를 가짐 • 와이퍼 모터 등에 주로 사용

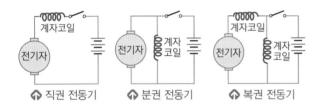

⬆ 직권 전동기   ⬆ 분권 전동기   ⬆ 복권 전동기

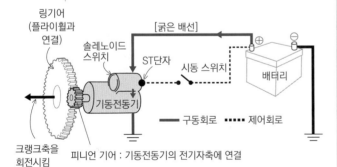

⬆ 시동장치의 기본 구성

① 역할 : 기동 전동기의 회전력을 피니언 기어 및 링기어를 통해 엔진의 플라이휠로 전달해 주는 기구를 말한다.
② 구성 : 클러치와 시프트 레버 및 피니언 기어 등
③ 종류 : 벤딕스 식, 전기자 섭동식, 피니언 섭동식

④ **오버런닝 클러치**(Over-Running Clutch) : 기관이 시동된 후 피니언이 링기어에 물려있어도 **엔진의 회전력이 기동전동기로 전달되지 않도록** 하기 위하여 설치된 클러치를 말한다.
 → 엔진의 회전력이 기동전동기로 전달되면 전동기가 손상되기 때문이다.

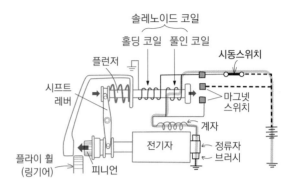

작동원리
시동 스위치 ON → 배터리 전류가 풀인 코일과 홀딩 코일로 흘러 전자력이 발생 → 리턴 스프링의 힘을 이기고 플런저를 B, M 단자의 접점으로 잡아당김 → 마그네트 스위치의 접점(B, M)이 연결되어 배터리 전류가 흘러 모터가 회전하고, 플런저가 우측으로 이동하여 시프트 레버가 피니언을 앞으로 밀어내어 피니언 기어가 플라이휠의 링기어와 맞물림(크랭킹)

솔레노이드와 마그넷(마그네틱) 스위치
시동스위치를 ON하면 배터리에서 기동전동기까지 흐르는 전류를 단속하는 스위치 작용과 기동전동기 끝에 달린 피니언을 링기어에 물려 기동전동기의 회전력을 플라이휠에 전달하는 역할을 한다.
마그네틱 스위치 : 솔레노이드 코일에 전류를 보내면 전자석이 되어 스위치 접점이 붙게 된다.

▶ 플라이휠 링기어가 소손되면 기동전동기는 회전되나, 엔진은 크랭킹이 되지 않는다.

1 기동전동기가 작동하지 않거나 회전력이 약한 원인
 ① 배터리 전압이 낮거나 배터리 단자의 접촉 불량
 ② 배선과 시동스위치가 손상 또는 접촉 불량
 ③ 기동전동기의 고장(불량) : 기동전동기의 소손, 계자 코일 단락, 브러시와 정류자의 밀착 불량 등

2 겨울철에 기동전동기 크랭킹 회전수가 낮아지는 원인
 ① 엔진오일의 점도가 상승
 ② 온도에 의한 축전지의 용량 감소
 ③ 기온 저하로 기동부하 증가

1 ★★★
건설기계 기관을 구동시키기 위한 전기장치로 종류에는 직권, 분권, 복권식 등이 있으며 계자 철심 내에 설치된 전기에 전류를 공급하여 발생한 회전력으로 작동하는 이 장치는?

① 무한궤도
② 소음기
③ 과급기
④ 기동전동기

2 ★★
건설기계에 주로 사용되는 기동전동기로 맞는 것은?

① 직류분권 전동기
② 직류직권 전동기
③ 직류복권 전동기
④ 교류 전동기

3 ★★★
직류 직권 전동기에 대한 설명 중 틀린 것은?

① 부하를 크게 하면 회전속도가 낮아진다.
② 부하에 관계없이 회전속도가 일정하다.
③ 기동 회전력이 분권 전동기에 비해 크다.
④ 부하에 따른 회전속도의 변화가 크다.

직권 전동기와 분권 전동기의 비교

	직권 전동기	분권 전동기
기동 회전력	크다	작다
부하에 따른 회전속도	변동이 큼	일정

4 ★★★
전동기의 종류와 특성 설명으로 틀린 것은?

① 직권전동기는 계자 코일과 전기자 코일이 직렬로 연결된 것이다.
② 분권전동기는 계자 코일과 전기자 코일이 병렬로 연결된 것이다.
③ 복권전동기는 직권 전동기와 분권전동기 특성을 합한 것이다.
④ 내연 기관에서는 순간적으로 강한 토크가 요구되는 복권 전동기가 주로 사용된다.

직권식은 계자 코일과 전기자 코일이 직렬로 연결된 형태로, 토크(기동 회전력)이 큰 장점이 있어 대부분의 차량에 사용된다.

5 ★★★
기동 전동기의 시험 항목으로 맞지 않은 것은?

① 무부하 시험
② 회전력 시험
③ 저항 시험
④ 중부하 시험

기동전동기 시험항목으로는 ①, ②, ③ 이외에도 솔레노이드 풀인 시험, 홀드인 시험, 부하 시험, 크랭킹전류 시험 등이 있다.

참고) 전동기 아마추어 시험기로 시험할 수 있는 것 : 코일의 단락, 코일의 접지, 코일의 단선

6 ★★
기동 전동기의 전기자 코일에 항상 일정한 방향으로 전류가 흐르도록 하기 위해 설치한 것은?

① 다이오드
② 로터
③ 정류자
④ 슬립링

전기자의 코일이 어느 한 방향으로만 회전하려면 전류도 일정하게 공급되어야 하는데 그 역할을 해주는 것이 정류자이다.

7 ★★★★
기동 전동기의 마그네틱 스위치는?

① 전자석 스위치
② 전류 조절기
③ 전압 조절기
④ 저항 조절기

마그네틱 스위치란 코일에 전류를 보내면 코일 내부의 쇠막대가 전자석이 되게 하여 접점에 붙게 한다.

8 ★★
(A), (B)에 알맞은 말은?

┌ 보기 ┐
기동전동기는 프레임에 고정된 철심(pole core)에 코일을 감고 여기에 전류를 흐르게 하여 자력을 발생하는데, 이 코일을 (A)이며, 정류자편에 납땜되어 회전하는 철심의 홈에 설치된 코일을 (B)라고 한다.

① A : 여자코일, B : 점화코일
② A : 계자코일, B : 전기자코일
③ A : 점화코일, B : 여자코일
④ A : 전기자코일, B : 계자코일

구조상 계자 철심은 프레임에 고정되어 있으며, 철심에 코일을 감는다. 또한, 회전하는 전기자 철심에도 코일이 감겨있으며, 정류자와 연결되어 있다.

03

9 기관 시동장치에서 링기어를 회전시키는 구동 피니언은 어느 곳에 부착되어 있는가?

① 클러치   ② 변속기
③ 기동전동기   ④ 뒷 차축

기동전동기 끝에 부착된 피니언 기어의 회전력이 플라이휠의 링기어로 전달되어 최종적으로 크랭크축을 회전시킨다.

10 엔진의 회전이 기동전동기에 전달되지 않도록 하는 장치는?

① 브러시   ② 전기자
③ 오버런닝 클러치 ④ 전자석 스위치

오버런닝 클러치의 역할
기동전동기의 회전에 의해 플라이휠(크랭크축)이 회전하여 시동이 걸린 후, 반대로 플라이휠(크랭크축)의 회전이 기동전동기에 전달되면 기동전동기가 파손될 수 있다. 그러므로 엔진 회전이 기동전동기에 전달되지 않도록 하는 역할을 한다.
※ 클러치란 동력을 전달하거나 차단하는 의미이므로, 오버런닝 클러치는 기동전동기의 동력을 플라이휠에 전달하거나 차단하는 의미이다.

11 기동전동기가 회전하지 않는 원인과 관계없는 것은?

① 연료 압력이 낮다.
② 기동전동기가 소손되었다.
③ 배터리의 출력이 낮다.
④ 배선과 스위치가 손상되었다.

기동전동기와 연료압력과는 무관하다.

12 기동전동기는 회전되나 엔진은 크랭킹이 되지 않는 원인으로 옳은 것은?

① 축전지 방전
② 기동전동기의 전기자 코일 단선
③ 플라이휠 링기어의 소손
④ 발전기 브러시 장력 과다

---

① 축전지가 방전되면 기동전동기는 작동하지 못한다.
② 전기자 코일이 단선되면 회전하지 못한다.
③ 플라이휠 링기어가 소손되면 기동전동기는 회전하지만 링기어에 동력전달이 잘 되지 못해 크랭킹이 되지 않는다.
④ 기동전동기는 축전지로 작동되므로 발전기와는 무관하다.

13 건설기계에서 시동전동기의 회전이 안 될 경우 점검할 사항이 아닌 것은?

① 축전지의 방전 여부
② 배터리 단자의 접촉 여부
③ 배선의 단선 여부
④ 팬벨트의 이완 여부

팬벨트 이완 여부는 발전기, 워터펌프 등과 관련이 있다.

14 건설기계 엔진에 사용되는 시동모터가 회전이 안 되거나 회전력이 약한 원인이 아닌 것은?

① 시동스위치 접촉 불량이다.
② 배터리 단자와 터미널의 접촉이 나쁘다.
③ 브러시가 정류자에 잘 밀착되어 있다.
④ 배터리 전압이 낮다.

---

①, ② 모터가 작동되지 않는 원인이다.
④ 모터 작동은 가능하나 회전력이 약해진다.

15 겨울철에 기동전동기 크랭킹 회전수가 낮아지는 원인이 아닌 것은?

① 점화스위치의 저항 증가
② 온도에 의한 축전지의 용량 감소
③ 엔진오일의 점도가 상승
④ 기온저하로 기동부하 증가

기동부하란 시동을 걸 때 필요한 부하를 말하며, 겨울철과 같이 기온저하상태에서는 엔진오일의 점도가 높아져 크랭크축이나 피스톤 등에서의 윤활작용이 원활하지 못해 작동 저항이 커져 크랭킹이 원활하지 못한다.

04 충전장치(발전기)

[출제문항수 : 1문제] 초보자에게 다소 이해가 어려울 수 있으니 기출이나 모의고사 위주로 학습하며, 지나치게 시간을 뺏지 마시기 바랍니다. 교류 발전기와 직류 발전기의 특징 및 각 구성품의 역할 차이, 기전력(전압) 발생 차이 및 정류과정을 이해하기 바랍니다.

01 발전기 개요

① 엔진 구동 중에 각종 전기·전자장치에 전력을 공급하며, 축전지에 충전전류를 공급한다.
② 발전기는 로터 끝에 장착된 풀리가 벨트에 의해 크랭크축과 연결되어 엔진 구동력에 의해 회전한다.
③ 발전기는 플레밍의 오른손 법칙의 원리가 이용된다.

02 직류 발전기 (제너레이터)

1 개요

① 기본 구조는 기동 전동기(직류 전동기)와 동일하며, 전동기는 전기자에서 회전력이 발생되나, 발전기는 전기자에서 기전력이 발생된다.
② 전기자를 크랭크축 풀리와 팬벨트로 회전시키면 코일 안에 교류기전력이 발생하며, 이 교류는 정류자를 통해 직류로 변환된다.

2 직류(DC) 발전기의 주요 부품

① 전기자(아마추어) : 전류가 발생되는 부분이며 전기자 철심, 전기자 코일, 정류자, 전기자축 등으로 구성되어 있다.
② 계자 철심과 계자 코일 : 계자 철심에 계자 코일이 감겨져 있는 형태로 계자 코일에 전류가 흐르면 철심이 전자석이 되어 자속을 발생한다.
③ 정류자와 브러시 : 전기자에서 발생한 교류를 정류하여 직류로 변환시켜 준다.
④ 전압 조정기 : 발전기의 발생 전압을 일정하게 제어
⑤ 컷 아웃 릴레이 : 저속일 때 축전지로부터 배터리로 전류의 역류를 방지
⑥ 전류 제한기 : 발전기의 출력 전류가 규정 이상 되는 것을 방지한다.

▶ **교류발전기와 직류발전기의 주요 차이**

직류발전기는 전기자(회전자)에서 기전력이 발생되지만, 교류발전기는 스테이터(고정자)에서 기전력이 발생된다.
발생하는 전류는 둘 모두 교류이지만 직류발전기는 정류자를 통해 정류과정을 거치는 반면, 교류발전기는 다이오드를 이용하여 정류하여 직류로 변환된다.

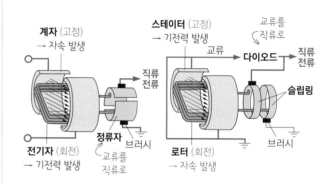

⬆ 직류발전기와 교류발전기의 기본 구조 비교

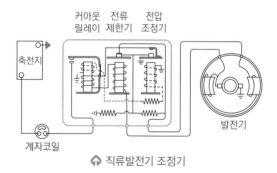

⬆ 직류발전기 조정기

03 교류 발전기 (알터네이터)

1 교류발전기의 특징

① 소형, 경량이고 속도 변동에 따른 적응 범위가 넓어 <u>저속시에도 충전이 가능</u>하다.

→ 고속 내구성이 우수하고, 저속 충전 성능이 좋기 때문에 차량용 충전 장치로 대부분 사용되고 있다.

② 브러시에는 계자 전류만 흐르기 때문에 불꽃 발생이 없고, 브러시의 수명이 길다.

③ 정류자 소손에 의한 고장이 적으며, 카본 브러시에 의한 마찰음이 없다.

④ 다이오드를 사용하기 때문에 정류 특성이 좋으며, 다이오드에서 역류를 방지하므로 컷아웃 릴레이가 필요 없다.

2 기본 작동 원리

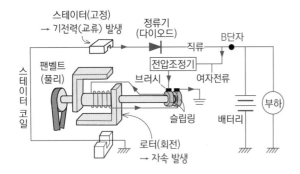

> **크랭크축 회전** → 벨트에 의해 **로터 회전** → **로터에서 자속 (전자력) 발생** → **스테이터 코일에서 자속을 끊어 기전력(교류) 발생** → **교류는 정류기(다이오드)에 의해 정류되어 직류로 변환** → **B단자를 통해 전기장치로 공급** (일부 전류는 로터를 자화하기 위한 여자전류로 사용)

⬆ 교류발전기의 기본 구성 및 흐름

원리 : **전자기 유도 현상**
코일 속에 자석을 넣었다 뺐다를 반복하면 코일에는 자기력의 변화로 인해 기전력이 발생된다.

3 교류(AC) 발전기의 주요 부품

① **슬립링과 브러시** : 브러시는 스프링 장력으로 슬립링에 접촉되어 축전기 전류를 로터 코일에 공급한다.

② **로터** : 팬벨트에 의해 엔진 동력으로 회전하며 브러시 및 정류자를 통해 들어온 축전지 전류에 의해 전자석이 된다. (직류발전기의 계자에 해당)

③ **스테이터** : 기전력(전압)가 발생되는 부분이다.

(직류발전기의 전기자에 해당)

④ **다이오드(정류기)** : 스테이터 코일에 발생된 교류 전기를 정류하여 직류로 변환시키는 역할을 하며, 배터리로부터 발전기로 전류가 역류하는 것을 방지한다.

> ▶ 교류발전기는 다이오드에 의해 정류되지만, 직류발전기는 정류자를 통해 정류된다.
> ▶ <u>**AC 발전기의 출력은 자속을 만드는 로터 전류를 변화시켜 조정**</u>한다.
> ▶ 전기자, 정류자, 오버러닝 클러치는 전동기의 구성부품이다.

4 전압조정기 (레귤레이터, regulator)

① **필요성** : 운전 상태에 따라 엔진의 회전속도는 항상 변한다. 그러므로 발전기에서 발생되는 기전력(전압)도 불규칙해진다. 전압조정기는 이러한 전압을 일정하게 제어하여 발전기 및 기타 전기장치를 보호하고, 축전지의 과충전을 방지하는 역할을 한다.

② **기본 원리** : **로터 코일에 흐르는 여자전류를 조정**하여 교류 발전기의 **발생 전압을 일정하게 유지**한다.

③ 전압조정기의 조정전압은 축전지 단자전압보다 약 2~3V 높게 한다.

④ <u>**전압조정기가 고장나면**</u> 로터에 여자가 되지 않으므로 출력이 떨어져 저전압으로 배터리가 충전되지 않는다.

> ▶ **직류발전기와 교류발전기의 조정장치 구분**
>
> | 직류 발전기 | 전압조정기, 컷 아웃 릴레이, 전류 제한기 |
> | --- | --- |
> | 교류 발전기 | 전압조정기 |
>
> ▶ 교류발전기에서는 컷 아웃 릴레이(역류 방지)와 전류 조정기가 필요없고, 전압 조정기만 필요하다.
> → 다이오드가 그 역할을 대신하기 때문

04 교류 발전기의 고장원인

1 발전기가 고장났을 때 발생할 수 있는 현상
① 충전 경고등이 점등된다.
② 배터리가 방전되며, 전기장치가 작동하지 않는다.
③ 계기판의 전류계 지침이 ⊖ 쪽을 가리킨다.

2 발전기 작동 중 소음 원인
① 벨트 장력이 강해짐 – 발전기 풀리의 베어링 손상 등
② 벨트 장력이 약해짐 – 발전기의 고정볼트가 풀림 등

→ 풀리(pully) : '도르래'를 의미하며, 발전기의 로터축에 장착되어 벨트가
걸리는 부분을 말한다.
→ 풀리나 발전기 내부에는 로터의 회전을 원활하게 하기 위한 베어링이 있
으며 벨트 장력이 너무 크면 베어링이 힘이 가해져 손상을 촉진시킨다.

3 발전기 출력 및 축전지 전압이 낮을 때의 원인
① 조정 전압이 낮을 때
② 다이오드 단락
③ 축전지 케이블 접속 불량
④ 벨트 장력이 약해짐

4 기타 증상
① 교류발전기 계자코일에 과대한 전류가 흐르는 원인 :
계자코일의 단락

기출모음 ★ 숫자는 빈출 정도 및 중요도를 나타냅니다. ★3개 이상은 반드시 숙지하기 바랍니다.

1 ★
직류 발전기의 주요 구성 부품은?
① 계자, 크랭크 축, 스테이터
② 계자코일, 전기자, 정류자
③ 전기자, 태핏, 로터
④ 피트먼 암, 정류자 코일, 스테이터

• 직류 발전기의 주요 구성 부품 : 계자, 전기자, 정류자
• 교류 발전기의 주요 구성 부품 : 스테이터, 로터, 다이오드, 슬립링

2 ★
교류발전기의 구조에 해당하지 않는 것은?
① 스테이터 코일
② 로터
③ 마그네틱 스위치
④ 다이오드

마그네틱 스위치는 기동전동기의 회전력을 크랭크축에 전달하기 위하여 피니
언 기어와 링기어를 치합시키는 전자석 스위치다.

3 ★★★★
교류 발전기의 유도전류는 어디에서 발생하는가?
① 로터
② 스테이터
③ 계자 코일
④ 전기자

교류발전기의 작동 원리
크랭크축에 의해 로터가 회전 → 로터에 자기장(전자석, 자속)이 발생 → **스테
이터**에서 자속을 끊어 **유도전류**(기전력, 교류전압)가 발생 → 다이오드에 의
해 정류(직류전압)

4 ★★★
AC 발전기에서 전류가 흐를 때 전자석이 되는 것은?
① 계자 철심
② 로터
③ 스테이터 철심
④ 아마추어

교류 발전기는 크게 로터와 스테이터가 있으며, 브러시 및 슬립링을 통해 여자
전류가 로터에 흘러 전자석이 된다.

정답 1② 2③ 3② 4②

5 DC 발전기의 전기자에서 발생되는 전류는?

① 직류 상태이다.
② 맥류 상태이다.
③ 교류 상태이다.
④ 정전기 상태이다.

• 직류 발전기의 **전기자**에서 발생된 전압은 **교류**이며 정류자와 브러시에서 정류하여 직류로 만든다.
• 교류 발전기의 **로터**에서 발생된 전압도 **교류**이며, 다이오드로 정류하여 직류로 만든다.

6 다음 중 충전장치의 발전기는 어떤 축에 의하여 구동되는가?

① 크랭크축
② 캠축
③ 추진축
④ 변속기 입력축

발전기의 전기자축(또는 로터축)은 크랭크축 끝에 달린 크랭크축 풀리에 벨트를 연결하여 구동된다.

※ 캠축에 의해 구동되는 장치는 연료펌프, 오일펌프, 배전기 등이 있다.
※ 추진축은 변속기에서 나온 동력을 종감속기어에 전달한다.

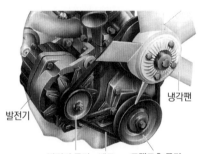

냉각팬
발전기
발전기 풀리   벨트   크랭크축 풀리

7 교류발전기에서 다이오드의 역할로 적합한 것은?

① 교류를 정류하고, 역류를 방지한다.
② 전압을 조정한다.
③ 여자 전류를 조정하고 역류를 방지한다.
④ 전류를 조정한다.

교류발전기 다이오드의 역할
• 정류작용 – 교류를 직류로 변환
• 역류작용 – 발전기가 저전압일 때 배터리에서 발전기로 역류 방지

8 다음 중 교류발전기의 출력을 조정하는 것은?

① 축전지 전압
② 발전기의 회전속도
③ 로터 전류
④ 스테이터 전류

교류발전기의 출력은 로터에 보내는 전류를 조정하여 전기장의 크기에 의해 조정된다.

9 다음 중 교류 발전기의 부품이 아닌 것은?

① 다이오드
② 슬립링
③ 스테이터 코일
④ 전류 조정기

전류 조정기는 직류발전기의 구성품이며, 교류 발전기에서는 다이오드가 그 역할을 대신한다.

10 직류 발전기와 비교한 교류 발전기의 특징으로 틀린 것은?

① 전류 조정기만 있으면 된다.
② 브러시의 수명이 길다.
③ 소형이며, 경량이다.
④ 저속 시에도 충전이 가능하다.

교류발전기는 전류 조정기와 컷아웃 릴레이가 필요없이 **전압 조정기**만 필요하다.

11 교류 발전기(Alternator)의 특징으로 틀린 것은?

① 소형 경량이다.
② 출력이 크고 고속 회전에 잘 견딘다.
③ 불꽃 발생으로 충전량이 일정하다.
④ 컷아웃 릴레이 및 전류제한기가 필요없다.

• 직류 발전기 : 정류자 및 브러시를 통해 발생된 기전력이 외부로 전달되므로 불꽃이 발생된다.
• 교류 발전기 : 계자 전류만 흐르기 때문에 **불꽃 발생이 없다**.
※ 전압조정기(레귤레이터)로 충전량을 항상 일정하게 유지시킨다.

12 ★ 축전지가 충전되지 않는 원인으로 가장 옳은 것은?

① 레귤레이터가 고장일 때
② 발전기의 용량이 클 때
③ 팬벨트 장력이 셀 때
④ 전해액의 온도가 낮을 때

교류 발전기의 전압조정기(레귤레이터)가 고장나면 **로터에 여자가 되지 않으므로** 출력이 떨어져 저전압으로 충전되지 않는다. (전압조정기에 의해 발전기 출력이 조정되므로)

13 ★★ 다음 중 AC 발전기와 DC 발전기의 조정기에서 공통으로 가지고 있는 것은?

① 전압 조정기
② 전류 조정기
③ 컷아웃 릴레이
④ 전력 조정기

교류발전기는 다이오드로 정류하므로 컷아웃 릴레이 및 전류조정기가 필요 없다.

14 ★★★ AC 발전기 작동 중 소음 발생의 원인과 가장 거리가 먼 것은?

① 베어링이 손상되었다.
② 벨트 장력이 약하다.
③ 고정 볼트가 풀렸다.
④ 축전지가 방전되었다.

---

① 베어링은 발전기축과 발전기 풀리 사이의 원활한 회전을 목적으로 풀리 내에 장착되어 있다. 벨트 장력이 너무 강하면 베어링이 손상되기 쉽다.
② 벨트 장력이 약하면 발전기 풀리와 벨트 사이가 미끄러져 소음이 발생한다.
③ 발전기의 고정 볼트가 풀려있으면 벨트 장력에 약해져 소음이 발생한다.

15 ★★ 발전기 출력 및 축전지 전압이 낮을 때의 원인이 아닌 것은?

① 조정 전압이 낮을 때
② 다이오드 단락
③ 축전지 케이블 접속 불량
④ 충전회로에 부하가 적을 때

부하가 적다는 것은 전력소모가 작다는 의미이다.
전동기와 같이 부하가 큰 장치가 작동될 경우 발전기 출력 및 축전지 전압이 낮아진다.

16 ★★ 건설기계에 사용하는 교류발전기의 일반적인 특징으로 가장 적절하지 않은 것은?

① 브러시 수명이 길다.
② 전압조정기는 필요 없다.
③ 저속에서도 충전이 가능하다.
④ 다른 발전기에 비해 소형·경량이다.

운전 상태에 따라 엔진의 회전속도는 항상 변하여 발전기에서 발생되는 기전력(전압)도 불규칙해지므로 일정하게 유지할 필요가 있다. 이 때 필요한 것이 전압조정기이므로 **직류·교류발전기 모두 필요**하다.

03

1 전류의 3대 작용이 아닌 것은?

① 화학작용　　　　② 발열작용

③ 물리작용　　　　④ 자기작용

2 퓨즈에 대한 설명 중 틀린 것은?

① 퓨즈는 정격용량을 사용한다.

② 퓨즈 용량은 A로 표시한다.

③ 퓨즈는 철사로 대용하여도 된다.

④ 퓨즈는 표면이 산화되면 끊어지기 쉽다.

퓨즈는 과전류가 흐를 때 끊어져 전기회로를 보호하는 역할을 하므로 철사나 다른 용품으로 대용하면 안된다.

3 축전지의 역할을 설명한 것으로 틀린 것은?

① 발전기 출력과 부하와의 언밸런스를 조정한다.

② 기관 시동 시 전기적 에너지를 화학적 에너지로 바꾼다.

③ 기동장치의 전기적 부하를 담당한다.

④ 발전기 고장 시 주행을 확보하기 위한 전원으로 작동한다.

기관 시동 시 배터리 전원으로 기동전동기를 구동하기 위해 화학적 에너지를 전기적 에너지로 바꾼다.

4 전압 12V, 용량 80Ah인 축전지 2개를 직렬 연결하면 전압과 용량은?

① 24V, 80Ah가 된다.

② 24V, 160Ah가 된다.

③ 12V, 80Ah가 된다.

④ 12V, 160Ah가 된다.

축전지 2개를 직렬로 연결하면 전압은 두 배가 되고, 용량은 같다.

5 같은 용량 같은 전압의 축전지를 병렬로 연결하였을 때 맞는 것은?

① 용량과 전압은 일정하다.

② 용량과 전압이 2배로 된다.

③ 용량은 한 개일 때와 같으나 전압은 2배로 된다.

④ 용량은 2배이고, 전압은 한 개일 때와 같다.

6 건설기계에 사용하는 전조등에 대한 설명으로 틀린 것은?

① 좌·우 전조등은 하이 빔과 로우 빔으로 구성된다.

② 세미 실드 빔 방식은 필라멘트가 끊어지면 전구만 교환하면 된다.

③ 실드 빔 방식은 필라멘트가 끊어지면 전조등 전체를 교환하여야 한다.

④ 좌·우 전조등은 직렬로 연결되어 있다.

전조등 회로는 한쪽 전등이 고장나도 다른 쪽은 작동되어야 하므로 병렬로 연결된 복선식으로 구성된다.

7 12V 축전지에 3Ω, 4Ω, 5Ω의 저항을 직렬로 연결하였을 때 회로에 흐르는 전류는?

① 4 A　　　　② 3 A

③ 2 A　　　　④ 1 A

직렬 연결의 합성저항은 3+4+5 = 12Ω이며,
옴의 법칙에 의해 '전류(I) = 전압(V) / 저항(R)'이므로, 12/12 = 1 A

8 기관 온도계의 눈금은 무엇의 온도를 표시하는가?

① 배기가스의 온도

② 기관오일의 온도

③ 연소실 내의 온도

④ 냉각수의 온도

기관의 온도는 실린더 블록의 냉각라인에 흐르는 냉각수 온도를 측정한다.

정답　1 ③　2 ③　3 ②　4 ①　5 ④　6 ④　7 ④　8 ④

9 건설기계 장비에서 기관을 시동한 후 정상운전 가능 상태를 확인하기 위해 운전자가 가장 먼저 점검해야 할 것은?

① 주행 속도계
② 엔진 오일량
③ 냉각수 온도계
④ 오일 압력계

───────────────

오일 압력은 엔진 수명과 성능에 중요한 역할을 하며, 엔진 고장을 유발하기 때문에 가장 먼저 점검해야 한다.

10 직류 직권 전동기에 대한 설명 중 틀린 것은?

① 부하를 크게 하면 회전속도가 낮아진다.
② 부하에 관계없이 회전속도가 일정하다.
③ 기동 회전력이 분권 전동기에 비해 크다.
④ 부하에 따른 회전 속도의 변화가 크다.

───────────────

②는 직류 분권 전동기의 특징이다.

11 충전장치에서 발전기는 어떤 축과 연동되어 구동되는가?

① 변속기 입력축
② 추진축
③ 크랭크축
④ 캠축

12 엔진의 회전이 기동전동기에 전달되지 않도록 하는 장치는?

① 전자석 스위치
② 브러시
③ 전기자
④ 오버런닝 클러치

───────────────

기동전동기의 회전에 의해 플라이휠(크랭크축)이 회전하여 시동이 걸린 후, 반대로 플라이휠(크랭크축)의 회전이 기동전동기에 전달되면 기동전동기가 파손될 수 있다. 그러므로 오버런닝 클러치는 엔진 회전이 기동전동기에 전달되지 않도록 하는 역할을 한다.

13 기동전동기가 회전하지 않는 원인으로 거리가 가장 먼 것은?

① 계자 코일이 손상되었다.
② 브러시가 정류자에 밀착되어 있다.
③ 기동 스위치 접촉 및 배선이 불량하다.
④ 전기자 코일이 단선되었다.

───────────────

브러시와 정류자의 밀착이 불량할 경우 기동전동기는 회전하기 어렵다.

14 교류발전기에서 스테이터 코일에서 발생한 교류를 직류로 정류하여 외부로 공급하고 축전지에서 발전기로 전류가 역류하는 것을 방지하는 부품은?

① 전압 조정기   ② 다이오드
③ 유압실린더   ④ 로터

───────────────

교류발전기에서 다이오드(정류기)는 스테이터 코일에 발생된 교류 전기를 정류하여 직류로 변환시키는 역할을 하며 축전지로부터 발전기로 전류가 역류하는 것을 방지한다.

15 건설기계장비의 축전지 케이블 탈거에 대한 설명으로 적합한 것은?

① 절연되어 있는 케이블을 먼저 탈거한다.
② 아무 케이블이나 먼저 탈거한다.
③ ⊕ 케이블을 먼저 탈거한다.
④ 접지되어 있는 케이블을 먼저 탈거한다.

───────────────

축전지 케이블 탈거 시에는 ⊖ 케이블(접지 케이블), ⊕ 케이블 순으로 하고, 장착시는 그 반대의 순서로 한다.

16 직류 발전기와 비교한 교류 발전기의 특징으로 틀린 것은?

① 소형이며 경량이다.
② 브러시의 수명이 길다.
③ 저속 시에도 충전이 가능하다.
④ 전류 조정기만 있으면 된다.

───────────────

교류발전기는 전류조정기와 컷아웃 릴레이가 필요 없이 전압 조정기만 필요하다.

정답 9 ④   10 ②   11 ③   12 ④   13 ②   14 ②   15 ④   16 ④

17 교류발전기의 특징으로 <u>틀린</u> 것은?

① 속도변화에 따른 적용 범위가 넓고 소형, 경량이다.
② 저속시에도 충전이 가능하다.
③ 정류자를 사용한다.
④ 다이오드를 사용하기 때문에 정류 특성이 좋다.

정류자는 직류 발전기의 구성품이다.

18 교류발전기에서 교류를 직류로 바꾸어 주는 것은?

① 다이오드
② 슬립링
③ 브러시
④ 계자

교류발전기에서는 다이오드가 교류를 직류로 바꾸어준다.

19 교류 발전기의 유도전류는 어디에서 발생하는가?

① 로터
② 스테이터
③ 계자 코일
④ 전기자

교류발전기의 로터가 전자석이 되어 회전하면 스테이터에서 전류(교류)가 발생하고, 다이오드로 정류한다.

20 교류발전기에서 스테이터 코일에 발생한 교류는?

① 실리콘에 의해 교류로 정류되어 내부로 나온다.
② 실리콘에 의해 교류로 정류되어 외부로 나온다.
③ 실리콘 다이오드에 의해 교류로 정류시킨 뒤에 내부로 들어간다.
④ 실리콘 다이오드에 의해 직류로 정류시킨 뒤에 외부로 끌어낸다.

스테이터 코일에 발생한 교류는 실리콘 다이오드로 직류로 변환하여 배터리 충전 또는 전장을 구동시킨다.

21 디젤기관에서 시동이 되지 않는 원인으로 맞는 것은?

① 배터리 방전으로 교체가 필요한 상태이다.
② 가속 페달을 밟고 시동하였다.
③ 연료공급 펌프의 연료공급 압력이 높다.
④ 크랭크축 회전속도가 <u>빠르다.</u>

배터리 전원에 의해 기동전동기에 의해 시동이 이뤄지므로 배터리가 방전되거나 출력전류가 약하면 시동이 되지 않는다.

22 운전 중 엔진오일 경고등이 점등되었을 때의 원인으로 볼 수 없는 것은?

① 드레인 플러그가 열렸을 때
② 윤활계통이 막혔을 때
③ 오일필터가 막혔을 때
④ 연료필터가 막혔을 때

엔진오일 경고등은 윤활장치 내의 오일 압력이 낮을 때 점등된다. 즉 윤활 계통이 막히거나 누설 등으로 오일이 부족할 때 점등될 수 있다. 연료장치와는 무관하다.

23 기관을 회전하여도 전류계가 움직이지 않는 원인으로 <u>틀린 것은?</u>

① 전류계 불량
② 스테이터 코일 단선
③ 레귤레이터 고장
④ 축전지 방전

계기판의 전류계는 발전기에서 발생되는 전류를 측정하므로 축전지 방전과는 관계가 없다.

24 기동전동기의 마그네틱 스위치는?

① 전압 조절기
② 전류 조절기
③ 저항 조절기
④ 전자석 스위치

CHAPTER

04

예상문항수
10/60

유압장치

 Study Point 출제비율이 높고 학습 분량도 많은 편이며, 또한 수험생들이 많이 어려워 하는 부분입니다. 오일의 특징과 요구조건 및 '유압펌프 – 제어밸브 – 유압실린더'의 기초 개념을 알고 각각의 제어밸브이 왜 필요한 지, 어떻게 작동되는 지를 학습하기 바랍니다.

01 유압 일반

[출제문항수 : 2~3문제] 유압장치를 학습하기 위한 필수적인 내용입니다. 유압장치의 특징 및 유압유 특징을 학습하시고 넘어가시기 바랍니다. 아래 이미지는 유압장치의 기본 구성이므로, 기본 흐름을 이해해야 유압 관련 문제를 접근하기 쉽습니다.

유압시스템의 기본 구성 예 ✿✿

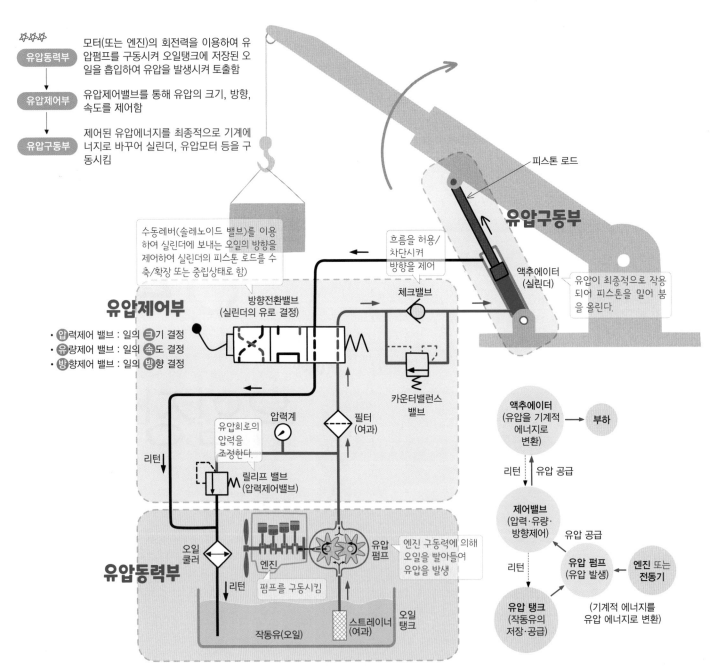

✿✿✿

유압동력부 → 모터(또는 엔진)의 회전력을 이용하여 유압펌프를 구동시켜 오일탱크에 저장된 오일을 흡입하여 유압을 발생시켜 토출함

유압제어부 → 유압제어밸브를 통해 유압의 크기, 방향, 속도를 제어함

유압구동부 → 제어된 유압에너지를 최종적으로 기계에너지로 바꾸어 실린더, 유압모터 등을 구동시킴

피스톤 로드

유압구동부

수동레버(솔레노이드 밸브)를 이용하여 실린더에 보내는 오일의 방향을 제어하여 실린더의 피스톤 로드를 수축/확장 또는 중립상태로 함)

흐름을 허용/차단시켜 방향을 제어

액추에이터 (실린더)

유압이 최종적으로 작용되어 피스톤을 밀어 붐을 올린다.

유압제어부

방향전환밸브 (실린더의 유로 결정)

체크밸브

• ㉠력제어 밸브 : 일의 **크**기 결정
• ㉡량제어 밸브 : 일의 **속**도 결정
• ㉢향제어 밸브 : 일의 **방**향 결정

카운터밸런스 밸브

압력계

유압회로의 압력을 조정한다.

필터 (여과)

리턴

릴리프 밸브 (압력제어밸브)

유압동력부

오일 쿨러

엔진

펌프를 구동시킴

유압 펌프

엔진 구동력에 의해 오일을 받아들여 유압을 발생

리턴

작동유(오일)

스트레이너 (여과)

오일 탱크

액추에이터 (유압을 기계적 에너지로 변환) → **부하**

리턴 | 유압 공급

제어밸브 (압력·유량·방향제어)

유압 공급

리턴

유압 펌프 (유압 발생) ← 엔진 또는 전동기

유압 탱크 (작동유의 저장·공급)

(기계적 에너지를 유압 에너지로 변환)

▶ 유압기기의 주요 요소 : 유압탱크, 유압펌프, 유압제어밸브, 유압작동기(액추에이터)
▶ 유압장치의 부속 기기 : 축압기(어큐뮬레이터), 스트레이너, 오일 냉각기(쿨러) 등

01 유압장치 일반

기본 개념 : 오일을 압축하여 발생한 압력에너지를 이용하여 실린더 등에 기계적인 일을 하는 장치이다.

1 유압장치의 기본적인 구성요소

유압발생장치	유압을 발생시키는 장치로 오일탱크, 유압 펌프 등으로 구성된다. (유압펌프의 동력은 엔진 또는 전동기에서 얻음)
유압제어장치	유압원으로부터 공급받은 오일을 일의 크기, 방향, 속도를 조정하여 유압구동장치로 보내 줌
유압구동장치 (액추에이터)	유체 에너지를 기계적 에너지로 변환하는 최종 작동장치(유압실린더, 유압모터, 요동모터 등)
부속 기구	유압회로의 안전성 및 보조 역할을 하기 위해 설치한 장치

2 유압장치의 장점 ☆☆

① 작은 동력원(소형)으로 큰 힘(출력)을 발생한다.
→ 파스칼의 원리에 의해 '힘 = 압력×면적'에서 면적을 변화시키는 것만으로 큰 힘을 발생시킬 수 있다.

② 과부하에 대한 안전장치가 간단하고 정확하다.
→ 릴리프 밸브와 같이 밸브만 열면 과부하를 해소시킬 수 있다.

③ 힘의 조정 및 증폭이 용이하다.
→ 압력을 조정하여 힘의 크기를 쉽게 바꿈

④ 무단변속이 가능하고 비교적 정확한 위치제어를 할 수 있다.
→ 기어를 이용한 변속이 아닌 유량의 증감을 이용한 속도 변화이므로 부드럽고 충격이 없으며, 제어가 정확하다.

⑤ 방향제어 및 속도제어가 용이하다.

⑥ 입력에 대한 출력의 응답이 빠르며, 에너지 축적(어큐뮬레이터)이 가능하다.

⑦ 전기 및 자체 유압에 의해 원격 조작이 가능하다.

⑧ 오일을 사용하므로 윤활성, 내마모성, 방청이 좋다.

3 유압장치의 단점 ☆☆

① 속도에 한계가 있다. (즉, 힘과 유량이 제한적임)

② 작동유가 가연성(인화성)이므로 화재 위험이 높다.

③ 회로 구성이 어렵고 유체가 누출(누설)될 수 있다.

④ 고압 사용으로 인한 위험성 및 이물질에 민감하다.

⑤ 작동유의 점도변화(온도변화)에 영향을 받는다.
(적정 오일 온도 : 50~60℃)
→ 오일 온도의 영향에 따라 정밀한 속도제어가 곤란할 수 있다.

⑥ 공기가 혼입하기 쉬우며, 보수 관리가 어렵다.
→ 작업 후 모든 유압계통에 공기빼기를 해야 한다.

⑦ 에너지 손실이 크다. (동력 손실이 증가)

02 파스칼의 원리와 관련 단위

유압은 작은 동력으로 큰 힘을 발생시키는 것으로, 유압장치(또는 제동장치)의 작동은 **파스칼의 원리**를 기초로 한다.

① 유체의 압력은 압력이 작용하는 면에 대하여 직각으로 작용한다.

② 각 점의 압력은 모든 방향으로 같다.

③ 밀폐된 용기 내의 액체 일부에 가해진 압력은 유체 각 부분에 동시에 같은 크기로 전달된다.

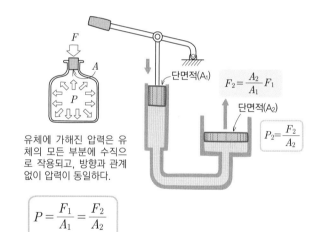

$$F_2 = \frac{A_2}{A_1} F_1$$

$$P_2 = \frac{F_2}{A_2}$$

유체에 가해진 압력은 유체의 모든 부분에 수직으로 작용되고, 방향과 관계없이 압력이 동일하다.

$$P = \frac{F_1}{A_1} = \frac{F_2}{A_2}$$

▶ 휠형 건설기계의 제동장치도 유압의 파스칼 원리를 이용한 것으로, 단면적으로 변화시켜 작은 힘으로도 큰 힘이 발생하여 제동이 걸리게 한다.

④ 압력 : 유체 내에서 단위면적(cm²)당 작용하는 힘(kgf)

$$압력 = \frac{힘(kgf)}{면적(cm^2)}$$

⑤ 압력의 단위 : **kgf/cm²**
→ 1kgf/cm² = 14.2psi = 0.98bar = 736mmHg = 0.967atm

⑥ 유량 : 단위시간에 이동하는 흐르는 부피(L/min)

⑦ 비중량 : 단위 체적당 중량(kgf/m³)

04

'**유압유**'란 엔진(또는 전동기)의 구동력으로 펌프를 회전시켜 발생된 압력에너지를 액추에이터(실린더 등)에 전달되는 오일을 말하며, '**압유**', '**작동유**'라고도 한다.
　　└→압력이 걸린 오일

1 유압 작동유의 구비조건 ☆☆☆

① 점도지수가 높을 것 → 온도변화에 따른 점도변화가 적을 것

② 적당한 점도와 유동성을 가질 것

③ 열팽창계수가 작을 것

④ 윤활성·방청·방식성·산화 안정성이 좋을 것

⑤ 압력에 대해 비압축성일 것 → 정밀한 제어를 위해

⑥ 발화점이 높을 것 → 쉽게 연소되지 않기 위해

⑦ 강인한 유막을 형성할 것

　　→ 실린더나 밸브 등 유압기기에 대한 기밀 작용을 한다.

⑧ 밀도가 작고, 비중이 적당할 것

　　→ 밀도와 비중은 오일의 무게 및 점도와 관계가 있다.

2 점도와 점도지수 ☆☆☆

점도는 유압유의 기본 성질 중 동력전달에 있어 가장 중요한 역할을 한다.

① **점도** : 작동유의 *끈끈한* 정도를 나타내며, 작동유의 압력을 유발시키는 주요 성질로, 온도와는 반비례한다.

　　→ 온도가 상승하면 점도는 저하되고, 온도가 내려가면 점도는 높아진다.

② **점도지수** : 온도 변화에 따른 점도 변화를 나타내는 정도

　　→ 점도지수는 클수록 온도 변화에 따른 점도 변화가 적다. (점도지수는 클수록 좋다.)

③ **점도의 영향**

점도가 높을 때	• 펌프의 동력 손실이 커진다. • 관내의 마찰 손실이 커진다. • 열 발생의 원인이 된다. • 유압이 높아진다.
점도가 낮을 때	• 유압이 떨어져 펌프 효율 및 회로 압력이 떨어진다. • 유압장치(계통) 내 오일 누설을 유발할 수 있다.

오일 분자

점성이 높다는 것은 오일 분자가 가까워 압력은 커지나 내부마찰로 인해 열이 발생되기 쉽고 움직임(흐름)도 둔해진다.

3 유압유의 과열 ☆☆☆

1) 작동유의 적정 온도 : 40~60℃

　　→ 오일쿨러 및 오일히터 : 작동유의 원활한 작동을 위해 정상온도를 유지하기 위해 냉각시키거나 열을 가하는 기기

2) 유압유가 과열되는 원인

① 고속 및 과부하 상태에서의 연속 작업

② 오일 냉각기의 고장이나 불량 시

　　→ 유압오일이 과열되는 경우 우선 오일쿨러를 점검해야 한다.

③ 유압유가 부족할 때

④ 펌프에 이물질이 흡입될 때

⑤ 오일 자체의 발열

　　→ 단면적이 좁은 곳에서 유속이 빨라질 때 오일 점성에 의해 발열

> ▶ **유압유가 과열될 때 나타날 수 있는 현상**
> • 유압유의 열화 촉진
> • 점도저하에 의해 누유 및 기계적 마모
> • 펌프 효율 및 밸브의 기능 저하
> • 유압기기의 열변형 우려 등

4 열화(degradation, 劣化) ☆☆

장시간 과열 또는 공기에 노출(산화)되거나 수분 흡수, 오염물질 등으로 인하여 점성 등 오일 고유의 성질이 변하는 것을 말한다.

1) 유압유의 열화(노화촉진) 원인

① 유온(오일 온도)이 높을 때

② 점도가 서로 다른 오일이 혼입되었을 때

③ 수분이 혼입되었을 때

2) 오일의 열화상태 확인 방법

① 색깔의 변화나 수분·침전물의 유무 확인

② 흔들었을 때 생기는 거품이 없어지는 양상을 확인

③ 자극적인 냄새의 유무 확인

④ 점도상태로 확인

5 작동유에 수분이 미치는 영향
① 작동유의 윤활성 및 방청성 저하
② 작동유의 산화와 열화를 촉진
③ 캐비테이션 현상 발생
④ 유압기기 마모 촉진

> ▶ 유압유의 첨가제
> 유압유 자체의 품질을 높이거나 성능을 향상시키기 위하여 첨가하
> 는 물질 등을 말하며 소포제, 산화방지제, 유동점 강하제, 마모방지
> 제, 점도지수 향상제 등이 있다.

---

04 캐비테이션 (공동현상)

1 캐비테이션(Cavitation, 공동현상) 이란 ☆☆☆
주로 원심펌프에서 발생하는 것으로, 펌프에서 작동유 흡
입 단계에서 좁은 공간을 지날 때 흡입속도 증가하여 압력
이 급격히 낮아져 끓는점도 낮아진다.

이로 인해 저온에서도 증발되어 유체 내에 **기포가 발생**한
다. 이 기포가 터지며 임펠러 손상 및 <u>소음·진동이 발생</u>하
며 효율이 저하된다.

① 필터의 여과 입도수(Mesh)가 너무 높을 때 발생할 수 있
다. → 필터 구멍이 너무 작으면 기포 발생률이 높다.
② 오일탱크의 오버 플로우가 생긴다.
→ 기포로 인한 체적(부피)이 증가하여 오일이 넘친다.

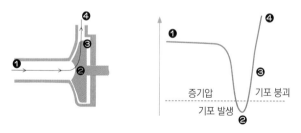

❶ 펌프로 유체 유입 → ❷ 압력이 임펠러에서 증기압 아래로 떨어지며 기포 발
생 → ❸ 기포가 응축되어 붕괴 → ❹ 유체가 배출구를 통과할 때 압력 상승

⤴ 원심펌프의 캐비테이션 발생 과정

2 유압펌프 흡입구에서의 캐비테이션 방지 방법
① 흡입구의 양정을 1m 이하로 한다.
→ 양정 : 펌프에서 유체를 끌어올리는 높이

② 흡입관의 굵기를 유압 본체 연결구의 크기와 같은 것
을 사용한다.
③ 펌프의 운전속도를 규정 속도 이하로 유지한다.

3 유체의 관로에 공기가 혼입할 때 일어나는 현상 ☆
① 공동 현상(캐비테이션)
② 유압유의 열화 촉진
③ 실린더 숨돌리기 현상
→ 공기 혼입으로 인해 유압이 떨어져 펌프나 실린더의 작동이 순간 멈칫하
는(불량해짐) 현상

---

05 유압유 및 유압장치의 취급과 점검

1 유압장치의 일상점검 사항(일일 점검)
① 오일의 양 및 변질상태 점검
② 호스 상태, 연결접촉상태 점검
③ 연결부(이음부) 등 유압라인 내 누유 여부 점검

2 유압장치에서 오일에 거품이 생기는 원인
① 오일탱크와 펌프 사이에서 공기가 유입될 때
② 오일이 부족하여 공기가 일부 유입될 때
③ 펌프 축 주위의 토출측 실(Seal)이 손상되었을 때

3 유압이 발생되지 않거나 낮을 때 점검 사항
① 오일펌프의 고장·마모·성능 등
② 파이프나 호스 누설 점검
③ 오일 개스킷(역할 : 누설 방지) 파손 여부 점검
④ 오일량 점검
⑤ 릴리프 밸브의 고장 점검
→ 릴리프 밸브가 열린 채 고장나면 펌프에서 발생된 유압이 탱크로 복귀되
므로 유압이 낮아진다.
⑥ 오일의 점도가 낮아졌을 때 (유압 저하의 원인)

4 유압계통의 청소 – 플러싱(Flushing)
① 오일계통 내에 찌꺼기(슬러지) 등이 쌓였을 때 오일의 흐
름을 방해하므로 세척 오일을 넣어 용해하여 깨끗하게
하는 작업을 말한다.
② 플러싱 후 잔류 플러싱 오일을 전부 제거하고 작동유
탱크 내부를 청소 및 필터 교환을 한 후, 새로운 오일
로 교체한다.

1 ★ 밀폐된 용기 내의 액체 일부에 가해진 압력은 어떻게 전달되는가?

① 유체 각 부분에 다르게 전달된다.
② 유체 각 부분에 동시에 같은 크기로 전달된다.
③ 유체의 압력이 돌출 부분에서 더 세게 작용된다.
④ 유체의 압력이 홈 부분에서 더 세게 작용된다.

밀폐된 용기 내의 액체 일부에 가해진 압력은 유체 각 부분에 동시에 같은 크기로 전달된다는 것이 파스칼의 원리이다.

2 ★★★★ 건설기계에 사용되는 유압 실린더 작용은 어떠한 것을 응용한 것인가?

① 베르누이의 정리
② 파스칼의 정리
③ 지렛대의 원리
④ 후크의 법칙

3 ★★★ 건설기계의 유압장치를 가장 적절히 표현한 것은?

① 오일을 이용하여 전기를 생산하는 것
② 큰 물체를 들어올리기 위해 기계적인 이점을 이용하는 것
③ 액체로 전환시키기 위해 기체를 압축시키는 것
④ 유체의 압력에너지를 이용하여 기계적인 일을 하도록 하는 것

유압장치는 펌프에서 발생한 유체의 압력에너지를 이용하여 각종 제어밸브를 거쳐 엑추에이터를 통해 압력을 가하거나, 왕복운동 또는 회전운동 등 기계적인 일을 하는 것이다.

4 ★★★ 유압기계의 장점이 아닌 것은?

① 속도제어가 용이하다.
② 에너지 축적이 가능하다.
③ 유압장치는 점검이 간단하다.
④ 힘의 전달 및 증폭이 용이하다.

유압장치는 오일 누설 부위를 찾기 힘들고, 유압 점검이 다소 복잡하다.

5 ★★ 유압장치의 단점이 아닌 것은?

① 관로를 연결하는 곳에서 유체가 누출될 수 있다.
② 고압 사용으로 인한 위험성 및 이물질에 민감하다.
③ 작동유에 대한 화재의 위험이 있다.
④ 전기, 전자의 조합으로 자동제어가 곤란하다.

유압장치에서 전기에 의해 작동하는 솔레노이드를 이용하여 방향을 제어하는 등 전기·전자 조합이 가능하여 원격제어가 가능하다.

6 ★★★ 유압기기에 대한 단점이다. 설명 중 틀린 것은?

① 오일은 가연성 있어 화재에 위험하다.
② 회로 구성에 어렵고 누설되는 경우가 있다.
③ 오일의 온도에 따라서 점도가 변하므로 기계의 속도가 변한다.
④ 에너지의 손실이 적다.

엔진으로 직접 액추에이터(실린더, 유압모터)를 구동하는 것이 아니라, 유압에너지로 변환한 후 엑추에이터를 구동하므로 에너지 손실이 크다.

7 ★★★ 다음 [보기]에서 유압작동유가 갖추어야 할 조건으로 모두 맞는 것은?

보기
ㄱ. 압력에 대해 비압축성일 것 ㄴ. 밀도가 작을 것
ㄷ. 열팽창계수가 작을 것 ㄹ. 체적탄성계수가 작을 것
ㅁ. 점도지수가 낮을 것 ㅂ. 발화점이 높을 것

① ㄱ, ㄴ, ㄷ, ㄹ
② ㄴ, ㄷ, ㅁ, ㅂ
③ ㄴ, ㄹ, ㅁ, ㅂ
④ ㄱ, ㄴ, ㄷ, ㅂ

ㄱ : 공기와 같이 압축성이 있으면 스펀지 현상이 있어 실린더의 위치를 정확히 제어할 수 없으므로 비압축성이어야 한다.
ㄴ : 밀도는 점도에 비례하므로 유압작동유는 밀도가 작아야 한다.
ㄷ : 열팽창계수는 온도에 따른 부피 변화를 말하므로 작을수록 좋다.
ㄹ : 체적탄성계수는 체적 변화에 대한 압력의 비를 말하며, 일정한 압력을 받을 때 체적 변화가 적은 것이 좋으며, 체적탄성계수가 큰 것이 좋다.
ㅁ : 점도지수는 온도변화에 점도변화의 정도를 나타내는 것으로 점도지수가 클수록 점도변화가 적다는 의미이다.(즉, 커야 한다)
ㅂ : 발화점이 높다는 것은 발화되기 시작하는 온도가 높다는 것이므로 화재 위험성이 낮다는 의미이다.

정답 1② 2② 3④ 4③ 5④ 6④ 7④

8 유압 작동유의 점도가 너무 높을 때 발생되는 현상으로 맞는 것은?

① 동력손실 증가
② 내부 누설 증가
③ 펌프효율 증가
④ 마찰 마모 감소

점도가 높으면 펌프에서 유체 저항(마찰)이 커지므로 펌프를 회전시키는 전동기의 힘(동력)이 더 필요해지므로 그만큼 **동력손실이 증가**한다. 이는 즉 **펌프 효율이 감소**하는 것을 말한다.(※ 펌프 효율이 크다는 것은 펌프에서 토출하는 양이 일정할 때 펌프를 구동하기 위한 동력이 적다는 의미이다.)
점도가 높으면 물엿처럼 끈적해지므로 **내부 누설은 감소**되나 유동성이 저하되어 기계의 **마찰 마모는 증가**된다.

9 유압유의 점도에 대한 설명으로 틀린 것은?

① 온도가 상승하면 점도는 저하된다.
② 점성의 점도를 나타내는 척도이다.
③ 온도가 내려가면 점도는 높아진다.
④ 점성계수를 밀도로 나눈 값이다.

점도는 **유체의 끈끈한 정도를 나타내는 척도로, 온도와 반비례한다.** 점도는 점도계를 통해 내부마찰력을 수치화한 것이다. ④는 '동점성계수'라고 하며 유체의 확산성에 관한 것이다.

10 유압계통에 사용되는 오일의 점도가 너무 낮을 경우 나타날 수 있는 현상이 아닌 것은?

① 시동 저항 증가
② 펌프 효율 저하
③ 오일 누설 증가
④ 유압회로 내 압력 저하

시동 저항이란 정지된 펌프를 처음 구동시킬 때의 저항을 말하며, 점도가 높으면 시동저항이 크다.

11 유압유가 넓은 온도범위에서 사용되기 위한 조건으로 옳은 것은?

① 발포성이 높아야 한다.
② 산화작용이 양호해야 한다.
③ 점도지수가 높아야 한다.
④ 소포성이 낮아야 한다.

점도지수가 높으면 **온도변화에 따른 점도변화가 작다**는 것을 말한다.

12 유압오일의 온도가 상승할 때 나타날 수 있는 결과가 아닌 것은?

① 점도 저하
② 펌프 효율 저하
③ 오일 누설의 저하
④ 밸브류의 기능 저하

유압오일의 온도가 상승하면 오일의 점도가 떨어지므로, 오일 누설의 가능성은 높다.

13 유압 오일 내에 기포(거품)가 형성되는 이유로 가장 적합한 것은?

① 오일 속의 수분 혼입
② 오일의 열화
③ 오일 속의 공기 혼입
④ 오일의 누설

오일 내에 기포가 형성되는 이유 중 가장 일반적인 원인은 공기가 포함된 오일이 압력이 낮을 때 발생된다.

14 작동유(유압유) 속에 용해 공기가 기포로 발생하여 소음과 진동이 발생되는 현상은?

① 인화 현상
② 노킹 현상
③ 조기착화 현상
④ 캐비테이션 현상

캐비테이션 현상
펌프에서 작동유를 흡입할 때 좁은 공간을 지나면서 흡입속도가 증가하고, 압력이 급격히 낮아지며 끓는점이 낮아진다. 이로 인해 저온에서도 오일 속에 용해된 공기가 증발하여 기포로 발생한다. 이 기포가 터지며 펌프의 손상 및 **소음·진동**을 유발하며, 효율이 저하되는 현상이다.

15 유압회로 내에 기포가 발생하면 일어나는 현상과 관련 없는 것은?

① 작동유의 누설 저하
② 소음 증가
③ 공동 현상
④ 오일 탱크의 오버플로우

기포가 발생하면 공동현상으로 인한 소음·진동 증가를 유발하며, 기포에 의한 체적 증가로 오일의 오버플로우 현상이 나타난다.

정답 8 ① 9 ④ 10 ① 11 ③ 12 ③ 13 ③ 14 ④ 15 ①

04

16 필터의 여과 입도수(Mesh)가 너무 높을 때 발생할 수 있는 현상으로 가장 적절한 것은?

① 블로바이 현상   ② 맥동 현상

③ 베이퍼록 현상   ④ 캐비테이션 현상

여과 입도수(Mesh)는 '필터의 구멍 갯수'를 말하며, 구멍이 많으면 촘촘해져 여과율은 좋으나 구멍 크기에 작아져 거품(기포)이 많이 발생된다.

17 유압유의 관 내에 공기가 혼입되었을 때 일어날 수 있는 현상으로 가장 적절하지 않은 것은?

① 숨 돌리기 현상   ② 기화현상

③ 공동현상   ④ 열화현상

작동유 내에 공기 혼입 시 발생하는 현상
① 숨돌리기 현상 : 공기 혼입으로 인해 유압이 떨어져 펌프나 실린더의 작동이 순간 멈칫하는(불량해짐) 현상
② 열화현상 : 유압회로에 공기가 유입되면 압축되어서 작동유의 온도가 상승
③ 공동현상(캐비테이션) : 기포 발생으로 인한 소음·진동 발생

18 작동유에 수분이 혼입 되었을 때의 영향이 아닌 것은?

① 작동유의 열화
② 캐비테이션 현상
③ 유압기기의 마모 촉진
④ 오일탱크의 오버플로우

오일탱크의 오버플로우는 캐비테이션에 의해 기포가 발생하며 체적이 증가하여 넘치는 것을 말한다.
※ 유압 작동유에 수분이 혼입될 때의 영향
　• 작동유의 열화(산화) 촉진
　• 공동현상 발생
　• 유압기기의 부식·마모 촉진
　• 작동유의 방청성·윤활성 저하

19 유압유의 과열 원인과 가장 거리가 먼 것은?

① 릴리프 밸브가 닫힌 상태로 고장일 때
② 오일냉각기의 냉각핀이 오손 되었을 때
③ 유압유가 부족할 때
④ 유압유량이 규정보다 많을 때

과열의 원인
• 유압유가 부족할 때
• 오일의 속도가 지나치게 빠를 때 – 오일 입자의 충돌로 인해
• 릴리프 밸브가 닫힌 상태로 고장날 때 – 압력이 증가됨
• 냉각이 원활하지 않을 때

20 건설기계에서 사용하는 작동유의 정상 작동 온도 범위로 가장 적합한 것은?

① 10~30℃   ② 40~60℃

③ 90~110℃   ④ 120~150℃

21 유압장치가 작동 중 과열이 발생할 때 원인으로 가장 적절한 것은?

① 오일의 양이 부족하다.
② 오일펌프의 속도가 느리다.
③ 오일 압력이 낮다.
④ 오일의 증기압이 낮다.

오일 압력이 높을 때 과도한 기화(증기압)가 진행되며, 펌프의 성능을 저하시킨다.

22 작동유 온도 상승 시 유압계통에 미치는 영향으로 틀린 것은?

① 열화를 촉진한다.
② 점도저하에 의해 누유되기 쉽다.
③ 유압펌프의 효율은 좋아진다.
④ 온도변화에 의해 유압기기가 열 변형되기 쉽다.

오일의 온도가 과도하게 상승되면 유압유의 열화를 촉진하여 수명이 짧아지며 점도 저하로 인한 누유와 펌프효율의 저하 등이 생긴다.

23 작동유의 열화 및 수명을 판정하는 방법으로 적합하지 않는 것은?

① 점도 상태로 확인
② 오일을 가열 후 냉각되는 시간 확인
③ 냄새로 확인
④ 색깔이나 침전물의 유무 확인

작동유의 열화 및 수명은 오일 색깔, 점도, 냄새, 침전물 등으로 확인한다.

24 유압장치의 고장원인과 거리가 먼 것은?

① 작동유의 과도한 온도 상승
② 작동유에 공기, 물 등의 이물질 혼입
③ 조립 및 접속 불완전
④ 윤활성이 좋은 작동유 사용

25 유압유의 점검사항과 관계없는 것은?

① 점도   ② 윤활성
③ 소포성   ④ 마멸성

마멸성이 아니라 마멸감소성이 있어야 한다.
※ 소포성 : 거품을 없애는 성질

26 유압장치에서 오일에 거품이 생기는 원인으로 가장 거리가 먼 것은?

① 오일탱크와 펌프 사이에서 공기가 유입될 때
② 오일이 부족하여 공기가 일부 흡입되었을 때
③ 펌프축 주위의 토출측 실(seal)이 손상되었을 때
④ 유압유의 점도지수가 클 때

오일의 기포 발생은 점도지수와는 무관하다.

27 유압유의 첨가제가 아닌 것은?

① 마모 방지제   ② 유동점 강하제
③ 산화 방지제   ④ 점도지수 방지제

윤활유 첨가제 : 산화방지제, 부식방지제, 청정분산제, 소포제, 유동점 강하제, 극압성 향상제, 방청제, 점도지수 향상제

28 플러싱 후의 처리방법으로 틀린 것은?

① 잔류 플러싱 오일을 반드시 제거하여야 한다.
② 작동유 보충은 24시간 경과 후 하는 것이 좋다.
③ 작동유 탱크 내부를 다시 청소한다.
④ 라인필터 엘리먼트를 교환한다.

플러싱은 기존 오일을 먼저 배출시킨 후 플러싱 전용 펌프를 이용해 오일장치 내에 플러싱 오일을 순환시켜 각종 이물질이나 슬러지(오일 찌꺼기) 등을 용해시켜 장치를 세척하는 작업을 말한다. 작업 후 고압의 질소가스 등을 분사시켜 잔류 플러싱 오일을 제거한 후 원래 오일을 다시 보충해야 한다.

29 유압장치의 일상점검 항목이 아닌 것은?

① 오일의 양 점검
② 변질상태 점검
③ 오일의 누유 여부 점검
④ 탱크 내부 점검

오일탱크 내부를 일상적으로 점검하기 어렵다.

30 유압장치에서 일일 정비 점검 사항이 아닌 것은?

① 유량 점검
② 이음 부분의 누유 점검
③ 필터
④ 호스의 손상과 접촉면의 점검

필터는 정기점검 또는 수시점검에 의한다.

31 유압장치의 수명 연장을 위해 가장 중요한 요소는?

① 오일탱크의 세척 및 교환
② 오일필터의 점검 및 교환
③ 오일펌프의 점검 및 교환
④ 오일쿨러의 점검 및 세척

유압계통에서 작은 이물질이라도 부품을 손상시킬 수 있으며, 기기 마모에도 영향을 줄 수 있으므로 오일 필터의 점검이 가장 중요하다.

32 오일의 압력이 낮아지는 원인이 아닌 것은?

① 오일펌프의 마모
② 오일의 점도가 높아졌을 때
③ 오일의 점도가 낮아졌을 때
④ 계통 내에서 누설이 있을 때

오일의 점도가 높으면 오일입자의 저항이 커지므로 오일의 압력이 높아진다.

33 건설기계 운전 시 갑자기 유압이 발생되지 않을 때 점검 내용으로 가장 거리가 먼 것은?

① 오일 개스킷 파손 여부 점검
② 유압실린더의 피스톤 마모 점검
③ 오일파이프 및 호스가 파손되었는지 점검
④ 오일량 점검

유압실린더는 액추에이터이므로 유압 발생과 가장 거리가 멀다.

04

정답 25 ④   26 ④   27 ④   28 ②   29 ④   30 ③   31 ②   32 ②   33 ②

02 주요 유압기기

[출제문항수 : 4~5문제] 유압 부분에서 가장 많이 출제되는 부분으로 꼼꼼하게 학습하시기 바랍니다. 전체적으로 출제되며, 각종 유압기기 및 각종 제어밸브 부분은 확실하게 알아야 합니다. 또한 유압기호는 1문제가 출제되니 교재에 있는 유압기호는 비교하며 암기하시기 바랍니다.

01 유압펌프 일반

기관의 동력(기계적 에너지)을 이용하여 유압탱크의 오일을 흡입한 후 압축하여 **유압에너지를 발생**하여 제어 밸브로 보낸다.

1 유압펌프(Hydraulic Pump)의 특징 ☆☆☆

① 엔진의 크랭크축(플라이휠)에 의해 구동되며, 엔진이 회전하는 동안에는 항상 회전한다.

② 작업 중 큰 부하가 걸려도 토출량의 변화가 적고, 유압 토출 시 맥동이 적은 성능이 요구된다.

→ 토출량 : 펌프가 단위 시간당 토출하는 액체의 체적, 또는 계통 내에서 이동되는 유체(오일)의 양을 말한다.

③ 유압기기의 작동속도를 높이기 위해서는 유압펌프의 토출유량을 증가시킨다.

2 유압펌프의 종류

① 회전 펌프

- 기어펌프 : 외접형·내접형 기어펌프
- 베인펌프 : 정토출형 베인펌프, 가변 토출형 베인펌프
- 나사펌프

② 피스톤 펌프(플런저 펌프) – 축형(사판·사축식), 레이디얼형

3 유압펌프의 비교

구분	기어 펌프	베인 펌프	피스톤 펌프
구조	간단	간단	**복잡**
최고압력	중간 정도	가장 낮음	**가장 높음**
토출량 변화	정용량형	가변용량 가능	가변용량 가능
소음	중간	작다	크다
가격	저렴	중간 정도	비쌈

02 유압펌프의 종류

1 기어펌프(Gear Pump)

1) 기어펌프의 특징 ☆☆☆

① **구조가 간단**하고, **소형**이며, **고장이 적다.**

② **유압 작동유의 오염에 비교적 강한 편**이다.

③ **흡입능력이 가장 크다.**

④ 취급이 간단하고, 저렴하다.

⑤ 피스톤 펌프에 비해 효율이 떨어진다.

⑥ 정용량형 펌프이다.

⑦ 소음이 비교적 크다.

⑧ 외접식과 내접식이 있다.

⑨ 회전수가 변하면 토출 용량이 변한다.

> ▶ 기어식 유압펌프에서 소음이 나는 원인
> - 흡입 라인의 막힘
> - 펌프의 베어링 마모
> - 오일의 부족

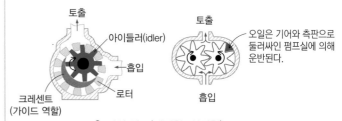

↑ 기어 펌프(내접형, 외접형)

2) 폐입현상(Trapping)

외접식 기어펌프에서 토출된 유량 일부가 입구 쪽으로 귀환하여 토출량 감소, 압력 저하, 소음·진동 및 축동력 증가, 케이싱 마모 등의 원인을 유발하는 현상을 말한다.

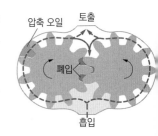

① 폐입된 부분의 오일은 압축이나 팽창을 받는다.

② 기어 측면에 접하는 펌프 측판에 릴리프 홈을 만들어 방지한다.

③ 기어의 두 치형 사이에서 압축과 팽창을 반복하여 고압 축의 온도 상승, 거품 발생, 소음의 원인이 된다.

❷ 나사펌프 (Screw Pump, 스크류 펌프)

케이싱 속에 나사가 있는 로터를 회전시켜 유체를 나사홈 사이로 밀어내는 방식이다.

① 고속회전이 가능하며, 운전이 정숙하다.

② **맥동이 없어** 토출량이 고르다.

③ 점도가 낮은 오일이 사용 가능하며, 폐입현상이 없다.

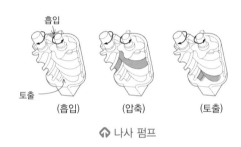

흡입

토출

(흡입) (압축) (토출)

⤊ 나사 펌프

❸ 베인펌프 (Vane Pump) = 편심 펌프

케이싱(캠 링)에 접하여 베인(날개)이 편심된 회전축에 끼워져 회전하면서 액체를 흡입 측에서 토출 측으로 밀어낸다. 정용량형과 가변 용량형이 있다.

1) 베인 펌프의 특징

① 구조가 간단하고, 보수가 용이하다.

② 소형·경량이고, 수명이 길다.

③ 맥동이 적다.

④ 토크(Torque)가 안정되어 소음이 적다.

▶ **베인 펌프의 주요 구성요소**
베인(Vane), 캠 링(Cam Ring), 회전자(Rotor)

캠 링
베인(Vane) - 로터에 삽입되어 원심력에 의해 밖으로 밀려나옴
흡입 → 토출
회전자
축

▶ **베인펌프의 작동원리**
로터에 삽입된 베인은 원심력 또는 스프링의 장력에 의해 캠링에 밀착하며 회전하여 오일을 압송한다.

⤊ 베인 펌프

❹ 플런저 펌프 (Plunger Pump, **피스톤 펌프**)

실린더 내에서 플런저(피스톤과 유사)를 왕복 운동시켜, 실린더 내의 용적을 변화시킴으로써 유체를 흡입 및 송출하는 펌프이다. 맥동적 토출을 하지만 다른 펌프에 비해 고압을 발생하고, 펌프효율에서도 전압력 범위가 높다.

1) 플런저 펌프의 장점 ☆☆☆

① 유압펌프 중 **가장 고압, 고효율**이다.

② **가변용량이 가능**하다.

③ 토출량의 변화 범위가 크다.

④ 축이 회전운동을 할 때 피스톤이 직선왕복운동을 하는 구조이다.

⑤ 펌프 중 **토출압력이 가장 높고**, 고압 대출력에 사용된다.

2) 플런저 펌프의 단점

① 구조가 복잡하고 비싸다.

② 오일의 오염에 극히 민감하다.

③ 흡입능력이 가장 낮다.

④ 베어링에 부하가 크다.

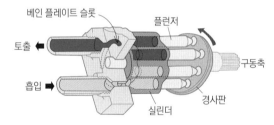

베인 플레이트 슬롯
플런저
토출
구동축
흡입
경사판
실린더

구동축에 의해 경사판이 회전하면서 실린더의 피스톤이 왕복운동으로 하며 오일을 흡입하고 압축시킨 후 토출시킨다.

⤊ 플런저 펌프

03 유압펌프의 점검

❶ 펌프량이 적거나 유압이 낮은 원인

① 펌프 흡입라인(스트레이너)에 막힘이 있을 때

② 기어와 펌프 내벽 사이의 간격이 클 때

③ 펌프 회전 방향이 반대일 때

④ 탱크의 유면이 너무 낮을 때(오일 부족)

2 유압펌프의 소음 발생 원인 ☆

① 오일량이 부족할 때

② 오일 내에 공기 또는 이물질이 혼입될 때

③ 오일의 점도가 너무 높을 때(유체 저항이 크기 때문)

④ 필터의 여과입도수(Mesh)가 너무 높을 때

⑤ 펌프의 회전속도가 너무 빠를 때

⑥ 펌프축의 편심 오차가 너무 클 때

⑦ 펌프의 베어링 마모 등

3 펌프가 오일을 토출하지 않을 때의 원인 ☆

① 오일탱크의 유면이 낮다.

② 흡입관으로 공기가 유입된다.

③ 오일이 부족하다.

04　유압 제어밸브 ☆☆☆

유압펌프에서 발생한 유압을 유압 실린더와 유압모터가 일을 하는 목적에 알맞도록 오일의 압력, 방향, 속도를 제어하는 밸브를 말한다.

1 유압의 제어방법 ☆

① 압력제어 : 일의 크기(힘) 제어

② 방향제어 : 일의 방향 제어

③ 유량제어 : 일의 속도 제어

2 압력제어밸브

① 유압 장치의 과부하 방지와 유압기기의 보호를 위하여 최고 압력을 규제하고 유압 회로 내의 필요한 압력을 유지한다.

② 유압회로 내에서 유압을 일정하게 조절하여 일의 크기를 결정한다.

③ 설치 위치 : 펌프와 방향전환 밸브 사이

▶ 유압조정밸브에서 조정 스프링의 장력이 클 때 유압이 높아지며 유압조정밸브의 조정나사를 조이면 유압은 높아지고, 풀면 유압이 낮아진다.

1) 릴리프 밸브 (Relief Valve)

① 유압회로의 최고압력을 제한하는 밸브로서 유압을 설정압력으로 일정하게 유지시켜 준다.

→ 유압이 규정치보다 높아질 때 작동하여 계통을 보호한다.

② 밸브 스프링을 설정하여 최고압력을 제어한다.

→ 릴리프밸브의 설정 압력이 불량하면 유압기기 및 유압라인이 손상될 수 있다.

→ 유압 실린더의 압력이 떨어지면(힘이 약화됨) 메인 릴리프 밸브의 이상이 있다고 볼 수 있다.

③ 펌프의 토출측(펌프와 제어밸브 사이)에 설치되어 회로 전체의 압력을 제어한다.

④ 유압 계통에서 릴리프밸브 스프링의 장력이 약화될 때 채터링 현상이 발생한다.

→ 채터링(Chatterling) 현상 : 포핏밸브 또는 볼(Ball)이 진동을 일으키며 밸브 시트(Valve Seat)와 연속적으로 부딪혀 소음을 발생시키는 현상

2) 리듀싱 밸브(감압 밸브, Reducing Valve)

① 전체 유압회로의 압력(1차측)과 관계없이 별도의 분기회로를 두어 1차측 압력보다 감압시키는 밸브다.

② 입구 압력을 설정 압력으로 감압하여 출구쪽 압력을 조절한다.

→ 전체 유압회로의 압력은 릴리프 밸브의 설정값에 의해 결정되며, 이를 '1차측 압력'이라고 한다. 그리고, 감압밸브의 설정값은 릴리프 밸브 설정값보다 낮게 설정된다.

3) 무부하 밸브(언로드밸브, Unload Valve)

① 회로 내의 압력이 설정값에 도달하면 펌프의 전 유량을 탱크로 방출하여 펌프에 부하가 걸리지 않게 함으로써 동력 절감 효과가 있다.

② 유압장치에서 고압소용량, 저압대용량 펌프를 조합 운전할 때, 작동 압력이 규정 압력 이상으로 상승할 때 동력을 절감하기 위해 사용하는 밸브이다.

③ 유압장치에서 두 개의 펌프를 사용하는데 있어 펌프의 전체 송출량을 필요로 하지 않을 경우, 동력의 절감과 유온(오일 온도) 상승을 방지하는 밸브이다.

4) 시퀀스 밸브(Sequence Valve)

두 개 이상의 분기회로에서 유압회로의 압력에 의해 유압 액추에이터의 작동 순서를 제어한다.

5) 카운터 밸런스 밸브(Counter Balance Valve)

실린더가 중력으로 인하여 제어속도 이상으로 낙하하는 것을 방지하여 준다.

▶ 분기 회로에 사용되는 밸브
  • 리듀싱 밸브(Reducing Valve)
  • 시퀀스 밸브(Sequence Valve)

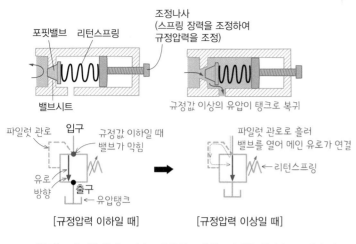

포핏밸브　리턴스프링　조정나사
(스프링 장력을 조정하여
규정압력을 조정)

밸브시트　규정값 이상의 유압이 탱크로 복귀

파일럿 관로
입구
규정값 이하일 때
밸브가 막힘
파일럿 관로로 흘러
밸브를 열어 메인 유로가 연결

유로
방향
출구
리턴스프링

유압탱크

[규정압력 이하일 때]　[규정압력 이상일 때]

※ 파일럿(pilot) : '안내'라는 의미로, 유압회로 내 일부 유압을 입력신호로 받아 밸브로 안내하여 작동시킨다.

⬆ 릴리프 밸브의 작동 이해

기호로 비교하는 릴리프밸브와 감압밸브

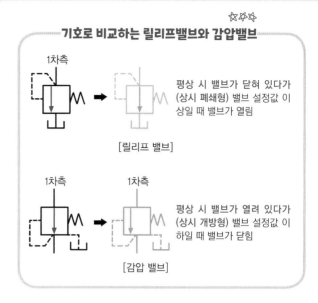

1차측

평상 시 밸브가 닫혀 있다가
(상시 폐쇄형) 밸브 설정값 이
상일 때 밸브가 열림

[릴리프 밸브]

1차측　1차측

평상 시 밸브가 열려 있다가
(상시 개방형) 밸브 설정값 이
하일 때 밸브가 닫힘

[감압 밸브]

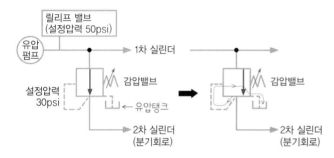

릴리프 밸브
(설정압력 50psi)
유압
펌프
1차 실린더
감압밸브
설정압력
30psi
유압탱크
감압밸브
2차 실린더
(분기회로)
2차 실린더
(분기회로)

만약 유압회로의 설정압력이 50 psi 이고, 2차 작업에 필요한 압력이 30 psi 이라고 할 때, 감압밸브를 30 psi로 설정하면 밸브가 닫히고, 유압을 탱크로 보냄으로써 30 psi까지 감압되어 분기회로로 흐르게 한다.

⬆ 감압 밸브의 작동 이해

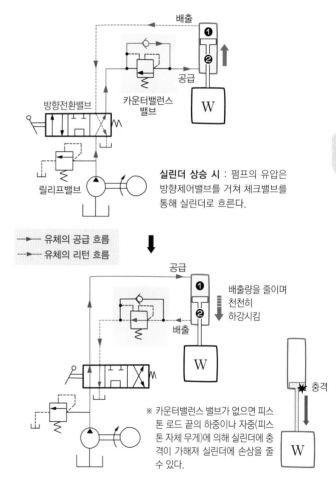

배출
①
②
공급
방향전환밸브
카운터밸런스
밸브
W

릴리프밸브

실린더 상승 시 : 펌프의 유압은 방향제어밸브를 거쳐 체크밸브를 통해 실린더로 흐른다.

⟶ 유체의 공급 흐름
┄┄▶ 유체의 리턴 흐름

공급
①
②
배출
배출량을 줄이며
천천히
하강시킴
W

충격
W

※ 카운터밸런스 밸브가 없으면 피스톤 로드 끝의 하중이나 자중(피스톤 자체 무게)에 의해 실린더에 충격이 가해져 실린더에 손상을 줄 수 있다.

실린더 하강 시 : 카운터밸런스 밸브가 하강 압력을 일정하게 유지시킨다. 즉, 설정값 이하일 때만 귀환시키고, 설정값 이상에서는 오일 흐름을 막음으로 ❷에 배압을 주어 하강속도를 완만하게 유지시킨다.

⬆ 카운터밸런스 밸브의 작동 이해

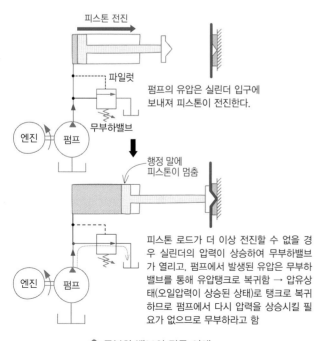

피스톤 전진

파일럿
펌프의 유압은 실린더 입구에
보내져 피스톤이 전진한다.

엔진　펌프
무부하밸브

행정 말에
피스톤이 멈춤

엔진　펌프

피스톤 로드가 더 이상 전진할 수 없을 경우 실린더의 압력이 상승하여 무부하밸브가 열리고, 펌프에서 발생된 유압은 무부하밸브를 통해 유압탱크로 복귀함 → 압유상태(오일압력이 상승된 상태)로 탱크로 복귀하므로 펌프에서 다시 압력을 상승시킬 필요가 없으므로 무부하라고 함

⬆ 무부하 밸브의 작동 이해

04

❸ 방향 제어밸브 ☆☆☆

액추에이터의 운동 방향을 제어하는 밸브를 말하며, 포핏형, 로타리형, 스풀형(가장 많이 사용)이 있다.

① 유체의 흐름 방향을 변환한다.
② 유체의 흐름 방향을 한쪽으로만 허용한다.
③ 유압실린더나 유압모터의 작동 방향을 변경한다.

> ▶ 방향제어 밸브를 동작시키는 방식
> 수동식, 유압 파일럿식, 솔레노이드 조작식(전자식) 등

1) 체크 밸브(Check Valve)

① 한쪽 흐름만 허용하고 오일의 역류를 방지
② 회로 내 잔류압력(잔압)을 유지

→ 잔압을 유지시켜 다음 작동 시 지연없이 원활하게 한다.

2) 스풀 밸브(Spool Valve)

방향전환밸브의 형식으로, 하나의 밸브 보디(valve body) 외부에 여러 개의 홈이 파여 있는 밸브로서, 축 방향으로 이동하여 오일의 흐름을 변환시킨다.

3) 감속밸브(Deceleration Valve)

유체의 흐름을 정밀하게 조절하여 액추에이터 속도를 느리게 하거나, 특정 위치에서 작동을 늦추기 위해 유로를 서서히 개폐시켜 액추에이터의 발진, 정지, 감속 변환 등을 충격없이 행하는 밸브이다.

4) 셔틀 밸브(Shuttle Valve)

두 개 이상의 입구와 한 개의 출구가 설치되어 있으며 압력이 더 높은 쪽으로부터 작동유가 흐르도록 허용한다.

→ 즉, 저압측은 통제하고 고압측만 통과시킨다.

❹ 유량 제어밸브 ☆

회로에 공급되는 유량을 조절하여 액추에이터의 운동속도를 제어하는 역할을 한다.

1) 스로틀 밸브(Throttle Valve, 교축 밸브)

오일이 통과 하는 관로를 줄여 오일량을 조절하는 밸브로 오리피스(Orifice)와 쵸크(Choke)가 있다.

2) 압력 보상 유량제어 밸브

부하의 변동이 있어도 스로틀 전후의 압력차를 일정하게 유지하는 압력 보상 밸브의 작용으로 항상 일정한 유량을 보내도록 한다.

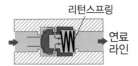

리턴스프링 · 연료라인 [자유흐름] / 잔류압력 유지 [흐름차단]

밸브가 닫히면 역방향 흐름을 제한하고, 연료라인에 남아 있는 연료로 잔압이 형성된다.

흐름 허용 / 체크밸브의 기호

⬆ 체크밸브

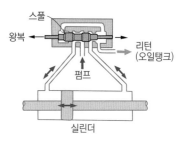

스풀 / 왕복 / 리턴(오일탱크) / 펌프 / 실린더

'Spool'은 '실을 감는 패'처럼 생겼다고 붙여진 이름

스풀(spool)이 축방향으로 이동하며 유로를 변화시켜 실린더에 이송되는 **오일의 방향**을 제어하여 피스톤의 방향을 전환한다.

⬆ 스풀밸브

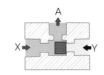
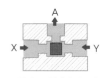

X 압력만 있거나,
X 압력이 Y 압력보다 크면
X 압력이 출구(A)쪽으로 흐름

X 압력, Y 압력이 같으면
출구(A)쪽으로 같이 흐름

셔틀(shuttle)의 의미: 유압에 의해 밸브가 셔틀버스처럼 두 지점을 오가며 움직인다는 의미

⬆ 셔틀밸브

1차 출구 2차 출구 / 입구

유압원에서 압력이 다른 2개의 유압 관로에 각각의 관로의 압력에 관계없이 항상 일정한 관계를 가진 유량으로 분할

⬆ 분류밸브

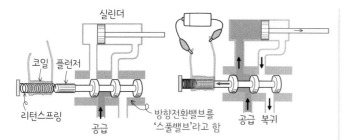

여러 번 감아놓은 코일에 전기를 공급하면 전자석이 되어(자기력이 발생) 플런저를 끌어당겨 플런저에 연결된 밸브축이 이동하여 유로가 변경된다.

※ 참고) 복동 솔레노이드 밸브는 동일한 솔레노이드 밸브를 반대편에도 설치한 것이다.

⬆ (단동)솔레노이드 밸브 작동 개념

3) 온도 압력 보상 유량 제어밸브

점도가 변하면 일정량의 기름을 흘릴 수 없으므로 점도 변화의 영향을 적게 받을 수 있도록 한 밸브이다.

4) 분류 밸브(Divider Valve)

유량을 제어하고 유량을 분배하는 밸브이다.

5) 니들 밸브(Needle Valve)   → Needle : 사전적 의미로 '바늘'을 의미

바늘과 같이 내경이 작은 플런저로 미세한 유량을 조정하는 밸브이다.

05 유압모터 (Hydraulic Motor)

❶ 액추에이터(Actuator) ☆☆

① **유압 에너지(유압펌프에서 발생된 에너지)를 기계적 에너지(일)로 바꾸는 일**을 한다.

② 직선 왕복 운동을 하는 **유압 실린더**와 회전운동을 하는 **유압모터** 등이 있다.

▶ 참고) 액추에이터란
입력 신호를 받아 유압·공압·전기에너지 등을 통해 최종적으로 일을 하는 장치를 말하며, 유압장치의 액추에이터에는 유압실린더, 유압모터 등이 해당된다. 전기장치에서는 전기모터나 솔레노이드가 해당된다.

❷ 유압모터의 개요

① 유압 에너지에 의해 연속적으로 회전운동하는 것

② 유압모터의 속도는 오일의 흐름량에 의해 결정된다.

③ 유압모터 용량은 입구압력(kgf/cm²)당 토크로 나타낸다.

❸ 유압모터의 특징

① 소형·경량으로서 큰 출력을 낼 수 있다.

② **비교적 넓은 범위의 무단변속이 용이하다.**

③ 작동이 신속, 정확하다.

④ 속도·방향·변속·역전의 제어가 용이하다.

⑤ 전동 모터에 비하여 급속정지가 쉽다.

⑥ 토크에 대한 관성이 작으므로 고속 추종성이 좋다.
  → 유압의 변동에 대한 회전 속도의 반응이 빠르다.

❹ 유압모터의 종류   → 기본 특징은 유압펌프와 동일하다.

1) 기어형 모터 (Gear Type)

① **구조 간단, 소형**이며, 저렴하다.

② 평기어를 주로 사용하나, 헬리컬 기어도 사용한다.

③ 정방향의 회전이나 역방향의 회전이 자유롭다.

④ 전효율은 70% 이하로 좋지 않다.

2) 베인형 모터 (Vane type)

① 출력토크가 일정하고 역전이 가능한 무단 변속기로서, 가혹한 조건에서도 사용한다.

② 정용량형 모터로 캠링에 날개가 밀착되도록 하여 작동되며, 무단 변속기로 내구력이 크다.

3) 피스톤형 모터 (플런저형, plunger)

① 구조 복잡, 대형, 가격도 비싸다.

② 펌프의 토출압력이 가장 크며, **모터효율이 가장 높아 고압의 대용량**에 사용하는 유압 모터이다.

③ 종류 : 레이디얼형(radial, 방사형), 액시얼형(axial, 축류형)

▶ 플런저 (plunger)
일반 실린더의 피스톤 모양과 달리 피스톤 헤드와 피스톤 로드와 결합된 막대 모양의 주사기 형태로, 주로 고압을 전달하는 곳에 사용한다.

일반 피스톤

플런저

▶ 참고) 유압펌프와 유압모터의 차이
• 유압펌프(동력발생장치) : 기계적 에너지 → 유압 에너지
• 유압모터(액추에이터) : 유압 에너지 → 기계적 에너지(힘)
• 체적 효율 : 유압펌프 > 유압모터
• 작동 속도 : 유압펌프 > 유압모터
※ 유압펌프와 유압모터의 구조는 거의 같다.

▶ 참고) 유압모터의 감속기
유압 속도를 줄여 출력토크를 높인다. 즉, 회전력을 증대시킨다.

06 유압 실린더

1 유압 실린더의 종류 ☆☆

유압 실린더는 유압 에너지를 **직선왕복운동**으로 변환시킨다.

단동식	• 피스톤의 한쪽에만 유압이 공급되어 작동하고, 스프링이나 자중에 의해 리턴된다. • 종류 : 피스톤형, 램형, 플런저형
복동식	• 피스톤의 양쪽에 유압을 교대로 공급하여 양방향의 운동을 유압으로 작동된다. • 편로드형, 양로드형
다단식	• 유압 실린더의 내부에 여러 개의 플런저를 삽입하는 방식으로, 실린더 길이에 비해 긴 행정이 필요로 할 때 사용한다.

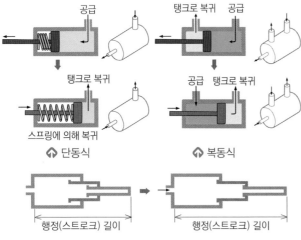

⬆ 단동식　　⬆ 복동식

⬆ 다단식(텔레스코프형)

2 유압 실린더의 구성부품

① 피스톤, 피스톤 로드

② 실(Seal) – O링, 개스킷, 더스트 실 등

③ 쿠션기구

　→ 쿠션기구 : 피스톤 행정이 끝날 때 발생하는 충격을 흡수하기 위한 장치

　→ 더스트 실 : 이물질이 실린더 내부에 침입하는 것을 방지

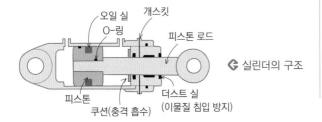

◀ 실린더의 구조

3 유압실린더의 작동속도

유압 장치의 **속도는 작동유의 유량에 의해 결정**된다. 따라서 유압회로 내에 유량이 부족하면 유압실린더의 작동속도가 느려진다. 작동속도를 **빠르게** 하려면 유량을 증가시켜 준다.

07 유압 실린더의 점검

1 유압실린더의 숨돌리기 현상

기계가 작동하다가 아주 짧은 시간이지만 순간적으로 멈칫하는 현상이다. 주로 공기 혼입 등으로 힘이 완벽하게 전달되지 않기 때문에 일어난다.

① 실린더의 작동지연 현상이다.

② 서지(Surge)압이 발생한다. → 충격압력

③ 피스톤 작동이 불안정하게 된다.

▶ 서지압(Surge Pressure) : 유압회로 내에서 과도하게 발생하는 이상 압력의 최대값

2 실린더 자연하강현상(Drift)의 발생 원인

① 컨트롤 밸브의 스풀 마모

② 릴리프 밸브의 불량

③ 실린더 내의 피스톤 실(seal)의 마모

④ 실린더 내부의 마모

3 유압 실린더의 움직임이 느리거나 불규칙할 때의 원인

① 피스톤 링이 마모되었다.

② 유압유의 점도가 너무 높다.

③ 회로 내에 공기가 혼입되고 있다.

④ 유압이 너무 낮다.

시험에 자주 나오는 유압 기호

1 유압동력부

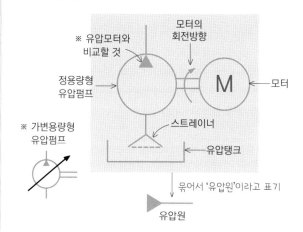

※ 유압모터와 비교할 것
모터의 회전방향
정용량형 유압펌프
모터
스트레이너
유압탱크

※ 가변용량형 유압펌프

묶어서 '유압원'이라고 표기

유압원

2 유압제어부

각 밸브의 역할과 특징은 제어기기 섹션을 참조하세요!

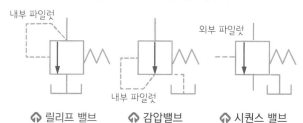

내부 파일럿
내부 파일럿
외부 파일럿

⬆ 릴리프 밸브　⬆ 감압밸브　⬆ 시퀀스 밸브

⬆ 무부하 밸브

흐름 허용　흐름 차단

⬆ 체크 밸브
(유로를 줄여 유량을 감소)

⬆ 스톱 밸브
(밸브를 차단시켜 유로를 개폐하며,
동시에 흐름량을 조절)
– '수도꼭지'와 유사

⬆ 가변 교축밸브
(유로의 크기를 조정하여
오일량을 조정)

3 유압제어부 – 방향전환밸브

인력조작방식(수동레버조작)
스프링 복귀방식
작동위치 | 초기위치
방향전환밸브

설명 : 레버를 조작하여 방향전환밸브의 제어위치가 바뀌며 유로를 변경시킨다.

단동 솔레노이드

전자석을 이용하여 전원을 공급하면 솔레노이드 밸브가 방향전환을 시킨다. '단동'은 밸브를 미는 역할만 하고, 스프링에 의해 복귀된다. '복동'은 밸브의 복귀를 별도로 해주어야 한다.

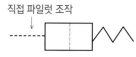

직접 파일럿 조작

파일럿 조작은 작은 유압을 이용하여 비교적 큰 유압을 제어할 때 사용된다.

⬆ 드레인 배출기　⬆ 압력계　⬆ 필터　⬆ 어큐뮬레이터

⬆ 압력스위치

(설정된 오일 압력에 도달하면
전기 스위치의 접점이 닫히거나 열리게 한다.)

4 유압구동부

⬆ 단동 실린더　⬆ 단동식 편로드형　⬆ 단동식 양로드형

⬆ 복동식 편로드형　⬆ 복동식 양로드형

⬆ 가변용량형 유압모터

1 유압펌프의 기능을 설명한 것으로 가장 적합한 것은? ★★★

① 유압회로 내의 압력을 측정하는 기구이다.
② 어큐뮬레이터와 동일한 기능을 한다.
③ 유압에너지를 동력으로 변환한다.
④ 원동기의 기계적 에너지를 유압에너지로 변환한다.

① 오일압력계에 해당한다.
② 유압펌프는 유압을 발생하며, 어큐뮬레이터는 발생된 유압을 일시저장함
③ 엑추에이터(실린더, 유압모터 등)에 해당한다.

2 유압기기의 작동속도를 높이기 위하여 무엇을 변화시켜야 하는가? ★★

① 유압펌프의 토출유량을 증가시킨다.
② 유압모터의 압력을 높인다.
③ 유압펌프의 토출압력을 높인다.
④ 유압모터의 크기를 작게 한다.

유압기기(액추에이터)의 작동속도는 유압펌프의 토출유량으로 제어한다.

3 액추에이터(Actuator)의 작동속도와 가장 관계가 깊은 특성은? ★

① 압력   ② 온도
③ 유량   ④ 점도

유압 실린더의 속도는 유량과 관련이 있다.

4 구동되는 기어펌프의 회전수가 변하였을 때 가장 적합한 설명은? ★★

① 오일의 유량이 변한다.
② 오일의 압력이 변한다.
③ 오일의 흐름 방향이 변한다.
④ 회전 경사판의 각도가 변한다.

회전수는 속도를 말하므로 토출유량이 변한다.

5 유압장치에서 기어 펌프의 특징이 아닌 것은? ★★★

① 구조가 다른 펌프에 비해 간단하다.
② 유압 작동유의 오염에 비교적 강한 편이다.
③ 피스톤 펌프에 비해 효율이 떨어진다.
④ 가변 용량형 펌프로 적당하다.

기어펌프의 용량은 기어와 펌프 내벽(측판) 사이의 공간에 의해 결정되며, 설계 시 기어의 크기가 정해져 있기 때문에 **정용량**(용량이 일정)이다.

6 유압펌프에 주로 사용되지 않는 것은? ★

① 베인 펌프
② 피스톤 펌프
③ 분사 펌프
④ 기어 펌프

분사펌프는 엔진에서 연료를 고압으로 분사노즐로 압송하는 장치이다.

7 기어펌프의 특징이 아닌 것은? ★★★

① 플런저 펌프에 비해 효율이 낮다.
② 다른 펌프에 비해 흡입력이 매우 나쁘다.
③ 소형이며 구조가 간단하다.
④ 초고압에는 사용이 곤란하다.

기어 펌프는 흡입능력이 가장 좋다.
참고) 펌프의 발생압력이 가장 높은 것은 피스톤(플런저) 펌프이다.

8 기어식 유압펌프에서 소음이 나는 원인이 아닌 것은? ★★

① 흡입라인의 막힘
② 오일량의 과다
③ 펌프의 베어링 마모
④ 오일량의 부족

소음은 오일이 적을 때 주로 발생한다.

정답 ▶ **1** ④ **2** ① **3** ③ **4** ① **5** ④ **6** ③ **7** ② **8** ②

9 베인 펌프의 일반적인 특성으로 **틀린** 것은?

① 맥동과 소음이 적다.
② 소형·경량이다.
③ 간단하고 성능이 좋다.
④ 수명이 짧다.

베인 펌프는 소형·경량이며 구조가 비교적 간단해 **수명이 비교적 길고**, 맥동과 소음이 적다.

10 플런저식 유압펌프의 특징이 **아닌** 것은?

① 기어펌프에 비해 최고압력이 높다.
② 피스톤이 회전운동을 한다.
③ 축은 회전 또는 왕복운동을 한다.
④ 가변용량이 가능하다.

플런저(피스톤)는 실린더 내에서 직선왕복운동을 한다.

11 플런저 펌프의 장점과 가장 거리가 **먼** 것은?

① 효율이 양호하다.
② 높은 압력에 잘 견딘다.
③ 구조가 간단하다.
④ 토출량의 변화 범위가 크다.

플런저 펌프는 기어펌프나 베인펌프에 비해 **구조가 복잡하고 비싸다.**

12 다음 유압펌프 중 가장 고압, 고효율인 것은?

① 베인 펌프　　② 플런저 펌프
③ 2단 베인 펌프　　④ 기어 펌프

유압펌프 중 **플런저 펌프(피스톤 펌프)가 가장 고압, 고효율**이다.

13 유압펌프에서 회전수가 같을 때 토출량이 변하는 펌프는?

① 기어펌프
② 정용량형 베인펌프
③ 스크류 펌프
④ 가변 용량형 피스톤 펌프

가변 베인펌프는 캠링의 편심량을 변화시킴으로써 토출량이 비례적으로 변화시키고, 피스톤 펌프는 피스톤의 행정거리를 조정하여 토출량을 변경할 수 있다.

14 유압펌프에서 펌프량이 적거나 유압이 낮은 원인이 **아닌** 것은?

① 오일탱크에 오일이 너무 많을 때
② 펌프 흡입라인 막힘이 있을 때(여과망)
③ 기어와 펌프 내벽 사이 간격이 클 때
④ 기어 옆 부분과 펌프 내벽 사이 간격이 클 때

탱크에 오일이 너무 적을 때 펌프량이 적고, 유압이 낮아진다.

15 작동 중인 유압펌프에서 소음이 발생하는 원인으로 가장 거리가 **먼** 것은?

① 유압유 내에 공기 혼입
② 펌프에 이물질 혼입
③ 엔진의 출력 저하
④ 흡입 라인의 막힘

엔진 출력이 저하되면 유압펌프의 회전속도가 낮아지므로 소음이 작다.

16 유압펌프가 작동 중 소음이 발생할 때의 원인으로 **틀린** 것은?

① 펌프 축의 편심 오차가 크다.
② 펌프 흡입관 접합부로부터 공기가 유입된다.
③ 릴리프 밸브 출구에서 오일이 배출되고 있다.
④ 스트레이너가 막혀 흡입용량이 너무 작아졌다.

공기 혼입, 오일 부족, 펌프 속도가 빠를 때 소음이 발생할 수 있다.
※ 릴리프 밸브 출구에서의 오일 배출은 소음과 거리가 멀다.

17 유압펌프가 오일을 토출하지 **않을** 경우는?

① 펌프의 회전이 너무 빠를 때
② 유압유의 점도가 낮을 때
③ 흡입관으로부터 공기가 흡입되고 있을 때
④ 릴리프 밸브의 설정압이 낮을 때

① 펌프 회전수는 토출량이 비례한다.
② 점도가 낮으면 유체저항이 감소하므로 토출은 원활하나 유압이 약해진다.
④ 릴리프 밸브의 설정압이 낮으면 오일탱크로 복귀되는 오일량이 많아지며, 펌프의 토출과는 무관하다.

04

정답 9 ④　10 ②　11 ③　12 ②　13 ④　14 ①　15 ③　16 ③　17 ③

18 유압펌프가 오일을 토출하지 않을 경우 점검 항목으로 틀린 것은?

① 오일 탱크에 오일이 규정량으로 들어 있는지 점검한다.
② 흡입 스트레이너가 막혀있지 않은지 점검한다.
③ 흡입 관로에서 공기가 혼입되는지 점검한다.
④ 토출 측 회로에 압력이 너무 낮은지 점검한다.

토출 측 압력이 낮으면 토출이 쉽다는 의미이다.

19 유압펌프의 작동유 유출 여부 점검사항이 아닌 것은?

① 정상 작동온도로 난기 운전을 실시하여 점검하는 것이 좋다.
② 고정 볼트가 풀린 경우에는 추가 조임을 한다.
③ 작동유 유출 점검은 운전자가 관심을 가지고 점검하여야 한다.
④ 하우징에 균열이 발생되면 패킹을 교환한다.

---

④ 하우징에 균열이 발생되면 하우징을 수리하거나 펌프를 교환해야 한다.
※ ① 유압계통의 작동유 유출 여부를 점검할 때 엔진과 마찬가지로 워밍업하여 작동유의 정상 작동온도(약 40~60℃)에서 점검하는 것이 좋다.

20 유압 장치의 과부하 방지와 유압기기의 보호를 위하여 최고 압력을 규제하고 유압 회로 내의 필요한 압력을 유지하는 밸브는?

① 압력제어 밸브
② 유량제어 밸브
③ 방향제어 밸브
④ 온도제어 밸브

21 압력제어 밸브는 어느 위치에서 작동하는가?

① 실린더 내부
② 펌프와 방향전환밸브
③ 탱크와 펌프
④ 방향전환 밸브와 실린더

릴리프밸브와 같은 압력제어 밸브는 통상 **펌프의 토출압력과 관련이 깊으므로** 펌프–체크밸브나 펌프–방향전환밸브 사이에 위치한다.

22 유압펌프의 압력 조절밸브 스프링 장력이 강하게 조절되었을 때 나타나는 현상으로 가장 적절한 것은?

① 유압이 높아진다.
② 유압이 낮아진다.
③ 토출량이 증가한다.
④ 토출량이 감소한다.

대부분의 유압밸브의 스프링 장력은 클수록 유압은 높아진다.

23 유압회로의 최고압력을 제한하는 밸브로서 회로의 압력을 일정하게 유지시키는 밸브는?

① 체크 밸브   ② 감압밸브
③ 릴리프밸브   ④ 카운터 밸런스 밸브

'최고압력 제한, 규정값 이상 압력 제한, 압력을 일정하게 유지'란 말이 언급되면 대부분 릴리프 밸브에 관한 것이다.

24 유압 건설기계의 고압 호스가 자주 파열되는 원인으로 가장 적합한 것은?

① 유압펌프의 고속 회전
② 오일의 점도 저하
③ 릴리프 밸브의 설정압력 불량
④ 유압모터의 고속 회전

릴리프 밸브의 설정압력이 너무 높으면 고압호스가 파손될 수 있다.

25 다음 유압기호에 해당하는 밸브는?

① 체크 밸브
② 시퀀스 밸브
③ 릴리프 밸브
④ 리듀싱 밸브

릴리프 밸브의 특징은 **입구과 출구 사이의 메인 유로가 끊겨져** 있으며, **파일럿 유로가 입구에 연결**되어 있다.

평상시에는 입구와 출구 사이의 메인 유로가 끊어져 있지만 압력이 규정값보다 커지면 유압이 내부 파일럿 유로를 통해 밸브가 열려 입구와 출구 사이에 유로가 연결되어 유압 탱크로 흐르도록 한다.

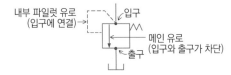

정답 18 ④   19 ④   20 ①   21 ②   22 ①   23 ③   24 ③   25 ③

기호로 비교하는 릴리프밸브와 감압밸브 ☆☆☆

[릴리프 밸브]

평상 시 밸브가 닫혀 있다가 (상시 폐쇄형) 밸브 설정값 이상일 때 밸브가 열림

[감압 밸브]

평상 시 밸브가 열려 있다가 (상시 개방형) 밸브 설정값 이하일 때 밸브가 닫힘

---

26 리듀싱(감압) 밸브에 대한 설명으로 **올바르지 않은** 것은?

① 출구의 압력이 감압 밸브의 설정 압력보다 높아지면 밸브가 작동하여 유로를 닫는다.
② 주 회로의 입구에서 출구의 감압회로로 유압유가 흐른다.
③ 상시 폐쇄상태로 되어 있다.
④ 유압장치에서 회로 일부의 압력을 릴리프밸브 설정압력 이하로 하고 싶을 때 사용한다.

일반적으로 전체 유압회로(주 회로)는 릴리프 밸브의 설정값에 의해 유압이 제한된다. 하지만 일부 유압회로를 **릴리프 밸브의 설정압력 이하**로 설정하고 싶을 때 감압밸브를 사용한다.

이해 리듀싱 밸브(감압밸브)는 **평상 시 개방상태**이어서 입구에서 출구로 오일이 흐른다. 이때 출구측 압력(밸브를 통과한 압력)이 **감압밸브의 설정 압력값**(릴리프 밸브보다 낮게 설정됨)**보다 높아지면** 출구측 유압의 일부가 파일럿 관로를 통해 밸브를 닫게 함으로 **입구측 유압을 감압**시킨다.

평상시에 메인 유로가 입구와 출구를 연결하여 개방되어 있다.

내부 파일럿 유로 (출구에 연결)

---

27 유압회로에서 입구 압력을 감압하여 유압실린더 출구 설정 압력 유압으로 유지하는 밸브는?

① 릴리스 밸브
② 리듀싱 밸브
③ 언로드 밸브
④ 카운터 밸런스 밸브

---

28 작업 중에 유압펌프 유량이 필요하지 않게 되었을 때 오일을 저압으로 탱크에 귀환시키는 회로는?

① 시퀀스 회로
② 어큐뮬레이션 회로
③ 블리드 오프 회로
④ 언로드 회로

언로드 회로 중 언로드(무부하) 밸브를 이용하여 1차적 작업이 끝난 후 유압펌프의 유량이 필요하지 않게 되었을 때 오일을 탱크로 귀환시킨다.

---

29 유압회로의 설명으로 맞는 것은?

① 유압 회로에서 릴리프 밸브는 압력제어 밸브이다.
② 유압회로의 동력 발생부에는 공기와 믹서하는 장치가 설치되어 있다.
③ 유압 회로에서 릴리프 밸브는 닫혀 있으며, 규정압력 이하의 오일압력이 오일탱크로 회송된다.
④ 회로 내 압력이 규정 이상일 때는 공기를 혼입하여 압력을 조절한다.

릴리프 밸브는 **압력제어밸브**에 해당하며, 평상시에는 밸브가 닫혀 있으며, 규정압력 **이상일 때** 오일압력이 오일탱크로 복귀된다.
※ ②, ④ 유압회로에는 공기를 포함하면 안된다.

---

30 릴리프 밸브(Relief Valve)에서 볼(Ball)이 밸브의 시트(Seat)를 때려 소음을 발생시키는 현상은?

① 채터링(Chatterling) 현상
② 베이퍼록(Vapor Lock) 현상
③ 페이드(Fade) 현상
④ 노킹(Knocking) 현상

채터링은 릴리프 밸브의 스프링 장력이 약하거나 스프링의 고유 진동으로 인해 밸브가 닫힐 때 볼이 밸브 시트를 반복해서 때리는 떨림 현상이다.

---

31 2개 이상의 분기회로를 갖는 회로 내에서 작동순서를 회로의 압력 등에 의하여 제어하는 밸브는?

① 체크 밸브 (Check valve)
② 시퀀스 밸브 (Sequence valve)
③ 교축 밸브 (Throttle valve)
④ 언로드 밸브 (Unload valve)

시퀀스 밸브는 두 개 이상의 분기회로에서 유압회로의 압력에 의해 유압 액추에이터의 작동 순서를 제어하는 밸브이다.

정답 26 ③ 27 ② 28 ④ 29 ① 30 ① 31 ②

32 [보기]에서 회로 내의 압력을 설정치 이하로 유지하는 밸브로만 짝지은 것은?

> **보기**
> ㄱ. 릴리프 밸브　　　ㄴ. 리듀싱 밸브
> ㄷ. 스로틀 밸브　　　ㄹ. 언로더 밸브

① ㄱ, ㄴ, ㄷ　　　　② ㄷ, ㄹ
③ ㄴ, ㄷ　　　　　④ ㄱ, ㄴ, ㄹ

회로 내에서 압력을 조절하는 밸브는 압력제어밸브이며, 릴리프 밸브, 리듀싱 밸브, 언로더 밸브 등이 있다. 스로틀 밸브는 유량을 제어하는 밸브이다.

33 자체중량에 의한 자유낙하 등을 방지하기 위하여 회로에 배압을 유지하는 밸브는?

① 감압 밸브　　　　② 체크 밸브
③ 릴리프 밸브　　　④ 카운터 밸런스 밸브

카운터 밸런스 밸브는 유압 실린더가 수직으로 세워진 구조에서 사용된다. 중력으로 인하여 제어속도 이상으로 낙하하는 것을 방지하는 밸브이다.
※ 문제에 **자중, 자유낙하, 배압**이 나오면 카운터밸런스 밸브에 대한 설명이다.
※ 배압(back pressure) : 실린더에서 배출되는 오일 압력

34 유압장치에서 고압 소용량, 저압 대용량 펌프를 조합 운전할 때 작동 압력이 규정 압력 이상으로 상승할 때 동력을 절감하기 위해 사용하는 밸브는?

① 감압밸브　　　　② 릴리프 밸브
③ 시퀀스 밸브　　　④ 무부하 밸브

무부하 회로에서는 **고압 소용량, 저압 대용량 펌프를 조합 운전**할 때 1차 작업으로 두 펌프를 구동하여 피스톤을 빠르게 이동시키고, 2차 작업으로 저압 대용량 펌프를 이용하여 압력을 가하는 방식이다. 무부하밸브는 2차 작업이 끝났을 때 **작동 압력이 규정 압력 이상으로 상승할 때** 오일을 다시 탱크로 보내므로 펌프가 무부하상태가 되도록 하여 **동력을 절감**하는 역할을 한다.

35 크롤러 기중기가 경사면에서 주행 모터에 공급되는 유량과 관계없이 자중에 의해 빠르게 내려가는 것을 방지해 주는 밸브는?

① 카운터 밸런스 밸브
② 릴리프 밸브
③ 브레이크 밸브
④ 피스톤 모터의 피스톤

자세한 설명은 이론의 '카운터밸런스 밸브의 작동 이해'를 참고할 것

36 방향제어 밸브를 동작시키는 방식이 아닌 것은?

① 수동식
② 유압 파일럿식
③ 전자식
④ 스프링식

스프링은 방향제어 밸브에서 원래 상태로 리턴시킬 때 사용되며, 동작시키는 방식은 아니다.

37 유압 컨트롤 밸브 내에 스풀 형식의 밸브 기능은?

① 오일의 흐름 방향을 바꾸기 위해
② 계통 내의 압력을 상승시키기 위해
③ 축압기의 압력을 바꾸기 위해
④ 펌프의 회전 방향을 바꾸기 위해

스풀 형식의 밸브는 방향제어밸브에 해당한다.

38 회로 내 유체의 흐르는 방향을 조절하는데 쓰이는 밸브는?

① 압력제어밸브
② 유량제어밸브
③ 방향제어밸브
④ 유압 액추에이터

• 압력제어밸브 : 일의 크기 조절
• 유량제어밸브 : 일의 속도 조절
• 방향제어밸브 : 일의 **방향** 조절

39 유압장치에서 방향제어밸브 설명으로 적합하지 않은 것은?

① 유체의 흐름 방향을 변환한다.
② 유체의 흐름 방향을 한쪽으로만 허용한다.
③ 액추에이터의 속도를 제어한다.
④ 유압실린더나 유압모터의 작동 방향을 바꾸는데 사용된다.

일의 속도를 제어하는 밸브는 유량제어밸브이다.

40 유압장치에서 작동유의 속도를 바꿔주는 밸브는?

① 압력제어 밸브   ② 유량제어 밸브

③ 방향제어밸브   ④ 체크 밸브

유압장치에서 **속도의 제어는 유량의 조정**으로 한다.

---

41 유압회로에서 역류를 방지하고 회로 내의 잔류압력을 유지하는 밸브는?

① 체크 밸브   ② 셔틀 밸브

③ 매뉴얼 밸브   ④ 스로틀 밸브

체크 밸브의 역할 : 한쪽 방향 흐름 허용, 역류 방지, 잔류압력 유지

---

42 유압회로 내에 잔압을 설정해두는 이유로 가장 적절한 것은?

① 제동 해제 방지   ② 유로 파손 방지

③ 오일 산화 방지   ④ 작동 지연 방지

유압회로에 체크밸브를 설치하여 밸브가 닫혀 잔압(잔류압력)이 유지시킨다. 그 목적은 **다음 작동 시 지연을 방지**시킨다.

---

43 회로 내 유체의 흐름 방향을 변환하는데 사용되는 밸브는?

① 교축 밸브   ② 셔틀 밸브

③ 감압 밸브   ④ 유압 액추에이터

셔틀 밸브는 2개의 공급포트와 1개의 출력포트를 가진 밸브로서, 출력포트가 고압을 공급하는 포트에 반드시 접속되고 저압측의 포트를 닫도록 동작시키는 방향제어밸브이다.

---

44 내경이 작은 파이프에서 미세한 유량을 조정하는 밸브는?

① 압력보상 밸브

② 니들 밸브

③ 바이패스 밸브

④ 스로틀 밸브

니들 밸브는 볼 또는 포핏밸브와 달리 바늘 모양의 플런저(스템)를 달아 미세하게 유로를 조정한다.

---

45 오리피스가 설치된 다음 그림에서 압력에 대한 설명으로 맞는 것은?

① A = B   ② A > B

③ A < B   ④ A와 B는 무관

오리피스는 베르누이의 방정식을 적용한 것으로, 유체가 구멍을 통과할 때 단면적을 감소시켜 속도를 증가하고, **압력을 작게 한다.**

---

46 유량 제어 밸브가 <u>아닌</u> 것은?

① 속도제어 밸브   ② 체크 밸브

③ 교축 밸브   ④ 급속배기 밸브

체크 밸브는 한방향으로만 흐르게 하는 방향제어 밸브에 속한다.

---

47 액추에이터의 속도를 서서히 감속시키는 경우나 증속시키는 경우에 사용되며, 일반적으로 캠(cam)으로 조작되는 밸브는?

① 릴리프 밸브

② 카운터 밸런스 밸브

③ 디셀러레이션 밸브

④ 체크 밸브

디셀러레이션 밸브(감속밸브)는 유량을 감소시켜 액추에이터의 속도를 서서히 감속시키는 밸브이며, 캠에 의해 조작된다.

---

48 유압유의 압력에너지(힘)를 기계적 에너지(일)로 변환시키는 작용을 하는 것은?

① 유압펌프   ② 유압밸브

③ 어큐뮬레이터   ④ 액추에이터

---

49 유압 엑추에이터의 기능에 대한 설명으로 옳은 것은?

① 유압을 일로 바꾸는 장치이다.

② 유압의 오염을 방지하는 장치이다.

③ 유압의 방향을 바꾸는 장치이다.

④ 유압의 빠르기를 조정하는 장치이다.

04

50 유압장치에서 작동 유압 에너지에 의해 연속적으로 회전 운동을 함으로서 기계적인 일을 하는 것은?

① 유압모터
② 유압실린더
③ 유압제어밸브
④ 유압탱크

유압모터는 유압펌프와 반대로 유압 에너지에 의해 회전운동을 하며, 유압 실린더는 직선 왕복운동을 한다.

51 유압모터의 용량을 나타내는 것은?

① 입구압력(kgf/cm²)당 토크
② 유압작동부 압력(kgf/cm²)당 토크
③ 주입된 동력(HP)
④ 체적(cm³)

52 유압 모터의 종류에 포함되지 않는 것은?

① 기어형
② 베인형
③ 플런저형
④ 터빈형

유압 모터의 종류는 유압펌프와 거의 동일하며 기어형, 베인형, 플런저형이 있다.

53 유압 모터의 종류가 아닌 것은?

① 기어 모터
② 베인모터
③ 피스톤 모터
④ 직권형 모터

직권형 모터는 직류 전동기의 종류이다.

54 유압모터의 가장 큰 특징은?

① 유량 조정이 용이하다.
② 오일의 누출이 많다.
③ 간접적으로 큰 회전력을 얻는다.
④ 무단 변속이 용이하다.

55 유압모터의 장점이 아닌 것은?

① 급정지를 쉽게 할 수 있다.
② 광범위한 무단변속을 얻을 수 있다.
③ 작동이 신속·정확하다.
④ 관성력이 크며, 소음이 크다.

유압 모터는 관성이 작다.

56 유압모터의 단점에 해당하지 않는 것은?

① 작동유에 먼지나 공기가 침입하지 않도록 특히 보수에 주의해야 한다.
② 작동유가 누출되면 작업 성능에 지장이 있다.
③ 작동유의 점도변화에 의하여 유압모터의 사용에 제약이 있다.
④ 릴리프 밸브를 부착하여 속도나 방향제어가 곤란하다.

릴리프 밸브는 유압계통의 압력을 제한하는 필수 안전밸브로, 릴리프 밸브가 부착하였다고 속도나 방향 제어가 곤란한 것은 아니다.

57 유압 모터의 장점이 아닌 것은?

① 소형·경량으로서 큰 출력을 낼 수 있다.
② 공기와 먼지 등이 침투하여도 성능에는 영향이 없다.
③ 변속, 역전의 제어도 용이하다.
④ 속도나 방향의 제어가 용이하다.

오일에 공기나 이물질(먼지, 슬래지 등) 침투 시 모터 성능에 영향을 받는다.

58 유압장치에서 기어 모터에 대한 설명 중 잘못된 것은?

① 내부 누설이 적어 효율이 높다.
② 구조가 간단하고, 가격이 저렴하다.
③ 일반적으로 평기어를 사용하나 헬리컬 기어도 사용한다.
④ 유압유에 이물질이 혼입되어도 고장 발생이 적다.

내부부품 마모로 축과 기어 단면 사이의 **누설 영역이 커 효율이 낮은 편**이다.

정답 **50** ① **51** ① **52** ④ **53** ④ **54** ④ **55** ④ **56** ④ **57** ② **58** ①

59 펌프의 최고 토출압력, 평균효율이 가장 높아 고압 대출력에 사용하는 유압 모터로 가장 적절한 것은?

① 기어 모터
② 베인 모터
③ 트로코이드 모터
④ 피스톤 모터

피스톤 펌프는 **토출압력, 평균효율이 가장 높다.**

60 유압 모터의 회전속도가 규정 속도보다 느릴 경우의 원인에 해당하지 않는 것은?

① 유압펌프의 오일 토출량 과다
② 유압유의 유입량 부족
③ 각 작동부의 마모 또는 파손
④ 오일의 내부누설

유압펌프의 토출량이 과다하면 모터의 회전이 빠르게 된다.

61 유압모터에서 소음과 진동이 발생할 때의 원인이 아닌 것은?

① 내부 부품의 파손
② 작동유 속에 공기의 혼입
③ 체결 볼트의 이완
④ 펌프의 최고 회전속도 저하

소음과 진동은 펌프의 속도와 반비례한다.

62 유압 실린더는 유체의 힘을 어떤 운동으로 바꾸는가?

① 회전 운동   ② 직선 운동
③ 곡선 운동   ④ 비틀림 운동

유압 실린더는 직선 왕복운동을 하며, 유압모터는 회전운동을 한다.

63 일반적인 유압 실린더의 종류에 해당하지 않는 것은?

① 단동 실린더 피스톤형
② 단동 실린더 램형
③ 단동 실린더 레이디얼형
④ 복동 실린더 양로드형

64 그림과 같은 실린더의 명칭은?

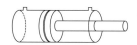

① 단동 실린더
② 단동 다단 실린더
③ 복동 실린더
④ 복동 다단 실린더

외부 연결부가 두 곳이므로 복동 실린더를 나타낸다.

65 유압 실린더의 구성부품이 아닌 것은?

① 피스톤 로드
② 피스톤
③ 실린더
④ 커넥팅 로드

커넥팅 로드는 내연기관의 실린더에서 발생된 연소압력을 '피스톤－커넥팅 로드－크랭크축'으로 전달된다.

66 유압 실린더에서 피스톤 행정이 끝날 때 발생하는 충격을 흡수하기 위해 설치하는 장치는?

① 쿠션기구
② 압력보상 장치
③ 서보 밸브
④ 스로틀 밸브

피스톤 로드가 팽창하여 행정이 끝나는 지점에서 피스톤 헤드가 실린더 끝에 닿아 충격을 줄 수 있으므로 쿠션기구를 설치한다.

67 유압실린더의 작동속도가 느릴 경우 그 원인으로 옳은 것은?

① 엔진오일 교환시기가 경과되었을 때
② 유압회로 내에 유량이 부족할 때
③ 운전실에 있는 가속페달을 작동시켰을 때
④ 릴리프 밸브의 셋팅 압력이 높을 때

유압장치의 속도는 유량에 의해 달라지므로 유량을 증가시키면 작동속도가 빨라진다.

68 유압 실린더 정비 시 올바르지 않는 것은?

① 사용하던 O-링은 면 걸레로 깨끗이 닦아 오일이 묻지 않게 조립한다.
② 분해 조립 시 무리한 힘을 가하지 않는다.
③ 도면을 보고 순서에 따라 분해 조립을 한다.
④ 쿠션 기구의 작은 유로는 압축공기를 불어 막힘 여부를 검사한다.

69 유압 실린더를 교환하였을 경우 조치해야 할 작업으로 가장 거리가 먼 것은?

① 오일 교환
② 공기빼기 작업
③ 누유 점검
④ 공회전하여 작동상태 점검

실린더를 교환할 때 공기가 포함되기 때문에 공기빼기 작업(오일을 순환시켜 기포를 빼내는 작업)은 필수이며, 실린더 교환 후 누유 여부를 점검하고, 작동상태를 점검한다.

70 유압실린더의 숨돌리기 현상이 생겼을 때 일어나는 현상이 아닌 것은?

① 작동지연 현상이 생긴다.
② 서지압이 발생한다.
③ 오일의 공급이 과대해진다.
④ 피스톤 작동이 불안정하게 된다.

숨돌리기 현상이 생겼을 때 나타나는 현상
• 공기가 실린더에 혼입되어 멈칫거리며 피스톤의 작동이 불안정해진다.
• 실린더의 작동지연을 초래한다.
• 공기로 인해 오일 공급이 부족해진다.
• 공기의 압축성으로 인해 서지압(순간 발생하는 급격한 이상 압력)이 발생한다.

71 유압 실린더의 움직임이 느리거나 불규칙 할 때의 원인이 아닌 것은?

① 오일탱크의 오일량이 부족하다.
② 유압유의 점도가 너무 높다.
③ 회로 내에 공기가 혼입되고 있다.
④ 체크밸브의 방향이 반대로 설치되어 있다.

오일량 부족, 공기 혼입 및 유압유의 점도가 너무 높으면 오일 흐름이 원활하지 않아 실린더의 움직임이 느려지거나 불규칙해진다.

※ 체크밸브는 한쪽방향으로만 흐르게 하므로 반대 방향으로 설치하면 양 방향 모두 오일이 흐르지 못해 실린더가 작동할 수 없다.

72 유압 실린더의 지지하는 방식이 아닌 것은?

① 플랜지형
② 트러니언형
③ 푸트형
④ 유니언형

유압실린더의 지지 방식 : 플랜지형, 트러니언형, 푸트(foot)형, 클레비스형
※ 유니언형은 배관의 연결 방식에 해당한다.

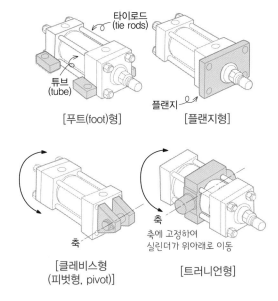

[푸트(foot)형]　　[플랜지형]

[클레비스형
(피벗형, pivot)]　　[트러니언형]

73 가변용량 유압펌프의 기호는?

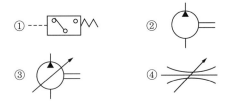

① 압력 스위치, ② 정용량형 유압펌프, ④ 가변 교축 밸브

74 다음 중 유압기호에 해당하는 것은?

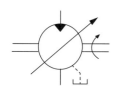

① 가변 용량형 유압모터
② 공기 탱크
③ 단동실린더
④ 유압펌프

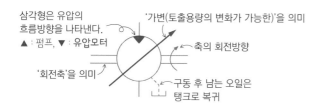

삼각형은 유압의
흐름방향을 나타낸다.
▲ : 펌프, ▼ : 유압모터

'가변(토출용량의 변화가 가능한)'을 의미

← 축의 회전방향

'회전축'을 의미 ↗

구동 후 남는 오일은
탱크로 복귀

75 다음 유압기호에서 "A" 부분이 나타내는 것은?

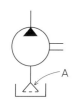

① 오일 냉각기
② 스트레이너
③ 가변용량 유압펌프
④ 가변용량 유압모터

스트레이너는 오일탱크에 저장된 오일을 유압펌프에 흡입할 때 1차적으로
굵은 입자의 이물질을 걸러내는 역할을 한다.

유압펌프

스트레이너

오일탱크

76 복동 실린더 양로드형을 나타내는 유압 기호는?

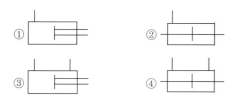

① 단동식 편로드형, ② 단동식 양로드형, ③ 복동식 편로드형

77 방향전환 밸브의 조작 방식에서 단동 솔레노이드 기호는?

①

②

③

④

① 단동 솔레노이드
③ 인력(수동)조작 레버

② 직접 파일럿 조작방식
④ 기계조작 누름방식

※ 단동 솔레노이드 : 전자력(코일을 자화)에 의해 방향전환밸브의 한 방향으
로만 작동시키게 한다.

※ 파일럿 조작 : 인력이나 기계 대신 유압회로에서 특정 위치의 유압을 입력
신호로 받아 방향전환밸브를 원격(또는 자동)으로 작동시킨다.

78 그림의 유압기호에서 어큐뮬레이터는?

①

②

③

④

① 어큐뮬레이터(축압기), ② 필터, ③ 압력계, ④ 유압 압력원

79 그림에서 체크 밸브를 나타낸 것은?

①

②

③ ▶——

④ └──┘

① 체크 밸브, ② 전동기, ③ 유압 압력원, ④ 오일탱크

03 기타 부속기기 및 유압회로

[출제문항수 : 3~4문제] 유압탱크, 어큐뮬레이터, 여과기 등 출제되는 문항수에 비해 학습량이 많지 않으므로 꼼꼼하게 학습하시기 바랍니다. 유압회로에서는 1문제 정도만 출제됩니다.

01 유압탱크

1 유압탱크의 기능 및 주요 구성품 ☆☆

① 흡입관을 통해 펌프로 작동유(오일)을 송출하거나 유압라인 내의 작동유가 리턴하는 오일을 저장한다.

② 유압펌프나 액추에이터(실린더 등)에서 발생한 **열을 발산**시킨다. (냉각작용)

③ **배플(칸막이, 격판)** : 흡입관과 복귀관(리턴 파이프) 사이에 설치되며, 복귀된 오일에 의해 발생된 유동(와류)을 상쇄시켜 맥동을 방지하고, 오일에 포함된 기포를 분리한다.

→ 분리된 기포는 에어 브리더를 통해 방출시킨다.

④ **스트레이너** : 펌프 흡입구에 설치되어 입자가 큰 불순물을 여과한다. → 필터에 비해 큰 입자의 불순물을 걸러낸다.

⑤ **드레인 플러그(배출구)** : 오일 교환 또는 오일탱크 세척 시 작동유를 배출하는 마개

⑥ 유면계 : 오일량 측정

> ▶ **탱크에 수분이 혼입되었을 때의 영향**
> 공동 현상 발생, 작동유의 열화 촉진, 유압 기기의 마모 촉진

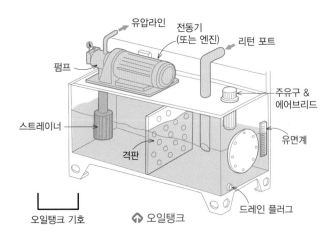

오일탱크 기호   ⬆ 오일탱크

02 어큐뮬레이터 (Accumulator, 축압기)

오일펌프에서 유압을 발생하지만, 어큐뮬레이터는 발생된 유압을 일시 저장하였다가 큰 힘이 요구되는 부하에 추가로 힘을 보태거나 유압라인 내에 불규칙한 오일 흐름을 일정하게 하며, 펌프에서 유압을 발생하지 못할 경우 비상에너지원 등으로 보조 유압원의 역할로 사용된다.

1 어큐뮬레이터의 역할 (주요 부분만) ☆☆☆

① **유압 에너지 축적**

→ 펌프 작동이 안될 때 축압기에 저장된 에너지를 방출하여 압력을 유지

② **비상용 및 보조 유압원**

→ 유압계통 내 일시적인 압력 부족이나 추가 압력(힘)이 필요할 때 사용

③ **서지압력(충격 압력)의 흡수, 펌프 맥동 완화**

→ 서지압(surge pressure) : 급격한 부하변동이나 급격한 밸브 개폐 등으로 과도하게 발생하는 급격한 압력 상승

→ 맥동 : 펌프는 일정 주기마다 토출하므로 압력의 변화가 발생되며 이 변화에 의해 펌프에서 멀어질수록 진동이나 소음 등이 커진다.

④ **압력 보상** 등

→ 누설로 인한 압력강하나 유량변화에 대한 압력 보상

2 어큐뮬레이터의 종류

① 스프링식

② **공기압축식 (가스오일식)**

• **피스톤형** : 실린더 속에 피스톤을 삽입하여 질소 가스와 유압유를 격리시켜 놓은 것이다.

• **블래더형**(고무 주머니형) : 압력용기 상부에 고무주머니를 설치하여 기체실과 유체실을 구분한다. 블래더 내부에 **질소가스가 충진**되어 있다.

→ 시스템의 압력에 따라 가스가 압축되거나 팽창하면서 에너지를 저장하고 방출한다.

• **다이어프램형** : 주머니 형태가 아닌 격판(막)이 용기 사이에 고정되어 기체실과 유체실을 구분한다. 기체실에는 **질소가스가 충진**되어 있다.

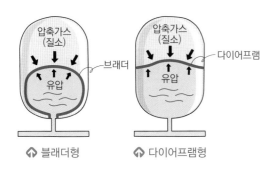

⬆ 블래더형　　⬆ 다이어프램형

가르다 막
▶ **다이어프램**(Dia phragm)이란

탄성력이 매우 좋은 합성수지(고무)나 금속격판(막)을 말하며, 공간을 분리하여 서로 다른 유체(오일이나 공기 등)을 저장하거나 다이어프램에 압력을 주어 결합된 장치가 움직이게 한다.

어큐뮬레이터 기호

04

03　필터와 배관이음

■ 여과기(필터)

① 스트레이너(탱크용 필터) : 유압펌프 입구에 설치되어 입자가 큰 이물질을 걸러낸다.

② 관로용 필터 : 흡입관 필터, 복귀관 필터, 압력관 필터가 있다. 스트레이너에서 제거하지 못한 미세한 먼지, 불순물 등을 걸러낸다.

필터 기호

② 배관 이음

① 배관 이음은 '관을 연결하는 부분'으로 나사 이음, 플랜지형 이음, 플레어형 이음, 신축 이음, 슬리브 이음 등이 있다.

② **유니언 조인트**(Union Joint) : 관 이음쇠의 일종으로, 건설기계와 같이 호이스트형 유압호스 연결부에 가장 많이 사용한다.

04　오일 실 (Oil Seal)

① 오일 실은 기기 내부나 연결부의 오일 누출 방지, 즉 밀봉작용을 한다.

→ 연결부에서 누설이 가장 많으므로 오일 누설 시 오일 실을 가장 먼저 점검해야 한다.

② 유압계통을 수리할 때마다 **오일 실은 항상 교환**해야 한다.

---

③ 오일 실의 종류 ☆

• **패킹**(Packing) : 운동용 연결부
• **개스킷**(Gasket) : 고정형 연결부
• **O 링**(O-Ring) : 고정형 연결부, 운동부 연결부

O-링

▶ **더스트 실**(Dust Seal) : 유압장치에서 피스톤 로드에 있는 먼지 또는 오염물질 등이 실린더 내로 혼입되는 것을 방지하는 것

▶ O-링 : 실린더와 같은 유압장치의 고정부를 조립할 때 오일 누설 방지를 목적으로 끼우는 합성고무 또는 플라스틱 재질의 부품을 말하며 개스킷, 실(seal)과 같이 교체 및 정비 시 교환하는 것을 원칙으로 한다.

05　시험에 나오는 유압제어회로

제어밸브에는 압력제어밸브, 속도제어밸브가 있으며 유압제어회로는 이러한 밸브를 조합하여 목적에 맞는 회로를 구성한다.

■ 압력제어 회로

유압회로의 최고압력을 제어하고, 회로의 일부 압력을 감압해서 작동 목적에 알맞은 압력을 얻거나 실린더에 일정한 배압을 작용하는 등 압력을 제어하는 회로이다.

② 속도제어 회로

유압 모터나 유압 실린더의 속도를 임의로 쉽게 제어할 수 있는 회로이다. 실린더의 크기, 유량, 부하 등에 의하여 속도를 제어할 수 있다.

① **미터인 회로**(Meter In Circuit) : 실린더의 입구 쪽 관로에 설치한 유량제어밸브로, 실린더에 유입하는 유량을 제어하여 속도를 조절한다.

② **미터아웃 회로**(Meter Out Circuit) : 액추에이터 출구 쪽 관로에 설치한 회로로서, 실린더에서 유출되는 유량을 제어하여 속도를 조절한다.

③ **블리드 오프 회로**(Bleed Off Circuit) : 실린더 입구의 분기 회로에 유량제어 밸브를 설치하여 실린더 입구 측의 불필요한 압유를 미리 배출시켜 작동 효율을 높으나, 정확한 속도제어는 어렵다.

▶ 용어 의미
• 미터(meter) : (오일의 양이 미리) 조정된, 계량된
• bleed off : (오일을 미리) 빼내다

③ 무부하 회로(언로드 회로)

무부하 제어밸브 등을 이용하여 작업 중에 유압펌프 유량이 필요하지 않게 되었을 때 오일을 저압으로 탱크에 귀환시켜 펌프를 무부하시키는 회로이다.

④ 시퀀스 회로

하나의 동작이 완료되면 그 다음 동작을 하는 회로를 말하며, 시퀀스 밸브를 사용한다.

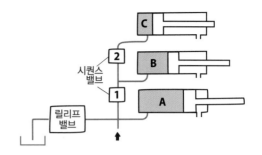

먼저 유체는 실린더 A로 흐른다. 이 때 시퀀스 밸브 ①은 실린더 A의 피스톤 로드가 끝까지 움직일 때까지 실린더 B로의 유체 흐름을 차단한다. 실린더 A의 작동이 이뤄지면(유압이 커짐) 시퀀스 밸브 ①이 열리고 유체가 실린더 B에 들어간다.

마찬가지로 실린더 B의 작동이 이뤄지면 시퀀스 밸브 ②는 실린더 C의 작동을 허용한다.

⬆ 시퀀스 회로의 개념

유량제어밸브 (속도제어밸브)

교축밸브(유로의 단면적이 변화하여 유량을 조정)와 **체크밸브**(한쪽 방향으로만 흐르게 하고 반대 흐름은 방지)로 구성

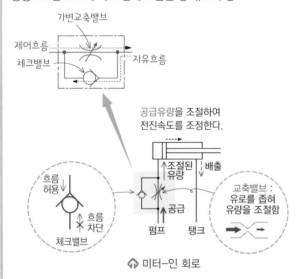

공급유량을 조절하여 전진속도를 조정한다.

교축밸브 : 유로를 좁혀 유량을 조절함

⬆ 미터-인 회로

배출유량을 조절하여 전진속도를 조정한다.

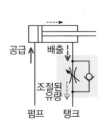

⬆ 미터-아웃 회로

유량제어밸브가 실린더 입구쪽 바이패스(분기) 관로에 실린더의 병렬로 설치하여 불필요한 압유를 **미리** 배출시켜 전진속도를 조정한다.

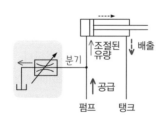

⬆ 블리드-오프 회로

06 유압회로의 점검

① 유압회로에서 압력에 영향을 주는 요소
① 유체의 흐름량
② 유체의 점도
③ 관로 직경의 크기

② 유압회로에서 소음이 나는 원인
① 회로 내 공기 혼입
② 채터링 현상
③ 캐비테이션 현상

③ 기타 유압회로의 점검
① 유압회로 내에 잔압을 설정해두는 이유는 작업이 신속하게 이루어지도록 하고 유압회로 내의 공기 혼입이나 오일의 누설을 방지하는 역할을 하기 때문이다.
② 차동 회로를 설치한 유압기기에서 회로 내에 압력손실이 있으면 속도가 나지 않는다.
③ 유압조정밸브가 고착되면 유압회로 내 압력이 비정상적으로 올라가는 원인이 된다.
④ 유압회로 내에서 공동현상이 발생하면 일정한 압력을 유지하게 하여야 한다.

▶ 서지압(Surge Pressure) : 유압회로 내에서 과도하게 발생하는 이상 압력의 최대값

1 ★★★ [보기] 중 유압 오일탱크의 기능으로 모두 맞는 것은?

─ 보기 ─────────────────
ㄱ. 계통 내의 필요한 유량 확보
ㄴ. 격판에 의한 기포 분리 및 제거
ㄷ. 계통 내의 필요한 압력 설정
ㄹ. 스트레이너 설치로 회로 내 불순물 혼입 방지
────────────────────

① ㄱ, ㄴ, ㄷ　　　　② ㄱ, ㄴ, ㄹ
③ ㄴ, ㄷ, ㄹ　　　　④ ㄱ, ㄷ, ㄹ

'ㄷ'는 릴리프 밸브에 대한 설명으로, 릴리프 밸브의 조정나사를 통해 전체 유압계통의 압력을 설정된다.

2 ★ 오일탱크 내의 오일을 전부 배출시킬 때 사용하는 것은?

① 리턴 라인
② 배플
③ 어큐뮬레이터
④ 드레인 플러그

드레인 플러그는 오일 탱크의 오일을 배출시킬 때 사용하는 마개이다.

3 ★★★ 유압탱크의 구비조건과 가장 거리가 먼 것은?

① 적당한 크기의 주유구 및 스트레이너를 설치한다.
② 드레인(배출밸브) 및 유면계를 설치한다.
③ 오일에 이물질이 혼입되지 않도록 밀폐 되어야 한다.
④ 오일 냉각을 위한 쿨러를 설치한다.

오일 쿨러는 보통 유압라인(또는 릴리프 밸브)의 리턴라인에 설치된다.

4 ★★ 유압탱크에 관련된 설명으로 가장 적합하지 않는 것은?

① 유압유 오일을 저장한다.
② 흡입구와 리턴구는 최대한 가까이 설치한다.
③ 탱크 내부에는 격판(배플 플레이트)을 설치한다.
④ 흡입 스트레이너가 설치되어 있다.

흡입구와 리턴구가 가까우면 복귀되는 오일에 의해 캐비테이션, 맥동 현상이 발생되기 쉬우므로 거리를 두어야 한다.

5 ★★★ 오일탱크의 부속장치가 아닌 것은?

① 주입구 캡
② 유면계
③ 배플
④ 피스톤 로드

오일탱크 구성품 : 스트레이너, 배플, 드레인플러그, 주입구 캡, 유면계 등

6 ★★★ 오일탱크의 기능 및 특징에 대한 설명으로 틀린 것은?

① 격판에 의한 기포 분리 및 제거
② 점도 변화 및 유온 냉각
③ 스트레이너를 설치하여 불순물 혼입 방지
④ 유압회로에 필요한 유량 확보

오일탱크에서 오일의 점도가 변화하지 않는다.

7 ★★★★ 어큐뮬레이터의 용도로 적합하지 않은 것은?

① 유압 에너지의 저장
② 충격 흡수
③ 유량분배 및 제어
④ 압력 보상

어큐뮬레이터는 유압 에너지를 일시 저장하며, 충격 흡수·압력 보상 작용을 한다. ③은 유량제어밸브에 대한 설명이다.

8 ★ 유압장치에 사용되는 블래더형 어큐뮬레이터(축압기)의 고무 주머니 내에 주입되는 물질로 맞는 것은?

① 압축공기
② 유압 작동유
③ 스프링
④ 질소

블래더형 어큐뮬레이터의 고무 주머니에는 질소를 주입하여 시스템의 압력에 따라 질소가스가 압축되거나 팽창하면서 에너지를 저장하고 방출한다.

정답 1② 2④ 3④ 4② 5④ 6② 7③ 8④

04

9 유압유에 포함된 불순물을 제거하기 위해 유압펌프 흡입관에 설치하는 것은? ★★

① 부스터
② 스트레이너
③ 공기 청정기
④ 어큐뮬레이터

스트레이너는 유압펌프의 흡입구에 설치되어 입자가 큰 이물질을 걸러준다.

10 호이스트형 유압호스 연결부에 가장 많이 사용하는 것은? ★

① 엘보 조인트
② 니플 조인트
③ 소켓 조인트
④ 유니언 조인트

호이스트형은 고압의 유압이 이용되므로 빈번한 유지보수가 필요하므로 결합부의 체결/분리가 비교적 용이한 유니언 조인트를 주로 사용한다.

11 유압장치에 사용되는 오일 실(seal)의 종류 중 O-링이 갖추어야 할 조건은? ★★★

① 체결력이 작을 것
② 압축변형이 작을 것
③ 작동 시 마모가 클 것
④ 오일의 입·출입이 가능할 것

O링은 오일 누설 방지(기밀)을 목적으로 하므로 **압축변형이 작고, 체결력이 크고,** 마모가 적어야 한다.

12 유압기기의 고정부위에서 누유를 방지하는 것으로 가장 적합한 것은? ★

① V-패킹
② L-패킹
③ U-패킹
④ O-링

패킹은 **운동부의 누유 방지**를 목적으로 하며, O링은 **고정부 및 운동부의 누유** 방지를 목적으로 한다.

13 유압장치에서 작동 및 움직임이 있는 곳의 연결관으로 적합한 것은? ★★★

① 플렉시블 호스
② 구리 파이프
③ 강 파이프
④ PVC 호스

플렉시블은 '유연한'의 의미이므로, 탄성이 좋은 재질을 이용하여 반복적인 움직임이 많은 관에 주로 사용한다.

14 건설기계기관에 설치되는 오일 냉각기의 주기능으로 맞는 것은? ★★

① 오일 온도를 30℃ 이하로 유지하기 위한 기능을 한다.
② 오일 온도를 정상 온도로 일정하게 유지한다.
③ 수분, 슬러지(Sludge) 등을 제거한다.
④ 오일의 압력을 일정하게 유지한다.

오일의 정상 온도는 약 40~60℃이며, 오일이 고온에 장시간 노출되면 오일 성질이 변하므로 오일 냉각기를 이용하여 **정상 온도로 일정하게 유지**시킨다.

15 일반적으로 유압계통을 수리할 때마다 항상 교환해야 하는 것은? ★

① 샤프트 실(Shaft Seals)
② 커플링(Couplings)
③ 밸브 스풀(Valve Spools)
④ 터미널 피팅(Terminal Fittings)

유압계통의 수리 시 **오일 실(seal)은 반드시 신품으로 교환**해야 한다.

16 유압유 작동부에서 오일이 누출되고 있을 때 가장 먼저 점검해야 할 곳은? ★★★

① 실(Seal)
② 피스톤
③ 기어
④ 펌프

오일의 누설은 주로 연결부에서 발생되므로 실(seal)을 가장 먼저 점검해야 한다.

17 유압장치에서 피스톤 로드에 있는 먼지 또는 오염 물질 등이 실린더 내로 혼입되는 것을 방지하는 것은?

① 필터(Filter)
② 더스트 실(Dust Seal)
③ 밸브(Valve)
④ 실린더 커버(Cylinder Cover)

18 액추에이터의 입구 쪽 관로에 설치한 유량제어밸브로 흐름을 제어하여 속도를 제어하는 회로는?

① 시스템 회로
② 블리드 오프 회로
③ 미터인 회로
④ 미터아웃 회로

- 미터아웃 회로 : 실린더 **출구 측 관로에 유량제어밸브를 설치**하여 실린더에서 유출되는 유량을 제어하여 속도를 제어한다.
- 블리드 오프 회로 : 실린더 **입구 측 관로의 분기회로에 유량제어밸브를 설치**하여 미리 유량을 조정한 후, 조정된 유량을 실린더로 유입시켜 속도를 제어한다.

19 유압회로에서 유량제어를 통하여 작업속도를 조절하는 방식에 속하지 않는 것은?

① 미터 인 방식
② 미터 아웃 방식
③ 블리드 오프 방식
④ 블리드 온 방식

속도제어 회로의 종류 : 미터 인 방식, 미터 아웃 방식, 블리드 오프 방식

20 유압 라인에서 압력에 영향을 주는 요소로 가장 관계가 적은 것은?

① 유체의 흐름량
② 유체의 점도
③ 관로 직경의 크기
④ 관로의 좌우 방향

유압 회로에서 압력에 영향을 주는 요소로 유체의 양·점도, 관로의 크기 등이 있으며, 관로의 방향은 방향전환제어에 관한 것이다.

21 유압회로의 압력을 점검하는 위치로 가장 적합한 것은?

① 실린더에서 직접 점검
② 유압펌프에서 컨트롤 밸브 사이
③ 실린더에서 유압 오일탱크 사이
④ 유압오일탱크에서 직접 점검

전체 유압회로의 압력은 유압펌프에서 발생하므로 유압펌프 출구쪽에서 점검해야 한다.

22 유압회로 내에서 서지압(Surge Pressure) 이란?

① 과도하게 발생하는 이상 압력의 최대값
② 정상적으로 발생하는 압력의 최대값
③ 정상적으로 발생하는 압력의 최소값
④ 과도하게 발생하는 이상 압력의 최소값

서지압은 갑작스런 밸브의 닫힘 등으로 압력이 과도하게 높아지는 압력을 말한다.

04

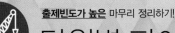
1 유압장치의 특징으로 옳지 않은 것은?

① 에너지의 축적이 가능하다.
② 구조가 간단하고, 원격조작이 가능하다.
③ 공압에 비해 출력의 응답속도가 느리다.
④ 제어하기 쉽고 비교적 정확하다.

전기장치와 비교했을 때 유압장치는 오일의 적정온도를 유지하기 위한 장치나 여과기 등이 필요하며, 각 구성품에 오일 배관을 연결해야 하므로 **구조가 복잡**한 편이다.

※ ③ 오일은 공기보다 무겁고, 점도가 크기 때문에 응답속도가 느리다.

2 유압유의 구비조건으로 옳지 않은 것은?

① 압축성 유체이고, 밀도가 매우 클 것
② 내열성이 클 것
③ 화학적으로 안정성이 좋을 것
④ 적정한 유동성과 점성을 가지고 있을 것

이 문제는 공압과 유압의 차이를 묻는 것으로, 공기는 압축성이 있으나 유압은 **비압축성**이다.

빈 주사기 끝을 막고, 밀대를 힘주어 누르면 공기가 압축되며 일정 부분 눌려진다.

주사기에 오일(또는 물)을 넣은 후, 끝을 막고 힘주어 누르면 잘 눌러지지 않는다. 즉, 비압축성이다.

3 건설기계의 유압펌프는 무엇에 의해 구동되는가?

① 전동기에 의해 구동된다.
② 에어 컴프레셔에 의해 구동된다.
③ 엔진의 플라이휠에 의해 구동된다.
④ 엔진의 캠축에 의해 구동된다.

건설기계의 유압계통은 큰 힘이 요구되므로 유압펌프는 전동기보다 **엔진의 크랭크축(플라이휠) 구동력을 이용**한다.

※ 엔진의 캠축은 밸브 개폐, 오일펌프·연료펌프를 구동시킨다.

4 다음 중 유압펌프에서 가장 양호하게 토출이 가능한 것은?

① 흡입 쪽 스트레이너가 막혔다.
② 작동유의 점도가 낮다.
③ 펌프 회전 방향이 반대다.
④ 탱크의 유면이 낮다.

---

① 스트레이너가 막히면 펌프입구의 오일 유입량이 적으므로 토출량이 없다.
③ 펌프 회전 방향이 반대이면 오일이 유입되지 않거나 막힐 수 있다.
④ 탱크의 유면이 낮으면 펌프에 오일 유입이 원활하지 못할 수 있다.

5 펌프 운전 중 압력계의 눈금이 주기적으로 큰 진폭으로 흔들림과 동시에 진동과 소음을 동반하는 현상으로 영어로는 서징현상이라 불리는 이 현상은?

① 수격 현상
② 플래시 현상
③ 공동 현상
④ 맥동 현상

맥동 현상(surging)은 펌프가 운전할 때 토출압력과 유량이 주기적으로 변하여 압력계의 지침이 흔들리는 것을 말한다.

6 회전형 기어펌프의 폐입현상에 대한 설명으로 틀린 것은?

① 폐입현상은 소음과 진동의 원인이 된다.
② 펌프의 압력, 유량, 회전수 등이 주기적으로 변동해서 발생하는 진동현상이다.
③ 보통 기어 측면에 접하는 펌프 측판(side plate)에 릴리프 홈을 만들어 방지한다.
④ 폐입된 부분의 기름은 압축이나 팽창을 받는다.

---

① 폐입현상 : 기어펌프의 두 개 기어가 맞물릴 때 기어 홈 사이에 작동유가 갇혀 압축되어 압력이 비정상적으로 높아지며 **소음과 진동**을 유발한다.
③ 폐입현상을 방지하기 위해 기어 측면에 접하는 펌프 측판(side plate)에 **릴리프 홈**을 뚫어준다.
④ 폐입 부분에서 오일 **압축** 시 고압이, 오일 **팽창** 시 진공이 형성된다.

정답 1 ② 2 ① 3 ③ 4 ② 5 ④ 6 ②

7 리듀싱(감압) 밸브에 대한 설명으로 옳지 않은 것은?

① 출구의 압력이 감압 밸브의 설정 압력보다 높아지면 밸브가 작동하여 유로를 닫는다.
② 유압장치에서 회로 일부의 압력을 릴리프 밸브 설정압력 이하로 하고 싶을 때 사용한다.
③ 상시 폐쇄상태로 되어 있다.
④ 입구의 주 회로에서 출구의 감압회로로 유압유가 흐른다.

감압밸브는 평**상시에는 개방상태**로 되어 있다.

8 유압장치에서 방향제어밸브에 대한 설명으로 틀린 것은?

① 액추에이터의 속도를 제어한다.
② 유체의 흐름 방향을 변환한다.
③ 유체의 흐름 방향을 한 쪽으로 허용한다.
④ 유압실린더나 유압모터의 작동방향을 바꾸는데 사용된다.

속도를 제어하는 것은 **유량**제어밸브이다.

9 작동 중인 유압펌프에서 소음이 발생하는 원인으로 거리가 먼 것은?

① 유압유 내에 공기 혼입
② 엔진의 출력 저하
③ 펌프에 이물질 혼입
④ 흡입 라인이 막힘

엔진 출력 저하로 펌프 회전수가 약해져 유압이 낮아지며, 소음 발생과는 거리가 멀다.

10 유압펌프의 소음 발생 원인으로 틀린 것은?

① 펌프축의 센터와 원동기축의 센터가 일치한다.
② 펌프 흡입관부에서 공기가 혼입된다.
③ 펌프 상부커버의 고정 볼트가 헐겁다.
④ 펌프의 회전이 너무 빠르다.

정상 작동일 때 펌프축의 센터와 원동기축의 센터가 일치되어야 하며, 축이 일치하지 않을 때 소음이 발생된다.

11 유압회로 내의 유압이 상승되지 않을 때의 점검사항으로 거리가 가장 먼 것은?

① 펌프로부터 정상유압이 발생되는지 점검
② 오일이 누출되는지 점검
③ 오일탱크의 오일량 점검
④ 자기탐상법에 의한 작업장치의 응력 변형 점검

응력 변형은 작업장치의 굽힘이나 파괴와 관련이 있으며, 유압상승과는 무관하다.

12 공동현상이 발생하였을 때의 영향과 가장 거리가 먼 것은?

① 체적 효율이 감소한다.
② 유압펌프의 토출량이 증가한다.
③ 급격한 압력파가 일어난다.
④ 유압장치 내부에 소음과 진동이 발생한다.

공동현상(케비테이션)은 작동유의 흐름이 빨라져 압력이 낮은 곳이 생기면 유체속의 기체가 분리되어 기포가 발생하는 현상으로 **효율 감소, 압력파, 소음·진동**이 발생된다.

13 유체를 저장해서 충격 흡수, 에너지 축적, 맥동 완화 등의 역할을 하는 유압기기는?

① 축압기
② 유압 펌프
③ 유압 실린더
④ 유압 탱크

지문은 **축압기(어큐뮬레이터)**와 관한 설명이다.
※ 유압 탱크에서도 충격 흡수, 맥동 완화 역할을 하나 에너지 축적의 역할은 없다.

14 축압기의 용도로 적합하지 않는 것은?

① 유압 에너지의 저장
② 충격 흡수
③ 유량분배 및 제어
④ 압력 보상

어큐뮬레이터는 유압 에너지를 일시 저장하며, 충격 흡수·압력 보상 작용을 한다.

04

정답 7 ③ 8 ① 9 ② 10 ① 11 ④ 12 ② 13 ① 14 ③

15 건설기계기관에 설치되는 오일 냉각기의 주 기능으로 맞는 것은?

① 오일 온도를 30℃ 이하로 유지하기 위한 기능을 한다.
② 오일 온도를 정상 온도로 일정하게 유지한다.
③ 수분, 슬러지(Sludge) 등을 제거한다.
④ 오일의 압력을 일정하게 유지한다.

오일 냉각기(오일 쿨러)는 오일의 **정상 작동온도(약 50~60℃)로 유지**하기 위해 냉각시켜준다.
※ 정상 작동온도 이하에서는 오일 히터로 데워준다.

16 유압 액추에이터의 기능에 대한 설명으로 옳은 것은?

① 유압을 일로 바꾸는 장치이다.
② 유압의 오염을 방지하는 장치이다.
③ 유압의 방향을 바꾸는 장치이다.
④ 유압의 빠르기를 조정하는 장치이다.

유압 액추에이터(유압실린더, 유압모터) : 유압 에너지 → 기계적 에너지(일)

17 유압모터와 유압실린더로 구성되어 유압펌프에서 발생된 유체에너지를 이용하여 직선운동이나 회전운동을 하는 유압기기는?

① 액추에이터
② 어큐뮬레이터
③ 제어밸브
④ 오일쿨러

유압모터(회전운동)와 유압실린더(직선운동)는 **액추에이터**에 해당한다.

18 유압 실린더의 지지하는 방식이 아닌 것은?

① 플랜지형
② 트러니언형
③ 푸트형
④ 유니언형

유압 실린더의 지지 방식 : 플랜지형, 트러니언형, 푸트(foot)형
유니언형은 배관(호스)의 연결 방식에 해당한다.

19 유압호스를 연결할 때 가장 많이 사용하는 것은?

① 니플 조인트
② 유니언 조인트
③ 엘보 조인트
④ 소켓 조인트

호스 연결에는 **유니언 조인트**를 가장 많이 사용된다.

20 유압유의 압력을 제어하는 밸브가 아닌 것은?

① 교축 밸브
② 리듀싱 밸브
③ 시퀀스 밸브
④ 릴리프 밸브

압력 제어 밸브 : 릴리프 밸브, 감압 밸브(리듀싱), 시퀀스 밸브
※ **교축밸브**는 유로를 축소하여 압력을 증가시켜 **속도**를 감소시킨다.

21 유압회로 내에 설정된 압력 이상 도달하면 그 압력에 의해 밸브가 열려 압력을 일정하게 유지시켜 주는 밸브는?

① 감압 밸브
② 릴리프 밸브
③ 유량제어밸브
④ 체크밸브

릴리프 밸브는 유압회로의 압력을 **설정 압력 이하로 압력을 일정하게 유지**시켜준다.

22 자체중량에 의한 자유낙하 등을 방지하기 위하여 회로에 배압을 유지하는 밸브는?

① 체크 밸브
② 카운터 밸런스 밸브
③ 릴리프 밸브
④ 감압 밸브

배압이 언급되면 카운터 밸런스 밸브이다.

(이해) '배압(back pressure)'은 '배출측 압력'을 의미한다. 카운터 밸런스(counter balance)의 'counter'의 사전적 의미는 '대항, 반대'이다.
즉, 카운터 밸런스 밸브는 흡입측의 빠른 압력에 대항하여 배출측 압력을 주어 급작스러운 낙하를 방지시킨다.

정답 15 ② 16 ① 17 ① 18 ④ 19 ② 20 ① 21 ② 22 ②

23 유압식 기중기에서 조작 레버를 중립으로 하였을 때 붐이 하강 하거나 수축하는 원인이 아닌 것은?

① 카운터 밸런스 밸브의 고착
② 유압실린더 내부 누출
③ 제어밸브의 내부 누출
④ 배관호스의 파손으로 인한 오일 누출

조작 레버가 중립이라는 것은 **방향전환밸브가 중립**이라는 의미이며, 이는 오일의 이동이 없이 **실린더가 정지상태**를 유지시킨다. 만약 오일 계통 내에 오일이 누출되면 오일이 점차 빠지며 실린더 끝(붐)이 하강하거나 수축 된다. 중립 상태에서는 누출 외에 실린더 입구/출구측 모두 오일의 이동이 없 으므로 밸브의 고착 여부에 관계없이 피스톤이 하강하거나(팽창하거나) 올라 가지(수축되지) 못한다.

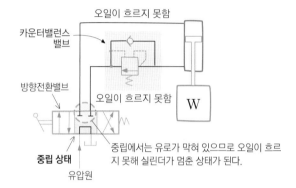

오일이 흐르지 못함

카운터밸런스 밸브

방향전환밸브

오일이 흐르지 못함

W

중립에서는 유로가 막혀 있으므로 오일이 흐르 지 못해 실린더가 멈춘 상태가 된다.

중립 상태

유압원

---

24 유압에너지를 기계적 에너지로 변환시켜서 회전운동을 발 생시키는 유압기기는?

① 롤러 리미트
② 유압 실린더
③ 유압 모터
④ 유압 밸브

• 유압펌프 : 기계적 에너지 → 유압 에너지
• 유압모터 : 유압 에너지 → 기계적 에너지

---

25 유압유가 넓은 온도범위에서 사용되기 위한 조건으로 옳 은 것은?

① 발포성이 높아야 한다.
② 산화작용이 양호해야 한다.
③ 점도지수가 높아야 한다.
④ 소포성이 낮아야 한다.

점도지수란 온도 변화에 따른 점도 변화를 말하며, **점도지수가 높으면 온도 변 화에 따른 점도 변화가 적다**는 의미이다.

※ 발포성·소포성 : 거품이 일어나는 성질
※ ② 오일이 산화되면 오일 점도, 내구성 등 오일 성질에 영향을 미친다.

---

26 유압 오일에서 온도에 따른 점도변화 정도를 표시하는 것 은?

① 윤활성
② 점도지수
③ 점도분포
④ 관성력

---

27 유압모터에 대한 설명으로 가장 적절하지 않은 것은?

① 무단변속이 가능하다.
② 관성력이 크다.
③ 구조가 간단하다.
④ 자동 원격조작이 가능하다.

유압모터는 **관성력이 작다**.

---

28 2개 이상의 분기회로를 가질 때 각 유압 실린더를 일정한 순서로 순차 작동시키고자 할 때 사용하는 것은?

① 시퀀스 밸브
② 체크 밸브
③ 언로드 밸브
④ 교축 밸브

유압밸브에서 '**순차, 순서**'대로 작동하는 것은 **시퀀스 밸브**와 관련이 있다. (자 세한 설명은 이론 참고)
※ 시퀀스(sequence)의 사전적 의미는 '순서, 차례'이다.

---

29 유압유 작동부에서 오일이 누출되고 있을 때 가장 먼저 점 검해야 할 곳은?

① 실(Seal)
② 피스톤
③ 기어
④ 펌프

실(Seal)은 실 자체의 노화 또는 유압기기의 분해 후 조립할 때 실의 삽입상태 가 불량할 때 오일 누출이 가장 빈번하므로 가장 먼저 점검해야 한다.

---

30 유압장치의 일상점검 항목이 아닌 것은?

① 오일의 변질상태 점검
② 오일의 양 점검
③ 오일탱크의 내부 점검
④ 오일의 누유 점검

오일탱크의 내부 점검은 분해하여 점검해야 하므로 일상점검이 아니다.
※ 일상점검 : 오일량, 오일상태, 누유 여부

---

31 유압유 탱크의 기능 및 특징에 대한 설명으로 적절하지 않은 것은?

① 격판에 의한 기포 분리 및 제거
② 점도 변화 및 유온 냉각
③ 스트레이너를 설치하여 불순물 혼입 방지
④ 유압회로에 필요한 유량 확보

유압탱크에서 **점도를 변화시키지 않으며**, 유온(오일 온도)는 주로 리턴라인에 설치된 오일 쿨러에서 냉각되며, 유압탱크에서도 냉각효과가 있다.

32 다음 중 유압기호로 해당하는 것은?

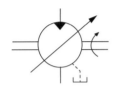

① 가변 용량형 유압모터
② 공기 탱크
③ 단동실린더
④ 유압펌프

33 유압장치에서 가변용량형 유압펌프의 기호는?

---

② 가변용량형 유압펌프, ③ 필터, ④ 전동기(motor)

34 방향전환밸브의 조작방식 중 단동 솔레노이드 조작을 나타내는 기호는?

---

① 인력조작레버   ② 단동 솔레노이드
③ 직접 파일럿 조작   ④ 기계조작 누름방식

35 유압유의 온도가 과열되었을 때 유압계통에 미치는 영향으로 틀린 것은?

① 유압펌프의 효율이 높아진다.
② 오일의 열화를 촉진한다.
③ 온도변화에 의해 유압기기가 열변형 되기 쉽다.
④ 오일의 점도 저하에 의해 누유되기 쉽다.

온도기 과열되면 점도가 저하되므로 **효율이 낮아진다.** (즉, 오일의 압력 발생을 저하시킴)

36 작동유의 열화상태를 확인하는 방법으로 가장 적절하지 않은 것은?

① 오일을 가열한 후 냉각되는 시간으로 확인
② 점도상태로 확인
③ 침전물의 유무로 확인
④ 냄새로 확인

오일의 열화는 주로 장시간의 과열이나 공기·수분의 침입, 다른 오일과의 혼합 등에서 발생하며, 점검 방법으로 **점도 확인, 침전물 유무, 냄새**, 색상 변화, 거품 상태 등이 있다.

37 유압장치에서 피스톤 로드에 있는 먼지 또는 오염 물질 등이 실린더 내로 혼입되는 것을 방지하는 것은?

① 필터(Filter)
② 더스트 실(Dust Seal)
③ 밸브(Valve)
④ 실린더 커버(Cylinder Cover)

실린더에서 피스톤 로드는 외부에 노출되기 때문에 먼지나 이물질이 붙기 쉽다. 그러므로 피스톤 로드가 수축될 때 이러한 오염물이 실린더 내부로 들어가는 것을 방지하기 위해 **더스트 실**이 걸러주는 역할을 한다.

38 유압회로 내에 잔압을 설정해두는 이유로 가장 적절한 것은?

① 제동 해제 방지
② 유로 파손 방지
③ 오일 산화 방지
④ 작동 지연 방지

유압회로 내에 잔압을 설정하는 이유는 **작동지연 방지**와 유압회로 내의 공기 혼입을 방지하고 오일의 누설을 방지하기 위해서이다.

정답   31 ②   32 ①   33 ②   34 ②   35 ①   36 ①   37 ②   38 ④

CHAPTER

05

예상문항수
10/60

건설기계관리법 및 도로교통법

01 | 건설기계관리법
02 | 도로교통법

 Study Point 암기를 요구하는 챕터입니다. 일반적으로 건설기계관리법에서 6문제, 도로교통법에서 3문제, 도로명주소에서 1문제가 출제됩니다.
핵심적인 부분 위주로 정리하였으니 문제 위주로 꼼꼼하게 학습하시면 쉽게 점수를 확보하실 수 있습니다.

01 건설기계 관리법

[출제문항수 : 6문제] 다른 챕터에서 점수 획득이 어렵다면 다소 출제율이 높은 법규를 암기하는 것도 방법이나 학습해야 할 분량이 많습니다. 다만, 교재에 수록된 기출문제 및 모의고사 위주로 출제율이 높은 부분 위주로 학습하되 이론은 확인 용도로만 활용하시기 바랍니다.

01 건설기계 관리법의 목적

건설기계의 등록·검사·형식 승인 및 건설기계 사업과 건설기계 조종사 면허 등에 관한 사항을 정하여 건설기계의 효율적인 관리, 건설기계의 안전도를 확보하여 건설공사의 기계화를 촉진함을 목적으로 한다.

1 용어

용어	정의
건설기계	건설공사에 사용할 수 있는 기계로서 대통령령이 정하는 것
건설기계사업	• 건설기계 대여업 • 건설기계 정비업 : 건설기계를 분해·조립 또는 수리하고 그 부분품을 가공제작·교체하는 등 건설기계를 원활하게 사용하기 위한 모든 행위 • 건설기계 매매업 : 중고건설기계의 매매 또는 그 매매의 알선과 그에 따른 등록사항에 관한 변경신고의 대행 • 건설기계해체재활용업 : 폐기 요청된 건설기계의 인수(引受), 재사용 가능한 부품의 회수, 폐기 및 그 등록말소 신청의 대행
중고건설기계	건설기계를 제작·조립 또는 수입한 자로부터 법률행위 또는 법률의 규정에 따라 건설기계를 취득한 때부터 사실상 그 성능을 유지할 수 없을 때까지의 건설기계
건설기계형식	건설기계의 구조·규격 및 성능 등에 관하여 일정하게 정한 것

02 건설기계 등록 및 등록사항 변경

1 등록 ☆

① 건설기계 소유자는 대통령령으로 정하는 바에 따라 주소지 또는 건설기계의 사용 본거지를 관할하는 특별시장·광역시장 또는 시·도지사에게 신청한다.

② 건설기계 취득일로부터 **2월**(전시, 사변, 기타 이에 준하는 국가비상사태하에서는 5일) 이내에 등록신청을 하여야 한다.

2 건설기계 등록 신청 시 제출 서류

① 건설기계의 출처를 증명하는 서류
 • 건설기계 제작증(국내에서 제작한 건설기계의 경우에 한함)
 • 수입면장 기타 수입사실을 증명하는 서류(수입한 건설기계의 경우에 한함)
 • 매수증서(관청으로부터 매수한 건설기계의 경우에 한함)

② 건설기계의 소유자임을 증명하는 서류

③ 건설기계 제원표

④ 보험 또는 공제의 가입을 증명하는 서류

3 건설기계의 등록사항 중 변경사항이 있는 경우

① 소유자 또는 점유자는 대통령령으로 정하는 바에 따라 이를 시·도지사에게 신고하여야 한다.

② 변경이 있은 날부터 **30일** ☆

③ **변경신고 시 제출하여야 하는 서류**
 • 건설기계등록사항변경신고서
 • 변경내용을 증명하는 서류
 • 건설기계등록증
 • 건설기계검사증

▶ 건설기계를 구입(매수)한 자는 등록사항변경(소유권 이전) 신고를 하지 않아 등록사항 변경신고를 독촉하였으나 이를 이행하지 않을 경우 매도한 사람이 직접 소유권 이전 신고를 할 수 있다.

03 등록이전 신고

① 등록한 주소지 또는 사용본거지가 변경된 경우
   (시·도 간의 변경이 있는 경우에 한함)

② 변경이 있은 날부터 **30일** 이내에 신청해야 한다.☆
   → 상속의 경우 : 상속개시일부터 6개월)

③ 새로운 등록지를 관할하는 시·도지사에게 제출한다.

▶ 등록이전 신고 시 제출서류
 • 건설기계등록이전신고서
 • 소유자의 주소 또는 건설기계의 사용본거지의 변경사실을 증명하는 서류
 • 건설기계 등록증·검사증

04 등록의 말소 (주체 : 시·도지사)

☐ 등록된 건설기계의 말소 사유

① 거짓 그 밖의 부정한 방법으로 등록을 한 경우

② 건설기계가 천재지변 또는 이에 준하는 사고 등으로 사용할 수 없게 되거나 멸실된 경우

③ 건설기계의 차대가 등록 시의 차대와 다른 경우

④ 건설기계가 법 규정에 따른 건설기계 안전기준에 적합하지 아니하게 된 경우

⑤ 정기검사 명령, 수시검사 명령 또는 정비 명령에 따르지 아니한 경우

⑥ 건설기계를 수출하는 경우

⑦ 건설기계를 **도난** 당한 경우 (**2개월 이내** 말소 신청해야 함)

⑧ **건설기계를 폐기**한 경우

⑨ 건설기계해체재활용업자에게 폐기를 요청한 경우

⑩ 구조적 제작결함 등으로 건설기계를 제작자·판매자에게 반품한 경우

⑪ 건설기계를 교육·연구목적으로 사용하는 경우

▶ ②, ⑧~⑪항의 경우 30일 이내 말소 신청을 해야 함
▶ **건설기계등록** 말소 신청 시 **첨부 서류**
 • 멸실, 도난 등 등록말소사유를 확인할 수 있는 서류
 • 건설기계 등록·검사증

05 등록번호표

☐ 등록번호표

① 등록된 건설기계에는 등록번호표를 부착·봉인하고, 등록번호를 새겨야 한다.
   → 등록번호표 또는 그 봉인이 떨어지거나 알아보기 어렵게 된 경우 시·도지사에게 등록번호표의 부착·봉인을 신청하여야 한다.

② 등록번호표를 부착·봉인하지 아니한 건설기계를 운행하여서는 안된다.(위반 시 300만원 이하의 과태료)

③ 건설기계소유자에게 등록번호표 제작명령을 할 수 있는 기관의 장 시·도지사

☐ 등록번호표의 색상 구분 ☆☆☆

① 비사업용(관용 또는 자가용) : **흰색 바탕에 검은색 문자**

② 대여사업용 : 주황색 바탕에 검은색 문자

▶ 임시번호표는 흰색 페인트 목판에 검은색 문자이다.
▶ 참고) 기종별 기호표시

구분	색상	구분	색상
01	불도저	06	덤프트럭
02	기중기	07	기중기
03	로더	08	모터 그레이더
04	지게차	09	롤러
05	스크레이퍼	10	노상 안정기

☐ 등록번호표의 반납

등록된 건설기계의 소유자는 다음 중 어느 하나에 해당하는 경우, **10일 이내**에 등록번호표의 봉인을 떼어낸 후 시·도지사(국토교통부령으로 정함)에게 반납해야 한다.

① 건설기계의 등록이 **말소**된 경우

② 등록된 건설기계의 소유자의 **주소지**(또는 사용본거지) 및 등록번호의 변경(시·도간의 변경 시에 한함)

③ **등록번호표 또는 그 봉인이 떨어지거나 식별이 어려운 때** 등록번호표의 부착 및 봉인을 신청하는 경우

06 건설기계의 특별표지

1 대형 건설기계의 특별표지 ✦✦✦✦

다음에 해당되는 대형 건설기계는 특별표지를 등록번호가 표시되어 있는 면에 부착하여야 한다.

① 길이 : **16.7m 초과**
② 너비 : **2.5m 초과**
③ 높이 : **4.0m 초과**
④ 최소회전반경 : **12m 초과**
⑤ 총중량 : **40ton 초과**
⑥ 축하중 : **10ton 초과**

> ▶ **특별표지 부착** : 조종실 내부의 조종사가 보기 쉬운 곳에 경고 표지판을 부착해야 한다.
> ▶ **특별 도색** : 식별이 쉽도록 전후 범퍼에 특별도색을 해야 한다 (예외 : 최고속도가 35km/h 미만인 경우)

2 적재물 위험 표지 ✦✦✦✦

안전기준을 초과하는 화물의 적재허가를 받은 자는 그 길이 또는 폭의 양 끝에 **너비 30cm, 길이 50cm 이상**의 빨간 헝겊으로 된 표지를 달아야 한다.

07 임시 운행

건설기계는 미등록 시 사용/운행하지 못하지만, 임시번호표를 부여 받아 일시적으로 운행할 수 있다.

① 임시운행기간 : **15일 이내** ✩
  → 신개발 건설기계의 시험 연구 목적인 경우 : 3년 이내
② 임시운행이 가능한 경우 ✩
  • 등록신청을 하기 위하여 건설기계를 등록지로 운행
  • 신규등록검사 및 확인검사를 받기 위하여 건설기계를 검사장소로 운행
  • 수출을 하기 위하여 건설기계를 선적지로 운행
  • 수출을 하기 위하여 등록말소한 건설기계를 정비, 점검하기 위하여 운행
  • 판매 또는 전시를 위해 건설기계를 일시적 운행
  • 신개발 건설기계를 시험·연구 목적으로 운행

▶ **건설기계의 범위**
  • 불도저 (무한궤도 또는 타이어식)
  • 기중기 (굴착장치를 가진 자체중량 1톤 이상)
  • 로더 (적재장치를 가진 자체중량 2톤 이상)
  • 지게차 (타이어식으로 들어올림장치와 조종석 포함)
  • 스크레이퍼 (굴착 및 운반장치 포함한 자주식)
  • 덤프트럭 (적재용량 12톤 이상)
  • 기중기 (강재의 지주 및 선회장치 포함, 단 궤도식 제외)
  • 모터그레이더 (정지장치를 가진 자주식)
  • 롤러 (자주식인 것과 피견인 진동식)
  • 노상안정기 (노상안정장치를 가진 자주식)
  • 콘크리트뱃칭플랜트
  • 콘크리트피니셔
  • 콘크리트살포기
  • 콘크리트믹서트럭 (혼합장치를 가진 자주식)
  • 콘크리트펌프 (콘크리트배송능력이 매시간당 5m³ 이상으로 원동기를 가진 이동식과 트럭적재식)
  • 아스팔트믹싱플랜트
  • 아스팔트피니셔
  • 아스팔트살포기
  • 골재살포기
  • 쇄석기 (20kW 이상의 원동기를 가진 이동식)
  • 공기압축기
  • 천공기
  • 항타 및 항발기
  • 자갈채취기
  • 준설선
  • 타워크레인
  • 국토교통부장관이 따로 정하는 특수건설기계

▶ 건설기계 높이는 지면에서 가장 윗부분까지의 수직 높이이다.

▶ 건설기계적재중량을 측정할 때 측정인원은 1인당 65kg을 기준으로 한다.

1 ★
건설기계 관리법의 목적으로 가장 적합한 것은?

① 건설기계의 동산 신용 증진
② 건설기계 사업의 질서 확립
③ 공로 운행상의 원활 기여
④ 건설기계의 효율적인 관리

건설기계 관리법의 목적 : 건설기계를 **효율적으로 관리**하고, 안전도를 확보함

2 ★
건설기계의 소유자는 다음 어느 령이 정하는 바에 의하여 건설기계의 등록을 하여야 하는가?

① 대통령령   ② 고용노동부령
③ 총리령   ④ 행정안전부령

건설기계의 소유자는 대통령령으로 정하는 바에 따라 건설기계를 등록하여야 한다.

3 ★★★
건설기계관리법에서 정의한 건설기계 형식을 가장 잘 나타낸 것은?

① 엔진구조 및 성능
② 형식 및 규격
③ 성능 및 용량
④ 구조·규격 및 성능 등에 관하여 일정하게 정한 것

건설기계형식이란 건설기계의 구조·규격 및 성능 등에 관하여 일정하게 정한 것을 말한다.

4 ★★★
건설기계 등록신청 시 첨부하지 않아도 되는 서류는?

① 호적등본
② 건설기계 소유자임을 증명하는 서류
③ 건설기계 제작증
④ 건설기계 제원표

5 ★★★
건설기계관리법에 의한 건설기계사업이 **아닌** 것은?

① 건설기계 대여업   ② 건설기계 매매업
③ 건설기계 수입업   ④ 건설기계 폐기업

건설기계사업은 대여업, 매매업, 폐기업, 정비업 등으로 구분된다.

6 ★★★
건설기계 등록 신청은 관련법상 건설기계를 취득한 날로부터 얼마의 기간 이내에 해야 되는가?

① 5일   ② 15일
③ 1월   ④ 2월

건설기계 취득일로부터 **2개월**(문제에는 2월로 표기할 수 있음) 이내에 등록신청을 하여야 한다.

7 ★★
건설기계의 등록신청은 누구에게 하는가?

① 건설기계 작업현장 관할 시·도지사
② 국토해양부장관
③ 건설기계 소유자의 주소지 또는 사용본거지 관할 시·도지사
④ 국무총리실

건설기계등록신청은 소유자의 주소지 또는 건설기계 사용 본거지를 관할하는 시·도지사에게 한다.

8 ★★★
건설기계 소유자는 건설기계 등록사항에 변경이 있을 때(전시사변 기타 이에 준하는 비상사태 하의 경우는 제외)에는 등록사항의 변경신고를 변경이 있는 날부터 며칠 이내에 하는가?

① 10일   ② 15일
③ 20일   ④ 30일

변경이 있는 날부터 **30일** 이내에 **변경 신고**해야 한다.

9 ★
건설기계를 산(매수한) 사람이 등록사항변경(소유권 이전) 신고를 하지 않아 등록사항 변경신고를 독촉하였으나 이를 이행하지 않을 경우 판(매도한) 사람이 할 수 있는 조치로서 가장 적합한 것은?

① 소유권 이전 신고를 조속히 하도록 매수한 사람에게 재차 독촉한다.
② 매도한 사람이 직접 소유권 이전 신고를 한다.
③ 소유권 이전 신고를 조속히 하도록 소송을 제기한다.
④ 아무런 조치도 할 수 없다.

05

정답 1④ 2① 3④ 4① 5③ 6④ 7③ 8④ 9②

10 건설기계 등록자가 다른 시·도로 변경되었을 경우 해야 할 사항은?

① 등록사항 변경 신고를 하여야 한다.
② 등록이전 신고를 하여야 한다.
③ 등록증을 당해 등록처에 제출한다.
④ 등록증과 검사증을 등록처에 제출한다.

등록한 주소지 또는 사용본거지가 다른 시·도 간의 변동이 있을 경우 등록이전 신고를 해야 한다.

11 등록사항의 변경 또는 등록이전 신고 대상이 아닌 것은?

① 소유자 변경
② 소유자의 주소지 변경
③ 건설기계의 소재지 변동
④ 건설기계의 사용본거지 변경

12 건설기계 등록의 말소사유에 해당하지 않는 것은?

① 건설기계를 폐기한 때
② 건설기계의 구조 변경을 했을 때
③ 건설기계가 멸실 되었을 때
④ 건설기계의 차대가 등록 시의 차대와 다른 때

건설기계의 구조 변경 시는 구조변경검사를 받아야 한다.

13 시·도지사가 직권으로 등록 말소할 수 있는 사유가 아닌 것은?

① 건설기계가 멸실된 때
② 문서위조 등 부정한 방법으로 등록을 한 때
③ 방치된 건설기계를 시·도지사가 강제로 폐기한 때
④ 건설기계를 사간 사람이 소유권 이전등록을 하지 아니한 때

---

④는 매도한 사람이 직접 소유권 이전신고를 한다.

14 건설기계의 등록원부는 등록을 말소한 후 얼마의 기한 동안 보존하여야 하는가?

① 5년   ② 10년
③ 15년   ④ 20년

15 건설기계 등록 말소신청 시 구비서류에 해당되는 것은?

① 건설기계등록증   ② 수입면장
③ 제작증명서   ④ 주민등록등본

건설기계등록 말소 신청 시 첨부 서류
• 멸실, 도난 등 등록말소사유를 확인할 수 있는 서류
• 건설기계 등록·검사증

16 건설기계 등록번호표 제작 등을 할 것을 통지하거나 명령하여야 하는 것에 해당되지 않는 것은?

① 신규 등록을 하였을 때
② 등록한 시·도를 달리하여 등록이전 신고를 받은 때
③ 등록번호표의 재부착 신청이 없을 때
④ 등록번호의 식별이 곤란한 때

17 건설기계 소유자는 건설기계를 도난당한 날로부터 얼마 이내에 등록말소를 신청해야 하는가?

① 1개월   ② 2개월
③ 3개월   ④ 6개월

말소 사유에 의해 **30일 이내** 말소 신청을 해야 하며, 도난당한 경우 **2개월** 이내 등록 말소 신청을 해야 한다.

18 등록번호표제작자는 등록번호표 제작 등의 신청을 받은 날로 부터 며칠 이내에 제작하여야 하는가?

① 3일   ② 5일
③ 7일   ④ 10일

19 건설기계관리법령상 대여사업용 건설기계등록번호표의 색상으로 옳은 것은?

① 청색 바탕에 흰색 문자
② 흰색 바탕에 검은색 문자
③ 주황색 바탕에 검은색 문자
④ 녹색 바탕에 흰색 문자

• 비사업용(관용 또는 자가용) : 흰색 바탕에 검은색 문자
• 대여사업용 : 주황색 바탕에 검은색 문자

---

20 건설기계등록번호표에 대한 설명으로 옳지 않은 것은?

① 재질은 철판 또는 알루미늄판이 사용된다.
② 모든 번호표의 규격은 동일하다.
③ 자가용일 경우 흰색 판에 검은색 문자를 쓴다.
④ 번호표에 표시되는 문자 및 외곽선은 1.5mm 튀어나와야 한다.

모든 건설기계등록번호표의 규격이 동일하지는 않다.
※ 덤프트럭, 콘크리트믹서트럭, 콘크리트펌프, 타워크레인과 그 밖에 건설기계로 크기를 구분할 수 있다.

21 등록번호표의 반납사유가 발생하였을 경우에는 며칠 이내에 반납하여야 하는가?

① 5 ② 10
③ 15 ④ 30

반납 사유 발생 시 **10일** 이내에 등록번호표의 봉인을 떼어낸 후 반납해야 한다.

22 건설기계소유자가 관련법에 의하여 등록 번호표를 반납하고자 하는 때에는 누구에게 하여야 하는가?

① 국토해양부장관
② 군·구청장
③ 시·도지사
④ 동장

시·도지사에게 10일 이내에 반납해야 한다.

23 다음 중 특별 또는 경고표지 부착대상 건설기계에 관한 설명이 아닌 것은?

① 대형건설기계에는 조종실 내부의 조종사가 보기 쉬운 곳에 경고 표지판을 부착하여야 한다.
② 길이가 16.7미터를 초과하는 건설기계는 특별표지 부착대상이다.
③ 특별표지판은 등록번호가 표시되어 있는 면에 부착해야 한다.
④ 최소회전반경 12미터를 초과하는 건설기계는 특별표지 부착 대상이 아니다.

최소회전반경 **12m 초과** 시 특별표지 부착대상이다.

24 특별 표지판을 부착하여야 할 건설기계의 범위에 해당하지 않는 것은?

① 높이가 5미터인 건설기계
② 총중량이 50톤인 건설기계
③ 길이가 16미터인 건설기계
④ 최소회전반경이 13미터인 건설기계

특별 표지판을 부착해야 할 건설기계 :
길이 **16.7**m 폭 2.5m 높이 4m 총중량 40ton 축하중 10ton 회전반경 12m 초과

25 안전기준을 초과하는 화물의 적재허가를 받은 자는 그 길이 또는 폭의 양 끝에 몇 cm 이상의 빨간 헝겊으로 된 표지를 달아야 하는가?

① 너비 15cm 길이 30cm
② 너비 20cm 길이 40cm
③ 너비 30cm 길이 50cm
④ 너비 60cm 길이 90cm

안전기준을 초과하는 화물의 적재허가를 받은 자는 그 길이 또는 폭의 양 끝에 **30×50cm** 이상의 빨간 헝겊으로된 표지를 달아야 한다.

26 건설기계를 등록신청하기 위하여 일시적으로 등록지로 운행하는 임시운행기간은?

① 1개월 이내 ② 3개월 이내
③ 15일 이내 ④ 10일 이내

임시운행기간 : **15일** 이내

27 임시운행 사유에 해당 되지 않는 것은?

① 등록신청을 하기 위해 건설기계를 등록지로 운행한 경우
② 장비 구입 전 이상유무 확인을 위해 1일간 예비 운행을 하는 경우
③ 수출을 하기 위해 건설기계를 선적지로 운행할 때
④ 신개발 건설기계를 시험 운행하고자 할 때

임시운행 사유
• 등록신청을 위해 등록지로 운행
• 신규 등록검사 및 확인검사를 위해 검사장소로 운행
• 수출목적으로 선적지로 운행
• 수출을 하기 위하여 등록말소된 건설기계를 정비, 점검하기 위하여 운행
• 신개발 건설기계의 시험목적의 운행
• 판매 및 전시를 위하여 일시적인 운행

정답 **20** ② **21** ② **22** ③ **23** ④ **24** ③ **25** ③ **26** ③ **27** ②

08 건설기계의 검사

건설기계의 소유자는 그 건설기계에 대하여 국토교통부장관이 실시하는 검사를 받아야 한다.

종류	설명
신규등록검사	건설기계의 신규 등록 시 실시
정기검사	건설공사용 건설기계로서 3년의 범위에서 검사유효기간이 끝난 후에 계속하여 운행하려는 경우에 실시하는 검사 「대기환경보전법」 및 「소음·진동관리법」에 따른 운행차의 정기검사
구조변경검사	주요 구조를 변경·개조한 경우 실시
수시검사	성능이 불량하거나 사고가 자주 발생하는 건설기계의 안전성 등을 점검하기 위하여 실시

09 정기검사

건설공사용 건설기계로서 3년의 범위에서 국토교통부령으로 정하는 **검사유효기간이 끝난 후에 계속하여 운행하려는 경우에 실시**하는 검사를 말한다. ☆☆

1 정기검사의 신청
① 검사 유효기간 : **만료일 전후 각각 30일 이내** ☆
② 건설기계 검사증 사본과 보험가입을 증명하는 서류를 시·도지사에게 제출해야 한다.(다만, 검사 대행을 한 경우 검사 대행자에게 제출)
③ 검사신청을 받은 시·도지사 또는 검사대행자는 신청을 받은 날부터 5일 이내에 검사일시와 검사장소를 지정하여 신청인에게 통지하여야 한다.

> ▶ 정기검사의 일부 면제
> • 정비업소에서 제동장치에 대하여 정기검사에 상당하는 분해정비를 받은 경우 정기검사에서 그 부분의 검사를 면제받을 수 있다.
> • 건설기계의 제동장치에 대한 정기검사를 면제받고자 하는 자는 건설기계제동장치정비확인서를 시·도지사 또는 검사대행자에게 제출하여야 한다.
> ※ 건설기계 정기검사 시 제동장치에 대한 검사를 면제받기 위한 제동장치 정비확인서를 발행하는 곳 : 건설기계정비업자

2 정기검사 대상 건설기계 및 유효기간

검사유효기간	기종	구분	비고
6개월	타워크레인	–	–
1년	굴착기	타이어식	–
	기중기, 천공기 아스팔트살포기, 항타항발기	–	–
	덤프트럭, 콘크리트 믹서트럭, 콘크리트 펌프	–	20년을 초과한 연식이면 6개월
2년	로더	타이어식	20년을 초과한 연식이면 1년
	지게차	1톤 이상	
	모터그레이더	–	
1~3년	특수건설기계	–	
3년	그 밖의 건설기계		20년을 초과한 연식이면 1년

* 특수건설기계는 도로보수트럭, 노면파쇄기, 노면측정장비, 수목이식기, 터널용 고소작업차, 트럭지게차 및 그 밖의 특수건설기계이다.

3 정기검사의 연기
천재지변, 건설기계의 도난, 사고발생, 압류, 1월 이상에 걸친 정비 그 밖의 부득이 한 사유로 검사신청기간 내에 검사를 신청할 수 없는 경우에 정기검사를 연기할 수 있다.

① 검사 유효기간 만료일까지 정기검사 연기 신청서를 제출한다.
② 연기 신청은 **시·도지사 또는 검사 대행자**에게 한다.
③ 연기 기간 : 6월 이내

> ▶ 검사 대행
> 국토교통부 장관은 건설기계의 검사에 관한 시설 및 기술능력을 갖춘 자를 지정하여 검사를 대행하게 할 수 있다.

4 건설기계의 검사를 연장 받을 수 있는 기간
① 해외 임대를 위하여 일시 반출된 경우 : 반출기간 이내
② 압류된 건설기계의 경우 : 압류기간 이내
③ 건설기계 대여업을 휴지하는 경우 : 휴지기간 이내
④ 타워크레인 또는 천공기가 해체된 경우 : 해체되어 있는 기간 이내

5 검사연기신청

① 검사연기신청을 받은 시·도지사 또는 검사대행자는 그 신청일로부터 5일 이내에 검사연기여부를 결정하여 신청인에게 통지하여야 한다.

② 불허통지를 받은 자는 검사신청기간 만료일부터 10일 이내에 검사신청을 해야 한다.

> ▶ 검사에 불합격된 건설기계에 대해서는 해당 건설기계의 소유자에게 검사를 완료한 날(검사를 대행하게 한 경우에는 검사결과를 보고받은 날)부터 10일 이내에 정비명령을 해야 한다.

6 정기검사의 최고

시·도지사는 정기검사를 받지 아니한 건설기계의 소유자에게 정기검사의 **유효기간이 끝난 날부터 3개월 이내**에 국토교통부령으로 정하는 바에 따라 **10일 이내**의 기한을 정하여 정기검사를 받을 것을 최고하여야 한다.

→ 최고(催告) : 상대방에 대하여 일정한 행위를 할 것을 요구하는 통지(알림)

10 구조변경검사

구조변경검사는 주요 구조를 변경·개조한 날부터 **20일** 이내에 신청하여야 한다.

1 건설기계의 구조변경 범위 (형식 변경)

① 원동기 및 전동기	② 동력전달장치
③ 제동장치	④ 주행장치
⑤ 유압장치	⑥ 조종장치
⑦ 조향장치	⑧ 작업장치

⑨ 건설기계의 길이·너비·높이 등

⑩ 수상작업용 건설기계의 선체

⑪ 타워크레인 설치기초 및 전기장치

> ▶ 구조변경을 할 수 없는 경우
> • 건설기계의 기종 변경
> • 육상 작업용 건설기계의 규격 증가
> • 적재함의 용량 증가

2 건설기계의 구조·장치 변경

① 건설기계정비업소에서 구조변경 범위 내에서 구조 또는 장치의 변경작업을 한다.

② 건설기계의 구조변경검사는 시·도지사 또는 건설기계 검사대행자에게 신청한다.

11 수시검사 및 출장검사

1 수시검사

① **성능이 불량하거나 사고가 자주 발생하는 건설기계의 안전성 등을 점검**하기 위하여 수시로 실시하는 검사와 건설기계 소유자의 신청을 받아 실시하는 검사이다.

② 시·도지사는 안전성 등을 점검하기 위하여 수시검사를 명령할 수 있다.

③ 수시검사를 받아야 할 날로부터 10일 이전에 건설기계 소유자에게 명령서를 교부하여야 한다.

2 출장검사 ☆☆☆

다음의 건설기계의 경우 검사장에서 검사하지 않고, 출장검사를 할 수 있다.

① **도서 지역**에 있는 경우

② **자체중량이 40톤**을 초과하는 경우

③ **축중이 10톤**을 초과하는 경우

④ **너비가 2.5m**를 초과하는 경우

⑤ 최고속도가 시간당 **35km** 미만인 경우

> ▶ **검사장에서만 검사를 받아야 하는 건설기계**
> • 덤프트럭
> • 콘크리트 믹서 트럭
> • 콘크리트 펌프(트럭적재식)
> • 아스팔트 살포기
> • 트럭 지게차

12 건설기계 검사기준

1 건설기계 검사기준에서 원동기성능 검사항목

① 작동 상태에서 심한 진동 및 이상음이 없을 것

② 배출가스 허용기준에 적합할 것

③ 원동기의 설치 상태가 확실할 것

2 건설기계 검사기준 중 제동장치의 제동력

① 모든 축의 제동력의 합이 당해 축중(빈차)의 50% 이상일 것

② 동일 차축 좌·우 바퀴의 제동력의 편차는 당해 축중의 8% 이내 일 것

③ 주차 제동력의 합의 건설기계 빈차 중량의 20% 이상일 것

1 ★ 건설기계 신규등록검사를 실시할 수 있는 자는?

① 군수
② 검사대행자
③ 시·도지사
④ 행정자치부장관

2 ★★★ 건설기계관리법령상 건설기계 검사의 종류가 아닌 것은?

① 구조변경검사
② 수시검사
③ 임시검사
④ 신규 등록검사

3 ★★ 정기검사대상 건설기계의 정기검사 신청기간은?

① 정기검사 유효기간 만료일 전후 45일 이내
② 정기검사 유효기간 만료일 전 90일 이내
③ 정기검사 유효기간 만료일 전후 30일 이내
④ 정기검사 유효기간 만료일 후 60일 이내

정기검사 유효기간 만료일 전·후 **30일 이내**에 신청하여야 한다.

4 ★★★★★ 건설기계관리법령상 건설기계를 검사유효기간이 끝난 후에 계속 운행하고자 할 때 받아야 하는 검사는?

① 수시검사
② 정기검사
③ 신규등록검사
④ 계속검사

정기검사는 건설기계를 계속 운행하고자 할 때 일반 자동차나 버스와 마찬가지로 건설기계마다 검사 기간을 정하여 6개월~3년마다 정기적으로 검사를 받아야 한다.

5 ★★ 건설기계관리법령상 성능이 불량하거나 사고가 자주 발생하는 건설기계의 안전성 등을 점검하기 위하여 실시하는 검사는?

① 예비검사
② 수시검사
③ 정기검사
④ 구조변경검사

성능 불량이나 안전성에 대한 검사는 수시검사에 해당한다.

6 ★ 무한궤도식 기중기의 정기검사 유효기간은?

① 6개월
② 1년
③ 2년
④ 3년

기중기는 타이어식, 무한궤도 구분없이 1년이다.

7 ★ 건설기계 정기검사 시 제동장치 검사를 면제받기 위한 제동장치 정비확인서를 발행하는 곳은?

① 건설기계대여회사
② 건설기계정비업자
③ 건설기계부품업자
④ 건설기계매매업자

8 ★ 건설기계장비의 제동장치에 대한 정기검사를 면제 받고자 하는 경우 첨부하여야 하는 서류는?

① 건설기계매매업 신고서
② 건설기계대여업 신고서
③ 건설기계제동장치 정비확인서
④ 건설기계폐기업 신고서

규정에 따라 정비업소에서 작업 실시 후 제동장치 정비확인을 받은 경우 정기검사에서 그 부분의 검사를 면제받을 수 있다.

9 ★★★★ 기계관리법상 건설기계 정기검사를 연기할 수 있는 사유에 해당하지 않는 것은? (단, 특별한 사유로 검사신청기간 내에 검사를 신청할 수 없는 경우는 제외)

① 1월 이상에 걸친 정비를 하고 있을 때
② 건설기계를 도난당했을 때
③ 건설기계의 사고가 발생했을 때
④ 건설 현장에 투입하여 작업이 계속 있을 때

천재지변, 건설기계의 도난, 사고 발생, 압류, 1월 이상에 걸친 정비 그 밖의 부득이한 사유로 검사신청기간 내에 검사를 신청할 수 없는 경우에 정기검사를 연기 할 수 있다.

정답 1② 2③ 3③ 4② 5② 6② 7② 8③ 9④

10 건설기계관리법령상 시·도지사는 검사에 불합격한 건설기계에 대해 검사를 완료한 날부터 며칠 이내에 건설기계 소유자에게 정비 명령을 해야 하는가?

① 30일
② 5일
③ 10일
④ 15일

검사에 불합격된 건설기계에 대해서는 해당 건설기계의 소유자에게 검사를 완료한 날(검사를 대행하게 한 경우에는 검사결과를 보고받은 날)부터 **10일** 이내에 정비명령을 해야 한다.

11 건설기계관리법령상 정기검사에서 불합격한 건설기계의 정비명령에 관한 설명으로 틀린 것은?

① 정비명령을 따르지 아니하면 해당 건설기계의 등록번호표는 영치될 수 있다.
② 정비명령을 받은 건설기계소유자는 지정된 기간 내에 정비를 하여야 한다.
③ 불합격한 건설기계에 대해서 검사를 완료한 날부터 10일 이내에 정비명령을 하여야 한다.
④ 정비를 마친 건설기계는 다시 검사를 받을 필요 없이 운행이 가능하다.

정기검사에서 불합격한 건설기계는 **정비를 마친 후 재검사를 해야 한다.**

12 검사 유효기간이 만료된 건설기계는 유효기간이 만료된 날로부터 몇 개월 이내에 건설기계 소유자에게 최고하여야 하는가?

① 1개월
② 2개월
③ 3개월
④ 4개월

정기검사를 받지 아니한 건설기계의 소유자에게 정기검사의 유효기간이 끝난 날부터 **3개월** 이내에 국토교통부령으로 정하는 바에 따라 10일 이내에 정기검사를 받을 것을 최고하여야 한다.

13 시·도지사는 수시검사를 명령하고자 하는 때에는 수시검사를 받아야 할 날로부터 며칠 이전에 건설기계 소유자에게 명령서를 교부하여야 하는가?

① 5일
② 10일
③ 20일
④ 30일

수시검사를 받아야 할 날로부터 **10일** 이전에 건설기계 소유자에게 명령서를 교부하여야 한다.

14 건설기계의 구조 변경 범위에 속하지 않는 것은?

① 건설기계의 길이, 너비, 높이 변경
② 적재함의 용량 증가를 위한 변경
③ 조종장치의 형식 변경
④ 수상작업용 건설기계 선체의 형식 변경

건설기계의 기종 변경, 육상 작업용 건설기계 규격의 증가 또는 적재함의 용량 증가를 위한 구조변경은 할 수 없다.

15 건설기계관리법령상 건설기계의 구조를 변경할 수 있는 범위에 해당되는 것은?

① 건설기계의 기종 변경
② 원동기의 형식 변경
③ 육상작업용 건설기계 적재함의 용량을 증가시키기 위한 구조 변경
④ 육상작업용 건설기계의 규격을 증가시키기 위한 구조 변경

구조변경을 할 수 없는 경우
• 건설기계의 기종 변경
• 육상 작업용 건설기계의 규격 증가
• 적재함의 용량 증가

16 건설기계의 구조 또는 장치를 변경하는 사항으로 적합하지 않은 것은?

① 관할 시·도지사에게 구조변경 승인을 받아야 한다.
② 건설기계정비업소에서 구조 또는 장치의 변경작업을 한다.
③ 구조변경검사를 받아야 한다.
④ 구조변경검사는 주요 구조를 변경 또는 개조한 날부터 20일 이내에 신청하여야 한다.

구조변경은 승인의 대상이 아니며 개조한 날부터 20일 이내 구조변경검사를 신청하면 된다.

17 성능이 불량하거나 사고가 빈발하는 건설기계의 성능을 점검하기 위하여 건설교통부장관 또는 시·도지사의 명령에 따라 수시로 실시하는 검사는?

① 신규등록검사
② 정기검사
③ 수시검사
④ 구조변경검사

18 건설기계 구조변경 검사신청은 변경한 날로부터 며칠 이내에 하여야 하는가?

① 30일 이내

② 20일 이내

③ 10일 이내

④ 7일 이내

구조변경검사는 주요 구조를 변경 또는 개조한 날부터 **20일 이내**에 신청하여야 한다.

19 건설기계가 위치한 장소에서 정기검사를 받을 수 있는 경우가 아닌 것은?

① 도서지역에 있는 경우

② 최고속도가 시간당 25킬로미터인 경우

③ 자체중량이 30톤인 경우

④ 너비가 3.5미터인 경우

다음의 건설기계의 경우 검사장에서 검사하지 않고, 출장 검사(건설기계가 위치한 장소에서 검사)를 할 수 있다.

• 도서 지역에 있는 경우
• 자체중량이 40톤을 초과하는 경우
• 축중이 10톤을 초과하는 경우
• 너비가 2.5m를 초과하는 경우
• 최고속도가 시간당 35km 미만인 경우

20 건설기계의 구조변경검사는 누구에게 신청해야 하는가?

① 건설기계정비업소

② 자동차검사소

③ 검사대행자(건설기계검사소)

④ 건설기계폐기업소

21 시·도지사는 수시검사를 명령하고자 하는 때에는 수시검사를 받아야 할 날로부터 며칠 이전에 건설기계 소유자에게 명령서를 교부하여야 하는가?

① 7일

② 10일

③ 15일

④ 1월

22 검사소 이외의 장소에서 출장검사를 받을 수 있는 건설기계에 해당되는 것은?

① 덤프트럭

② 콘크리트믹서트럭

③ 아스팔트 살포기

④ 기중기

23 건설기계 검사기준 중 제동장치의 제동력으로 틀린 것은?

① 모든 축의 제동력의 합이 당해 축중(빈차)의 50% 이상일 것

② 동일 차축 좌우 바퀴의 제동력의 편차는 당해 축중의 8% 이내 일 것

③ 뒤차축 좌우 바퀴의 제동력의 편차는 당해 축중의 15% 이내 일 것

④ 주차제동력의 합의 건설기계 빈차 중량의 20% 이상일 것

24 건설기계 검사기준에서 원동기성능 검사항목이 아닌 것은?

① 토크 컨버터는 기름량이 적정하고 누출이 없을 것

② 작동 상태에서 심한 진동 및 이상음이 없을 것

③ 배출가스 허용기준에 적합할 것

④ 원동기의 설치 상태가 확실할 것

25 건설기계관리법령상 시·도지사는 검사에 불합격한 건설기계에 대해 검사를 완료한 날부터 며칠 이내에 건설기계 소유자에게 정비 명령을 해야 하는가?

① 5일

② 15일

③ 30일

④ 10일

검사에 불합격된 건설기계에 대해서는 31일 내의 기간동안 건설기계 소유자에게 검사완료한 날부터 **10일** 이내에 정비명령을 해야 한다.

정답 18 ② 19 ③ 20 ③ 21 ② 22 ④ 23 ③ 24 ① 25 ④

13 건설기계 사업

종류	정의
건설기계 대여업	건설기계 대여
건설기계 정비업	건설기계를 분해, 조립하고 수리하는 등 건설기계의 원활한 사용을 위한 일체의 행위
건설기계 매매업	중고 건설기계의 매매 또는 매매의 알선과 그에 따른 등록사항에 관한 변경신고의 대행
건설기계 폐기업	건설기계관련법상 건설기계 폐기

▶ **건설기계 매매업의 등록을 하고자 하는 자의 구비서류**
  • 사무실의 소유권 또는 사용권이 있음을 증명하는 서류
  • 주기장 소재지를 관할하는 시장·군수·구청장이 발급한 주기장시설 보유서
  • 5천만원 이상의 하자보증금예치증서 또는 보증보험증서

14 건설기계 정비업

1 건설기계 정비업의 종류
  ① 종합건설기계 정비업
  ② 부분건설기계 정비업
  ③ 전문건설기계 정비업

정비항목		종합건설 기계 정비업	부분 건설기계 정비업	전문건설 기계정비업	
				원동기	유압
1. 원동기	가. 실린더헤드의 탈착정비	○		○	
	나. 실린더·피스톤의 분해·정비	○		○	
	다. 크랭크축·캠축의 분해·정비	○		○	
	라. 연료펌프의 분해·정비	○		○	
	마. 기타 정비	○	○	○	
2. 유압장치의 탈부착 및 분해정비		○	○		○
3. 변속기	가. 탈부착	○	○		
	나. 변속기의 분해정비	○			
4. 전후차축 및 제동장치정비 (타이어식으로 된 것)		○	○		

정비항목		종합건설 기계 정비업	부분 건설기계 정비업	전문건설 기계정비업	
				원동기	유압
5. 차체 부분	가. 프레임 조정	○			
	나. 롤러·링크·트랙슈의 재생	○			
	다. 기타 정비	○	○		
6. 이동 정비	가. 응급조치	○	○	○	○
	나. 원동기의 탈·부착	○	○	○	
	다. 유압장치의 탈·부착	○	○		○
	라. 나목 및 다목 외의 부분의 탈·부착	○	○		

▶ 원동기 정비업은 유압장치를 정비할 수 없다.

2 건설기계정비업의 제외 사항 ✿✿✿
  ① 오일의 보충
  ② 에어클리너 엘리먼트 및 필터류의 교환
  ③ 배터리·전구의 교환
  ④ 타이어의 점검·정비 및 트랙의 장력 조정
  ⑤ 창유리의 교환

15 조종사 면허

건설기계를 조종하려는 사람은 시장·군수 또는 구청장에게 건설기계조종사면허 또는 자동차 운전면허를 받아야 한다.

1 건설기계 조종사 면허의 종류

면허 종류	조종할 수 있는 건설기계
불도저	불도저
5톤 미만의 불도저	5톤 미만의 불도저
기중기	기중기, 무한궤도식 천공기(기중기의 몸체에 천공장치를 부착하여 제작한 천공기)
3톤 미만의 기중기	3톤 미만의 기중기
로더	로더
3톤 미만의 로더	3톤 미만의 로더
5톤 미만의 로더	5톤 미만의 로더
지게차	지게차

면허 종류	조종할 수 있는 건설기계
3톤 미만의 지게차	3톤 미만의 지게차
기중기	기중기
롤러	롤러, 모터그레이더, 스크레이퍼, 아스팔트피니셔, 콘크리트피니셔, 콘크리트살포기 및 골재살포기
이동식 콘크리트펌프	이동식 콘크리트 펌프
쇄석기	쇄석기, 아스팔트믹싱플랜트 및 콘크리트뱃칭플랜트
공기 압축기	공기 압축기
천공기	천공기(타이어식, 무한궤도식 및 굴진식을 포함하며, 트럭적재식은 제외), 항타·항발기
5톤 미만의 천공기	5톤 미만의 천공기(트럭적재식은 제외)
준설선	준설선 및 자갈채취기
타워크레인	타워크레인
3톤 미만의 타워크레인	3톤 미만의 타워크레인

2 운전면허로 조종하는 건설기계 (1종 대형면허)
① 덤프트럭, 아스팔트 살포기, 노상 안정기
② 콘크리트 믹서 트럭, 콘크리트 펌프, 천공기(트럭적재식)
③ 특수 건설기계 중 국토교통부장관이 지정하는 건설기계

3 소형건설기계
시·도지사가 지정한 교육기관에서 그 건설기계의 조종에 관한 교육과정을 마친 경우에는 국토교통부령으로 정하는 바에 따라 건설기계조종사면허를 받은 것으로 본다.

▶ 소형건설기계 조종 교육시간
 • 3톤 미만의 기중기, 로더, 지게차 : 이론 6시간, 실습 6시간
 • 3톤이상 5톤 미만 로더, 5톤 미만의 불도저
 이론 6시간, 실습 12시간 (총 18시간)

16 조종사 면허의 결격사유
① 18세 미만인 사람
② 정신질환자 또는 뇌전증 환자
③ 앞을 보지 못하는 사람, 듣지 못하는 사람, 그 밖에 국토교통부령으로 정하는 장애인
④ 마약·대마·향정신성의약품 또는 알코올중독자
⑤ **건설기계조종사면허가 취소된 날부터 1년이 지나지 아니하였거나 건설기계조종사면허의 효력정지처분 기간 중에 있는 사람** ✿

17 조종사 면허의 적성검사 기준 ✿✿✿
① 시력 : 두 눈을 동시에 뜨고 잰 시력(교정시력 포함)이 0.7 이상이고, 두 눈의 시력이 각각 0.3 이상
② 청력 : 55데시벨 (보청기 사용 시 40데시벨)
③ 언어분별력 : 80% 이상
④ 시야각 : 150도 이상
⑤ 정신질환자 또는 뇌전증 환자가 아닐 것
⑥ 마약·대마·향정신성의약품 또는 알코올중독자가 아닐 것

▶ 정기적성검사 및 수시적성검사
 • 정기적성검사 : 10년마다(65세 이상인 경우는 5년)
 • 수시적성검사 : 안전한 조종에 장애가 되는 후천적 신체장애 등의 법률이 정한 사유가 발생했을 시

18 조종사 면허의 취소·정지 처분
시장·군수 또는 구청장은 규정에 따라 건설기계조종사 면허를 취소하거나 1년 이내의 기간을 정하여 면허 효력을 정지시킬 수 있다.

1 개별기준
① 건설기계 조종 중 고의 또는 과실로 중대한 사고를 일으킨 때
② 조종사 면허의 결격사유에 해당되지 않은 때

위반행위	처분기준
거짓이나 그 밖의 부정한 방법으로 건설기계조종사면허를 받은 경우	취소
조종사 면허 결격사유중 정신미약자 및 조종에 심각한 장애를 가진 장애인, 마약이나 알콜중독자등에 해당되었을 때	
고의로 인명피해(사망, 중상, 경상 등)를 입힌 때 ✿✿	
인명 피해를 입힌 때 　• 사망 1명마다 　• 중상 1명마다 (3주 이상의 치료) 　• 경상 1명마다 (3주 미만의 치료)	면허효력정지 45일 면허효력정지 15일 면허효력정지 5일
재산피해 : 피해금액 50만원마다	면허효력정지 1일 (90일을 넘지 못함)
건설기계 조종 중 고의·과실로 가스공급시설을 손괴하거나 가스공급시설의 기능에 장애를 입혀 가스공급을 방해한 때	면허효력정지 180일

→ 교통사고시 중상의 기준은 3주 이상의 치료를 요하는 부상을 말한다.

② 도로교통법에 해당된 때

위반사항	처분기준
음주 상태(혈중 알콜농도 0.03~0.08%)에서 건설기계를 조종한 때	면허효력정지 60일
음주 상태에서 건설기계 조종 중 사고로 사상자가 발생한 때	취소
만취 상태(혈중 알콜 농도 0.08% 이상)에서 건설기계를 조종한 때	취소
음주 기준을 넘어 운전하거나 음주 측정에 불응한 사람이 다시 음주 상태(혈중 알콜 농도 0.03% 이상)에서 운전한 때	취소
약물(마약, 대마 등 환각물질)을 투여한 상태에서 건설기계를 조종한 때	취소

▶ 도로교통법상 음주 기준
  1. 술에 취한 상태의 혈중알코올농도 기준 : 0.03% 이상
  2. 술에 만취한 상태의 혈중알코올농도 기준 : 0.08% 이상

③ 기타 면허 취소에 해당하는 사유

위반사항	처분기준
건설기계조종사면허의 효력정지 기간 중 건설기계를 조종한 경우	취소
면허증을 타인에게 대여한 때	취소
"국가기술자격법"에 따른 해당 분야의 기술자격이 취소되거나 정지된 경우	취소
• 정기적성검사를 받지 않고 1년이 지난 경우 • 정기적성검사 또는 수시적성검사에서 불합격한 경우	취소

---

19 면허의 반납

① 건설기계 조종사 면허증의 반납 ✿

① 건설기계조종사면허를 받은 자가 다음 사유에 해당하는 때에는 그 사유가 발생한 날부터 **10일 이내**에 주소지를 관할하는 시장·군수 또는 구청장에게 그 면허증을 반납하여야 한다.

② **면허증의 반납 사유**
  • 면허가 취소된 때
  • 면허의 효력이 정지된 때
  • 면허증의 재교부를 받은 후 잃어버린 면허증을 발견한 때

---

20 벌칙

① 1년 이하의 징역 또는 1천만원 이하의 벌금 ✿

① 거짓이나 그 밖의 부정한 방법으로 등록을 한 자
② 등록번호를 지워 없애거나 그 식별을 곤란하게 한 자
③ **구조변경검사 또는 수시검사를 받지 아니한 자**
④ **정비명령을 이행하지 아니한 자**
⑤ 형식승인, 형식변경승인 또는 확인검사를 받지 아니하고 건설기계의 제작등을 한 자
⑥ 사후관리에 관한 명령을 이행하지 아니한 자
⑦ 내구연한을 초과한 건설기계 또는 건설기계 장치 및 부품을 운행하거나 사용한 자 및 이를 알고도 말리지 아니하거나 운행 또는 사용을 지시한 고용주

⑧ 부품인증을 받지 아니한 건설기계 장치 및 부품을 사용한 자 및 이를 알고도 말리지 아니하거나 운행 또는 사용을 지시한 고용주

⑨ 매매용 건설기계를 운행하거나 사용한 자

⑩ 폐기인수 사실을 증명하는 서류의 발급을 거부하거나 거짓으로 발급한 자

⑪ **폐기요청을 받은 건설기계를 폐기하지 아니하거나 등록번호표를 폐기하지 아니한 자**

⑫ **건설기계조종사면허를 받지 아니하고 건설기계를 조종한 자**

⑬ **건설기계조종사면허를 거짓이나 그 밖의 부정한 방법으로 받은 자**

⑭ 소형 건설기계의 조종에 관한 교육과정의 이수에 관한 증빙서류를 거짓으로 발급한 자

⑮ 술에 취하거나 마약 등 약물을 투여한 상태에서 건설기계를 조종한 자와 그러한 자가 건설기계를 조종하는 것을 알고도 말리지 아니하거나 건설기계를 조종하도록 지시한 고용주

⑯ **건설기계조종사면허가 취소되거나 건설기계조종사면허의 효력정지처분을 받은 후에도 건설기계를 계속하여 조종한 자**

⑰ 건설기계를 도로나 타인의 토지에 버려둔 자

❷ 2년 이하의 징역 또는 2천만원 이하의 벌금

① **등록되지 않거나 등록이 말소된 건설기계를 사용하거나 운행한 자**

② 시·도지사의 지정을 받지 않고 등록번호표를 제작하거나 등록번호를 새긴 자

③ 건설기계의 주요구조 및 주요장치를 변경 또는 개조한 자

→ 무단 해체한 건설기계를 사용·운행하거나 타인에게 유상·무상으로 양도한 자

→ 시정명령을 이행하지 아니한 자

④ 등록을 하지 아니하고 건설기계사업을 하거나 거짓으로 등록을 한 자

⑤ 등록이 취소되거나 사업의 전부/일부가 정지된 건설기계사업자로서 계속하여 건설기계사업을 한 자

❸ 과태료

① 300만원 이하의 과태료

• 등록번호표를 부착 또는 봉인하지 아니한 건설기계를 운행한 자

• **정기검사를 받지 아니한 자**

→ 검사기간 만료일로부터 30일 이내 일 때 : 10만원
3일 초과시마다 10만원씩 가산

• 시설 또는 업무에 관한 보고를 하지 아니하거나 거짓으로 보고한 자 등

• 소속 공무원의 검사·질문을 거부·방해·기피한 자

• 정당한 사유 없이 직원의 출입을 거부하거나 방해한 자

② 200만원 이하의 과태료

• 건설기계조종사 적성검사를 받지 아니한 자

→ 검사기간 만료일로부터 30일 이내 일 때 : 5만원
3일 초과시마다 5만원씩 가산

③ 100만원 이하의 과태료

• 수출의 이행 여부를 신고하지 아니하거나 폐기 또는 등록을 하지 아니한 자

• **등록번호표를 부착·봉인하지 않거나**, 등록번호를 새기지 않거나, 가리거나 훼손하여 알아보기 곤란하게 한 자

• 건설기계안전기준에 적합하지 아니한 건설기계를 사용하거나 운행한 자 또는 사용하게 하거나 운행하게 한 자

• 건설기계사업자의 의무를 위반한 자

• 안전교육등을 받지 아니하고 건설기계를 조종한 자

④ 50만원 이하의 과태료

• 임시번호표를 붙이지 아니하고 운행한 자

• 등록의 말소를 신청하지 아니한 자

▶ 과태료처분에 대하여 불복이 있는 경우 처분의 고지를 받은 날부터 60일 이내에 이의를 제기하여야 한다.

▶ 통고처분의 수령을 거부하거나 범칙금을 기간 안에 납부하지 못한 자는 즉결 심판에 회부된다.

1 ★★★
건설기계사업을 영위하고자 하는 자는 누구에서 신고하여야 하는가?

① 시장·군수 또는 구청장
② 전문건설기계정비업자
③ 국토교통부장관
④ 건설기계폐기업자

건설기계사업 신고 : 시장·군수 또는 구청장

2 ★
건설기계 매매업의 등록을 하고자 하는 자의 구비서류로 맞는 것은?

① 건설기계 매매업등록필증
② 건설기계 보험증서
③ 건설기계 등록증
④ 하자보증금예치증서 또는 보증보험증서

3 ★★
건설기계정비업의 업무구분에 해당하지 않은 것은?

① 종합건설기계 정비업
② 부분건설기계 정비업
③ 전문건설기계 정비업
④ 특수건설기계 정비업

건설기계정비업 : 종합, 부분, 전문

4 ★★★★
건설기계 정비업의 사업범위에서 유압장치를 정비할 수 없는 정비업은?

① 종합 건설기계 정비업
② 부분 건설기계 정비업
③ 원동기 정비업
④ 유압 정비업

원동기(기관) 정비업체는 기관의 분해, 정비, 탈착, 부착에만 국한하며, 다른 범위는 제한한다.

5 ★
부분 건설기계정비업의 사업범위로 적당한 것은?

① 프레임 조정, 롤러, 링크, 트랙슈의 재생을 제외한 차체
② 원동기부의 완전분해 정비
③ 차체부의 완전분해 정비
④ 실린더헤드의 탈착 정비

완전 분해는 주로 종합 또는 전문업체만 가능하다.
※ 장·탈착의 경우 부분업체에서도 가능하나 엔진의 장·탈착만은 종합 또는 전문업체에서만 가능하다.

6 ★
건설기계 장비시설을 갖춘 정비사업자만이 정비할 수 있는 사항은?

① 오일의 보충
② 배터리 교환
③ 유압장치의 호스 교환
④ 제동등 전구의 교환

①, ②, ④와 같은 경정비는 부분건설기계정비업체나 일반인도 가능하다.

7 ★
반드시 건설기계정비업체에서 정비하여야 하는 것은?

① 오일의 보충
② 배터리의 교환
③ 창유리의 교환
④ 엔진 탈·부착 및 정비

원동기의 경우 간단한 정비 외 탈·부착이 필요한 정비는 반드시 건설기계정비업체에서 정비해야 한다.

8 ★
종합 건설기계 정비업자만이 할 수 있는 사업이 아닌 것은?

① 롤러, 링크, 트랙슈의 재생
② 유압장치 정비
③ 변속기의 분해 정비
④ 프레임 조정

유압장치의 정비는 부분정비업체나 전문정비업체에서도 가능하다.

정답 ▶ 1 ① 2 ④ 3 ④ 4 ③ 5 ① 6 ③ 7 ④ 8 ②

05

9 건설기계관리법에서 정한 건설기계정비업의 범위에 해당하는 작업은?

① 에어클리너 엘리먼트 교환
② 브레이크 부품 교환
③ 오일 보충
④ 필터류 교환

에어클리너 엘리먼트 교환, 오일 보충, 필터류 교환은 건설기계정비업의 범위에 해당하지 않는다.

10 항발기를 조종할 수 있는 건설기계 조종사 면허는?

① 천공기
② 공기압축기
③ 지게차
④ 스크레이퍼

천공기 조종면허는 천공기 외에 항타·항발기를 조종할 수 있다.

11 자동차 제1종 대형면허로 조종할 수 있는 건설기계는?

① 기중기
② 불도저
③ 지게차
④ 덤프트럭

자동차 제1종 대형면허 : 덤프트럭, 아스팔트 살포기, 노상안정기, 콘크리트 믹서 트럭, 콘크리트 펌프, 천공기(트럭적재식)

12 건설기계 조종면허에 관한 사항으로 틀린 것은?

① 건설기계조종사면허의 적성검사는 도로교통법상의 제1종운전면허에 요구되는 신체검사서로 갈음할 수 있다.
② 운전면허로 조종할 수 있는 건설기계는 없다.
③ 소형건설기계는 관련법에서 규정한 기관에서 교육을 이수한 후에 소형건설기계조종면허를 취득할 수 있다.
④ 건설기계 조종을 위해서는 해당 부처에서 규정하는 면허를 소지하여야 한다.

덤프트럭 등 일부 국토교통부 장관이 지정된 특수건설기계는 별도의 면허 없이 자동차운전면허(1종 대형)로 운전할 수 있다.

13 5톤 미만의 불도저의 소형건설기계 조종교육시간은?

① 6시간
② 10시간
③ 12시간
④ 18시간

14 건설기계관리법상 건설기계 조종사의 면허를 받을 수 있는 자는?

① 심신 장애자
② 마약 또는 알코올 중독자
③ 사지의 활동이 정상적이 아닌 자
④ 파산자로서 복권되지 아니한 자

15 건설기계를 운전해서는 안 되는 사람은?

① 국제운전면허증을 가진 사람
② 범칙금 납부 통고서를 교부받은 사람
③ 면허시험에 합격하고 면허증 교부 전에 있는 사람
④ 운전면허증을 분실하여 재교부 신청 중인 사람

16 건설기계 조종사의 적성검사 기준 중 틀린 것은?

① 시각은 150도 이상일 것
② 55데시벨이 소리를 들을 수 있을 것(단, 보청기 사용자는 40데시벨)
③ 언어분별력이 80퍼센트 이상일 것
④ 두 눈을 동시에 뜨고 잰 시력(교정시력을 포함)이 1.0 이상일 것

두 눈을 동시에 뜨고 잰 시력(교정시력 포함)이 **0.7 이상**이어야 한다.

17 건설기계조종사 면허 적성검사기준으로 틀린 것은?　　주의

① 두 눈의 시력이 각각 0.3 이상
② 시각은 150도 이상
③ 청력은 10m의 거리에서 60데시벨을 들을 수 있을 것
④ 두 눈을 동시에 뜨고 잰 시력이 0.7 이상

청력 : **55**데시벨(보청기 사용 시 40데시벨)

18 건설기계운전 면허의 효력정지 사유가 발생한 경우 관련 법상 효력정지기간으로 맞는 것은?

① 1년 이내　　　　② 6월 이내
③ 5년 이내　　　　④ 3년 이내

건설기계 운전면허 효력정지사유가 발생한 경우 **효력정지기간은 1년** 이내이다.

19 건설기계 조종사 면허에 관한 사항으로 틀린 것은?

① 자동차운전면허로 운전할 수 있는 건설기계도 있다.
② 면허를 받고자 하는 자는 국·공립병원, 시장·군수·구청장이 지정하는 의료기관의 적성검사에 합격하여야 한다.
③ 특수건설기계 조종은 국토교통부장관이 지정하는 면허를 소지하여야 한다.
④ 특수건설기계 조종은 특수조종면허를 받아야 한다.

특수건설기계 중 국토교통부장관이 지정하는 건설기계는 도로교통법의 **규정에 따른 운전면허**를 받아 조종할 수 있다.

20 건설기계 조종사 면허의 취소사유에 해당되지 않는 것은?

① 면허정지 처분을 받은 자가 그 정지 기간 중에 건설기계를 조종한 때
② 술에 취한 상태로 건설기계를 조종하다가 사고로 사람을 상하게 한 때
③ 고의로 2명 이상을 사망하게 한 때
④ 등록이 말소된 건설기계를 조종한 때

등록이 말소된 건설기계를 사용하거나 운행한 자는 **2년 이하의 징역 또는 2000만원 이하**의 벌금에 처한다.

21 건설기계조종사의 면허취소사유 설명으로 맞는 것은?

① 혈중알코올농도 0.03%에서 건설기계를 조종하였을 때
② 면허정지 처분을 받은 자가 그 기간 중에 건설기계를 조종한 때
③ 과실로 인하여 9명에게 경상을 입힌 때
④ 건설기계로 1천만원 이상의 재산피해를 냈을 때

① 혈중알코올농도 **0.08% 이상**에서 건설기계 조종 시 면허효력정지에 해당
③ 고의가 아닌 **과실로 경상을 입힌 때**는 면허효력정지에 해당
④ 건설기계로 **재산 피해**를 냈을 때는 면허효력정지에 해당

22 건설기계관리법령상 고의로 경상 1명의 인명피해를 입힌 건설기계를 조종한 자의 처분기준은?

① 면허효력정지 45일
② 면허효력정지 30일
③ 면허효력정지 90일
④ 면허 취소

고의로 인명피해를 입힌 경우에는 **피해 규모에 관계없이** 면허가 취소된다.

23 건설기계의 조종 중 과실로 100만원의 재산피해를 입힌 때 면허 처분 기준은?

① 면허효력정지 7일
② 면허효력정지 2일
③ 면허효력정지 15일
④ 면허효력정지 20일

재산피해액 50만원당 면허효력정지 1일씩이다.

24 과실로 경상 6명의 인명피해를 입힌 건설기계를 조종한 자의 처분기준은?

① 면허효력정지 10일
② 면허효력정지 20일
③ 면허효력정지 30일
④ 면허효력정지 60일

과실로 인한 경상을 입힌 경우 1명당 5일이므로, 5일×6 = 30일이다.

25 건설기계의 조종 중 고의 또는 과실로 가스공급시설을 손괴할 경우 조종사면허의 처분기준은?

① 면허효력정지 10일
② 면허효력정지 15일
③ 면허효력정지 180일
④ 면허효력정지 25일

면허효력정지 180일 : 건설기계 조종 중 고의 또는 과실로 가스공급시설을 손괴하거나 가스공급시설의 기능에 장애를 입혀 가스공급을 방해한 때

정답　**18** ①　**19** ④　**20** ④　**21** ②　**22** ④　**23** ②　**24** ③　**25** ③

26 건설기계 조종사 면허의 취소·정지처분 기준 중 면허취소에 해당되지 않는 것은?

① 고의로 인명 피해를 입힌 때
② 면허증을 타인에게 대여한 때
③ 마약 등의 약물을 투여한 상태에서 건설기계를 조종한 때
④ 1천만원 이상 재산 피해를 입힌 때

재산피해는 50만원마다 면허효력정지 1일이며, 단 90일을 넘지 못한다.

27 건설기계조종사 면허증을 반납하지 않아도 되는 경우는?

① 면허가 취소된 때
② 면허의 효력이 정지된 때
③ 분실로 인하여 면허증의 재교부를 받은 후 분실된 면허증을 발견할 때
④ 일시적인 부상 등으로 건설기계 조종을 할 수 없게 된 때

면허증의 반납 사유
• 면허가 취소된 때
• 면허의 효력이 정지된 때
• 면허증의 재교부를 받은 후 잃어버린 면허증을 발견한 때

28 건설기계조종사 면허가 취소되었을 경우 그 사유가 발생한 날로부터 며칠 이내에 면허증을 반납해야 하는가?

① 7일 이내
② 10일 이내
③ 14일 이내
④ 30일 이내

면허가 취소되었을 경우 그 사유가 발생한 날부터 **10일** 이내에 주소지를 관할하는 시장·군수·구청장에게 면허증을 반납하여야 한다.

29 정기검사를 받지 아니하고, 정기검사 신청기간 만료일로부터 30일 이내인 때의 과태료는?

① 20만원
② 10만원
③ 5만원
④ 2만원

정기검사를 받지 아니하고, 검사 만료일로부터 30일 이내인 때 10만원의 과태료를 부과한다.

30 건설기계조종사 면허를 받지 아니하고 건설기계를 조종한 자에 대한 벌칙은?

① 1년 이하의 징역 또는 1천만원 이하의 벌금
② 100만원 이하의 벌금
③ 50만원 이하의 벌금
④ 30만원 이하의 과태료

1년 이하의 징역 또는 1천만원 이하의 벌금 (시험에 주로 나오는 내용)
• 구조변경검사 또는 수시검사를 받지 아니한 자
• 정비명령을 이행하지 아니한 자
• 건설기계조종사면허를 받지 아니하고 건설기계를 조종한 자
• 건설기계조종사면허를 거짓이나 그 밖의 부정한 방법으로 받은 자
• 건설기계조종사면허가 취소되거나 건설기계조종사면허의 효력정지처분을 받은 후에도 건설기계를 계속하여 조종한 자
• 폐기요청을 받은 건설기계를 폐기하지 아니하거나 등록번호표를 폐기하지 아니한 자

31 정비 명령을 이행하지 아니한 자에 대한 벌칙은?

① 100만원 이하의 벌금
② 1000만원 이하의 벌금
③ 50만원 이하의 벌금
④ 30만원 이하의 과태료

정비명령을 이행하지 아니한 자에 대한 벌칙은 1년 이하의 징역 또는 1천만원 이하의 벌금이다.

32 건설기계조종사면허가 취소된 후에도 건설기계를 계속하여 조종한 자의 벌칙은?

① 2년 이하의 징역 또는 2천만원 이하의 벌금
② 1년 이하의 징역 또는 1천만원 이하의 벌금
③ 500만원 이하의 벌금
④ 300만원 이하의 벌금

33 1000만원 이하의 벌금에 해당되지 않는 것은?

① 건설기계를 도로나 타인의 토지에 방치한 자
② 임시번호표를 부착해야 하는 대상이나 그러지 아니하고 운행한 자
③ 조종사면허를 받지 않고 건설기계를 계속해서 조종한 자
④ 조종사면허 취소 후에도 건설기계를 계속해서 조종한 자

임시번호표를 붙이지 아니하고 운행할 때 : 50만원 이하의 과태료

정답 **26** ④ **27** ④ **28** ② **29** ② **30** ① **31** ② **32** ② **33** ②

34 폐기요청을 받은 건설기계를 폐기하지 아니하거나 등록번호표를 폐기하지 아니한 자에 대한 벌칙은?

① 2년 이하의 징역 또는 2천만원 이하의 벌금
② 1년 이하의 징역 또는 1천만원 이하의 벌금
③ 2백만원 이하의 벌금
④ 1백만원 이하의 벌금

35 통고처분의 수령을 거부하거나 범칙금을 기간 안에 납부치 못한 자는 어떻게 처리되는가?

① 면허의 효력이 정지된다.
② 면허증이 취소된다.
③ 연기신청을 한다.
④ 즉결 심판에 회부된다.

36 과태료 처분에 대하여 불복이 있는 경우 며칠 이내에 이의를 제기하여야 하는가?

① 처분이 있은 날부터 30일 이내
② 처분이 있은 날부터 60일 이내
③ 처분의 고지를 받은 날부터 60일 이내
④ 처분의 고지를 받은 날부터 30일 이내

과태료 처분에 대하여 불복이 있는 경우 처분의 고지를 받은 날부터 **60일** 이내에 제기해야 한다.

37 건설기계관리법령상 건설기계 조종사의 면허를 받을 수 있는 자는?

① 앞을 보지 못하는 사람
② 파산자로서 복권되지 아니한 자
③ 18세 미만의 사람
④ 마약 또는 알코올 중독자

건설기계조종사 면허를 받을 수 없는 자
• 18세 미만인 사람
• 정신질환자 또는 뇌전증 환자
• 앞을 보지 못하는 사람, 듣지 못하는 사람, 국토교통부령으로 정하는 장애인
• 마약·대마·향정신성의약품 또는 알코올 중독자
• 면허가 취소된 날부터 1년이 지나지 아니하였거나 면허의 효력정지처분 기간 중에 있는 사람

05

02 도로교통법

[출제문항수 : 4문제] 도로교통법은 운전면허 시험과 유사하나, 숫자 부분은 좀더 치중해서 확인하기 바랍니다. 도로명 주소에서 1문제가 출제되며, 전체적으로 기출문제 위주로 학습하기 바랍니다.

01 도로교통법의 용어

용어	정의
도로	도로교통법상 도로 • 차마의 통행을 위한 도로 • 유료도로법에 의한 유료도로 • 도로법에 의한 도로
안전지대	도로를 횡단하는 보행자나 통행하는 차마의 안전을 위하여 안전표지 등으로 표시된 도로의 부분
어린이	도로교통법상 어린이 연령 : 13세 미만
교통사고	도로에서 발생한 사고
정차	운전자가 5분을 초과하지 아니하고 차를 정지시키는 것으로서 주차 외의 정지상태를 말한다.
승차정원	자동차등록증에 기재된 인원
서행	위험을 느끼고 즉시 정지할 수 있는 느린 속도로 운행하는 것
안전거리	앞차가 갑자기 정지하게 되는 경우에 그 앞차와의 충돌을 피할 수 있는 필요한 거리를 확보하도록 되어있는 거리

02 차로의 통행

1 차로의 설치
① 횡단보도, 교차로 및 철길건널목 부분에는 차로를 설치하지 못한다.
② 차로를 설치하는 때에는 중앙선을 표시하여야 한다.
③ 도로의 양쪽에 보행자 통행의 안전을 위하여 길가장자리 구역을 설치하여야 한다.

2 차로에 따른 통행차의 기준
1) 고속도로 외의 도로

차로 구분	통행 차종
왼쪽차로	승용자동차 및 경형·소형·중형 승합자동차
오른쪽차로	건설기계·특수·대형승합·화물·이륜자동차 및 원동기장치자전거

2) 고속도로
① 편도 2차로

차로 구분	통행 차종
1차로	• 앞지르기를 하려는 모든 자동차 • 도로상황이 시속 80km 미만으로 통행할 수 밖에 없는 경우에는 주행가능
2차로	건설기계를 포함한 모든 자동차

② 편도 3차로 이상

차로 구분	통행 차종
1차로	• 앞지르기를 하려는 승용·경형·소형·중형 승합자동차 • 시속 80km 미만으로 통행할 수밖에 없는 경우에는 주행가능
왼쪽차로	승용자동차 및 경형·소형·중형 승합자동차
오른쪽차로	건설기계 및 대형승합, 화물, 특수자동차

▶ 참고) 왼쪽차로와 오른쪽차로의 구분

고속도로 외의 도로	왼쪽차로	차로를 반으로 나누어 1차로에 가까운 부분
	오른쪽 차로	왼쪽차로를 제외한 나머지 차로
고속도로	왼쪽차로	1차로를 제외한 차로를 반으로 나누어 그 중 1차로에 가까운 부분의 차로
	오른쪽 차로	1차로와 왼쪽 차로를 제외한 나머지 차로

▶차로수가 홀수인 경우 가운데 차로는 제외한다.

❸ 차로별 통행구분에 따른 위반사항

① 여러 차로를 연속적으로 가로 지르는 행위
② 갑자기 차로를 바꾸어 옆 차선에 끼어드는 행위
③ 두 개의 차로를 걸쳐서 운행하는 행위

▶ 일방통행 도로에서 중앙 좌측부분의 통행은 위반이 아니다.

03 차마의 통행방법

❶ 도로주행에 대한 설명

① 차마는 안전표지로서 특별히 진로변경이 금지된 곳에서는 진로를 변경해서는 안된다.
② 진로변경이 금지된 곳에서 도로파손으로 인한 장애물이 있을 때에는 진로변경을 할 수도 있다.
③ 차마의 교통을 원활하게 하기 위한 가변차로가 설치된 곳도 있다.

❷ 도로의 중앙이나 좌측부분을 통행할 수 있는 경우

① 도로가 일방통행인 경우
② 도로의 파손, 도로공사나 그 밖의 장애 등으로 도로의 우측 부분을 통행할 수 없는 경우
③ 도로 우측부분의 폭이 6m가 되지 아니하는 도로에서 다른 차를 앞지르려는 경우 (단, 도로의 좌측부분을 확인할 수 없거나 반대방향의 교통에 방해가 될 경우는 그러하지 아니하다.)
④ 도로 우측 부분의 폭이 차마의 통행에 충분하지 않은 경우

❸ 동일방향으로 주행하고 있는 전·후 차간의 안전운전 방법

① 뒤차는 앞차가 급정지할 때 충돌을 피할 수 있는 필요한 안전거리를 유지한다.
② 뒤에서 따라오는 차량의 속도보다 느린 속도로 진행하려고 할 때에는 진로를 양보한다.
③ 앞차는 부득이 한 경우를 제외하고는 급정지, 급감속을 하여서는 안된다.

❹ 장비로 교량을 주행할 때 안전 사항

① 장비의 무게 및 중량을 고려한다.
② 교량의 폭을 확인한다.
③ 교량의 통과 하중을 고려한다.

04 통행의 우선순위

❶ 차마 서로간의 통행의 우선순위

긴급자동차
↓
긴급자동차 외의 자동차
↓
원동기장치자전거
↓
이외의 차마

① 긴급자동차 외의 자동차 서로간의 통행의 우선순위는 최고속도 순서에 따른다.
② 비탈진 좁은 도로에서는 올라가는 자동차가 내려가는 자동차에게 도로의 우측 가장자리로 피하여 진로를 양보하여야 한다. (내려가는 차 우선)
③ 좁은 도로 또는 비탈진 좁은 도로에서는 빈 자동차가 도로의 우측 가장자리로 진로를 양보하여야 한다. (화물 적재차량이나 승객이 탑승한차 우선)

05 긴급자동차

긴급자동차란 소방자동차, 구급자동차, 혈액공급차량 및 그 밖에 대통령령이 정하는 자동차로서 그 본래의 긴급한 용도로 사용되고 있는 자동차를 말한다.

① 국군이나 국제연합군 긴급차에 유도되고 있는 차
② 경찰 긴급자동차에 유도되고 있는 자동차
③ 생명이 위급한 환자를 태우고 가는 승용자동차
④ 긴급 용무 중일 때에만 우선권과 특례의 적용을 받는다.
⑤ 우선권과 특례의 적용을 받으려면 경광등을 켜고 경음기를 울려야 한다.
⑥ 긴급 용무임을 표시할 때는 제한속도 준수 및 앞지르기 금지 일시정지 의무 등의 적용은 받지 않는다.

05

06 앞지르기 금지·일시 정지·서행

■ 앞지르기 금지 장소 ✿✿

① 교차로, 터널 안, 다리 위
② 경사로의 정상부근
③ 급경사의 내리막
④ 도로의 구부러진 곳(도로의 모퉁이)
⑤ 앞지르기 금지표지 설치장소

2 앞지르기가 금지되는 경우

① 앞차의 좌측에 다른 차가 나란히 진행하고 있을 때
② 앞차가 다른 차를 앞지르고 있을 때
③ 앞차가 좌측으로 진로를 바꾸려고 할 때
④ 대향차의 진행을 방해하게 될 염려가 있을 때
⑤ 경찰공무원의 지시를 따르거나 위험을 방지하기 위하여 정지 또는 서행하고 있을 때

3 도로 주행에서 앞지르기

① 앞지르기할 때 안전한 속도와 방법으로 하여야 한다.
② 앞지르기할 때 상황에 따라 경음기를 울릴 수 있다.
③ 앞지르기 당하는 차는 속도를 높여 경쟁하거나 가로막는 등 방해해서는 안된다.

4 일시 정지할 장소

① 교통정리를 하고 있지 아니하고 좌우를 확인할 수 없거나 교통이 빈번한 교차로
② 지방경찰청장이 필요하다고 인정하여 안전표지로 지정한 곳
③ 보행자의 통행을 방해할 우려가 있거나 교통사고의 위험이 있는 곳에서는 일시 정지하여 안전한지 확인한 후에 통과하여야 한다.

5 서행할 장소

① 교통정리를 하고 있지 아니하는 교차로
② 도로가 구부러진 부근
③ 비탈길의 고갯마루 부근
④ 가파른 비탈길의 내리막
⑤ 지방경찰청장이 필요하다고 인정하여 안전표지로 지정한 곳

07 교차로 및 철길 건널목 통행방법

■ 교차로 통행방법

① 우회전 방법 : **30m** 전방에서 미리 도로의 우측 가장자리를 서행하면서 우회전하여야 한다.
② 좌회전 방법 : 미리 중앙선을 따라 서행하면서 교차로의 중심 안쪽을 이용하여 좌회전하여야 한다.
→ 진로 변경 : 교차로의 가장자리에 이르기 전 30m 이상의 지점으로부터 방향지시등을 켜야 한다.
③ 금지사항
• 교차로에서 직진하려는 차는 이미 교차로에 진입하여 좌회전하고 있는 차의 진로를 방해할 수 없다.
• 주·정차 금지, 앞지르기 금지
④ 교통정리가 행하여지고 있지 않은 교차로에서 우선순위가 같은 차량이 동시에 교차로에 진입한 때 우측도로의 차가 우선한다.
⑤ 교차로 또는 그 부근에서 긴급자동차가 접근하였을 때는 교차로를 피하여 도로의 우측 가장자리에 일시 정지한다.
⑥ 비보호 좌회전 교차로에서는 녹색 신호시 반대방향의 교통에 방해되지 않게 좌회전 할 수 있다.
⑦ 녹색신호에서 교차로 내를 직진 중에 황색신호로 바뀌었을 때는 계속 진행하여 신속히 교차로를 통과한다.

2 철길 건널목의 통과방법

① 일시 정지 후 안전함을 확인한 후에 통과한다.
② 신호기 등이 표시하는 신호에 따르는 경우에는 정지하지 아니하고 통과할 수 있다.
③ 금지사항
• 경보기가 울리거나 차단기가 내려지려고 할 때에는 통과해서는 안된다.
• 주·정차 금지, 앞지르기 금지

▶ 건널목을 통과하다가 고장 등의 사유로 건널목 안에서 차를 운행할 수 없게 된 경우
• 즉시 승객을 대피시키고 비상 신호기 등을 사용하여 알린다.
• 철도 공무 중인 직원이나 경찰 공무원에게 즉시 알려 차를 이동하기 위한 필요한 조치를 한다.
• 차를 즉시 건널목 밖으로 이동시킨다.

08 보행자 보호

❶ 보행자 보호를 위한 통행방법

① 보행자가 횡단보도를 통행하고 있는 때에는 그 횡단보도 앞에서 일시정지 하여 보행자의 횡단을 방해하거나 위험을 주어서는 안된다.

② 도로 이외의 장소에 출입하기 위하여 보도를 횡단하려고 할 때 보도 직전에서 일시 정지하여 보행자의 통행을 방해하지 말아야 한다.

③ 보도와 차도의 구분이 없는 도로에서 아동이 있는 곳을 통행할 때에 서행 또는 일시 정지하여 안전 확인 후 진행한다.

④ 보행자 옆을 통과할 때는 안전거리를 두고 서행한다.

▶ 도로교통법상 어린이보호와 관련하여 위험성이 큰 놀이기구로 지정한 것
 • 킥보드
 • 롤러스케이트
 • 인라인스케이트
 • 스케이트보드

09 이상기후 시 감속 ✿✿✿

운행 속도	이상기후 상태
최고속도의 20/100을 줄인 속도	• 비가 내려 노면이 젖어 있는 때 • 눈이 **20mm 미만** 쌓인 때
최고속도의 50/100을 줄인 속도	• 노면이 얼어붙은 경우 • 폭우·폭설·안개 등으로 가시거리가 **100m 이내**일 때 • 눈이 **20mm 이상** 쌓인 때

10 주·정차금지

❶ 주·정차금지 장소 ✿

① 교차로·횡단보도·건널목이나 보도와 차도가 구분된 도로의 보도(노상주차장은 제외)

② 교차로의 가장자리나 도로의 모퉁이로부터 **5m 이내**인 곳

③ 안전지대의 사방으로부터 각각 **10m 이내**인 곳

④ 버스의 정류지임을 표시하는 기둥이나 표지판 또는 선이 설치된 곳으로부터 **10m 이내**인 곳

⑤ 건널목의 가장자리 또는 횡단보도로부터 **10m 이내**인 곳

⑥ 지방경찰청장이 필요하다고 인정하여 지정한 곳

❷ 주차금지 장소 ✿

① **터널 안 및 다리 위**

② 다음 항목의 곳으로부터 **5m 이내**인 곳
 • 도로공사를 하고 있는 경우에는 그 공사 구역의 양쪽 가장자리
 • 「다중이용업소의 안전관리에 관한 특별법」에 따라 소방본부장의 요청에 의하여 지방경찰청장이 지정한 곳

③ 지방경찰청장이 필요하다고 인정하여 지정한 곳

▶ 다중이용업소의 안전관리에 관한 특별법에 따른 안전시설
 1) 소방시설
  ① 소화설비 : 소화기, 스프링 클러 등
  ② 경보설비 : 비상벨, 자동화재탐지설비, 가스누설경보기 등
  ③ 피난설비 : 피난기구, 피난유도선, 유도등, 유도표지, 비상조명등 등
 2) 비상구
 3) 영업장 내부 피난통로
 4) 그 밖의 안전시설

05

1 도로상의 안전지대를 옳게 설명한 것은? ★★★★

① 버스정류장 표지가 있는 장소
② 자동차가 주차할 수 있도록 설치된 장소
③ 도로를 횡단하는 보행자나 통행하는 차마의 안전을 위하여 안전표지 등으로 표시된 도로의 부분
④ 사고가 잦은 장소에 보행자의 안전을 위하여 설치한 장소

2 자동차의 승차정원에 대한 내용으로 맞는 것은? ★★★

① 등록증에 기재된 인원
② 화물자동차 4명
③ 승용자동차 4명
④ 운전자를 제외한 나머지 인원

3 자동차 전용도로의 정의로 가장 적합한 것은? ★★

① 자동차만 다닐 수 있도록 설치된 도로
② 보도와 차도의 구분이 없는 도로
③ 보도와 차도의 구분이 있는 도로
④ 자동차 고속 주행의 교통에만 이용되는 도로

4 도로교통법상 모든 차의 운전자는 같은 방향으로 가고 있는 앞차의 뒤를 따를 때에는 앞차가 갑자기 정지하게 되는 경우에 그 앞차와의 충돌을 피할 수 있는 필요한 거리 확보하도록 되어있는 거리는? ★★★

① 급제동 금지거리
② 안전거리
③ 제동거리
④ 진로양보 거리

5 도로교통법상 도로에 해당되지 않는 것은? ★★★

① 해상 도로법에 의한 항로
② 차마의 통행을 위한 도로
③ 유료도로법에 의한 유료도로
④ 도로법에 의한 도로

6 보행자가 도로를 횡단할 수 있도록 안전표시한 도로의 부분은? ★★

① 교차로
② 횡단보도
③ 안전지대
④ 규제표시

7 차로의 설치에 관한 설명 중 틀린 것은? ★★

① 횡단보도, 교차로 및 철길건널목부분에는 차로를 설치하지 못한다.
② 차로를 설치하는 때에는 중앙선을 표시하여야 한다.
③ 차도가 보도보다 넓을 때에는 길 가장자리 구역을 설치하여야 한다.
④ 차로의 너비는 3m 이상으로 하여야 하며, 부득이한 경우는 275cm 이상으로 할 수 있다.

8 자동차전용 편도 4차로 도로에서 기중기와 지게차의 주행차로는? ★★★

① 모든 차로
② 1, 2차로
③ 2, 3차로
④ 3, 4차로

고속도로외의 편도 4차선 도로에서 건설기계는 오른쪽 차로(3차로와 4차로)로 운행할 수 있다.

9 도로교통법령상 편도 2차로 고속도로에서 건설기계는 몇 차로로 통행하여야 하는가? ★★★★

① 1차로
② 2차로
③ 갓길
④ 통행불가

10 편도 4차로 일반도로의 경우 교차로 30m 전방에서 우회전을 하려면 몇 차로로 진입 통행해야 하는가? ★★★★

① 1차로로 통행한다.
② 2차로와 1차로로 통행한다.
③ 4차로로 통행한다.
④ 3차로만 통행 가능하다.

11 도로에서는 차로별 통행구분에 따라 통행하여야 한다. 위반이 아닌 경우는?

① 여러 차로를 연속적으로 가로지르는 행위
② 갑자기 차로를 바꾸어 옆 차선에 끼어드는 행위
③ 두 개의 차로를 걸쳐서 운행하는 행위
④ 일방통행 도로에서 중앙 좌측부분을 통행하는 행위

12 차로가 설치된 도로에서 통행방법 중 위반이 되는 것은?

① 택시가 건설기계를 앞지르기를 하였다.
② 차로를 따라 통행하였다.
③ 경찰관의 지시에 따라 중앙 좌측으로 진행하였다.
④ 두 개의 차로에 걸쳐 운행하였다.

두 개의 차로에 걸쳐서 운행하면 차로위반이다.

13 도로주행에 대한 설명으로 가장 거리가 먼 것은?

① 진로변경이 금지된 곳에서 도로파손으로 인한 장애물이 있을 때 진로변경을 해도 된다.
② 차로에 도로공사 등으로 인하여 장애물이 있을 때 진로변경이 금지된 곳은 진로변경을 할 수 없다.
③ 차마는 안전표지로서 특별히 진로변경이 금지된 곳에서는 진로를 변경해서는 안된다.
④ 차마의 교통을 원활하게 하기위한 가변차로가 설치된 곳도 있다.

진로변경이 금지된 곳에서 도로파손으로 인한 장애물이 있을 때에는 진로변경을 할 수도 있다.

14 차마의 통행방법으로 도로의 중앙이나 좌측부분을 통행할 수 있는 경우로 가장 적합한 것은?

① 교통 신호가 자주 바뀌어 통행에 불편을 느낄 때
② 과속 방지턱이 있어 통행에 불편할 때
③ 차량의 혼잡으로 교통소통이 원활 하지 않을 때
④ 도로의 파손, 도로공사 또는 우측 부분을 통행할 수 없을 때

불가피할 경우에만 도로의 중앙이나 좌측부분을 통행할 수 있다.

15 다음 중 통행의 우선순위가 맞는 것은?

① 긴급자동차→일반자동차→원동기장치 자전거
② 긴급자동차→원동기장치 자전거→승용자동차
③ 건설기계→원동기장치 자전거→승합자동차
④ 승합자동차→원동기장치 자전거→긴급자동차

긴급자동차 이외의 일반 자동차 사이에서의 우선순위는 최고속도의 순서에 따른다.

16 긴급 자동차의 우선통행에 관한 설명이 잘못된 것은?

① 소방자동차, 구급 자동차는 항상 우선권과 특례의 적용을 받는다.
② 긴급 용무중일 때에만 우선통행 특례의 적용을 받는다.
③ 우선특례의 적용을 받으려면 경광등을 켜고 경음기를 울려야 한다.
④ 긴급 용무임을 표시할 때는 제한속도 준수 및 앞지르기 금지, 끼어들기 금지 의무 등의 적용은 받지 않는다.

긴급 자동차라고 하더라도 그 본래의 긴급한 용도로 사용되고 있을 때만 우선권과 특례의 적용을 받는다.

17 교차로 또는 그 부근에서 긴급자동차가 접근하였을 때 피양 방법으로서 옳은 것은?

① 교차로의 우측단에 일시 정지하여 진로를 피양한다.
② 교차로를 피하여 도로의 우측 가장자리에 일시 정지한다.
③ 서행하면서 앞지르기를 하라는 신호를 한다.
④ 그대로 진행방향으로 진행을 계속한다.

18 다음 중 긴급 자동차로 볼 수 없는 차는?

① 국군이나 국제연합군 긴급차에 유도되고 있는 차
② 경찰 긴급자동차에 유도되고 있는 자동차
③ 생명이 위급한 환자를 태우고 가는 승용자동차
④ 긴급배달 우편물 운송차에 유도되고 있는 차

긴급자동차란 그 본래의 긴급한 용도로 사용되고 있는 자동차를 말한다.(소방자동차, 구급자동차, 혈액공급차량 등)

05

정답 **11** ④ **12** ④ **13** ② **14** ④ **15** ① **16** ① **17** ② **18** ④

19 폭설로 가시거리가 100미터 이내일 때 건설기계로 도로운 행 시 최고속도의 얼마로 감속하여야 하는가?

① 100분의 30을 줄인 속도

② 100분의 50을 줄인 속도

③ 100분의 70을 줄인 속도

④ 100분의 20을 줄인 속도

폭우·폭설·안개 등으로 가시거리가 **100m 이내**일 경우 1/2로 감속한다.

20 최고 속도의 100분의 20을 줄인 속도로 운행하여야 할 경 우는?

① 노면이 얼어붙은 때

② 폭우, 폭설, 안개 등으로 가시거리가 100미터 이내 일 때

③ 눈이 20밀리미터 이상 쌓인 때

④ 비가 내려 노면이 젖어 있을 때

최고속도의 20/100 감속운행
• 비가 내려 **노면이 젖어** 있는 때
• 눈이 **20mm** 미만 쌓인 때

21 앞지르기 금지장소가 아닌 것은?

① 터널 안, 앞지르기 금지표지 설치장소

② 버스 정류장 부근, 주차금지 구역

③ 경사로의 정상부근, 급경사로의 내리막

④ 교차로, 도로의 구부러진 곳

②는 앞지르기 금지장소가 아니다.

22 앞지르기를 할 수 없는 경우에 해당 되는 것은?

① 앞차의 좌측에 다른 차가 나란히 진행하고 있을 때

② 앞차가 우측으로 진로를 변경하고 있을 때

③ 앞차가 그 앞차와의 안전거리를 확보하고 있을 때

④ 앞차가 양보 신호를 할 때

23 서행 또는 일시 정지할 장소로 지정된 곳은?

① 안전지대 우측

② 가파른 비탈길의 내리막

③ 좌우를 확인할 수 있는 교차로

④ 교량 위를 통행할 때

24 정차 및 주차가 금지되어 있지 않은 장소는?

① 교차로

② 횡단보도

③ 건널목

④ 경사로의 정상부근

경사로의 정상 부근은 **앞지르기 금지** 장소에 해당된다.

25 정차 및 주차의 금지장소가 아닌 것은?

① 건널목의 가장자리

② 교차로의 가장자리

③ 횡단보도로부터 10m 이내의 곳

④ 버스정류장 표시판으로부터 20m 이내의 장소

버스의 정류지임을 표시하는 기둥이나 표시판 또는 선이 설치된 곳으로부터 **10m** 이내인 곳

26 교차로의 가장자리 또는 도로의 모퉁이로부터 관련법상 몇 m 이내의 장소에 정차 및 주차를 해서는 안 되는가?

① 4m

② 5m

③ 6m

④ 10m

도로 교통법상 교차로 가장자리나 도로 모퉁이로부터 **5m 이내**는 주·정차 금지 장소이다.

27 교통정리가 행하여지고 있지 않은 교차로에서 우선순위 가 같은 차량이 동시에 교차로에 진입한 때의 우선순위로 맞는 것은?

① 소형 차량이 우선

② 우측도로의 차가 우선

③ 좌측도로의 차가 우선

④ 중량이 큰 차량이 우선

교통정리가 행하여지고 있지 않은 교차로에서 우선순위가 같을 경우 **우측도 로의 차가 우선**한다.

28 신호등이 없는 교차로에 좌회전 하려는 버스와 그 교차로 에 진입하여 직진하고 있는 건설기계가 있을 때 어느 차가 우선권이 있는가?

① 건설기계

② 그때의 형편에 따라서 우선순위가 정해짐

③ 사람이 많이 탄 차 우선

④ 좌회전 차가 우선

교차로에서는 교차로에 먼저 진입한 차(건설기계)에 우선권이 있다.

정답 **19** ② **20** ④ **21** ② **22** ① **23** ② **24** ④ **25** ④ **26** ② **27** ② **28** ①

29 건설기계를 운전하여 교차로에서 녹색신호로 우회전을 하려고 할 때 지켜야 할 사항은?

① 우회전 신호를 행하면서 빠르게 우회전한다.

② 신호를 하고 우회전하며, 속도를 빨리하여 진행한다.

③ 신호를 행하면서 서행으로 주행하여야 하며, 보행자가 있을 때는 일시정지 한 후 보행자의 통행을 방해하지 않도록 하여 우회전한다.

④ 우회전은 언제 어느 곳에서나 할 수 있다.

30 교차로에서 진로를 변경하고자 할 때에 교차로의 가장자리에 이르기 전 몇 미터 이상의 지점으로부터 방향지시등을 켜야 하는가?

① 10m   ② 20m

③ 30m   ④ 40m

31 자동차의 철길 건널목 통과 방법으로 틀린 것은?

① 철길 건널목에서는 앞지르기를 하여서는 안된다.

② 철길 건널목 부근에서는 주·정차를 하여서는 안된다.

③ 철길 건널목에 일시정지 표지가 없을 때에는 서행하면서 통과한다.

④ 철길 건널목에서는 반드시 일시 정지 후 안전함을 확인한 후에 통과한다.

철길 건널목 통과 시 신호기가 없거나, 일시정지 표지가 없어도 일시정지하여 안전 여부를 확인한 후 통과한다.

32 건널목 안에서 차가 고장이 나서 운행할 수 없게 되었다. 운전자의 조치 사항으로 가장 적절하지 못한 것은?

① 철도 공무 중인 직원이나 경찰 공무원에게 즉시 알려 차를 이동하기 위한 필요한 조치를 한다.

② 차를 즉시 건널목 밖으로 이동시킨다.

③ 승객을 하차시켜 즉시 대피시킨다.

④ 현장을 그대로 보존하고 경찰관서로 가서 고장 신고를 한다.

33 일시정지 안전표지판이 설치된 횡단보도에서 위반되는 것은?

① 경찰공무원이 진행신호를 하여 일시정지하지 않고 통과하였다.

② 횡단보도 직전에 일시정지하여 안전을 확인한 후 통과하였다.

③ 보행자가 없으므로 그대로 통과하였다.

④ 연속적으로 진행 중인 앞차의 뒤를 따라 진행할 때 일시정지하였다.

34 차마가 도로 이외의 장소에 출입하기 위하여 보도를 횡단하려고 할 때 가장 적절한 통행방법은?

① 보행자 유무에 구애받지 않는다.

② 보행자가 없으면 빨리 주행한다.

③ 보행자가 있어도 차마가 우선 출입한다.

④ 보도 직전에서 일시 정지하여 보행자의 통행을 방해하지 말아야 한다.

35 도로교통법령상 교차로 통행방법, 보행자의 보호와 관련한 설명 중 틀린 것은?

① 교통정리를 하고 있지 아니하고 일시정지나 양보를 표시하는 안전표지가 설치되어 있는 교차로에 들어가려고 할 때에는 다른 차의 진행을 방해하지 아니하도록 일시정지하거나 양보하여야 한다.

② 교차로에서 좌회전할 때에는 교차로의 중심 바깥쪽만을 이용하며 교차로 안에서는 차선이 없으므로 진행방향을 임의로 바꿀 수 있다.

③ 교차로에서 좌회전할 때에는 미리 도로의 중앙선을 따라 서행한다.

④ 교통정리를 하고 있는 교차로에서 좌회전이나 우회전을 하려는 경우에는 신호기 또는 경찰공무원 등의 신호나 지시에 따라 도로를 횡단하는 보행자의 통행을 방해하여서는 안된다.

36 도로에서 정차를 하고자 할 때의 방법으로 옳은 것은?

① 차체의 전단부를 도로 중앙을 향하도록 비스듬히 정차한다.

② 진행방향의 반대방향으로 정차한다.

③ 차도의 우측 가장 자리에 정차한다.

④ 일방통행로에서 좌측 가장 자리에 정차한다.

05

정답   **29** ③   **30** ③   **31** ③   **32** ④   **33** ③   **34** ④   **35** ②   **36** ③

11 신호등화와 통행방법

1 신호등화의 종류 및 통행방법

① 녹색등화 시
- 차마는 직진 할 수 있으며, 다른 교통에 방해되지 않을 때에 천천히 우회전 할 수 있다.
- 좌회전을 하여서는 안된다.
- 비보호 좌회전 : 반대방향에서 오는 교통에 방해되지 않게 조심스럽게 좌회전을 할 수 있다.

② 황색등화 시
- 우회전 시 보행자의 횡단을 방해해서는 안된다.
- 교차로에 **이미 진입하였을 시 지체 없이 신속히 통과**한다.

③ 적색등화 시
- 직진하는 측면 교통을 방해하지 않는 한 우회전 할 수 있으며, 차마나 보행자는 정지해야 한다.

④ 황색점멸 시 : 주의하며 서행 진행

⑤ 적색점멸 시 : 일시 정지

2 신호등의 신호 순서

① 3색 등화 신호 순서 ●●●
녹색(적색 및 녹색화살표)→황색→적색 등화의 순서

② 4색 등화 신호 순서 ●●◀●
녹색→황색→적색·녹색화살표→적색·황색→적색등화

12 신호 또는 지시에 따를 의무

① 도로를 통행하는 보행자와 차마의 운전자는 교통안전시설이 표시하는 신호 또는 지시와 교통정리를 하는 경찰공무원(전투경찰순경을 포함)·자치경찰공무원 및 대통령령이 정하는 경찰보조자의 신호 또는 지시를 따라야 한다.

② 도로를 통행하는 보행자와 모든 차마의 운전자는 교통안전시설이 표시하는 신호 또는 지시와 교통정리를 하는 경찰공무원 등의 신호 또는 지시가 서로 다른 경우에는 경찰공무원 등의 신호 또는 지시에 따라야 한다.

▶ 신호 중 경찰공무원의 신호가 가장 우선한다.

13 차의 진로변경과 신호

① 방향전환, 횡단, 유턴, 서행, 정지 또는 후진 시 신호를 하여야 한다.

② 신호는 그 행위가 끝날 때까지 하여야 한다.

③ 진로 변경 시에는 손이나 등화로서 할 수 있다.

④ 진행방향을 변경하려고 할 때 회전하려고 하는 지점의 30m 이상의 지점에서 회전신호를 하여야 한다.

⑤ 뒤차와 충돌을 피할 수 있는 거리를 확보할 수 없을 때는 진로를 변경하지 않는다.

⑥ 정상적인 통행에 장애를 줄 우려가 있는 때에는 진로를 변경해서는 안된다.

⑦ 진로변경 제한선이 표시되어 있을 때 진로를 변경해서는 안된다.

▶ 자동차에서 팔을 차체의 밖으로 내어 45° 밑으로 펴서 상하로 흔들고 있을 때의 신호는? 서행신호

14 자동차의 등화

1 자동차의 등화

① 야간운행 시, 터널 안 운행 시, 안개가 끼거나 비 또는 눈이 올 때 운행 시에는 전조등, 차폭등, 미등과 그 밖의 등화를 켜야 한다.

② 밤에 차가 서로 마주보고 진행하거나 앞차의 바로 뒤를 따라가는 경우에는 등화의 밝기를 줄이거나 잠시 등화를 끄는 등의 필요한 조작을 하여야 한다.

2 도로를 통행할 때의 야간 등화

① 자동차 : 전조등, 차폭등, 미등, 번호등, 실내조명등

② 견인되는 차 : 미등, 차폭등 및 번호등

③ **야간 주차 또는 정차 시** : 미등, 차폭등

④ 안개 등 장애로 100m 이내의 장애물을 확인할 수 없을 때 : 야간에 준하는 등화

15 교통사고 조치

① 운전자나 그 밖의 승무원은 즉시 정차하여 사상자를 구호하는 등 필요한 조치를 취해야 한다.
② 경찰공무원이나 가장 가까운 경찰관서에 지체 없이 신고해야 한다.

> ▶ 교통사고가 발생하였을 때 승무원으로 하여금 신고하게 하고 계속 운전할 수 있는 경우
> • 긴급자동차
> • 위급한 환자를 운반중인 구급차
> • 긴급을 요하는 우편물 자동차

16 운전자의 준수사항

1 술에 취한 상태에서의 운전금지
① 누구든지 술에 취한 상태에서 자동차 등(건설기계를 포함)을 운전하여서는 안된다.
② 운전이 금지되는 술에 취한 상태
  • 혈중 알콜농도 **0.03%** 이상으로 한다.
  • 혈중 알콜농도 **0.08%** 이상이면 만취상태로 면허가 취소된다.

2 벌점 및 즉결심판
① 1년 간 벌점에 대한 누산점수가 최소 121점 이상이면 운전면허가 취소된다.
② 도로교통법에 의한 통고처분의 수령을 거부하거나 범칙금을 기간 안에 납부하지 못한 자는 즉결 심판에 회부된다.

> ▶ 교통사고를 야기한 도주차량 신고로 인한 벌점상계에 대한 특혜점수는 40점이다.

17 기타 도로교통법상의 법규

1 교통사고 처리특례법상 12개 항목
다음 12대 중과실사고는 보험 가입 여부와 관계없이 형사 처벌된다.

> ▶ 교통사고 처리특례법상 12개 항목
> ① 신호 위반
> ② 중앙선 침범
> ③ 제한속도보다 20km 이상 과속
> ④ 앞지르기 방법 위반
> ⑤ 철길건널목 통과방법 위반
> ⑥ 횡단보도사고
> ⑦ 무면허운전
> ⑧ 음주운전
> ⑨ 보도를 침범
> ⑩ 승객추락방지의무 위반
> ⑪ 어린이보호구역 안전운전 의무 위반
> ⑫ 화물고정조치 위반

2 타이어식 건설기계의 좌석 안전띠
① **30km/h 이상**의 속도를 낼 수 있는 **타이어식 건설기계**에는 좌석안전띠를 설치해야 한다.
② 안전띠는 인증을 받은 제품이어야 하고, 사용자가 쉽게 잠그고 풀 수 있는 구조이어야 한다.

3 자동차를 견인할 때의 규정속도
① 총중량 2000kg 미만인 자동차를 그의 3배 이상인 자동차로 견인하는 경우 : 30km/h 이내
② 그 외의 경우 및 이륜자동차가 견인하는 경우 : 25km/h 이내

> ▶ 피견인차는 자동차의 일부로 본다.

4 안전기준을 초과하여 운행할 때의 허가사항
출발지 관할 경찰서장이 안전기준을 초과하여 운행할 수 있도록 허가하는 사항 : 적재중량, 승차인원, 적재용량

> ▶ 지방경찰청장은 도로에서 위험을 방지하고 교통의 안전과 원활한 소통을 확보하기 위하여 필요하다고 인정하는 때에는 구역 또는 구간을 지정하여 자동차의 속도를 제한할 수 있다.

18 운전면허의 종류와 운전 가능 차량

1 제1종

구분	운전할 수 있는 차량

대형 면허	• 승용·승합·화물·긴급자동차
	• 건설기계
	   – 덤프트럭, 아스팔트살포기, 노상안정기
	   – 콘크리트믹서트럭, 콘크리트펌프, 천공기(트럭적재식)
	   – 콘크리트믹서트레일러, 아스팔트콘크리트재생기
	   – 도로보수트럭, 3톤 미만의 지게차
	• 특수자동차(트레일러 및 레커는 제외)
	• 원동기장치자전거

보통 면허	• 승용자동차 • 15인 이하의 승합자동차 • 12인 이하의 긴급자동차(승용 및 승합자동차에 한함) • 적재중량 12톤 미만의 화물자동차 • 건설기계 (도로를 운행하는 3톤 미만의 지게차에 한함) • 총중량 10톤 미만의 특수자동차(트레일러 및 레커제외) • 원동기장치자전거
소형 면허	• 3륜화물자동차 / 3륜승용자동차 • 원동기장치자전거
특수 면허	• 트레일러 / 레커 • 제2종 보통면허로 운전할 수 있는 차량

2 제2종

구분	운전할 수 있는 차량
보통 면허	• 승용자동차 • 승차정원 10인 이하의 승합자동차 • 적재중량 4톤 이하의 화물자동차 • 총중량 3.5톤 이하의 특수자동차(트레일러, 레커 제외) • 원동기장치자전거
소형 면허	• 이륜자동차(측차부 포함) • 원동기장치자전거

원동기장치자전거 면허

19 교통안전표지

1 교통안전표지의 종류

종류	설명
주의 표지	도로상태가 위험하거나 도로 또는 그 부근에 위험물이 있는 경우에 필요한 안전조치를 할 수 있도록 이를 도로사용자에게 알리는 표지
규제 표지	안전을 위해 각종 제한·금지 등의 규제를 하는 경우에 이를 도로사용자에게 알리는 표지
지시 표지	도로의 통행방법·통행구분 등 안전을 위하여 필요한 지시를 하는 경우에 도로사용자가 이를 따르도록 알리는 표지
보조 표지	주의표지·규제표지 또는 지시표지의 주 기능을 보충하여 도로사용자에게 알리는 표지
노면 표지	• 도로교통의 안전을 위하여 각종 주의·규제·지시 등의 내용을 노면에 기호·문자 또는 선으로 도로사용자에게 알리는 표지 • 노면표시 중 점선은 허용, 실선은 제한, 복선은 의미의 강조이다.

2 시험에 자주 나오는 교통안전표지

표지	설명
	진입 금지 표지
	회전형 교차로 표지
	좌/우회전 표지
	최고속도 제한표지
	좌우로 이중 굽은 도로
	차 중량 제한 표지
	최저 시속 30km 속도 제한표지

20 도로명 주소 ☆☆☆

1 개요

① 도로명 주소 : 도로명 + 건물 번호
② 도로명 : 도로구간마다 부여(명사 + 도로별 구분기준)
　　　　　　　　　　　　　　　　　 대로 / 로 / 길

길	'로'보다 좁은 도로
로	폭 2차로~7차로
대로	폭 8차로 이상

2 도로명 주소의 부여

① 도로구간의 시작 지점과 끝 지점은 『서 → 동, 남 → 북 방향』으로 설정한다.
② 도로명은 주된 명사와 도로별 위계명(대로·로·길)으로 구성한다.
③ 기초번호 또는 건물번호는 "왼쪽은 홀수, 오른쪽은 짝수"로 부여하고, 그 간격은 도로의 시작점에서 20m 간격으로 설정한다.

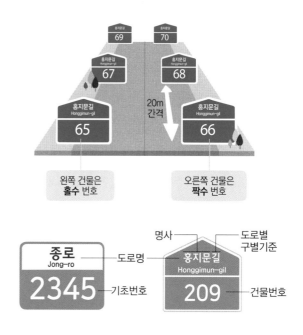

3 건물번호판의 종류

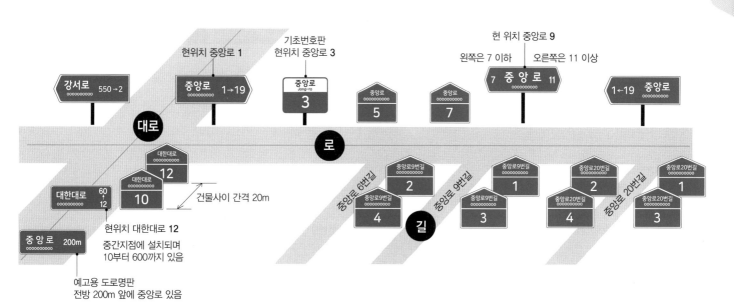

❸ 도로명판

1) 한 방향용(시작지점)

- 강남대로 : 넓은 길, 시작지점을 의미
- 1 →   : 현재 위치는 도로 시작점 '1' → 강남대로 1지점
- 1 → 699 : 강남대로의 길이는 6.99km → <u>699</u> × <u>10m</u>
                                           기초번호 기초간격

2) 한 방향용(끝지점)

- 대정로23번길 : '대정로' 시작지점에서부터 약 230m 지점에서 왼
                               쪽으로 분기된 도로
- ← 65   : 현 위치는 도로 끝지점 '65'
- 1 ← 65 : 대정로의 길이는 650m

3) 양방향용(교차지점)

- 중앙로   : 전방 교차로는 '중앙로' 짝수길로, 현재위치 중앙로 94
                     이며, 맞은 편에는 홀수길이 있음
- 92   : 좌측으로 92번 이하 건물 위치
- 96   : 우측 96번 이상 건물 위치

4) 앞쪽 방향용 도로명판

- 사임당로   : 앞쪽방향으로 사임당로가 이어진다.
- 92 →   : 사임당로 920m(92×10) 지점(현 위치는 도로상의 92번)
- 250   : 총길이 2500m(250×10)
- 92 → 250: 남은거리는 (250-92)×10m = 약 1.6km

❹ 도로표지판의 예

1) 3방향 도로명표지 (다른길)

- 예) 차량이 남쪽에서부터 북쪽 방향으로 진행 중일 때, 다음과 같은 「3방향 도로명표지」에 대한 설명으로 틀린 것은?

① 차량을 우회전하는 경우 '새문안길'로 진입할 수 있다.
② 연신내역 방향으로 가려는 경우 차량을 직진한다.
③ 차량을 우회전하는 경우 '새문안길' 도로구간의 시작지점에 진입할 수 있다.
④ 차량을 좌회전하는 경우 '충정로' 도로구간의 시작지점에 진입할 수 있다.

정답 ④ │ 도로구간의 시작 지점과 끝 지점은 "서쪽에서 동쪽, 남쪽에서 북쪽으로 설정되므로, 차량을 좌회전하는 경우 '충정로' 도로구간의 끝지점에 진입한다.

2) K자형 교차로 (3방향 도로명 표지)

- 예) 차량이 남쪽에서 북쪽 방향으로 진행 중일 때, 그림의 「3방향 도로명 표지」에 대한 설명으로 옳지 않은 것은?

① 차량을 좌회전하는 경우 '중림로' 또는 '만리재'로 진입할 수 있다.
② 차량을 좌회전하는 경우 '중림로' 또는 '만리재로' 도로구간의 끝 지점과 만날 수 있다.
③ 차량을 '만리재로'로 좌회전하면 '충정로역' 방향으로 갈 수 있다.
④ 차량을 직진하는 경우 '서소문공원' 방향으로 갈 수 있다.

정답 ③ │ 차량을 '중림로' 방향으로 좌회전해야 '충정로역' 방향으로 갈 수 있다.

1 ★★
도로교통법상 3색 등화로 표시되는 신호등의 신호 순서로 맞는 것은?

① 녹색(적색 및 녹색 화살표)등화, 황색등화, 적색등화의 순
② 적색(적색 및 녹색 화살표)등화, 황색등화, 녹색등화의 순
③ 녹색(적색 및 녹색 화살표)등화, 적색등화, 황색등화의 순
④ 적색점멸등화, 황색등화, 녹색(적색 및 녹색 화살표)등화의 순

신호등	신호순서
적색·황색·녹색화살표·녹색의 4색등화 신호등	녹색→황색→적색 및 녹색화살표 →적색 및 황색→적색등화
적색·황색·녹색(녹색화살표)의 3색 등화신호등	녹색(적색 및 녹색화살표)→황색 →적색등화

2 ★★★★
다음 신호 중 가장 우선하는 신호는?

① 신호기의 신호
② 경찰공무원의 수신호
③ 안전표시의 지시
④ 신호등의 신호

3 ★★★★
건설기계를 운전하여 교차로 전방 20m 지점에 이르렀을 때 황색 등화로 바뀌었을 경우 운전자의 조치방법은?

① 일시 정지하여 안전을 확인하고 진행한다.
② 정지할 조치를 취하여 정지선에 정지한다.
③ 그대로 계속 진행한다.
④ 주위의 교통에 주의하면서 진행한다.

4 ★★★
신호등에 녹색 등화 시 차마의 통행방법으로 틀린 것은?

① 차마는 다른 교통에 방해되지 않을 때에 천천히 우회전 할 수 있다.
② 차마는 직진할 수 있다.
③ 차마는 비보호 좌회전 표시가 있는 곳에서는 언제든지 좌회전을 할 수 있다.
④ 차마는 좌회전을 하여서는 안된다.

비보호 좌회전 표시에서는 반대방향에서 오는 교통에 방해되지 않게 조심스럽게 좌회전을 할 수 있다.

5 ★★★
운전자가 진행방향을 변경하려고 할 때 회전신호를 하여야 할 시기로 맞는 것은?

① 회전하려고 하는 지점의 30m 전에서
② 특별히 정하여져 있지 않고 운전자 임의대로
③ 회전하려고 하는 지점 3m 전에서
④ 회전하려고 하는 지점 10m 전에서

6 ★★
도로교통법령상 좌회전을 하기 위하여 교차로 내에 진입되어 있을 때 황색등화로 바뀌면 어떻게 하여야 하는가?

① 신속하게 좌회전하여 교차로 밖으로 진행한다.
② 좌회전을 중단하고 횡단보도 앞 정지선까지 후진하여야 한다.
③ 그 자리에 정지하여야 한다.
④ 정지한 후 정지선으로 후진한다.

이미 교차로 내에 진입한 경우 신속히 교차로 밖으로 빠져나간다.

7 ★★★
도로를 통행하는 자동차가 야간에 켜야 하는 등화의 구분 중 견인되는 자동차가 켜야 할 등화는?

① 전조등, 차폭등, 미등
② 차폭등, 미등, 번호등
③ 전조등, 미등, 번호등
④ 전조등, 미등

8 ★
야간에 차가 서로 마주보고 진행하는 경우의 등화조작 중 맞는 것은?

① 전조등, 보호등, 실내조명등을 조작한다.
② 전조등을 켜고 보조등을 끈다.
③ 전조등 변환빔을 하향으로 한다.
④ 전조등을 상향으로 한다.

야간에 자동차가 서로 마주보고 지날 때는 전조등 변환빔을 하향으로 조정하여 상대방 운전자의 눈부심을 막아야 한다.

9 경찰공무원이 없는 장소에서 인명피해와 물건의 손괴를 입힌 교통사고가 발생하였을 때 가장 먼저 취할 조치는?

① 손괴한 물건 및 손괴 정도를 파악한다.
② 즉시 피해자 가족에게 알리고 합의한다.
③ 즉시 사상자를 구호하고 경찰공무원에게 신고한다.
④ 승무원에게 사상자를 알리게 하고 회사에 알린다.

교통사고 발생 시 가장 중요한 것은 인명의 구조이다.

10 교통사고가 발생하였을 때 승무원으로 하여금 신고하게 하고 계속 운전할 수 있는 경우가 아닌 것은?

① 긴급자동차
② 위급한 환자를 운반중인 구급차
③ 긴급을 요하는 우편물 자동차
④ 특수자동차

11 도로교통법상 운전자의 준수사항이 아닌 것은?

① 출석지시서를 받은 때 운전하지 않을 의무
② 화물의 적재를 확실히 하여 떨어지는 것을 방지할 의무
③ 운행 시 고인 물을 튀게하여 다른 사람에게 피해를 주지 않을 의무
④ 안전띠를 착용할 의무

12 술에 취한 상태의 기준은 혈중 알콜 농도가 최소 몇 퍼센트 이상인 경우인가?

① 0.25 　　　　② 0.03
③ 1.25 　　　　④ 1.50

13 승차인원·적재중량에 관하여 안전기준을 넘어서 운행하고자 하는 경우 누구에게 허가를 받아야 하는가?

① 출발지를 관할하는 경찰서장
② 시·도지사
③ 절대 운행 불가
④ 국토해양부장관

14 1년 간 벌점에 대한 누산점수가 최소 몇 점 이상이면 운전면허가 취소되는가?

① 190 　　　　② 271
③ 121 　　　　④ 201

15 교통사고를 야기한 도주차량 신고로 인한 벌점상계에 대한 특혜점수는?

① 40점 　　　　② 특혜점수 없음
③ 30점 　　　　④ 120점

16 교통사고 처리특례법상 12개 항목에 해당되지 않는 것은?

① 중앙선 침범 　　② 무면허 운전
③ 신호위반 　　　④ 통행 우선순위 위반

17 타이어식 건설기계의 좌석 안전띠는 속도가 최소 몇 km/h 이상일 때 설치하여야 하는가?

① 10km/h 　　　② 30km/h
③ 40km/h 　　　④ 50km/h

타이어식 건설기계의 좌석 안전띠는 속도가 **최소 30km/h 이상**일 때 설치하여야 한다.

18 출발지 관할 경찰서장이 안전기준을 초과하여 운행할 수 있도록 허가하는 사항에 해당되지 않는 것은?

① 적재중량 　　　② 운행속도
③ 승차인원 　　　④ 적재용량

안전기준을 초과하여 승차, 적재를 할 경우에는 출발지를 관할하는 경찰서장의 허가를 받아야 한다.

19 제1종 운전면허를 받을 수 없는 사람은?

① 한쪽 눈을 보지 못하고 색채 식별이 불가능한 사람
② 양쪽 눈의 시력이 각각 0.5 이상인 사람
③ 두 눈을 동시에 뜨고 잰 시력이 0.8 이상인 사람
④ 적색, 황색, 녹색의 색채 식별이 가능한 사람

20 제2종 보통면허로 운전할 수 없는 자동차는?

① 9인승 승합차
② 원동기장치 수신차
③ 자가용 승용자동차
④ 사업용 화물자동차

제2종 보통면허로 운전할 수 있는 차
• 승용자동차
• 승차정원이 10인 이하의 승합자동차
• 적재중량 4톤 이하의 화물자동차
• 총중량 3.5톤 이하의 특수자동차(트레일러 및 레커는 제외한다)
• 원동기장치자전거

21 제1종 보통면허로 운전할 수 없는 것은?

① 승차정원 15인승의 승합자동차
② 적재중량 11톤급의 화물자동차
③ 특수 자동차(트레일러 및 래커를 제외)
④ 원동기 장치 자전거

22 제1종 보통면허로 운전할 수 없는 것은?

① 승차정원 15인승의 승합자동차
② 11톤급의 화물자동차
③ 승차정원 12인 이하를 제외한 긴급자동차
④ 원동기장치 자전거

23 트럭적재식 천공기를 조종할 수 있는 면허는?

① 공기압축기 면허
② 기중기 면허
③ 모터그레이더 면허
④ 자동차 제1종 대형운전면허

1종 대형면허 : 덤프트럭, 아스팔트 살포기, 노상안정기, 콘크리트 펌프, 콘크리트믹서트럭, 트럭적재식 천공기 등을 조정할 수 있다.

24 1종 대형면허 소지자가 조종할 수 없는 건설기계는?

① 지게차
② 콘크리트펌프
③ 아스팔트살포기
④ 노상안정기

25 도로교통법상에서 교통 안전표지의 구분이 맞는 것은?

① 주의표지, 통행표지, 규제표지, 지시표지, 차선표지
② 주의표지, 규제표지, 지시표지, 보조표지, 노면표지
③ 도로표지, 주의표지, 규제표지, 지시표지, 노면표지
④ 주의표지, 규제표지, 지시표지, 차선표지, 도로표지

26 도로의 중앙선이 황색 실선과 황색 점선인 복선으로 설치된 때의 설명으로 맞는 것은?

① 어느 쪽에서나 중앙선을 넘어서 앞지르기를 할 수 있다.
② 점선 쪽에서만 중앙선을 넘어서 앞지르기를 할 수 있다.
③ 어느 쪽에서나 중앙선을 넘어서 앞지르기를 할 수 없다.
④ 실선 쪽에서만 중앙선을 넘어서 앞지르기를 할 수 있다.

점선이 있는 쪽에서 옆 차로로 차선을 변경하여 앞지르기가 가능하지만, 실선이 있는 쪽에서 옆 차로로 차로를 변경할 수 없다.

27 도로교통 관련법상 차마의 통행을 구분하기 위한 중앙선에 대한 설명으로 옳은 것은?

① 백색 및 회색의 실선 및 점선으로 되어있다.
② 백색의 실선 및 점선으로 되어있다.
③ 황색의 실선 또는 황색 점선으로 되어있다.
④ 황색 및 백색의 실선 및 점선으로 되어있다.

28 노면표시 중 진로변경 제한선으로 맞는 것은?

① 황색 점선은 진로 변경을 할 수 없다.
② 백색 점선은 진로 변경을 할 수 없다.
③ 황색 실선은 진로 변경을 할 수 있다.
④ 백색 실선은 진로 변경을 할 수 없다.

05

29 다음 그림과 같은 교통표지의 설명으로 맞는 것은?

① 좌로 일방통행 표지이다.
② 우로 일방통행 표지이다.
③ 일단 정지 표지이다.
④ 진입 금지 표지이다.

30 다음 그림과 같은 교통안전표지의 설명으로 맞는 것은?

① 삼거리 표지
② 우회로 표지
③ 회전형 교차로 표지
④ 좌로 계속 굽은 도로표지

31 다음 그림의 교통안전 표지는?

① 좌/우회전 금지표지이다.
② 양측방 일방 통행표지이다.
③ 좌/우회전 표지이다.
④ 양측방 통행 금지표지이다.

32 다음 그림의 교통안전표지는 무엇인가?

① 차간거리 최저 50m이다.
② 차간거리 최고 50m이다.
③ 최저속도 제한표지이다.
④ 최고속도 제한표지이다.

33 그림의 교통안전표지는?

① 우로 이중 굽은 도로
② 좌우로 이중 굽은 도로
③ 좌로 굽은 도로
④ 회전형 교차로

34 다음 교통안전 표지에 대한 설명으로 맞는 것은?

① 최고 중량 제한표지
② 최고 시속 30km 속도 제한표지
③ 최저 시속 30km 속도 제한표지
④ 차간거리 최저 30m 제한표지

35 다음의 교통안전 표지는 무엇을 의미하는가?

① 차 중량 제한 표지
② 차 폭 제한 표지
③ 차 적재량 제한 표지
④ 차 높이 제한 표지

36 다음 중 관공서용 건물번호판은?

①   ②

③   ④

①, ② : 일반용
③ : 문화재 및 관광용
④ : 관공서용

37 다음 중 "지하차도 교차로"를 나타내는 표지는?

①    ②

③    ④

38 차량이 남쪽에서부터 북쪽 방향으로 진행 중일 때, 다음과 같은 「3방향 도로명표지」에 대한 설명으로 틀린 것은?

① 차량을 우회전하는 경우 '새문안길'로 진입할 수 있다.
② 연신내역 방향으로 가려는 경우 차량을 직진한다.
③ 차량을 우회전하는 경우 '새문안길' 도로구간의 시작지점에 진입할 수 있다.
④ 차량을 좌회전하는 경우 '충정로' 도로구간의 시작지점에 진입할 수 있다.

도로 구간의 시작지점과 끝 지점은 "서쪽에서 동쪽, 남쪽에서 북쪽으로 설정되므로, 차량을 좌회전하는 경우 '충정로' 도로 구간의 끝 지점에 진입한다.

39 다음 기초번호판에 대한 설명으로 옳지 않은 것은?

① 도로명과 건물번호를 나타낸다.
② 도로의 시작지점에서 끝 지점 방향으로 기초번호가 부여된다.
③ 표지판이 위치한 도로는 종로이다.
④ 건물이 없는 도로에 설치된다.

기초번호판은 도로명과 기초번호를 나타내며, 건물이 없는 도로에 설치된다.

40 다음 도로명판에 대한 설명으로 맞는 것은?

① 왼쪽과 오른쪽 양 방향용 도로명판이다.
② "1→" 의 위치는 도로 끝나는 지점이다.
③ 강남대로는 699미터이다.
④ "강남대로"는 도로이름을 나타낸다.

① 한 방향용(시작지점) 도로명판이다.
② "1→" 이 위치는 도로의 시작점을 나타낸다.
③ 강남대로의 길이는 699×10미터(6.99km)이다.

41 그림과 같은 「도로명판」에 대한 설명으로 틀린 것은?

① '예고용' 도로명판이다.
② '중앙로'의 전체 도로구간 길이는 200m이다.
③ '중앙로'는 왕복 2차로 이상, 8차로 미만의 도로이다.
④ '중앙로'는 현재 위치에서 앞쪽 진행방향으로 약 200m 지점에서 진입할 수 있는 도로이다.

예고용 도로명판으로 앞쪽 진행방향 200m 지점에서 중앙로에 진입할 수 있다.

42 그림의 「도로명판」에 대한 설명으로 틀린 것은?

① '사임당로'의 전체 도로구간 길이는 약 2500m이다.
② 진행방향으로 약 250m를 직진하면 '사임당로'라는 도로로 진입할 수 있다.
③ 도로명판이 설치된 위치는 '사임당로' 시작지점으로부터 약 920m 지점이다.
④ 앞쪽(진행) 방향을 나타내는 도로명판이다.

그림은 앞쪽 방향용 도로명판이며, 단위당 10m의 거리를 둔다. 따라서 '사임당로'의 전체길이는 2500m 이며, 명판이 설치된 곳이 사임당로 920m 지점이라는 의미이다.

05

1 건설기계등록사항의 변경신고에서 건설기계등록사항변경 신고서에 첨부하여야 하는 서류에 해당되는 것은?

① 형식변경 신청서류
② 건설기계 검사소의 서면확인
③ 건설기계 등록원부 등본
④ 건설기계 검사증

소유자의 주소 또는 건설기계의 사용본거지의 변경사실을 증명하는 서류와 건설기계등록증 및 건설기계검사증을 첨부하여 새로운 등록지를 관할하는 시·도지사에게 제출하여야 한다.

2 등록이전 신고는 어느 경우에 하는가?

① 건설기계 등록지가 다른 시·도로 변경되었을 때
② 건설기계 소재지에 변동 있을 때
③ 건설기계 등록사항을 변경하고자 할 때
④ 건설기계 소유권을 이전하고자 할 때

등록한 주소지 또는 사용본거지가 변경된 경우(시·도간의 변경이 있는 경우에 한한다)에 등록이전 신고를 해야 한다.

3 건설기계를 도난당한 때 등록말소사유 확인서류로 적당한 것은?

① 수출신용장
② 경찰서장이 발행한 도난신고 접수 확인원
③ 주민등록 등본
④ 봉인 및 번호판

4 건설기계관리법령상 건설기계등록번호표의 번호표 색상이 흰색 바탕에 검은색 문자인 경우는?

① 장기 대여사업용 ② 영업용
③ 단기 대여사업용 ④ 자가용

등록번호표의 식별색 기준
• 비사업용(관용 또는 자가용) : 흰색 바탕에 검은색 문자
• 대여사업용 : 주황색 바탕에 검은색 문자

5 대형 건설기계 특별 표지판 부착을 하지 않아도 되는 건설기계는?

① 너비 3미터인 건설기계
② 길이 16미터인 건설기계
③ 최소 회전반경 13미터인 건설기계
④ 총중량 50톤인 건설기계

특별표지판 부착대상 건설기계
• 길이가 16.7미터를 초과하는 건설기계
• 너비가 2.5미터를 초과하는 건설기계
• 높이가 4.0미터를 초과하는 건설기계
• 최소회전반경이 12미터를 초과하는 건설기계
• 총중량이 40톤을 초과하는 건설기계
• 총중량 상태에서 축하중이 10톤을 초과하는 건설기계

6 건설기계의 정비 명령을 이행하지 아니한 자에 대한 벌칙은?

① 1년 이하의 징역 또는 1천만원 이하의 벌금
② 2년 이하의 징역 또는 2천만원 이하의 벌금
③ 100만원 이하의 과태료
④ 300만원 이하의 과태료

정비명령을 이행하지 아니한 자에 대한 벌칙은 1년 이하의 징역 또는 1천만원 이하의 벌금이다.

7 건설기계 등록신청에 대한 설명으로 맞는 것은? (단, 전시, 사변 등 국가비상사태 하의 경우 제외)

① 시·군·구청장에게 취득한 날로부터 10일 이내에 등록신청을 한다.
② 시·도지사에게 취득한 날로부터 15일 이내에 등록신청을 한다.
③ 시·군·구청장에게 취득한 날로부터 1개월 이내에 등록신청을 한다.
④ 시·도지사에게 취득한 날로부터 2개월 이내에 등록신청을 한다.

건설기계 등록신청은 건설기계 소유자의 주소지 또는 건설기계 사용 본거지를 관할하는 특별시장·광역시장 또는 시·도지사에게 취득일로부터 2월 이내에 하여야 한다.

정답 1④ 2① 3② 4④ 5② 6① 7④

8 건설기계의 임시운행 사유에 해당하는 것은 ?

① 작업을 위하여 건설현장에서 건설기계를 검사장소로 운행할 때
② 정기검사를 받기 위하여 건설기계를 검사장소로 운행할 때
③ 등록신청을 위하여 건설기계를 등록지로 운행할 때
④ 등록말소를 위하여 건설기계를 폐기장으로 운행할 때

임시운행 사유
• 등록신청을 위해 등록지로 운행
• 신규등록검사와 확인검사를 위해 운행
• 수출목적의 선적지로 운행
• 수출을 하기 위하여 등록말소한 건설기계를 정비, 점검하기 위하여 운행
• 판매 및 전시와 신개발 시험을 위한 운행

9 건설기계관리법령상 건설기계 검사의 종류로 옳지 않은 것은?

① 구조변경검사   ② 수시검사
③ 임시검사   ④ 신규 등록검사

건설기계 검사의 종류 : 신규등록검사, 정기검사, 구조변경검사, 수시검사

10 건설기계의 수시검사명령서를 교부하는 자는?

① 건설기계 판매원
② 시·도지사
③ 경찰서장
④ 교육부 장관

시·도지사는 수시검사를 명령하려는 때 수시검사를 받아야 할 날부터 10일 이전에 건설기계소유자에게 건설기계 수시검사명령서를 교부하여야 한다.

11 건설기계관리법령상 정기검사에서 불합격한 건설기계의 정비명령에 관한 설명으로 틀린 것은?

① 정비명령을 따르지 아니하면 해당 건설기계의 등록번호표는 영치될 수 있다.
② 정비명령을 받은 건설기계소유자는 지정된 기간 내에 정비를 하여야 한다.
③ 불합격한 건설기계에 대해서 검사를 완료한 날부터 10일 이내에 정비명령을 하여야 한다.
④ 정비를 마친 건설기계는 다시 검사를 받을 필요 없이 운행이 가능하다.

12 건설기계 조종 면허에 관한 사항으로 틀린 것은?

① 건설기계조종사면허의 적성검사는 도로교통법상의 제1종운전면허에 요구되는 신체검사서로 갈음할 수 있다.
② 운전면허로 조종할 수 있는 건설기계는 없다.
③ 소형건설기계는 관련법에서 규정한 기관에서 교육을 이수한 후에 소형건설기계조종면허를 취득할 수 있다.
④ 건설기계 조종을 위해서는 해당 부처에서 규정하는 면허를 소지하여야 한다.

1종 대형면허로 운전할 수 있는 건설기계가 있다.

13 건설기계관리법상 건설기계조종사 면허의 취소사유가 아닌 것은?

① 건설기계의 조종 중 고의로 경상의 인명피해를 입힌 경우
② 인명피해 없이 피해 금액 10만원의 재산피해를 입힌 경우
③ 부정한 방법으로 건설기계조종사 면허를 받은 경우
④ 건설기계의 조종 중 고의로 중상의 인명피해를 입힌 경우

---

② 재산피해 금액 50만원마다 면허효력정지 1일이다.
①,④ 고의로 인명피해를 입힌 때는 면허취소이다.
③ 부정한 방법으로 면허를 받은 경우 면허취소이다.

14 건설기계관리법령상 건설기계의 구조를 변경할 수 있는 범위에 해당되는 것은?

① 원동기의 형식변경
② 육상작업용 건설기계 적재함의 용량을 증가시키기 위한 구조변경
③ 건설기계의 기종변경
④ 육상작업용 건설기계의 규격을 증가할 목적으로 구조변경

건설기계의 구조의 변경·개조가 불가할 경우
• 건설기계의 기종변경
• 육상작업용 건설기계규격의 증가
• 적재함의 용량증가를 위한 구조변경

15 건설기계관리법령상 건설기계의 등록말소 사유에 해당하지 않은 것은?

① 건설기계를 교육·연구 목적으로 사용한 경우
② 건설기계를 변경할 목적으로 해체한 경우
③ 건설기계를 도난당한 경우
④ 건설기계의 차대가 등록 시의 차대와 다른 경우

정답 8 ③ 9 ③ 10 ② 11 ④ 12 ② 13 ② 14 ① 15 ②

16 건설기계가 위치한 장소에서 정기검사를 받을 수 있는 경우가 아닌 것은?

① 도서지역에 있는 경우
② 자체중량이 20톤인 경우
③ 최고속도가 시간당 25킬로미터인 경우
④ 너비가 3.5미터인 경우

출장검사를 받을 수 있는 경우
• 도서 지역에 있는 경우
• 자체 중량이 40톤 초과 또는 축중이 10톤 초과인 경우
• 너비가 2.5m 초과인 경우
• 최고속도가 시간당 35km 미만인 경우

17 건설기계관리법령상 건설기계의 등록이 말소된 경우, 소유자는 며칠 이내에 등록번호표의 봉인을 떼어 낸 후 그 등록번호표를 반납하여야 하는가?

① 30일   ② 10일
③ 5일   ④ 15일

건설기계의 등록이 말소된 경우, 등록된 건설기계 소유자의 주소지 및 등록번호의 변경 시, 등록번호표의 봉인이 떨어지거나 식별이 어려운 때 등록번호표의 봉인을 떼어낸 후 10일 이내에 그 등록번호표를 시·도지사에게 반납하여야 한다.

18 건설기계관리법령상 건설기계소유자가 건설기계를 등록하려면 건설기계등록신청서를 누구에게 제출하여야 하는가?

① 소유자 주소지의 시·도지사
② 소유자 주소지의 검사대행자
③ 소유자 주소지의 경찰서장
④ 소유자 주소지의 안전관리원

건설기계를 등록하려면 건설기계 소유자의 주소지 또는 건설기계의 사용 본거지를 관할하는 특별시장·광역시장 또는 시·도지사에게 취득일로부터 2월 이내에 신청한다.

19 원동기 전문 건설기계정비업의 범위에 속하지 않는 것은?

① 실린더 헤드의 탈착 정비
② 연료펌프 분해 정비
③ 크랭크샤프트 분해 정비
④ 변속기 분해 정비

원동기(엔진)와 변속기는 정비범위가 구분된다.

20 고의로 경상 1명의 인명피해를 입힌 건설기계조종사에 대한 면허의 취소·정지처분 기준으로 옳은 것은?

① 면허 취소   ② 면허효력정지 45일
③ 면허효력정지 30일   ④ 면허효력정지 90일

피해규모에 관계없이 고의로 사고를 발생시켜 인명피해가 있으면 면허 취소이다.

21 건설기계조종사 면허가 취소되거나 효력정지처분을 받은 후에도 건설기계를 계속하여 조종한 자에 대한 벌칙은?

① 과태료 50만원
② 1년 이하의 징역 또는 1천만원 이하의 벌금
③ 취소기간 연장조치
④ 조종사면허 취득 절대불가

22 좌회전을 하기 위하여 교차로에 진입되어 있을 때 황색 등화로 바뀌면 어떻게 하여야 하는가?

① 정지하여 정지선으로 후진한다.
② 그 자리에 정지하여야 한다.
③ 신속히 좌회전하여 교차로 밖으로 진행한다.
④ 좌회전을 중단하고 횡단보도 앞 정지선까지 후진하여야 한다.

23 특별표지판을 부착해야 되는 건설기계가 아닌 것은?

① 길이가 16미터를 초과하는 건설기계
② 높이가 4.0미터를 초과하는 건설기계
③ 총중량이 40톤을 초과하는 건설기계
④ 최소회전반경이 12미터를 초과하는 건설기계

특별표지판 부착대상 건설기계
• 길이 : 16.7m 초과   • 너비 : 2.5m 초과
• 높이 : 4.0m 초과   • 최소회전반경 : 12m 초과
• 총중량 : 40톤 초과   • 축하중 : 10톤 초과

24 도로교통법령상 안전기준을 넘는 화물의 적재허가를 받은 사람은 그 길이 또는 폭의 양 끝에 몇 cm 이상의 빨간 헝겊으로 된 표지를 달아야 하는가?

① 너비 30cm, 길이 50cm
② 너비 100cm, 길이 200cm
③ 너비 5cm, 길이 10cm
④ 너비 10cm, 길이 20cm

정답   **16** ②   **17** ②   **18** ①   **19** ④   **20** ①   **21** ②   **22** ③   **23** ①   **24** ①

25 편도 4차로 일반도로에서 4차로가 버스 전용차로일 때 건설기계는 어느 차로로 통행하여야 하는가?

① 2차로　　　　　② 3차로
③ 4차로　　　　　④ 한가한 차로

26 도로교통법령상 승차인원, 적재중량에 관하여 대통령령으로 정하는 운행상의 안전기준을 넘어서 운행하고자 하는 경우 누구에게 허가를 받아야 하는가?

① 국회의원
② 출발지를 관할하는 경찰서장
③ 절대 운행 불가
④ 시·도지사

안전기준을 초과하여 승차 또는 적재하는 경우 출발지를 관할하는 경찰서장의 허가를 받아야 한다.

27 도로교통법령상 반드시 서행하여야 할 장소로 지정된 곳으로 옳은 것은?

① 안전지대 우측
② 비탈길의 고갯마루 부근
③ 교통정리가 행하여지고 있는 횡단보도
④ 교통정리가 행하여지고 있는 교차로

교로교통법령상 서행할 장소
• 교통정리를 하고 있지 아니하는 교차로
• 도로가 구부러진 부근
• 비탈길의 고갯마루 부근
• 가파른 비탈길의 내리막
• 지방경찰청장이 필요하다고 인정하여 안전표지로 지정한 곳

28 도로교통법상 앞지르기 시 앞지르기 당하는 차의 조치로 가장 적절한 것은?

① 앞지르기 할 수 있도록 좌측 차로로 변경한다.
② 일시 정지나 서행하여 앞지르기 시킨다.
③ 속도를 높여 경쟁하거나 가로막는 등 방해해서는 안된다.
④ 앞지르기를 하여도 좋다는 신호를 반드시 해야 한다.

29 도로교통법령상 폭설로 가시거리가 100미터 이내일 때 건설기계로 도로운행 시 최고속도의 얼마로 감속하여야 하는가?

① 100분의 20을 줄인 속도
② 100분의 30을 줄인 속도
③ 100분의 50을 줄인 속도
④ 100분의 70을 줄인 속도

최고속도의 50/100을 줄인 속도
• 노면이 얼어붙은 경우
• 폭우·폭설·안개 등으로 가시거리가 100m 이내일 때
• 눈이 20mm 이상 쌓인 때

30 도로교통법령상 신호기가 없는 철길 건널목을 통과하는 방법으로 옳은 것은?

① 좌·우를 살피면서 서행하여 통과한다.
② 좌·우를 살피면서 신속히 통과한다.
③ 비상등 점멸하며 신속히 통과한다.
④ 일시정지하여 안전 여부를 확인한 후 통과한다.

31 도로교통법령상 주차금지의 장소에 해당되지 않는 것은?

① 터널 안
② 다리 위
③ 전신주로부터 20m 이내인 곳
④ 교차로의 가장자리나 도로의 모퉁이로부터 5m 이내인 곳

32 다음 ( ) 에 적합한 것은?

> ┌─ 보기 ─
> ( ) 시 차마는 정지선이나 횡단보도가 있을 때 그 직전이나 교차로 직전에 일시 정지한 후 다른 교통에 주의하면서 진행 할 수 있다.

① 황색의 등화
② 적색의 등화
③ 황색등화의 점멸
④ 적색등화의 점멸

적색등화의 점멸 시에 대한 내용이다.
비교) 황색의 등화 : 차마는 정지선이 있거나 횡단보도가 있을 때에는 그 직전이나 교차로의 직전에 정지하여야 하며, 이미 교차로에 차마의 일부라도 진입한 경우에는 신속히 교차로 밖으로 진행하여야 한다.

05

33 술에 취한 상태로 타이어식 건설기계를 자동차 전용도로에서 운전하였을 경우 벌금은?

① 1000만 원 이하의 벌금

② 200만 원 이하의 벌금

③ 100만 원 이하의 벌금

④ 300만 원 이하의 벌금

술에 취하거나 마약 등 약물을 투여한 상태에서 건설기계를 조종한 자는 1년 이하의 징역 또는 1천만원 이하의 벌금에 처한다.

34 도로교통법령상 야간에 자동차를 도로에서 정차 또는 주차하는 경우에 반드시 켜야 하는 등화는?

① 미등 및 차폭등   ② 전조등

③ 방향지시등   ④ 실내등

35 고속도로 법령상 편도 2차로 이상 고속도로에서 건설기계의 최저속도는?

① 30 km/h   ② 60 km/h

③ 40 km/h   ④ 50 km/h

편도 2차로 이상 고속도로에서의 건설기계의 최고속도는 80km/h, 최저속도는 50 km/h 이다.

36 도로교통법령상 주행 중 교차로 전방 20m 지점에서 황색 원형 등화로 바뀌었을 경우 운전자의 조치 방법으로 가장 적절한 것은?

① 그대로 계속 진행한다.

② 교차로 직전에 정지한다.

③ 주위의 교통에 주의하면서 진행한다.

④ 일시 정지하여 안전을 확인하고 진행한다.

적색이나 황색 등화는 정지선이나 횡단보도 및 교차로 직전에 정지하여야 하는 신호이다. 단, 이미 교차로에 진입한 후 황색 등화로 바뀌었을 때는 신속히 교차로 밖으로 진행한다.

37 도로교통법에 의한 통고처분의 수령을 거부하거나 범칙금을 기간 안에 납부하지 못한 자는 어떻게 처리되는가?

① 면허의 효력이 정지된다.

② 면허증이 취소된다.

③ 연기신청을 한다.

④ 즉결 심판에 회부된다.

38 정지선이나 횡단보도 및 교차로 직전에서 정지하여야 할 신호 중 옳은 것은?

① 황색 및 적색 등화

② 녹색 및 황색 등화

③ 녹색 및 적색 등화

④ 적색 및 황색 등화의 점멸

39 도로교통법령상 안전거리 확보의 정의로 옳은 것은?

① 주행 중 급정지하여 진로를 양보할 수 있는 거리

② 주행 중 앞차가 급제동할 수 있는 거리

③ 앞차가 갑자기 정지하게 되는 경우 그 앞차와 충돌을 피할 수 있는 필요한 거리

④ 우측 가장자리로 피하여 진로를 양보할 수 있는 거리

40 다음 그림과 같은 도로명판에 대한 설명으로 틀린 것은?

① 대정로 23번길의 시작 지점 인근에 설치되어 있다.

② 대정로 23번길의 도로구간의 총 길이는 약 650m 이다.

③ 대정로 23번길이란 대정로의 시작지점에서부터 약 230m 지점의 왼쪽방향으로 분리된 도로이다.

④ 대정로23번길의 도로구간이 끝나는 위치에 설치된 도로명판이다.

도로표지판은 대정로 23번길의 끝 지점 인근에 설치되어 있다. (← 65)

② 이 도로는 총 650m의 길이이다.(65×10m)

③ 대정로 시작지점에서부터 약 230m(23×10)지점에서 왼쪽으로 분기된 도로를 나타낸다.

CHAPTER

06

예상문항수
10/60

안전관리

 Study Point 이 과목에서는 상식적인 부분도 많기 때문에 기본적인 점수를 확보하기 바랍니다. 쉽다고 대충 넘어가지 말고 문제 위주로 꼼꼼하게 학습하시기 바랍니다.

01 산업안전과 안전관리

[출제문항수 : 9~10문제] 출제가 많이 되는 부분이며, 또한 어렵지도 않은 부분입니다. 특히 안전 수칙 및 안전보호구 부분과 각종 수공구에 대한 안전 사용법 등이 중요하며, 화재안전에 관한 문제도 자주 출제됩니다.

01 산업안전·안전관리 개요

1 산업안전·안전관리의 정의

① **산업재해**란 근로자가 업무에 관계되는 건설물·설비·원재료·가스·증기·분진 또는 작업 또는 그 밖의 업무로 인하여 사망 또는 부상하거나 질병에 걸리는 것을 말한다.

> ▶ 산업안전관리의 정의
> 산업재해를 예방하기 위한 기술적, 교육적, 관리적 원인을 파악하고 예방하는 수단과 방법이다.

② **안전관리**란 재해를 예방(사고 발생 가능성을 사전 제거)함으로써 **근로자의 생명 보호** 및 피해를 최소화하기 위한 제반 활동 ✿

③ 안전교육의 목적
  • 재해로부터의 인간의 생명과 재산을 보호
  • 위험에 대처하는 능력을 기른다.
  • 작업에 대한 주의심을 파악할 수 있게 한다.

> ▶ 안전을 위하여 눈으로 보고 손으로 가리키고, 입으로 복창하여 귀로 듣고, 머리로 종합적인 판단을 하는 지적확인은 의식을 강화하기 위해서 한다.

2 산업안전의 3요소

구분	예
기술적 요소	• 설계상 결함 – 설계 변경 및 반영 • 장비의 불량 – 장비의 주기적 점검 • 안전시설 미설치 – 안전시설 설치 및 점검
교육적 요소	• 안전교육 미실시 – 강사 양성 및 교육 교재 발굴 • 작업태도 불량 – 작업 태도 개선 • 작업방법 불량 – 작업방법 표준화
관리적 요소	• 안전관리 조직 미편성 – 안전관리조직 편성 • 적성을 고려하지 않은 작업 배치 – 적정 작업 배치 • 작업환경 불량 – 작업환경 개선

02 산업재해의 원인

1 직접적인 원인

구분	예
불안전한 행동 ✿ (약 88%)	• 재해 발생 원인으로 **가장 높은 비율을 차지** • 주로 인적 원인에 의해 발생 → 안전사고 발생의 가장 많은 원인은 작업자에게 있다. • 안전조치의 불이행, 안전장치의 기능 제거, 위험한 장소의 출입, 복장·보호구의 결함·미착용, 작업자의 실수 등의 안전수칙 무시, 작업자의 피로 등
불안정한 상태	• 기계(도구)의 결함, 방호·안전장치의 결함, 불안전한 환경, 안전장치의 결여 등

2 간접적인 원인

① 안전수칙 미제정, 안전교육의 미비, 잘못된 작업관리
② 작업자의 가정환경이나 사회적 불만 등 직접요인 이외의 재해발생원인

3 불가항력의 원인

천재지변, 인간이나 기계의 한계로 인해 예측하거나 대비할 수 없는 상황

> ▶ 사고발생이 많이 일어날 수 있는 원인에 대한 순서
> 불안전 행동 > 불안전 조건 > 불가항력

03 산업재해의 예방 및 분류

■ 재해예방 4원칙
① 손실 우연의 원칙
② 예방 가능의 원칙
③ 원인 계기의 원칙
④ 대책 선정의 원칙

② 산업안전보건상 근로자의 의무사항
① 위험한 장소에는 출입금지
② 위험상황 발생 시 작업 중지 및 대피
③ 보호구 착용 및 안전규칙의 준수

> ▶ 건설 산업현장에서 재해가 자주 발생하는 주요 원인
> 안전의식 부족, 안전교육 부족, 작업 자체의 위험성

③ 산업재해의 분류
① 사망 : 업무로 인하여 목숨을 잃게 되는 경우
② **중경상** : 부상으로 인하여 **8일 이상**의 노동 상실을 가져 온 상해 정도
③ **경상해** : 부상으로 1일 이상 **7일 이하**의 노동 상실을 가져온 상해 정도
④ **무상해 사고** : 응급처치 이하의 상처로 작업에 종사하면서 치료를 받는 상해 정도

04 재해 발생시 조치 및 조사

■ 재해 발생 시 조치순서
운전정지 → 피해자 구조 → 응급처치 → 2차 재해방지

② 사고 시 응급처치 실시자의 준수사항
① 원칙적으로 의약품의 사용은 피한다.
② 정확한 방법으로 응급처치를 한 후에 반드시 의사의 치료를 받도록 한다.
③ 의식 확인이 불분명하여도 생사를 임의로 판정하지 않는다.

> ▶ 구급처치 중에서 환자의 상태를 확인하는 사항
> 의식 / 상처 / 출혈
> ▶ 세척작업 중에 알칼리 또는 산성 세척유가 눈에 들어갔을 경우에 응급처치 : 먼저 수돗물로 씻어낸다.
> ▶ 화상을 입었을 때 응급조치 : 빨리 찬물에 담갔다가 아연화연고를 바른다.

③ 재해조사의 목적
동종재해를 두 번 다시 반복하지 않도록 재해의 원인이 되었던 **불안전한 상태**와 **불안전한 행동**을 발견하고, 이것을 다시 분석·검토해서 적절한 **예방대책을 수립**하기 위하여 한다.

> ▶ 작업 표준의 목적
> 위험요인의 제거, 작업의 효율화, 손실요인의 제거

④ 일반적인 재해 조사방법
① 재해 조사는 사고 현장 정리 전에 실시한다.
② 재해 현장은 사진 등으로 촬영하여 보관하고 기록한다.
③ 목격자, 현장 책임자 등 많은 사람들에게 사고 시의 상황을 듣는다.

05 안전 점검

■ 안전 점검을 실시할 때 유의사항
① 안전 점검한 내용은 상호 이해하고 공유할 것
② 과거에 재해가 발생한 곳에는 그 요인이 없어졌는지 확인할 것
③ 과거에 재해가 발생하지 않았더라도 재해요인이 있는지 확인할 것
④ 안전점검이 끝나면 강평을 실시하여 안전사항을 주지할 것

② 작업개시 전 운전자의 조치사항
① 점검에 필요한 점검 내용을 숙지한다.
② 운전 장비의 사양을 숙지하고 고장나기 쉬운 곳을 파악해야 한다.
③ 장비의 이상 유무를 작업 전에 항상 점검해야 한다.
④ 점검표기에 따라 점검한다.
⑤ 장비의 구조와 개요, 기능을 숙지한다.

> ▶ 안전점검의 종류
> 일상점검, 정기점검, 특별점검, 수시점검

06 안전수칙

1 작업자의 올바른 안전 자세

① 자신의 안전과 타인의 안전을 고려한다.
② 작업장 환경 조성을 위해 노력한다.
③ 작업 안전 사항을 준수한다.

> ▶ 작업자가 작업을 할 때 반드시 알아두어야 할 사항
> • 안전수칙
> • 작업량
> • 기계 기구의 사용법

2 건설기계 작업 상 안전수칙

① 운전 전 점검을 시행한다.
② 주행 시 가능한 평탄한 지면으로 주행하고, 작업 장치(상부체)의 방향은 진행방향에 위치시킨다.
③ 휠형 건설장비는 작업 전 아우트라인을 반드시 확장시켜야 한다.
④ 장비 승·하차 시에는 장비에 장착된 손잡이 및 발판을 이용한다.
⑤ 무거운 하중을 기중할 경우 먼저 5~10cm 들어올려 브레이크나 기계·장비의 안전 여부를 확인한다.
⑥ 작업 종료 후 장비의 전원을 끈다.
⑦ 운전석을 떠날 경우에는 크레인에 화물을 매단 채 방치해서는 안되며, 기관을 정지시키고 제동시킨다.

3 기계장치의 안전상 유의사항

① **회전부분(기어, 벨트, 체인)과 신체의 접촉을 방지하기 위하여 반드시 덮개를 설치**한다.
② 작업장 통로는 안전과 원활한 보행을 위해 정리정돈을 한다.
③ 작업 중 기계에서 이상한 소리가 날 경우 즉시 작동을 멈추고 점검한다.
④ 기계 작업 시 적절한 안전거리를 유지해야 한다.

> ▶ 장갑을 착용하지 않고 작업을 해야 하는 작업 ✿
> • 연삭 작업
> • 해머 작업
> • 드릴 작업
> • 정밀기계 작업
> ▶ 안전거리를 가장 크게 유지해야 하는 장비 : 전동띠톱 기계

4 기타 작업상의 기본 안전수칙

① **정전이나 기기 고장 시 반드시 스위치를 끊을 것**
② 공구는 제자리에 정리할 것
③ 고장 중의 기기에는 표지를 할 것
④ 전기장치는 접지를 하고, 이동식 전기기구는 방호장치를 한다.
⑤ 엔진 등에서 배출되는 유해가스에 대비한 통풍 장치를 설치한다.
⑥ 주요 장비 등은 조작자를 지정하여 누구나 조작하지 않도록 한다.
⑦ 용기에 담긴 약품을 냄새로 확인할 때 직접 코를 대지 말고 손으로 바람을 일으켜 확인한다.
⑧ 벨트 등의 회전부위에 주의한다.
⑨ 회전 중인 물체를 정지할 때 강제 정지하지 않는다.
⑩ 추락 위험이 있는 작업할 때 안전띠 등을 사용한다.
⑪ 선풍기와 같은 회전장치에는 망 또는 울을 설치한다.
⑫ 위험한 작업을 할 때는 미리 주위(공동 작업자)에 알린다.
⑬ 작업대 사이 또는 기계 사이의 통로는 안전을 위한 일정 너비가 필요하며, 정리정돈이 필요하다.
⑭ 작업복과 안전 장구는 반드시 착용한다.
⑮ 각종 기계를 불필요하게 공회전시키지 않는다.
⑯ 기계의 청소나 손질은 운전을 정지시킨 후 실시한다.
⑰ 화재 예방을 위해 기름 묻은 걸레는 정해진 용기에 보관한다.

> ▶ 작업장의 승강용 계단 설치방법
> • 경사는 30° 이하로 완만하게 할 것
> • 구조는 견고하게 할 것
> • 추락위험이 있는 곳은 손잡이를 90cm 이상 높이로 설치할 것
> ▶ 작업장에서 공동 작업으로 물건을 들어 이동할 때 ✿
> • 힘의 균형을 유지하여 이동할 것
> • 손잡이가 없는 물건은 안정적으로 잡을 수 있게 주의를 기울일 것
> • 이동 동선을 미리 협의하여 작업을 시작할 것

07 작업복장 및 보호구

1 작업복장 (작업복, 안전모, 안전화)

① 작업복은 몸에 알맞고 동작이 편해야 한다.

② 작업복은 항상 **깨끗한 상태**로 입어야 한다.

③ 옷소매는 너무 넓지 않고 **손목에 밀착**되도록 한다.

→ 팔목·발목이 노출되지 않는 것이 좋다.

④ 상의의 옷자락이 밖으로 나오지 않도록 바지 안에 넣고, 바지 밑단은 작업화 안에 넣거나 발목에 밀착시킨다.

⑤ **주머니가 적고, 단추가 달린 것은 되도록 피한다.**

⑥ 화기사용 작업에서 방염성, 불연성 재질을 착용한다.

⑦ 유해, 위험물을 취급 시 방호할 수 있는 보호구를 착용한다.

⑧ 배터리 전해액처럼 강한 산성, 알칼리 등의 액체를 취급할 때는 **고무로 만든 옷**이 좋다.

⑨ 작업에 따라 보호구 및 기타 물건을 착용할 수 있어야 한다.

⑩ 작업장 내에서는 항상 작업모를 착용해야 한다.

⑪ 옷에 모래나 쇳가루 등이 묻었을 때는 솔이나 털이개를 이용하여 털어낸다.

→ 작업복을 입은 채로 압축공기로 털어내면 안된다.

2 안전보호구

재해방지를 목적으로 근로자 개개인이 직접 착용하고 작업에 임하는 안전도구를 말한다.

① **보안경** ✍

• 유해광선으로부터 눈을 보호 (**차광용 안경**)

• 유해 약물로부터 눈을 보호

• 칩의 비산(飛散)으로부터 눈을 보호

→ 비산 : 날려서 흩어짐

▶ **보안경을 착용해야 하는 작업**
  • 장비의 하부에서 점검·정비 작업
  • 철분, 모래·먼지 등이 날리는 작업
  • 그라인딩·절단 작업
  • 용접 작업(전기아크·가스)

② 마스크

• **방진 마스크** : 분진이 많은 작업장에서 사용

• 방독 마스크 : 유해 가스가 있는 작업장에서 사용

• **송기(공기) 마스크** : 산소결핍의 우려가 있는 장소에서 사용

③ 절연용 보호구 : 절연모, 절연화, 절연장갑 등 감전의 위험이 있는 작업에 사용

④ 안전모 : 물체의 낙하 또는 비래(飛來), 추락 또는 감전에 의한 머리의 위험을 방지하기 위하여 사용하는 보호구이다.

→ 비래 : 날아서 옴

⑤ 안전벨트 : 높은 곳에서의 작업 등에 사용

3 보호구의 구비조건

① 방호장치·보호구 안전인증기준에 의거하여 인증된 제품을 사용할 것

② 착용 및 취급 용이

③ 품질 우수, 사용 목적에 적합

④ 내마모성 및 내열성이 높을 것

⑤ 손질이 쉬울 것

⑥ 유해 위험요소에 대한 방호 성능이 충분할 것

⑦ 작업 행동에 방해되지 않아야 한다.

⑧ 안전대용 로프는 충격 및 인장 강도에 강할 것

06

1 방호장치의 종류

방호장치	점검사항
격리형	• 위험한 작업점과 작업자 사이에 서로 접근되어 일어날 수 있는 재해를 방지하기 위해 차단벽이나 망을 설치하는 방법 • 완전차단형, 덮개형 등
위치제한형	• 조작자의 신체 부위가 위험한계 밖에 있도록 기계의 조작장치를 위험구역에서 일정거리 이상 떨어지게 한 방호장치
접근거부형	• 작업자의 신체 부위가 위험한계 내로 접근하면 설치되어 있는 방호장치가 접근하는 신체 부위를 안전한 위치로 되돌리는 방호장치
접근반응형	• 작업자의 신체 부위가 위험한계 내로 들어오면 작동 중인 기계를 정지시키는 방호장치
포집형	• 목재 칩이나 금속 칩 등 위험원이 비산하거나 튀는 것을 방지하는 방호장치

2 안전장치

① 안전장치 기능은 제거가 잘 되지 않아야 하며, 안전장치는 **일시 제거하거나** 함부로 **조작해서도 안된다**.

② 안전장치 점검은 작업 전에 수행할 것

③ 안전장치가 불량할 경우 즉시 수정한 다음 작업할 것

④ 위험한 부분에는 반드시 안전방호장치가 설치되어 있을 것

2 기계 안전장치의 종류

① **페일 세이프**(Fail-Safe) : 기계나 부품의 고장 또는 불량이 발생하여도 사고 확대를 방지시키고 안전하게 작동할 수 있도록 하는 이중 안전장치를 말한다.

② **인터록**(Interlock) : 둘 이상의 작동을 하는 장치(장비)에서 하나의 작동이 실행되면 다른 작동들을 멈추게 하여 동시에 2~3중 작업이 되지 못하게 한다.

③ 풀 프루프(Fool proof) : 작업자가 실수하고 싶어도 실수할 수 없도록 하거나, 만약 실수가 발생해도 경고장치를 통해 그 피해를 최소화하거나 제거하는 장치를 말한다. (예 : 밸브를 씌운 보호)

1 ★
사고의 결과로 인하여 인간이 입는 인명 피해와 재산상의 손실을 무엇이라고 하는가?

① 재해   ② 안전
③ 사고   ④ 부상

2 ★★
재해조사 목적을 가장 확실하게 설명한 것은?

① 적절한 예방대책을 수립하기 위하여
② 재해를 발생케 한 자의 책임을 추궁하기 위하여
③ 재해 발생 상태와 그 동기에 대한 통계를 작성하기 위하여
④ 작업능률 향상과 근로기강 확립을 위하여

───────────────
재해조사의 목적 : 재해의 원인 제거, 적절한 예방대책 수립

3 ★
건설 산업현장에서 재해가 자주 발생하는 주요 원인이 아닌 것은?

① 안전의식 부족
② 안전교육 부족
③ 작업의 용이성
④ 작업 자체의 위험성

4 ★★
재해의 원인 중 생리적인 원인에 해당되는 것은?

① 작업자의 피로
② 작업복의 부적당
③ 안전장치의 불량
④ 안전수칙의 미 준수

5 ★★
안전관리에서 산업재해의 원인과 가장 거리가 먼 것은?

① 방호장치 결함
② 불안전한 조명
③ 불안전한 환경
④ 안전수칙 준수

───────────────
재해의 예방을 위하여 안전수칙을 제정하고 이에 따른다.

6 ★★★
사고의 직접원인으로 가장 적합한 것은?

① 유전적인 요소   ② 성격 결함
③ 사회적 환경요인   ④ 불안전한 행동 및 상태

───────────────
사고의 직접적인 원인은 불안전한 행동과 불안정한 상태에 있다.

7 ★
산업안전에서 안전의 3요소와 가장 거리가 먼 것은?

① 관리적 요소   ② 자본적 요소
③ 기술적 요소   ④ 교육적 요소

───────────────
산업안전의 3요소는 기술적 요소, 교육적 요소, 관리적 요소이다.

8 ★★
산업재해를 예방하기 위한 재해예방 4원칙으로 적당하지 못한 것은?

① 대량 생산의 원칙
② 예방 가능의 원칙
③ 원인 계기의 원칙
④ 대책 선정의 원칙

───────────────
재해예방의 4원칙 : 예방가능의 원칙, 손실우연의 원칙, 원인계기의 원칙, 대책선정의 원칙

9 ★★
재해의 복합 발생 요인이 아닌 것은?

① 환경의 결함   ② 사람의 결함
③ 품질의 결함   ④ 시설의 결함

───────────────
재해의 복합 발생요인은 환경의 결함, 사람의 결함, 시설의 결함이다.

10 ★★★
산업공장에서 재해의 발생을 적게 하기 위한 방법 중 틀린 것은?

① 폐기물은 정해진 위치에 모아둔다.
② 공구는 소정의 장소에 보관한다.
③ 소화기 근처에 물건을 적재한다.
④ 통로나 창문 등에 물건을 세워 놓아서는 안된다.

───────────────
신속한 소화작업을 위하여 소화기 근처에는 물건을 적재하지 않는다.

06

정답 ▶ 1 ①   2 ①   3 ③   4 ①   5 ④   6 ④   7 ②   8 ①   9 ③   10 ③

11 산업재해의 통상적인 분류 중 통계적 분류를 설명한 것 중 틀린 것은?

① 사망 : 업무로 인해서 목숨을 잃게 되는 경우
② 중경상 : 부상으로 인하여 30일 이상의 노동 상실을 가져온 상해정도
③ 경상해 : 부상으로 1일 이상 7일 이하의 노동 상실을 가져온 상해 정도
④ 무상해 사고 : 응급처치 이하의 상처로 작업에 종사하면서 치료를 받는 상해 정도

중경상은 부상으로 인하여 8일 이상의 노동 상실을 가져온 상해정도를 말한다.

12 산업재해 부상의 종류별 구분에서 경상해란?

① 부상으로 1일 이상 7일 이하의 노동 상실을 가져온 상해 정도
② 응급 처치 이하의 상처로 작업에 종사하면서 치료를 받는 상해 정도
③ 부상으로 인하여 2주 이상의 노동 상실을 가져온 상해 정도
④ 업무상 목숨을 잃게 되는 경우

13 재해가 발생하였을 때 조치 순서로 맞는 것은?

【보기】
① 운전정지　　② 2차재해 방지
③ 피해자구조　④ 응급처치

① ① → ③ → ② → ④
② ① → ③ → ④ → ②
③ ③ → ④ → ① → ②
④ ③ → ④ → ② → ①

14 안전관리의 가장 중요한 업무는?

① 사고책임자의 직무조사
② 사고원인 제공자 파악
③ 사고발생 가능성의 제거
④ 물품손상의 손해사정

안전관리는 위험요소의 배제를 통하여 사고발생의 가능성을 제거하는 것이 가장 중요한 업무이다.

15 일반적인 재해 조사방법으로 적절하지 않은 것은?

① 재해 조사는 사고 현장 정리 후에 실시한다.
② 재해 현장은 사진 등으로 촬영하여 보관하고 기록한다.
③ 현장의 물리적 흔적을 수집한다.
④ 목격자, 현장 책임자 등 많은 사람들에게 사고 시의 상황을 듣는다.

재해 조사는 사고 직후에 실시한다.

16 작업장에서 공동 작업으로 물건을 들어 이동할 때 잘못된 것은?

① 무게로 인한 위험성 때문에 가급적 빨리 이동하여 작업을 종료할 것
② 힘의 균형을 유지하여 이동할 것
③ 손잡이가 없는 물건은 안정적으로 잡을 수 있게 주의를 기울일 것
④ 이동 동선을 미리 협의하여 작업을 시작할 것

17 작업 시 안전사항으로 준수해야 할 사항 중 틀린 것은?

① 대형 물건을 기중 작업할 때는 서로 신호에 의거할 것
② 고장 중의 기기에는 표지를 할 것
③ 정전 시는 반드시 스위치를 끊을 것
④ 다른 용무가 있을 때는 기기 작동을 자동으로 조정하고 자리를 비울 것

18 건설기계의 점검 및 작업 시 안전사항으로 가장 거리가 먼 것은?

① 엔진 등 중량물을 탈착 시에는 반드시 밑에서 잡아준다.
② 엔진을 가동 시는 소화기를 비치한다.
③ 유압계통을 점검 시에는 작동유가 식은 다음에 점검한다.
④ 엔진 냉각계통을 점검 시에는 엔진을 정지시키고 냉각수가 식은 다음에 점검한다.

엔진과 같이 무거운 중량물의 탈착 시 몸으로 장치를 잡는 것은 매우 위험하므로 엔진 마운트 등을 이용한다.

정답　11 ②　12 ①　13 ②　14 ③　15 ①　16 ①　17 ④　18 ①

19 기계운전 및 작업 시 안전사항으로 맞는 것은?

① 작업의 속도를 높이기 위해 레버 조작을 빨리 한다.
② 장비의 무게는 무시해도 된다.
③ 작업도구나 적재물이 장애물에 걸려도 동력에 무리가 없으므로 그냥 작업한다.
④ 장비 승·하차 시에는 장비에 장착된 손잡이 및 발판을 사용한다.

20 작업개시 전 운전자의 조치사항으로 가장 거리가 먼 것은?

① 점검에 필요한 점검 내용을 숙지한다.
② 운전하는 장비의 사양을 숙지 및 고장나기 쉬운 곳을 파악해야 한다.
③ 장비의 이상유무를 작업 전에 항상 점검해야 한다.
④ 주행로 상에 복수의 장비가 있을 때는 충돌방지를 위하여 주행로 양측에 콘크리트 옹벽을 친다.

21 안전점검을 실시할 때 유의사항으로 틀린 것은?

① 안전 점검한 내용은 상호 이해하고 공유할 것
② 안전점검 시 과거에 안전사고가 발생하지 않았던 부분은 점검을 생략할 것
③ 과거에 재해가 발생한 곳에는 그 요인이 없어졌는지 확인할 것
④ 안전점검이 끝나면 강평을 실시하여 안전사항을 주지할 것

22 안전장치 선정 시 고려사항에 해당되지 않는 것은?

① 위험부분에는 안전 방호 장치가 설치되어 있을 것
② 강도나 기능 면에서 신뢰도가 클 것
③ 작업하기 불편하지 않는 구조일 것
④ 안전장치 기능 제거를 용이하게 할 것

안전장치는 설계 시 안전상 반드시 필요한 것으로 그 기능을 제거해서는 안 된다.

23 안전사고 발생의 원인이 아닌 것은?

① 적합한 공구를 사용하지 않았을 때
② 안전장치 및 보호 장치가 잘 되어 있지 않을 때
③ 정리정돈 및 조명 장치가 잘 되어 있지 않을 때
④ 기계 및 장비가 넓은 장소에 설치되어 있을 때

기계 및 장비는 안전장치를 갖추고, 넓고 정리정돈 및 조명장치가 잘 된 곳이 좋다.

24 안전작업 측면에서 장갑을 착용하고 해도 가장 무리 없는 작업은?

① 드릴 작업을 할 때
② 건설현장에서 청소 작업을 할 때
③ 해머 작업을 할 때
④ 정밀기계 작업을 할 때

장갑을 끼면 안되는 작업 : 연삭작업, 해머작업, 드릴작업, 정밀기계작업 등

25 작업 중 기계장치에서 이상한 소리가 날 경우 가장 적절한 작업자의 행위는?

① 작업종료 후 조치한다.
② 즉시 작동을 멈추고 점검한다.
③ 속도가 너무 빠르지 않나 살핀다.
④ 장비를 멈추고 열을 식힌 후 계속 작업한다.

작업 중 이상 상황이 발생하면 즉시 작동을 멈추고 점검해야 한다.

26 작업장에서 지켜야 할 안전 수칙이 아닌 것은?

① 작업 중 입은 부상은 즉시 응급조치하고 보고 한다.
② 밀폐된 실내에서는 장비의 시동을 걸지 않는다.
③ 통로나 마룻바닥에 공구나 부품을 방치하지 않는다.
④ 기름걸레나 인화물질은 나무상자에 보관한다.

기름걸레나 인화물질은 금속용기에 보관해야 한다.

06

27 작업장의 안전수칙 중 틀린 것은?

① 공구는 오래 사용하기 위하여 기름을 묻혀서 사용한다.
② 작업복과 안전장구는 반드시 착용한다.
③ 각종 기계를 불필요하게 공회전시키지 않는다.
④ 기계의 청소나 손질은 운전을 정지시킨 후 실시한다.

공구에 기름이 묻으면 미끄러지기 쉬우므로 사고의 원인이 된다.

28 작업장에서 지켜야 할 준수 사항이 <u>아닌</u> 것은?

① 작업장에서는 급히 뛰지 말 것
② 불필요한 행동을 삼가 할 것
③ 공구를 전달할 경우 시간절약을 위해 가볍게 던질 것
④ 대기 중인 차량엔 고임목을 고여 둘 것

공구를 전달할 때 던져주면 위험하기도 하며 손상되기 쉽다.

29 안전한 작업을 하기 위하여 작업 복장을 선정할 때의 유의 사항으로 가장 거리가 먼 것은?

① 화기사용 작업에서 방염성, 불연성의 것을 사용하도록 한다.
② 많은 공구를 넣을 수 있도록 주머니가 많은 것을 사용한다.
③ 작업복은 몸에 맞고 동작이 편하도록 제작한다.
④ 상의의 소매나 바지 자락 끝 부분이 안전하고 작업하기 편리하게 잘 처리된 것을 선정한다.

작업복은 작업자의 안전을 보호하는 것이 주목적이다.

30 다음 중 작업복의 조건으로서 가장 알맞은 것은?

① 작업자의 편안함을 위하여 자율적인 것이 좋다.
② 도면, 공구 등을 넣어야 하므로 주머니가 많아야 한다.
③ 작업에 지장이 없는 한 손발이 노출되는 것이 간편하고 좋다.
④ 주머니가 적고 팔이나 발이 노출되지 않는 것이 좋다.

31 안전장치에 관한 사항으로 <u>틀린</u> 것은?

① 안전장치 점검은 작업 전에 실시한다.
② 안전장치가 불량할 때는 즉시 수리한다.
③ 안전장치는 상황에 따라 일시 제거해도 된다.
④ 안전장치는 반드시 설치하도록 한다.

안전장치는 어떤 상황에도 제거해서는 안된다.

32 운반 및 하역작업 시 착용복장 및 보호구로 적합하지 않는 것은?

① 상의 작업복의 소매는 손목에 밀착되는 작업복을 착용한다.
② 하의 작업복은 바지 끝 부분을 안전화 속에 넣거나 밀착되게 한다.
③ 방독면, 방화장갑을 항상 착용해야 한다.
④ 유해, 위험물을 취급 시 방호할 수 있는 보호구를 착용한다.

방독면, 방화장갑은 상황에 따라 착용해야 한다.

33 작업별 안전보호구의 착용이 잘못 연결된 것은?

① 그라인딩 작업 - 보안경
② 10m 높이에서 작업 - 안전벨트
③ 산소 결핍장소에서의 작업 - 공기 마스크
④ 아크용접 작업 - 도수가 있는 렌즈 안경

용접 시에는 차광용 안경을 사용한다.

34 감전되거나 전기화상을 입을 위험이 있는 작업에서 제일 먼저 작업자가 구비해야 할 것은?

① 구급 용구
② 구명구
③ 보호구
④ 신호기

감전의 위험이 있는 전기 작업을 위해서는 절연용 보호구를 사용한다.

35 안전보호구 선택 시 유의사항으로 틀린 것은?

① 보호구 검정에 합격하고 보호성능이 보장될 것
② 반드시 강철로 제작되어 안전보장형일 것
③ 작업행동에 방해되지 않을 것
④ 착용이 용이하고 크기 등 사용자에게 편리할 것

보호구라고 반드시 강철로만 제작되지 않는다.

36 보호구는 반드시 한국산업안전보건공단으로부터 보호구 검정을 받아야 한다. 검정을 받지 않아도 되는 것은?

① 안전모
② 방한복
③ 안전장갑
④ 보안경

방한복은 안전 보호구에 해당되지 않으므로 검정을 받지 않아도 된다.

37 높은 곳에 출입할 때는 안전장구를 착용해야 하는데 안전대용 로프의 구비조건에 해당되지 않는 것은?

① 충격 및 인장 강도에 강할 것
② 내마모성이 높을 것
③ 내열성이 높을 것
④ 완충성이 적고, 매끄러울 것

38 유해광선이 있는 작업장에 보호구로 가장 적절한 것은?

① 보안경
② 안전모
③ 귀마개
④ 방독마스크

보안경은 유해광선이나 유해 약물로부터 눈을 보호하거나 칩의 비산으로부터 눈을 보호하기 위하여 사용한다.

39 다음 중 보호안경을 끼고 작업해야 하는 사항과 가장 거리가 먼 것은?

① 산소용접 작업 시
② 그라인더 작업 시
③ 건설기계 장비 일상점검 작업 시
④ 클러치 탈·부착 작업 시

40 안전한 작업을 위해 보안경을 착용해야 하는 작업은?

① 엔진 오일 보충 및 냉각수 점검 작업
② 제동등 작동 점검 시
③ 장비의 하체 점검 작업
④ 전기저항 측정 및 매선 점검 작업

장비의 하체 작업 시 오일이나 이물질 등이 떨어질 수 있으므로 보안경을 착용하여 눈을 보호해야 한다.

41 전기아크용접에서 눈을 보호하기 위한 보안경 선택으로 맞는 것은?

① 도수 안경
② 방진 안경
③ 차광용 안경
④ 실험실용 안경

전기아크는 높은 열과 강한 빛을 발산하므로 눈에 악영향을 주기 때문에 차광용 안경을 착용해야 한다.

42 작업장에서 방진 마스크를 착용해야 할 경우는?

① 소음이 심한 작업장
② 분진이 많은 작업장
③ 온도가 낮은 작업장
④ 산소가 결핍되기 쉬운 작업장

방진마스크는 분진이 많은 작업장에서 사용한다.

43 기계나 부품의 고장 또는 불량이 발생하여도 안전하게 작동할 수 있도록 하는 기능은?

① 인터록(Interlock)
② 풀 프루프(Fool-proof)
③ 시간지연장치
④ 페일 세이프(Fail-safe)

페일 세이프는 기계나 부품이 고장날 경우 사고 확대를 최소화하기 위해 안전한 상태로 전환되거나 중단하는 안전장치를 말한다.

06

정답 ▶ 35 ② 36 ② 37 ④ 38 ① 39 ③ 40 ③ 41 ③ 42 ② 43 ④

09 수공구 취급 시 안전사항

1 수공구 사용 시 안전사항

① 올바른 자세로 사용할 것
② 작업과 규격에 맞는 공구를 선택하여 사용할 것
③ 공구는 목적 이외의 용도로 사용하지 말 것
④ 결함이 없는 안전한 공구를 사용할 것
⑤ 사용 후 일정한 장소에 관리 보관할 것
⑥ 사용 전 충분한 사용법을 숙지할 것
⑦ 손이나 공구에 묻은 기름, 물 등을 닦아낼 것
⑧ 공구는 기계나 재료 등의 위에 올려놓지 말 것
⑨ 끝이 예리한 공구는 주머니에 넣고 작업하지 말 것

2 수공구의 관리 및 보관

① 공구함을 준비하거나 소정의 장소에 보관한다.
② 공구는 종류와 크기별로 구분하고, 종류와 수량을 정확히 파악해 둔다.
③ 날이 있거나 뾰족한 물건은 뚜껑을 씌워 둔다.
④ 공구는 필요 수량을 확보하고, 항상 완벽한 상태로 사용·보관하며 파손된 공구는 즉시 교환한다.
⑤ 사용한 공구는 면 걸레로 깨끗이 닦아둔다.
⑥ **공구를 사용한 후 오일을 바르지 않는다.**

3 렌치(스패너) 작업 시 안전사항

① 볼트, 너트에 맞는 것을 사용하며 쐐기를 넣어서 사용하면 안된다.
② 자루에 파이프를 이어서 사용해서는 안된다.
③ 작업 시 몸의 균형을 잡는다.
④ 볼트·너트에 잘 결합하고 앞으로 잡아당길 때 힘이 걸리도록 한다.
⑤ 다른 용도로 사용하지 말아야 한다.
  → 해머 대용 또는 지렛대용으로 사용하지 않는다.
⑥ 미끄러지지 않도록 핸들에 묻은 기름은 잘 닦아서 사용한다.
⑦ 볼트의 녹슨 부위는 오일이 스며들게 한 다음 돌린다.
⑧ 조정 렌치는 고정 죠(jaw)가 있는 부분으로 힘이 가해지게 하여 사용한다.
⑨ 장시간 보관 시 방청제를 바르고 건조·보관한다.
⑩ 렌치를 잡아당길 수 있는 위치에서 작업하도록 한다.
⑪ 렌치는 한쪽 방향으로만 힘을 가하여 사용한다.

1) 복스 렌치 (box wrench)

① **볼트, 너트를 완전히 감싸는 구조**이므로 사용 중에 미끄러지지 않는다.
② 오픈엔드 렌치와 규격이 동일하다.

> ▶ **소켓 렌치**(socket) : 렌치를 일일이 돌리지 않고, 라쳇(rachet)을 이용하여 제한적 왕복운동을 하여 풀거나 조이며, 작업 공간이 좁은 곳에 유용하다.
> ▶ **임팩트 렌치**(impact) : 공기압축기의 공기압 또는 전기를 이용하여 비교적 큰 힘이 요구되는 볼트·너트를 조이거나 풀 때 사용된다. 임팩트 렌치에 소켓알을 끼울 수 있는 구조이다.

2) 토크 렌치 (torque wrench)

볼트나 너트를 조일 때 조이는 힘을 매뉴얼 등의 규정 토크값에 맞게 사용하는 렌치이며, 풀 때는 사용할 필요가 없다.

3) 오픈엔드 렌치 (open end wrench)

┌→ 끝이 열려있다

① 연료 파이프 피팅을 풀고 조일 때 사용한다.
② 입(Jaw)이 변형된 것은 사용하지 않는다.
③ 자루에 파이프를 끼워 사용하지 않는다.

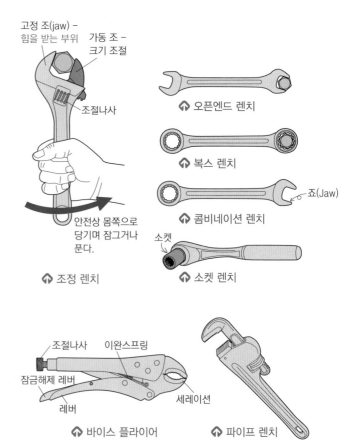

고정 죠(jaw) – 힘을 받는 부위   가동 조 – 크기 조절
조절나사
⤸ 오픈엔드 렌치
⤸ 복스 렌치
죠(Jaw)
⤸ 콤비네이션 렌치
안전상 몸쪽으로 당기며 잠그거나 푼다.
소켓
⤸ 조정 렌치   ⤸ 소켓 렌치

조절나사   이완스프링
잠금해제 레버
레버   세레이션
⤸ 바이스 플라이어   ⤸ 파이프 렌치

4 드라이버 작업 시 안전사항

① 드라이버 날 끝이 나사홈의 너비와 길이에 맞는 것을 사용한다.
② 정 대용으로 사용해서는 안된다.
③ 자루가 쪼개졌거나 또한 허술한 드라이버는 사용하지 않는다.
④ (-) 드라이버 날 끝은 평평한 것(수평)이어야 한다.
⑤ 이가 빠지거나 둥글게 된 것은 사용하지 않는다.
⑥ 작은 크기의 부품인 경우라도 바이스(vise)에 고정시키고 작업하는 것이 좋다.
⑦ 전기 작업 시 절연된 손잡이를 사용한다.

5 해머 작업 시 안전사항

① **보안경을 착용하며, 장갑을 사용해서는 안된다.**
② 기름 묻은 손으로 자루를 잡지 않는다.
③ 타격 범위에 주위의 장애물이나 작업자를 확인한다.
④ 처음에는 작게 휘두르고, 차차 크게 휘두른다.
⑤ 작업에 알맞은 무게의 해머를 사용한다.
⑥ 쐐기 등을 이용하여 해머가 자루에 단단히 고정되도록 한다.
⑦ 공동으로 해머 작업 시는 호흡을 맞출 것
⑧ 해머 작업 중에는 수시로 해머 상태를 확인할 것
⑨ 해머 작업 시 타격면을 주시할 것
⑩ 열처리된 재료는 해머로 때리지 않도록 주의한다.
⑪ 해머 작업 시 몸의 자세를 안정되게 한다.
⑫ 타격면이 닳아 경사진 것은 사용하지 않는다.
⑬ 물건에 해머를 대고 몸의 위치를 정한다.

6 연삭기 (glinder) 시 안전사항 ✿

① 보안경과 방진 마스크를 착용한다.
② 숫돌의 측면을 사용하면 안된다.
③ 작업 중 작업자의 손이 말려 들어갈 위험이 있으므로 장갑을 착용하지 않는다.
④ 숫돌과 받침대의 간격은 3mm 이내로 한다.
⑤ 숫돌 덮개를 설치 후 작업하며 이를 제거하고 작업하면 안된다.
⑥ 숫돌바퀴에 균열이 있는가 확인한다.
⑦ 숫돌 차의 과속 회전은 파괴의 원인이 되므로 유의한다.

⑧ 숫돌바퀴의 체결상태를 확인한다.
⑨ 연삭숫돌에 일감을 세게 눌러 작업하지 않는다.
⑩ 연삭기의 시운전은 정해진 사람만이 하도록 한다.

7 드릴 시 안전사항

① 드릴 작업 시 보안경을 착용하고, 장갑을 착용하지 않아야 한다.
② 드릴은 사용 전에 점검하고 드릴 끝이 무디거나 균열이 있는 것은 사용하지 않는다.
③ 드릴 회전 중 칩을 제거하는 것은 위험하므로 엄금해야 한다.
④ 작고 가벼운 가공물은 구멍이 거의 뚫렸을 때 드릴링 마지막에서 드릴과 함께 회전할 수 있으므로 바이스에 물리고 손으로 고정하고 작업해서는 안된다.
⑤ 드릴 끝이 가공물을 관통하였는가 손으로 확인해서는 안된다.

8 줄 (file)

① 금속 표면이 거칠거나 각진 부분을 매끄럽게 다듬을 수 있는 공구이다.
② 줄을 망치 대용으로 사용하지 말아야 한다.
③ 줄 작업 후 쇳가루를 입으로 불어내지 말아야 한다.

06

1 ^{★★★} 수공구 보관 및 사용방법으로 틀린 것은?

① 해머작업 시 몸의 자세를 안정되게 한다.
② 담금질 한 것은 함부로 두들겨서는 안된다.
③ 공구는 적당한 습기가 있는 곳에 보관한다.
④ 파손, 마모된 것은 사용하지 않는다.

2 ^{★★★} 수공구 사용상의 재해의 원인이 아닌 것은?

① 잘못된 공구 선택
② 사용법의 미 숙지
③ 공구의 점검 소홀
④ 규격에 맞는 공구 사용

수공구는 항상 규격에 맞는 공구를 사용해야 한다.

3 ^{★★★} 일반 수공구 사용 시 주의사항으로 틀린 것은?

① 용도 이외에는 사용하지 않는다.
② 사용 후에는 정해진 장소에 보관한다.
③ 수공구는 손에 잘 잡고 떨어지지 않게 작업한다.
④ 볼트 및 너트의 조임에 파이프렌치를 사용한다.

4 ^{★★★} 수공구 취급에 대한 안전에 관한 사항으로 틀린 것은?

① 해머 자루의 해머고정 부분 끝에 쐐기를 박는다.
② 렌치 사용 시 자기 쪽으로 당기지 않는다.
③ 스크류 드라이버 사용 시 공작물을 손으로 잡지 않는다.
④ 스크레이퍼 사용 시 한 손은 공작물, 다른 손은 스크레이퍼를 잡는 법은 위험한 공작법이다.

렌치 사용 시 몸의 균형을 잡은 상태로 볼트·너트에 잘 결합하고 앞으로 잡아당길 때 힘이 걸리도록 한다.

5 ^{★★★★} 수공구 취급 시 지켜야 할 안전수칙으로 옳은 것은?

① 줄질 후 쇳가루는 입으로 불어 낸다.
② 해머 작업 시 손에 장갑을 끼고 한다.
③ 사용 전에 충분한 사용법을 숙지하고 익히도록 한다.
④ 큰 회전력이 필요한 경우 스패너에 파이프를 끼워서 사용한다.

6 ^{★★★★★} 스패너 사용 시 올바른 것은?

① 스패너 입이 너트의 치수보다 큰 것을 사용한다.
② 스패너를 해머로 대용하여 사용한다.
③ 너트에 스패너를 깊이 물리고 조금씩 앞으로 당기는 식으로 풀고 조인다.
④ 너트에 스패너를 깊이 물리고 조금씩 밀면서 풀고 조인다.

스패너나 렌치 작업은 항상 몸 쪽으로 잡아당길때 힘이 걸리도록 한다.

7 ^{★★★★★} 스패너 작업 시 유의할 사항으로 틀린 것은?

① 스패너의 입이 너트의 치수에 맞는 것을 사용해야 한다.
② 스패너의 자루에 파이프를 이어서 사용해서는 안된다.
③ 스패너와 너트 사이에는 쐐기를 넣고 사용하는 것이 편리하다.
④ 너트에 스패너를 깊이 물리도록 하여 조금씩 앞으로 당기는 식으로 풀고 조인다.

스패너나 렌치는 볼트나 너트의 치수에 맞는 것으로 사용해야 하며 쐐기를 넣어서는 안된다.

8 ^{★★★} 복스 렌치가 오픈 렌치보다 많이 사용되는 이유는?

① 값이 싸며 적은 힘으로 작업할 수 있다.
② 가볍고 사용하는데 양손으로도 사용할 수 있다.
③ 여러 가지 크기의 볼트, 너트에 사용할 수 있다.
④ 볼트, 너트 주위를 완전히 감싸게 되어 사용 중에 미끄러지지 않는다.

9 ^{★★} 연료 파이프의 피팅을 풀 때 가장 알맞은 렌치는?

① 소켓 렌치
② 복스 렌치
③ 오픈 엔드 렌치
④ 탭 렌치

연료 파이프를 풀고 조일 때는 끝이 열린 오픈 엔드 렌치를 사용한다.

10 해머작업 시 안전수칙 설명으로 **틀린** 것은?

① 열처리된 재료는 해머로 때리지 않도록 주의한다.
② 녹이 있는 재료를 작업할 때는 보호안경을 착용해야 한다.
③ 자루가 불안정한 것(쐐기가 없는 것 등)은 사용하지 않는다.
④ 장갑을 끼고 시작은 강하게, 점차 약하게 타격한다.

해머작업은 장갑을 끼면 미끄러질 수 있기 때문에 장갑을 끼지 않는다. 또한, 해머 작업 시 시작은 약하게 하며 타격거리를 조정하며, 점차 강하게 타격한다.

11 해머 작업 시 **틀린** 것은?

① 장갑을 끼지 않는다.
② 작업에 알맞은 무게의 해머를 사용한다.
③ 해머는 처음부터 힘차게 때린다.
④ 해머가 자루에 단단한 고정된 것을 사용한다.

12 연삭기 사용 작업 시 발생할 수 있는 사고와 가장 **거리가 먼** 것은?

① 회전하는 연삭숫돌의 파손
② 비산하는 입자
③ 작업자 발의 협착
④ 작업자의 손이 말려 들어감

13 연삭기의 안전한 사용방법이 **아닌** 것은?

① 숫돌 측면 사용제한
② 보안경과 방진마스크 착용
③ 숫돌덮개 설치 후 작업
④ 숫돌과 받침대 간격 가능한 넓게 유지

숫돌과 받침대(가공물을 올려놓는 역할)의 간격은 3mm 이내로 유지해야 한다. 간격이 넓으면 숫돌과의 공작물의 마찰로 인한 반동으로 공작물이 튕겨져 나가거나 진동이 발생되기 쉽다.

14 일반 드라이버 사용 시 안전수칙으로 **틀린** 것은?

① 정을 대신할 때 (-)드라이버를 이용한다.
② 드라이버에 충격압력을 가하지 말아야 한다.
③ 자루가 쪼개졌거나 또한 허술한 드라이버는 사용하지 않는다.
④ 드라이버의 날 끝은 항상 양호하게 관리해야 한다.

15 드라이버 사용방법으로 **틀린** 것은?

① 날 끝이 홈의 폭과 길이에 맞는 것을 사용한다.
② 날 끝이 수평이어야 한다.
③ 전기 작업 시에는 절연된 자루를 사용한다.
④ 단단하게 고정된 작은 공작물은 가능한 손으로 잡고 작업한다.

피스나 볼트가 단단하게 고정된 경우 한 손으로 잡고 다른 손으로 드라이버로 풀려고 하면 충분한 힘이 가하지 못하여 피스나 볼트 구멍이 손상되기 쉽다. 그러므로 작업물을 바이스에 물리고 드라이버에 힘을 주어 천천히 회전시킨다.

16 드릴(drill)을 사용하여 작업할 때 착용을 금지하는 것은?

① 안전화
② 장갑
③ 작업모
④ 작업복

드릴 작업 시 드릴의 회전력에 장갑이 끼어 사고가 날 위험성이 크기 때문에 장갑을 끼지 않아야 한다.

17 드릴머신으로 구멍을 뚫을 때 일감 자체가 가장 회전하기 쉬운 때는 어느 때 인가?

① 구멍을 처음 뚫기 시작할 때
② 구멍을 중간 쯤 뚫었을 때
③ 구멍을 처음 뚫기 시작할 때와 거의 뚫었을 때
④ 구멍을 거의 뚫었을 때

작거나 가벼운 작업물의 구멍이 거의 뚫렸을 때 작업물이 드릴과 같이 회전할 수 있으므로 끝까지 작업물을 단단히 고정시켜야 한다.

정답 ▶ **10** ④ **11** ③ **12** ③ **13** ④ **14** ① **15** ④ **16** ② **17** ④

06

10 　운반·이동 시 안전

❶ 운반 시 안전수칙

① 무거운 물건을 이동할 때 체인블록이나 호이스트 등을 활용한다.

② 어깨보다 높이 들어 올리지 않는다.

③ 인력으로 운반 시 무리한 자세로 장시간 취급하지 않도록 한다.

④ 무거운 물건 운반 시 주위 사람에게 인지시킨다.

⑤ 무거운 물건을 상승시킨 채 장시간 방치하지 않는다.

⑥ 규정 용량을 초과해서 운반하지 않는다.

⑦ 화물을 운반할 경우에는 운전반경 내를 확인한다.

⑧ 크레인은 규정용량을 초과하지 않는다.

⑨ 중량물 운반 시 어떤 경우라도 사람을 승차시켜 화물을 붙잡도록 할 수 없다.

⑩ 정밀한 물품을 쌓을 때는 상자에 넣도록 한다.

⑪ 약하고 가벼운 것을 위에 무거운 것을 밑에 쌓는다.

⑫ 긴 물건을 쌓을 때에는 끝에 표시를 한다.

⑬ 체인블록 사용 시 체인이 느슨한 상태에서 급격히 잡아 당기지 않는다.

❷ 작업장에서 공동 작업으로 물건을 들어 이동할 때

① 명령과 지시는 한 사람이 한다.

② 힘의 균형을 유지하여 이동한다.

③ 물건을 들 때 보조를 맞춘다.

④ 최소한 한 손으로 물건을 받치는 것이 좋다.

⑤ 긴 화물은 같은 쪽의 어깨에 올려서 운반한다.

❸ 이동식 기계 운전자의 유의사항

① 항상 주변의 작업자나 장애물에 주의하여 안전 여부를 확인한다.

② 급선회는 피한다.

③ 물체를 높이 올린 채 주행이나 선회하는 것을 피한다.

> ▶ 운반하는 물건에 2줄 걸이 로프를 매달 때 로프에 걸리는 하중은 인양각도가 클수록 증가하므로 60° 이상을 넘지 않아야 한다.
> ▶ 안전관리상 인력운반으로 중량물을 들어 올리거나 운반 시 발생할 수 있는 재해는 낙하, 협착(압상), 충돌 등이다.

11 　크레인 안전

❶ 크레인 인양 작업 시 안전사항

① 신호자는 크레인 운전자가 잘 볼 수 있는 안전한 위치에서 행한다.

② 신호자는 원칙적으로 1인으로 하며, 신호자의 신호에 따라 작업한다.

③ 2인 이상의 고리걸이 작업 시 상호 간에 소리를 내면서 행한다.

④ 화물이 혹에 잘 걸렸는지 확인 후 작업한다.

⑤ 달아 올릴 화물의 무게를 파악하여 제한하중 이하에서 작업한다.

⑥ 크레인으로 인양 시 물체의 중심을 측정하여 인양해야 한다.

　• 형상이 복잡한 물체의 무게 중심을 확인한다.

　• 인양 물체를 서서히 올려 지상 약 30cm 지점에서 정지하여 확인한다.

　• 인양 물체의 중심이 높으면 물체가 기울 수 있다.

> ▶ 폭풍이 불어올 우려가 있을 때에는 옥외에 있는 주행 크레인에 대하여 이탈을 방지하기 위한 조치를 해야 한다. (초당 30m)
> ▶ 중진 이상의 지진이 발생한 후에 크레인을 사용하여 작업하는 때에는 미리 크레인의 각 부위의 이상 유무를 점검해야 한다.

❷ 크레인으로 물건을 운반할 때 주의사항

① 적재물이 떨어지지 않도록 한다.

② 로프 등 안전 여부를 항상 점검한다.

③ 규정 무게보다 초과하여 적재하지 않는다.

④ 화물이 흔들리지 않게 유의한다.

❸ 혹(Hook)의 점검과 관리

① 입구의 벌어짐이 **5% 이상** 된 것은 교환해야 한다.

② **혹의 안전계수는 5 이상**이다.

③ 혹의 마모는 와이어로프가 걸리는 곳에 2mm의 홈이 생기면 그라인딩한다.

④ 단면 지름의 감소가 원래 지름의 5% 이내이어야 한다.

⑤ 두부 및 만곡의 내측에 홈이 없는 것을 사용해야 한다.

⑥ 혹의 점검은 작업 개시 전에 실시해야 한다.

① 벨트 취급에 대한 안전사항 ✿

① 벨트에는 적당한 장력을 유지하도록 한다.

② 고무벨트에는 기름이 묻지 않도록 한다.

③ 벨트의 이음쇠는 돌기가 없어야 한다.

④ 풀리나 벨트, 기어와 같은 회전부는 사고 재해가 빈번하므로 커버 등 안전방호장치를 장착한다.

> ▶ 벨트와 풀리는 회전 부위에서 노출되어 있어 사고로 인한 재해가 가장 많이 발생하는 부분이다. 따라서 벨트의 교환이나 장력측정 시 언제나 회전이 완전히 멈춘 상태에서 해야 한다.

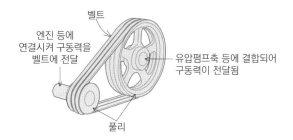

엔진 등에 연결시켜 구동력을 벨트에 전달 — 벨트 — 풀리 — 유압펌프축 등에 결합되어 구동력이 전달됨

---

13 전기용접 안전

① 안전장갑, **차광용 보안경**, 보안면(실드), 보호복 등을 착용한다.

→ 전기 용접 아크 빛이 직접 눈으로 들어오면 다량의 자외선이 포함되므로 전광성 안염 등의 눈병이 발생한다.

② 전기용접 작업 시 몸 또는 옷이 물에 젖거나 땀이 베어 있을 때 용접기에 감전이 될 수 있다.

③ 용접 작업 시 유해 광선으로 눈에 이상이 생겼을 때 냉수로 씻어낸 후 병원에서 치료한다.

---

14 화재안전 ✿✿

① A급 화재 – 일반 화재

① 일반가연성 물질(종이나 목재 등)의 화재로서 물질이 연소된 후에 재를 남기는 일반적인 화재를 말한다.

② **포말소화기**를 사용한다.

③ 산 또는 알칼리 소화기가 적합하다.

> ▶ 연소의 3요소 : 공기(산소), 점화원, 가연성 물질
> ▶ 참고) **ABC 소화기**
> A, B, C 급 화재를 진압할 수 있는 소화기이다.

② B급 화재 – 유류 화재

① 가연성 액체, 유류 등으로 인한 화재를 말한다.

② **유류화재** 진화 시 **분말 소화기, 탄산가스 소화기(이산화탄소 소화기)**가 적합하다.

③ **유류화재 시 물을 뿌리면 더 위험해진다.**

④ 소화기 이외에는 모래나 흙을 뿌리거나 방화커튼을 이용하여 화재를 진압할 수 있다.

③ C급 화재 – 전기 화재

① 전기화재 시에는 **이산화탄소 소화기**가 적합하다.

② 일반화재나 유류화재 시 유용한 포말소화기는 전기화재에는 적합하지 아니하다.

④ D급 화재 – 금속 화재

① 금속 나트륨이나 금속칼륨이 물이나 공기 중의 산소와 반응하여 폭발성 가스를 생성하므로 물에 의한 소화는 금지된다.

② 소화에는 건조사(마른 모래), 흑연, 장석분 등을 뿌리는 것이 유효하다.

06

1 ^{★★} 중량물 운반에 대한 설명으로 맞지 않는 것은?

① 무거운 물건을 운반할 경우 주위사람에게 인지하게 한다.
② 무거운 물건을 상승시킨 채 오랫동안 방치하지 않는다.
③ 규정 용량을 초과해서 운반하지 않는다.
④ 흔들리는 화물은 사람이 붙잡아서 이동한다.

흔들리는 화물은 로프 등을 이용하여 흔들림을 최소화 시키며, 사람이 직접 붙잡지 않도록 한다.

2 ^{★★★} 작업장에서 공동 작업으로 물건을 들어 이동할 때 잘못된 것은?

① 힘의 균형을 유지하여 이동할 것
② 불안전한 물건은 드는 방법에 주의할 것
③ 보조를 맞추어 들도록 할 것
④ 운반 도중 상대방에게 무리하게 힘을 가할 것

3 ^{★★★} 중량물을 들어 올리는 방법 중 안전상 가장 올바른 것은?

① 최대한 힘을 모아 들어 올린다.
② 지렛대를 이용한다.
③ 로프로 묶고 잡아당긴다.
④ 체인블록을 이용하여 들어 올린다.

체인블록이나 호이스트를 이용하는 것이 가장 좋다.

4 [★] 무거운 물체를 인양하기 위하여 체인블록 사용 시 안전상 가장 적절한 것은?

① 체인이 느슨한 상태에서 급격히 잡아당기면 재해가 발생할 수 있으므로 안전을 확인할 수 있는 시간적 여유를 가지고 작업한다.
② 무조건 굵은 체인을 사용해야 한다.
③ 내릴 때는 하중 부담을 줄이기 위해 최대한 빠른 속도로 실시한다.
④ 이동시는 무조건 최단거리 코스로 빠른 시간 내에 이동시켜야 한다.

5 ^{★★★★} 벨트 취급에 대한 안전사항 중 틀린 것은?

① 벨트 교환 시 회전을 완전히 멈춘 상태에서 한다.
② 벨트의 회전을 정지시킬 때 손으로 잡는다.
③ 벨트에는 적당한 장력을 유지하도록 한다.
④ 고무벨트에는 기름이 묻지 않도록 한다.

6 ^{★★★★} 벨트를 풀리에 걸 때 가장 올바른 방법은?

① 회전을 정지시킨 후
② 저속으로 회전할 때
③ 중속으로 회전할 때
④ 고속으로 회전할 때

벨트를 풀리에 걸 때는 반드시 회전을 정지시킨 후 걸어야 한다.

7 ^{★★★★} 사고로 인한 재해가 가장 많이 발생할 수 있는 것은?

① 종감속 기어
② 변속기
③ 벨트, 풀리
④ 차동장치

풀리의 빠른 회전과 풀리에 의해 동력을 전달하는 벨트에 인체 일부가 닿게 되는 사고가 가장 많이 발생한다. ①, ②, ④는 차체의 동력전달장치에 해당하며, 케이스 내부에 장착되므로 상대적으로 사고 위험이 적은 편이다.

8 ^{★★★} 동력 전동장치에서 가장 재해가 많이 발생할 수 있는 것은?

① 기어 ② 커플링
③ 벨트 ④ 차축

9 ^{★★} 작업장에서 용접작업의 유해광선으로 눈에 이상이 생겼을 때 적절한 조치로 맞는 것은?

① 손으로 비빈 후 과산화수소로 치료한다.
② 냉수로 씻어낸 냉수포를 얹거나 병원에서 치료한다.
③ 알코올로 씻는다.
④ 뜨거운 물로 씻는다.

정답 1④ 2④ 3④ 4① 5② 6① 7③ 8③ 9②

10 작업장에서 전기가 갑자기 정전 되었을 경우 전기로 작동하던 기계기구의 조치방법으로 틀린 것은?

① 즉시 스위치를 끈다.
② 안전을 위해 작업장을 정리해 놓는다.
③ 퓨즈의 단선 유무를 검사한다.
④ 전기가 들어오는 것을 알기 위해 스위치를 켜둔다.

───────────────

정전이 되면 가장 먼저 기계·기구의 스위치를 끄고, 퓨즈의 단선 유무를 확인해야 한다.

11 다음 중 감전재해의 요인이 아닌 것은?

① 충전부에 직접 접촉하거나 안전거리 이내 접근 시
② 절연, 열화, 손상, 파손 등에 의해 누전된 전기기기 등에 접촉 시
③ 작업 시 절연장비 및 안전장구 착용
④ 전기기기 등의 외함과 대지 간의 정전용량에 의한 전압 발생부분 접촉 시

───────────────

작업 시 감전재해를 예방하기 위하여 절연장비 및 안전장구를 착용한다.

12 전기 작업에서 안전작업 상 적합하지 않은 것은?

① 저압전력선에는 감전우려가 없으므로 안심하고 작업할 것
② 퓨즈는 규정된 알맞은 것을 끼울 것
③ 전선이나 코드의 접속부는 절연물로서 완전히 피복하여 둘 것
④ 전기장치는 사용 후 스위치를 OFF 할 것

13 연소의 3요소에 해당되지 않는 것은?

① 물
② 공기
③ 점화원
④ 가연물

───────────────

연소의 3요소 : 점화원, 가연성 물질, 공기(산소)

14 인화성 물질이 아닌 것은?

① 아세틸렌 가스
② 가솔린
③ 프로판 가스
④ 산소

───────────────

산소는 다른 물질이 타는 것을 도와주는 조연성 가스이다.

15 다음 중 화재의 분류가 옳게 된 것은?

① A급 화재 : 일반 가연물 화재
② B급 화재 : 금속 화재
③ C급 화재 : 유류 화재
④ D급 화재 : 전기 화재

───────────────

• A급 화재 : 일반 가연물 화재
• B급 화재 : 유류 화재
• C급 화재 : 전기 화재
• D급 화재 : 금속 화재

16 목재, 종이, 석탄 등 일반 가연물의 화재는 어떤 화재로 분류하는가?

① A급 화재
② B급 화재
③ C급 화재
④ D급 화재

17 유류 화재 시 소화방법으로 가장 부적절한 것은?

① B급 화재 소화기를 사용한다.
② 다량의 물을 부어 끈다.
③ 모래를 뿌린다.
④ ABC소화기를 사용한다.

───────────────

유류 화재 시 물을 부으면 화염면이 급격히 확산되어 화재범위가 커질 수 있다.

18 전기화재 소화 시 가장 좋은 소화기는?

① 모래
② 분말소화기
③ 이산화탄소 소화기
④ 포말소화기

───────────────

화재별 사용 소화기
• A급 화재 : 산, 알칼리 소화기, 포말소화기
• B급 화재 : 분말소화기, 이산화탄소 소화기, 모래
• C급 화재 : **이산화탄소 소화기**(포말소화기는 사용하지 않는다)
• D급 화재 : 마른모래, 흑연, 장석 등

06

02 안전표지

[출제문항수 : 1문제] 표지 종류 및 특징을 알아두고, 각각의 표지를 기억하시기 바랍니다.

01 산업안전 색채 및 안전보건 표지

▶ 산업안전 표지의 종류
금지표지, 경고표지, 지시표지, 안내표지

1 산업안전 색채와 용도 ✿

빨간색	• 제1종 위험(**금지, 긴급정지, 경고**) • 화학물질 취급 장소에서의 유해·위험경고
노란색 (황색)	• 제2종 위험(**주의, 경고**) • 화학물질 취급 장소 이외의 위험 경고 • 충돌, 추락 등 위험경고, 기계 방호물
주황색	• 재해나 상해가 발생하는 장소의 **위험 표시**
청색	• 제3종 위험(주의, 지시)
흑색	• 방향표시(보조)
녹색	• **안전지도**, 안전위생, 비상구 및 피난소, 사람 또는 차량의 통행표지
백색	• 주의표지(보조)
자주색(보라)	• 방사능 위험 표시

2 금지표지 ✿

바탕은 흰색, 기본모형은 빨간색, 관련 부호 및 그림은 검은색

출입금지	보행금지	차량통행금지	사용금지
직진금지×	출입금지×	탑승금지×	취급주의×
탑승금지	금연	화기금지	물체이동금지

3 경고표지

① 바탕은 노란색, 기본모형, 관련 부호 및 그림은 검은색
② 바탕은 무색, 기본 모형은 빨간색(검은색도 가능)

인화성물질 경고	산화성물질 경고	폭발성물질 경고	급성독성 물질 경고
화재주의×			
부식성물질 경고	방사성 물질 경고	고압전기 경고	매달린 물체 경고
낙하물 경고	고온 경고	저온 경고	몸균형 상실 경고
레이저광선 경고	발암성·변이원성·생식독성·전신독성· 호흡기 과민성 물질 경고		위험장소 경고

4 지시표지 ✿ ✿

바탕은 파란색, 관련 그림은 흰색

보안경 착용	방독마스크 착용	방진마스크 착용	보안면 착용	안전모 착용
귀마개 착용	안전화 착용	안전장갑 착용	안전복 착용	

5 안내표지

바탕은 녹색, 관련 부호 및 그림은 흰색

녹십자표지	응급구호표지	들것	세안장치
비상용기구	비상구	좌측비상구	우측비상구

 기출모음 ★ 숫자는 빈출 정도 및 중요도를 나타냅니다.

★★★★★
1 산업안전보건에서 안전표지의 종류가 <u>아닌</u> 것은?

① 위험표지
② 경고표지
③ 지시표지
④ 금지표지

산업안전·보건표지의 종류 : 금지, 경고, 지시, 안내

★★★★
2 산업안전에서 안전표지의 종류가 <u>아닌</u> 것은?

① 금지표지
② 허가표지
③ 경고표지
④ 지시표지

★★★
3 안전표지의 종류 중 안내표지에 속하지 않는 것은?

① 녹십자 표지
② 응급구호표지
③ 비상구
④ 출입금지

출입금지는 금지 표시이다.

★
4 안전표지 중 안내 표지의 바탕색으로 맞는 것은?

① 백색
② 흑색
③ 적색
④ 녹색

★
5 적색 원형으로 만들어지는 안전 표지판은?

① 경고표시
② 안내표시
③ 지시표시
④ 금지표시

・경고표지 : 노랑 삼각형
・안내표지 : 사각형 및 원형
・지시표지 : 파랑 원형
・금지표지 : 적색 원형

★★★
6 작업현장에서 사용되는 안전표지 색으로 잘못 짝지어진 것은?

① 빨강색 - 방화표시
② 노란색 - 충돌·추락 주의 표시
③ 녹색 - 비상구 표시
④ 보라색 - 안전지도 표시

보라색은 방사능 위험 표시이다.

정답 ▶ 1 ① 2 ② 3 ④ 4 ④ 5 ④ 6 ④

7 안전·보건표지의 종류별 용도·사용장소·형태 및 색채에서 바탕은 흰색, 기본모형은 빨간색, 관련부호 및 그림은 검정색으로 된 표지는?

① 보조표지
② 지시표지
③ 주의표지
④ 금지표지

금지표지의 종류 : 출입금지, 보행금지, 차량통행금지, 사용금지, 탑승금지, 금연, 화기엄금, 물체이동금지

8 경고표지로 사용되지 않는 것은?

① 급성독성물질 경고
② 방진마스크 경고
③ 인화성물질 경고
④ 낙하물 경고

마스크·보안경·안전모·안전화와 같은 착용에 관한 것은 지시표지에 해당한다.

9 다음 그림과 같은 안전 표지판이 나타내는 것은?

① 비상구
② 출입금지
③ 인화성 물질경고
④ 보안경 착용

10 안전 · 보건표지의 종류와 형태에서 그림의 안전표지판이 나타내는 것은?

① 응급구호 표지
② 비상구 표지
③ 위험장소경고 표지
④ 환경지역 표지

11 다음 그림의 안전표지판이 나타내는 것은?

① 안전제일
② 출입금지
③ 인화성물질경고
④ 보안경착용

녹십자 표지이며, 안전제일을 나타낸다.

12 안전, 보건표지의 종류와 형태에서 그림의 안전 표지판이 나타내는 것은?

① 병원 표지
② 비상구 표지
③ 녹십자 표지
④ 안전지대 표지

13 산업안전보건표지에서 그림이 표시하는 것으로 맞는 것은?

① 독극물 경고
② 폭발물 경고
③ 고압전기 경고
④ 낙하물 경고

14 다음 그림은 안전표지의 어떠한 내용을 나타내는가?

① 지시표지
② 금지표지
③ 경고표지
④ 안내표지

착용에 대한 표지는 대부분 **지시표지**에 해당된다.

15 그림의 안전표지판이 나타내는 것은?

① 사용금지
② 탑승금지
③ 보행금지
④ 물체이동금지

16 산업안전보건 표지에서 그림이 나타내는 것은?

① 비상구없음 표지
② 방사선위험 표지
③ 탑승금지 표지
④ 보행금지 표지

17 안전보건 표지의 종류와 형태에서 그림의 안전표지판이 나타내는 것은?

① 보행금지
② 작업금지
③ 출입금지
④ 사용금지

18 다음 그림과 같은 안전 표지판이 나타내는 것은?

① 비상구
② 출입금지
③ 보안경 착용
④ 인화성물질 경고

19 안전보건표지의 종류와 형태에서 그림의 표지로 맞는 것은?

① 안전복 착용
② 안전모 착용
③ 보안경 착용
④ 출입금지

20 안전보건표지의 종류와 형태에서 그림의 표지로 맞는 것은?

① 보행금지
② 몸균형상실 경고
③ 안전복 착용
④ 방독마스크 착용

21 다음 그림과 같은 안전 표지판이 나타내는 것은?

① 인화성물질 경고
② 폭발물 경고
③ 구급용구
④ 낙하물 경고

22 안전·보건표지의 종류와 형태에서 그림의 표지로 맞는 것은?

① 차량통행금지
② 사용금지
③ 탑승금지
④ 물체이동금지

23 안전 보건표지의 종류와 형태에서 그림의 안전표지판이 뜻하는 것은?

① 보안경착용금지
② 보안경착용
③ 귀마개 착용
④ 인화성물질경고

24 다음 그림과 같은 안전 표지판이 나타내는 것은?

① 인화성물질 경고
② 금연
③ 화기금지
④ 산화성물질 경고

06

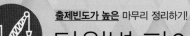
1 사고의 직접적인 원인으로 가장 적절한 것은?

① 성격 결함
② 사회적 환경요인
③ 유전적인 요소
④ 불안전한 행동 및 상태

사고의 직접적인 원인 : 불안전한 행동 및 상태
①, ②, ③은 간접적 원인에 해당한다.

2 산업재해의 분류에서 사람이 평면상으로 넘어졌을 때(미끄러짐 포함)를 말하는 것은?

① 낙하
② 충돌
③ 전도
④ 추락

3 체인이나 벨트, 풀리 등에서 일어나는 사고로 기계의 운동 부분 사이에 신체가 끼는 사고는?

① 접촉
② 협착
③ 충격
④ 전도

협착은 기계의 움직이는 부분 사이 또는 움직이는 부분과 고정 부분 사이에 신체 또는 신체의 일부분이 끼거나, 물리는 것을 말한다.

4 세척작업 중에 알칼리 또는 산성 세척유가 눈에 들어갔을 경우에 응급처치로 가장 먼저 조치해야 하는 것은?

① 산성 세척유가 눈에 들어가면 병원으로 후송하여 알칼리성으로 중화시킨다.
② 알칼리성 세척유가 눈에 들어가면 붕산수를 구입하여 중화시킨다.
③ 눈을 크게 뜨고 바람 부는 쪽을 향해 눈물을 흘린다.
④ 먼저 수돗물로 씻어낸다.

먼저 수돗물로 씻어낸 후 반드시 의사의 치료를 받아야 한다.

5 건설기계 작업 시 주의사항으로 틀린 것은?

① 운전석을 떠날 경우에는 기관을 정지시킨다.
② 주행 시 작업 장치는 진행방향으로 한다.
③ 주행 시는 가능한 평탄한 지면으로 주행한다.
④ 후진 시는 후진 후 사람 및 장애물 등을 확인한다.

항상 후진하기 전에 사람이나 장애물 등을 확인해야 한다.

6 추락 위험이 있는 장소에서 작업할 때 안전관리상 어떻게 하는 것이 가장 좋은가?

① 안전띠 또는 로프를 사용한다.
② 일반 공구를 사용한다.
③ 이동식 사다리를 사용해야 한다.
④ 고정식 사다리를 사용해야 한다.

7 안전작업은 복장의 착용상태에 따라 달라진다. 다음에서 권장사항이 아닌 것은?

① 땀을 닦기 위한 수건이나 손수건을 허리나 목에 걸고 작업해서는 안된다.
② 옷소매 폭이 너무 넓지 않은 것이 좋고, 단추가 달린 것은 되도록 피한다.
③ 물체 추락의 우려가 있는 작업장에서는 작업모를 착용해야 한다.
④ 복장을 단정하게 하기 위해 넥타이를 꼭 매야 한다.

8 운전 및 정비 작업시의 작업복의 조건으로 틀린 것은?

① 잠바형으로 상의 옷자락을 여밀 수 있는 것
② 작업용구 등을 넣기 위해 호주머니가 많은 것
③ 소매를 오무려 붙이도록 되어 있는 것
④ 소매를 손목까지 가릴 수 있는 것

작업복은 몸에 알맞고 동작이 편해야 하며 호주머니는 적은 것이 좋다.

정답 1④ 2③ 3② 4④ 5④ 6① 7④ 8②

9 안전하게 공구를 취급하는 방법으로 적합하지 않는 것은?

① 공구를 사용한 후 제자리에 정리하여 둔다.
② 끝 부분이 예리한 공구 등을 주머니에 넣고 작업을 하여서는 안된다.
③ 공구를 사용 전에 손잡이에 묻은 기름 등은 닦아내어야 한다.
④ 숙달이 되면 옆 작업자에게 공구를 던져서 전달하여 작업 능률을 올리는 것이 좋다.

10 스패너 작업 방법으로 옳은 것은?

① 몸 쪽으로 당길 때 힘이 걸리도록 한다.
② 볼트 머리보다 큰 스패너를 사용하도록 한다.
③ 스패너 자루에 조합렌치를 연결해서 사용하여도 된다.
④ 스패너 자루에 파이프를 끼워서 사용한다.

스패너나 렌치로 작업을 할 때는 안전을 위해 항상 몸쪽으로 잡아 당길 때 힘이 걸리도록 해야 한다.

11 건설기계 조종수가 장비 점검 및 확인을 위하여 사용하는 공구 중 볼트 머리나 너트 주위를 완전히 감싸기 때문에 사용 중에 미끄러질 위험성이 적은 렌치는?

① 조정렌치   ② 오픈엔드렌치
③ 파이프렌치   ④ 복스렌치

오픈엔드렌치(스패너)와 달리 복스렌치(소켓렌치)는 볼트 머리나 너트 주위를 완전히 감싸는 구조이므로 작업 중 미끄러질 우려가 적다.

12 건설기계 안전을 위한 장비 점검 및 확인 시 공구 및 장비 사용에 대한 설명으로 가장 적절하지 않은 것은?

① 마이크로미터를 보관할 때는 직사광선에 노출시키지 않는다.
② 볼트와 너트는 가능한 소켓렌치로 작업한다.
③ 공구를 사용 후 공구상자에 넣어 보관한다.
④ 토크렌치는 볼트와 너트를 푸는데 사용한다.

토크렌치는 볼트나 너트를 조일 때 규정값으로 조일 때 사용된다.

13 소켓렌치 사용에 대한 설명으로 틀린 것은?

① 임펙트용으로 사용되므로 수작업 시는 사용하지 않도록 한다.

② 큰 힘으로 조일 때 사용한다.
③ 오픈렌치와 규격이 동일하다.
④ 사용 중 잘 미끄러지지 않는다.

소켓렌치는 수공구로도 사용하며, 임펙트용으로도 사용된다.
※ 임펙트 : 정비소에서 주로 사용하는 장비로, 볼트를 체결/해제할 때 압축공기를 이용하여 렌치를 회전시켜 풀거나 조인다. 큰 힘을 요구하거나 빠른 작업을 요구할 때 사용된다.

14 복스렌치가 오픈엔드 렌치보다 비교적 많이 사용되는 이유로 적절한 것은?

① 두 개를 한 번에 조일 수 있다.
② 마모율이 적고 가격이 저렴하다.
③ 다양한 볼트, 너트의 크기를 사용할 수 있다.
④ 볼트와 너트 주위를 감싸 힘의 균형 때문에 미끄러지지 않는다.

15 렌치 작업 시의 주의사항 설명 중 틀린 것은?

① 너트보다 큰 치수를 사용한다.
② 너트에 렌치를 깊이 물린다.
③ 높거나 좁은 장소에서는 몸을 안전하게 하고 작업한다.
④ 렌치를 해머로 두드려서는 안된다.

스패너나 렌치 작업 시 항상 치수에 맞는 공구를 선택해야 한다.

16 건설기계 조종수로서 장비 점검 및 확인을 위한 조정렌치 사용상 안전 및 주의사항으로 옳은 것은?

① 렌치를 사용할 때는 반드시 연결대를 사용한다.
② 상황에 따라 망치 대용으로 렌치로 두들긴다.
③ 렌치를 사용할 때는 규정보다 큰 공구를 사용한다.
④ 렌치를 잡아당길 때 힘을 준다.

① 렌치를 사용할 때 연결대를 사용해선 안된다.
② 망치 대용으로 렌치로 두드리면 렌치가 손상될 수 있다.
③ 렌치는 규정 크기로 사용한다.

17 기계장치 취급 시 사고 발생 원인이 아닌 것은?

① 기계장치가 넓은 장소에 설치되어 있을 때
② 정리·정돈이 잘 되어 있지 않을 때
③ 보호장치가 잘 되어 있지 않을 때
④ 불량 공구를 사용할 때

06

18 크레인으로 화물을 운반할 때 주의할 사항으로 올바르지 못한 것은?

① 시선은 반드시 화물만을 주시한다.
② 적재물이 추락하지 않도록 한다.
③ 규정 무게보다 초과하여 적재하지 않는다.
④ 화물이 흔들리지 않게 유의한다.

크레인으로 화물을 운반할 때의 시선은 작업장 주변과 줄걸이 상태, 신호수의 신호를 주시해야 한다.

19 보안경을 사용해야 하는 작업과 거리가 가장 먼 것은?

① 장비 밑에서 점검 작업을 할 때
② 철분 또는 모래 등이 날리는 작업을 할 때
③ 전기용접 및 가스용접 작업을 할 때
④ 산소 결핍 발생이 쉬운 장소에서 작업을 할 때

20 다음 중 물건을 여러 사람이 공동으로 운반할 때의 안전사항과 거리가 먼 것은?

① 명령과 지시는 한 사람이 한다.
② 최소한 한 손으로는 물건을 받친다.
③ 앞쪽에 있는 사람이 부하를 적게 담당한다.
④ 긴 화물은 같은 쪽의 어깨에 올려서 운반한다.

21 작업장에서 중량물을 안전하게 운반하는 가장 좋은 방법은?

① 지렛대를 이용하여 움직인다.
② 여러 사람이 들고 조용히 움직인다.
③ 로프로 묶어 인력으로 당긴다.
④ 체인 블록이나 호이스트를 사용한다.

중량물을 운반할 때는 체인 블록이나 호이스트를 이용하는 것이 가장 효율적이다.

22 산업안전보건표지의 종류에서 지시표시에 해당하는 것은?

① 안전모 착용   ② 차량통행금지
③ 고온경고   ④ 출입금지

마스크·보안경·안전모·안전화와 같은 착용에 관한 것은 지시표지에 해당한다.

23 낙하, 추락 또는 감전에 의한 머리의 위험을 방지하는 보호구는?

① 안전대   ② 안전모
③ 안전화   ④ 안전장갑

24 경고표지로 사용되지 않는 것은?

① 급성독성물질 경고
② 방진마스크 경고
③ 인화성물질 경고
④ 낙하물 경고

25 건설기계 관련 작업장에 그림과 같은 안전 표지판이 설치되어 있을 때 이 안전 표지판은?

① 비상구
② 보안경 착용
③ 보행금지
④ 사용금지

26 안전·보건표지의 종류와 형태에서 그림의 안전표지판이 나타내는 것은?

① 출입금지
② 작업금지
③ 보행금지
④ 사용금지

그림은 사용금지 표지이다.

27 안전관리상 인력운반으로 중량물을 들어 올리거나 운반 시 발생할 수 있는 재해와 가장 거리가 먼 것은?

① 낙하   ② 협착(압상)
③ 단전(정전)   ④ 충돌

28 리프트(Lift)의 방호장치가 아닌 것은?

① 해지장치
② 출입문 인터록
③ 권과 방지장치
④ 과부하 방지장치

29 작업별 안전보호구의 착용이 잘못 연결된 것은?

① 아크용접 작업 – 도수가 있는 투명 보안경
② 산소 결핍장소에서의 작업 – 공기 마스크
③ 10m 높이에서 작업 – 안전벨트
④ 그라인딩 작업 – 보안경

용접작업 시에는 차광용 안경을 착용한다.(도수와 관계가 없다)

30 수공구 사용 시 적절한 작업방법과 가장 거리가 먼 것은?

① 해머작업 시 손에서 미끄러짐을 방지하기 위해서 반드시 면장갑을 끼고 작업한다.
② 조정 렌치는 고정조에 힘을 받게 하여 사용한다.
③ 줄 작업으로 생긴 쇳가루는 브러시로 털어낸다.
④ 쇠톱 작업은 밀 때 절삭되게 작업한다.

해머작업 시 손에서 미끄러짐을 방지하기 위해 반드시 면장갑을 벗고 작업한다.

31 해머(Hammer)작업에 대한 내용으로 잘못된 것은?

① 작업자가 서로 마주보고 두드린다.
② 녹슨 재료 사용 시 보안경을 사용한다.
③ 타격범위에 장해물을 없도록 한다.
④ 작게 시작하여 차차 큰 행정으로 작업하는 것이 좋다.

32 일반적으로 장갑을 착용하고 작업을 하게 되는데, 안전을 위해서 오히려 장갑을 사용하지 않아야 하는 작업으로 가장 적절한 것은?

① 해머 작업
② 오일 교환 작업
③ 타이어 교환 작업
④ 전기 용접 작업

해머 작업 시 장갑을 낄 경우 미끄러질 우려가 있다.
참고) 연삭·드릴 작업 시에도 장갑을 끼지 않는다

33 드라이버 작업 시 주의사항이 아닌 것은?

① 전기작업 시 절연된 드라이버를 사용한다.
② 드라이버의 날이 상한 것은 쓰지 않는다.
③ 드라이버는 홈보다 약간 큰 것으로 사용한다.
④ 작업 중 드라이버가 빠지지 않도록 한다.

34 드릴 작업 시 금지사항으로 가장 잘못된 것은?

① 작업 중 칩 제거를 금한다.
② 작업 중 보안경 착용을 금한다.
③ 균열이 있는 드릴은 사용을 금한다.
④ 작업 중 면장갑 착용을 금한다.

드릴 작업 시 칩의 일부가 눈으로 튈 수 있으므로 보안경을 착용하는 것이 좋다.

35 안전관리상 감전의 위험이 있는 곳의 전기를 차단하여 수리점검을 할 때의 조치와 관계가 없는 것은?

① 스위치에 안전장치를 한다.
② 기타 위험에 대한 방지장치를 한다.
③ 스위치에 통전장치를 한다.
④ 통전 금지기간에 관한 사항이 있을 시 필요한 곳에 게시한다.

스위치는 전기의 접속/차단 역할을 하므로 전기가 계속 흐르면 안된다.

36 가동하고 있는 엔진에서 화재가 발생하였다. 불을 끄기 위한 조치방법으로 올바른 것은?

① 원인을 분석하고, 모래를 뿌린다.
② 포말소화기를 사용 후 엔진 시동스위치를 끈다.
③ 엔진 시동스위치를 끄고, ABC소화기를 사용한다.
④ 엔진을 급가속 하여 팬의 강한 바람을 일으켜 불을 끈다.

엔진에서 화재가 발생하면 먼저 엔진 시동을 끄고, 포말소화기 또는 ABC 소화기를 사용한다.

37 소화하기 힘든 정도로 화재가 진행된 현장에서 제일 먼저 취해야 할 조치사항으로 가장 올바른 것은?

① 소화기 사용
② 화재 신고
③ 인명 구조
④ 경찰서에 신고

재난·재해·사고 시 가장 중요한 것은 인명의 구조이다.

06

38 화재 및 폭발의 우려가 있는 가스발생장치 작업장에서 지켜야 할 사항으로 맞지 않는 것은?

① 불연성 재료 사용금지
② 화기 사용금지
③ 인화성 물질 사용금지
④ 점화원이 될 수 있는 기계 사용금지

39 건설기계 보관 장소, 다양한 작업장 등에서 발생하는 화재에 대한 설명으로 틀린 것은?

① 화재는 어떤 물질이 산소와 결합하여 연소하면서 열을 방출시키는 산화반응을 말한다.
② 전기 에너지가 발화원이 되는 화재를 C급 화재라 한다.
③ 가연성 가스에 의한 화재를 D급 화재라 한다.
④ 화재가 발생하기 위해서는 가연성 물질, 산소, 발화원이 반드시 필요하다.

가연성 가스에 의한 화재 : B급 화재

40 화재 소화 작업 시 행동 요령으로 틀린 것은?

① 가스 밸브를 잠근다.
② 유류화재에는 물을 뿌린다.
③ 전기스위치를 끈다.
④ 화재가 일어나면 화재 경보를 한다.

유류화재를 진화할 때는 분말 소화기, 탄산가스 소화기가 적당하며, 물을 뿌리면 화염면이 확산되므로 사용해서는 안 된다.

41 화재 분류에 따른 유류 화재의 명칭은?

① B급 화재
② D급 화재
③ C급 화재
④ A급 화재

화재의 분류

A급 화재	목재, 종이, 천 등 고체 가연물의 화재
B급 화재	가연성 유류 및 가스에 의한 화재
C급 화재	전기에 의한 화재
D급 화재	금속나트륨이나 금속칼륨 등의 금속화재

42 작업자의 신체 부위가 위험한계 또는 그 인접한 거리로 들어오면 이를 감지하여 그 즉시 동작하던 기계를 정지시키거나 스위치가 꺼지도록 하는 방호장치는?

① 격리형 방호장치
② 위치 제한형 방호장치
③ 포집형 방호장치
④ 접근 반응형 방호장치

참고 문제) 접근 반응형 방호장치는 작업자의 신체 부위가 위험한계 내로 들어오면 작동 중인 기계를 정지시키거나 스위치가 꺼지도록 하는 방호장치이다.

43 동력전달장치를 다루는데 필요한 안전수칙으로 틀린 것은?

① 풀리가 회전 중일 때 벨트를 걸지 않도록 한다.
② 회전하고 있는 벨트나 기어에 필요 없는 점검을 하지 않는다.
③ 벨트의 장력은 작동 상태에서 확인한다.
④ 회전 중인 기어에는 손을 대지 않는다.

벨트가 회전 중일 때에는 절대 손을 대지 않도록 하며, 벨트의 장력은 반드시 정지상태에서 확인해야 한다.

44 밀폐된 공간에서 엔진을 가동할 때 가장 주의해야 할 사항은?

① 소음으로 인한 청력 감퇴
② 배출가스 중독
③ 진동으로 인한 직업병
④ 작업 시간

45 소화 작업의 기본 요소가 아닌 것은?

① 가연물질을 제거한다.
② 산소를 차단한다.
③ 점화원을 제거한다.
④ 연료를 기화시킨다.

소화 작업의 기본은 연소에 필요한 점화원, 가연물, 산소를 제거한다.

CHAPTER

07

실전모의고사

※ 실전모의고사와 같이 실제 시험에서는 과목 구분없이 혼합하여 출제됩니다.

실전모의고사 1회

01 타이어식 기중기에서 전도지점을 확대하기 위해 설치하는 아우트리거 형식으로 옳은 것은?

① L형, A형
② I형, W형
③ X형, H형
④ T형, V형

02 유압유 탱크의 기능 및 특징에 대한 설명으로 적절하지 않은 것은?

① 격판에 의한 기포 분리 및 제거
② 점도 변화 및 유온 냉각
③ 스트레이너를 설치하여 불순물 혼입 방지
④ 유압회로에 필요한 유량 확보

03 주행장치에 따른 기중기의 분류가 아닌 것은?

① 로터리식
② 무한궤도식
③ 트럭식
④ 타이어식

04 다음 중 윤활장치에 사용되고 있는 오일펌프로 가장 적절하지 않은 것은?

① 로터리 펌프
② 기어 펌프
③ 공기 용접 펌프
④ 베인 펌프

05 기중기의 붐 길이를 결정하는 요소가 아닌 것은?

① 화물 적재 높이
② 작업량
③ 화물 이동 거리
④ 화물의 무게

06 교통사고 사상자가 발생하였을 때, 도로교통법령상 운전자가 즉시 취하여야 할 조치사항 중 가장 적절한 것은?

① 즉시 정차 – 사상자 구호 – 신고
② 즉시 정차 – 위해 방지 – 증인 확보
③ 증인 확보 – 정차 – 사상자 구호
④ 즉시 정차 – 신고 – 위해 방지

07 12V의 동일한 용량의 축전지 2개를 직렬로 접속하면?

① 저항이 감소한다.
② 용량이 증가한다.
③ 용량이 감소한다.
④ 전압이 높아진다.

08 유압호스를 연결할 때 가장 많이 사용하는 것은?

① 니플 조인트
② 유니언 조인트
③ 엘보 조인트
④ 소켓 조인트

해설

01 아우트리거(outrigger) 형식

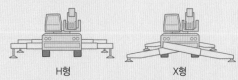

H형   X형

02 작동유의 점도는 성능에 영향을 미치므로 변화가 되지 않는 것이 좋다.

03 주행장치에 따른 기중기의 분류: 무한궤도식(크롤러형), 트럭식(트럭탑재형), 휠형(타이어식)

04 오일펌프의 종류: 로터리 펌프, 기어 펌프, 베인 펌프

05 붐 길이를 결정하는 요소: 화물 적재 높이, 이동거리, 무게
작업량이 많다고 붐 길이가 결정되는 것은 아니다.
무게가 무거울 때 붐의 길이가 길면 전도되거나 휘어질 우려가 있으므로 결정요소에 해당한다.

06 교통사고로 사상자 발생 시 즉시 멈추고 사상자 구호를 먼저 실시한다.

07 배터리를 직렬로 연결하면 **전압이 2배로 증가**하며, 병렬로 연결하면 용량이 2배로 증가한다.

08 유니언 조인트는 배관 사이를 연결하는 이음쇠를 말한다.

정답 ▶ 01 ③ 02 ② 03 ① 04 ③ 05 ② 06 ① 07 ④ 08 ②

09 유압모터 종류에 속하는 것은?

① 플런저 모터
② 보올 모터
③ 디젤 모터
④ 가솔린 모터

10 유지 보수 작업의 안전에 대한 설명으로 틀린 것은?

① 작업 조건에 맞는 기계가 되어야 한다.
② 기계는 분해하기 쉬워야 한다.
③ 보전용 통로는 없어도 가능하다.
④ 기계의 부품은 교환이 용이해야 한다.

11 기중기의 권상 작업레버를 당겨도 중량물이 상승하지 않는 원인으로 옳은 것은?

① 확장 클러치에 오일이 묻었을 때
② 주행 브레이크가 풀려 있을 때
③ 케이블 길이가 짧을 때
④ 스프로킷이 마모되었을 때

12 경고표지로 사용되지 않는 것은?

① 낙하물 경고
② 인화성물질 경고
③ 급성독성물질 경고
④ 방진마스크 경고

13 유압유 관내에 공기가 혼입되었을 때 일어날 수 있는 현상으로 가장 적절하지 않은 것은?

① 숨 돌리기 현상
② 기화현상
③ 공동현상
④ 열화현상

14 유압 실린더의 지지하는 방식이 아닌 것은?

① 플랜지형
② 트러니언형
③ 푸트형
④ 유니언형

15 건설기계 및 산업현장 관련 작업장에서 해머작업 시 안전수칙에 대한 설명으로 틀린 것은?

① 녹이 있는 재료를 작업할 때는 보호안경을 착용하여야 한다.
② 자루가 불안정한 것(쐐기가 없는 것 등)은 사용하지 않는다.
③ 열처리된 재료는 해머로 때리지 않도록 한다.
④ 장갑을 끼고 시작은 강하게, 점차 약하게 타격한다.

16 고의로 경상 2명의 인명피해를 입힌 건설기계를 조종한 자에 대한 면허의 취소·정지처분 내용으로 옳은 것은?

① 면허취소
② 면허효력 정지 60일
③ 면허효력 정지 30일
④ 면허효력 정지 20일

---

09 유압 모터는 유압펌프에서 발생한 유압에너지를 기계(회전)에너지로 변환한다.
   ※ 유압모터에는 기어모터, 베인모터, 플런저모터 등이 있으며, 플런저모터가 고압작동에 적합하다.
10 보전용 통로란 장비의 유지보수를 위해 이동할 수 있는 공간을 말하며, 안전상 확보해야 한다.
11 드럼축에 유압모터가 구동하면 드럼클러치(확장 클러치)를 통해 감속기어를 거쳐 호이스트 드럼을 회전시키며 케이블을 감아 중량물을 상승시킨다. 그러므로 클러치에 오일이 묻으면 미끄러져 케이블이 감겨지지 않는다.
   ※ 스프로킷은 주행모터(유압모터)에 장착된 것으로 마모 시 동력전달이 불량해진다.
12 방진마스크는 경고가 아니라 지시에 해당한다. 지시표시는 특정행위를 지시하는 것으로 주로 보안경이나 마스크, 안전모 등을 착용에 관한 것이다.

13 **작동유에 공기 혼입 시 발생하는 현상**
   ① 숨돌리기 현상 : 공기가 실린더에 혼입되어 피스톤 작동이 불량해져 작동시간이 지연되고, 오일공급 부족과 서징이 발생
   ② 열화현상 : 공기가 유입되면 압축되어서 오일 온도가 상승
   ③ 공동현상(캐비테이션) : 유압장치 내에 국부적인 높은 압력과 소음진동이 발생하는 현상. 유압회로 내 기포(공기)발생 및 필터의 여과 입도수가 높을 때 발생
   ※ 기화현상 : 온도 상승에 의해 작동유가 기체가 되는 현상
14 유압실린더의 지지 방식 : 플랜지형, 트러니언형, 푸트(foot)형, 클레비스형 ※ 유니언형은 배관의 연결 방식에 해당한다.
15 장갑을 낄 경우 미끄러질 우려가 있다. 타점을 맞추기 위해 시작은 약하게 하고, 점차 강하게 타격한다.
16 고의로 인명피해를 입힌 경우 **경중상에 관계없이 면허 취소**된다.

정답 **09** ① **10** ③ **11** ① **12** ④ **13** ② **14** ④ **15** ④ **16** ①

17 유압유의 압력을 제어하는 밸브가 아닌 것은?

① 교축 밸브
② 리듀싱 밸브
③ 시퀀스 밸브
④ 릴리프 밸브

18 작업별 안전보호구의 착용이 잘못 연결된 것은?

① 아크용접 작업 – 도수가 있는 투명 보안경
② 산소 결핍장소에서의 작업 – 공기 마스크
③ 10m 높이에서 작업 – 안전벨트
④ 그라인딩 작업 – 보안경

19 그림의 훅(hook)에서 화살표로 표시한 부분의 명칭과 역할로 맞는 것은?

① 트러스트: 중량물의 하중에 의해 와이어로프가 꼬이는 것을 방지한다.
② 훅 스위블: 중량물의 하중에 의해 훅이 자유로이 회전하는 것을 방지한다.
③ 사이드 플레이트: 중량물이 옆으로 기우는 것을 방지한다.
④ 해지장치(래치): 와이어로프 등이 후크에서 이탈되는 것을 방지한다.

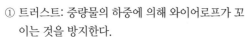

20 건설기계 관련 산업현장에서 작업 시 일반적인 안전에 대한 설명으로 틀린 것은?

① 장비는 사용 전에 점검한다.
② 취급자가 아니어도 장비 사용이 가능하다.
③ 회전되는 물체에 손을 대지 않는다.
④ 장비 사용법은 사전에 숙지한다.

21 유압장치에서 방향제어밸브의 설명으로 옳은 것은?

① 오일의 온도를 바꿔주는 밸브이다.
② 오일의 유량을 바꿔주는 밸브이다.
③ 오일의 흐름(방향)을 바꿔주는 밸브이다.
④ 오일의 압력을 바꿔주는 밸브이다.

22 가변 용량형 유압펌프의 기호 표시는?

①
②
③
④

23 건설기계 조종 면허에 관한 사항으로 틀린 것은?

① 건설기계조종사면허의 적성검사는 도로교통법상의 제1종운전면허에 요구되는 신체검사서로 갈음할 수 있다.
② 운전면허로 조종할 수 있는 건설기계는 없다.
③ 소형건설기계는 관련법에서 규정한 기관에서 교육을 이수한 후에 소형건설기계조종면허를 취득할 수 있다.
④ 건설기계 조종을 위해서는 해당 부처에서 규정하는 면허를 소지하여야 한다.

24 건설기계관리법령상 건설기계등록번호표의 번호표 색상이 흰색 바탕에 검은색 문자인 경우는?

① 장기 대여사업용
② 영업용
③ 단기 대여사업용
④ 자가용

해설

17 압력 제어 밸브: 릴리프 밸브, 감압 밸브(리듀싱), 시퀀스 밸브, 교축밸브는 속도제어용이다.

18 용접작업에 쓰는 보안경은 차광용을 사용한다.

19 ① 트러스트: 크레인을 지지해 주는 구조물
② 훅 스위블: 후크 고리부분이 회전하여 줄꼬임 방지
③ 사이드 플레이트: 블록의 가장 바깥쪽에 판(plate)를 말함

21 방향제어밸브는 오일의 흐름을 바꿔준다.

22 ① 정용량형 유압펌프, ② 필터, ④ 스프링식 제어

23 운전면허(1종 대형·1종 보형)로 조종할 수 있는 건설기계가 있다.

24 • 비사업용(관용 또는 **자가용**): 흰색 바탕에 검은색 문자
• 대여사업용: 주황색 바탕에 검은색 문자

정답 **17** ① **18** ① **19** ④ **20** ② **21** ③ **22** ③ **23** ② **24** ④

25 기중기 로드차트에 대한 설명으로 거리가 먼 것은?

① 로드차트는 읽기 쉽고, 편리한 장소(조종석)에 비치해야 한다.

② 로드차트는 허가된 조건 아래서의 최대 인양 중량을 표시한 것이다.

③ 로드차트가 비치되어 있지 않을 시는 경험을 바탕으로 작업하면 된다.

④ 기중기 조종사는 로드차트의 정확한 이해와 숙지가 필요하다.

26 작업하중을 지키며 양중작업을 하였으나 장비가 전도될 수도 있는 요인으로 가장 거리가 먼 것은?

① 양중 작업 중 풍속이 갑자기 강해졌을 때

② 경사면에서 양중 작업 시

③ 양중물을 장비 정면으로 하여 인양 시

④ 양중 작업 중 급격한 회전 시

27 2줄 걸이로 화물을 인양 시 인양각도가 커지면 로프에 걸리는 장력은?

① 증가한다.

② 장소에 따르다.

③ 감소한다.

④ 변화가 없다.

28 전류의 3대 작용이 아닌 것은?

① 발열 작용

② 원심 작용

③ 자기 작용

④ 화학 작용

29 고속도로 법령상 편도 2차로 이상 고속도로에서 건설기계의 최저속도는?

① 30 km/h

② 60 km/h

③ 40 km/h

④ 50 km/h

30 건설기계의 주요 구조변경 및 개조 범위에 해당되지 않는 것은?

① 유압장치의 형식변경

② 제동장치의 형식변경

③ 적재함 용량증가를 위한 구조변경

④ 원동기의 형식변경

31 기중기로 양중 이동 시 안전한 이동을 위한 붐의 상태로 옳은 것은?

① 조인트 붐을 삽입하여 사용한다.

② 지브 붐을 사용한다.

③ 붐의 풋 핀 길이를 길게 한다.

④ 붐의 길이를 짧게 한다.

32 건설기계 조종자가 안전을 위한 장비 점검 및 확인 시 스패너의 안전한 사용법에 대한 설명과 가장 거리가 먼 것은?

① 스패너를 너트에 단단히 끼워서 밀도록 한다.

② 스패너 자루에 파이프를 끼워서 사용해서는 안 된다.

③ 너트 크기와 스패너의 치수가 적절한 것을 사용한다.

④ 스패너의 입이 변형된 것은 사용하지 않는다.

---

25 **로드챠트**(load chart)
해당 크레인의 선회반경·붐의 길이·각도위치 등에 따른 최대 인양중량을 나타내는 표를 말한다. 작업 전 반드시 인양하려는 물체의 중량에 따른 해당 크레인의 각 요소를 파악해야 하며, 경험은 금물이다.

26 ① 강한 바람에 의한 중량물의 무게중심 이동으로 전도 우려
② 경사면에서 하중에 쏠려 전도 우려
④ 급격한 스윙으로 전도 우려

27 2줄 걸이 시 인양각도가 커지면 장력은 증가하며, 60° 이내로 제한한다.

28 전류의 3대 작용

발열작용(전구)　자기작용(전동기)　화학작용(배터리)

29 편도 2차로 이상 고속도로에서의 건설기계의 최고속도는 80 km/h, **최저속도는 50 km/h** 이다.

30 건설기계의 구조의 변경·개조가 불가할 경우
　• 건설기계의 기종변경
　• 육상작업용 건설기계규격의 증가
　• **적재함의 용량증가를 위한 구조변경**

31 안전한 이동을 위해 붐의 길이를 짧게 한다.

32 스패너나 렌치 작업은 항상 몸쪽으로 **잡아당길 때** 힘이 걸리도록 한다.

33 공동현상이 발생하였을 때의 영향과 가장 거리가 먼 것은?

① 체적 효율이 감소한다.
② 유압펌프의 토출량이 증가한다.
③ 급격한 압력파가 일어난다.
④ 유압장치 내부에 소음과 진동이 발생한다.

34 와이어로프 슬링을 이용한 중량물 인양작업방법으로 틀린 것은?

① 로프의 정격하중이 화물의 무게보다 커야한다.
② 화물을 들어 올릴 때 훅의 중심은 항상 화물의 중심에서 벗어나게 한다.
③ 화물이 기울어지지 않게 균형을 맞추어 들어야 한다.
④ 모서리가 각이 진 화물은 보호대를 로프와 화물 사이에 삽입한다.

35 일반적으로 건설기계의 유압펌프는 무엇에 의해 구동되는가?

① 전동기에 의해 구동된다.
② 에어 컴프레셔에 의해 구동된다.
③ 엔진의 플라이휠에 의해 구동된다.
④ 엔진의 캠축에 의해 구동된다.

36 기중기의 붐이 하강하지 않는 원인으로 옳은 것은?

① 붐과 호이스트 레버를 하강방향으로 같이 작용시켰기 때문이다.
② 붐에 낮은 하중이 걸려 있기 때문이다.
③ 붐 호이스트 브레이크가 풀리지 않기 때문이다.
④ 와이어로프가 오일에 오염되었기 때문이다.

37 기중기의 시동 전 일상점검 사항으로 가장 거리가 먼 것은?

① 변속기 기어 마모 상태
② 엔진오일 유량
③ 라디에이터 수량
④ 연료탱크 유량

38 도로교통법령상 최고 속도의 100분의 50으로 감속 운행하도록 제한한 경우가 아닌 것은?

① 폭우·폭설·안개 등으로 가시거리가 100m 이내인 경우
② 비가 내려 노면이 젖어 있는 경우
③ 노면이 얼어붙은 경우
④ 눈이 20mm 이상 쌓인 경우

39 그림과 같은 「도로명판」에 대한 설명으로 틀린 것은?

중앙로 200m
Jungang-ro

① '예고용' 도로명판이다.
② '중앙로' 전체 도로구간 길이는 200m 이다.
③ '중앙로'는 왕복 2차로 이상, 8차로 미만의 도로이다.
④ '중앙로'는 현재 위치에서 앞쪽 진행방향으로 약 200m 지점에서 진입할 수 있는 도로이다.

40 냉각수에 엔진오일이 혼합되는 원인으로 옳은 것은?

① 실린더헤드 개스킷 파손
② 수온조절기 파손
③ 라디에이터 코어 파손
④ 물 펌프 베어링 마모

해설

33 **공동현상(케비테이션)**은 작동유의 흐름이 빨라져 압력이 낮은 곳이 생기면 유체속의 기체가 분리되어 기포가 발생하는 현상으로 효율저하, 압력파, 소음진동이 발생된다.

34 화물 인양 시 훅의 중심은 화물의 중심에 있어야 안정적이다.
　※ '슬링(Sling)'이란 화물에 직접 접촉하거나 단말가공 후 훅 등의 보조기구에 매달려 운반, 권상·권하 등의 줄걸이 작업시 사용하는 와이어이다.
　※ ① 정격하중은 로프에 걸리는 하중을 말하므로 정격하중은 하물의 무게보다 커야 하며, 작으면 와이어가 끊어질 수 있다.

35 유압펌프는 **플라이휠에 연결**되어 구동된다.

36 붐 호이스트 브레이크는 붐의 낙하(하강)을 방지하는 역할을 하므로 브레이크가 풀리지 않으면 하강하지 못한다.

37 변속기 기어 마모 상태는 정기점검 또는 특별점검에 해당한다.

38 비가 내려 노면이 젖어 있는 경우는 최고속도의 **100분의 20**을 줄인 속도로 운행해야 한다.

39 예고용 도로명판으로 앞쪽 진행방향 **200m 지점에서 중앙로에 진입**할 수 있다는 의미이다. ※ 대로(8차로 이상), 로(2~7차로), 길(2차로 미만)

40 실린더 헤드 개스킷은 실린더와 실린더 헤드 사이에 끼워 기밀을 유지하는 얇은 금속판으로, **개스킷이 파손되면** 실린더 내의 연소가스가 누설될 수 있으며, **냉각수나 오일이 누출되어 혼합**될 수 있다.

정답　33 ②　34 ②　35 ③　36 ③　37 ①　38 ②　39 ②　40 ①

41 화물 인양 시 줄걸이용 와이어로프에 장력이 걸리면 일단 정지하여 확인해야 할 내용이 아닌 것은?

① 와이어로프의 종류와 규격을 확인한다.

② 화물이 파손될 우려는 없는지 확인한다.

③ 장력이 걸리지 않는 로프는 없는지 확인한다.

④ 장력의 배분은 맞는지 확인한다.

42 와이어로프의 주요 구성요소에 포함되지 않는 것은?

① 블록(Block)　　② 심(Core)

③ 가닥(Strand)　　④ 소선(Wire)

43 건설기계관리법령상 정기검사에서 불합격한 건설기계의 정비명령에 관한 설명으로 틀린 것은?

① 정비명령을 따르지 아니하면 해당 건설기계의 등록번호표는 영치될 수 있다.

② 정비명령을 받은 건설기계소유자는 지정된 기간 내에 정비를 하여야 한다.

③ 불합격한 건설기계에 대해서 검사를 완료한 날부터 10일 이내에 정비명령을 하여야 한다.

④ 정비를 마친 건설기계는 다시 검사를 받을 필요 없이 운행이 가능하다.

44 기중기를 트레일러에 상차하는 방법을 설명한 것으로 틀린 것은?

① 아웃트리거는 완전히 집어넣고 상차한다.

② 붐을 분리하거나 불가능한 경우 낮고 짧게 유지시킨다.

③ 최대한 무거운 카운터웨이트를 부착하여 상차한다.

④ 흔들리거나 미끄러져 전도되지 않도록 고정한다.

45 교류 발전기의 유도전류는 어디에서 발생하는가?

① 로터

② 스테이터

③ 계자 코일

④ 전기자

46 건설기계 보관 장소에서 화재가 발생했다. 화재의 분류 기준으로 옳지 않은 것은?

① A급 화재 - 일반(보통) 화재

② B급 화재 - 유류 화재

③ C급 화재 - 가스 화재

④ D급 화재 - 금속화재

47 건설기계관리법령상 건설기계를 검사유효기간이 끝난 후에 계속 운행하고자 할 때 받아야 하는 검사는?

① 신규등록검사

② 수시검사

③ 정기검사

④ 계속검사

---

41 ①은 화물을 올리기 전에 확인해야 할 사항이다.

42 와이어로프의 주요 구성요소

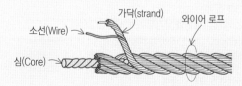

43 정기검사 등에서 불합격한 건설기계에 대해서 건설기계의 소유자는 부적합 판정을 받은 항목에 대하여 부적합판정을 받은 날부터 **10일**(재검사기간) 이내에 이를 보완하여 재검사를 신청할 수 있다. 이에 정비를 마친 건설기계는 다시 재검사를 해야 한다.

45 로터에 전류를 보내면 전자석(자속 발생)이 되며, 이 자속을 끊어 **스테이터에서 유도전류(교류)가 발생**하고, 다이오드를 통해 직류로 정류된다.
계자와 전기자는 직류발전기(또는 직류전동기)의 구성품에 해당한다.

46 화재의 분류

A급 화재	목재, 종이, 천 등 고체 가연물의 화재
B급 화재	가연성 **유류 및 가스**에 의한 화재
C급 화재	**전기**에 의한 화재
D급 화재	금속나트륨이나 금속칼륨 등의 금속화재

47 정기검사: 도로를 운행하는 건설기계로서 건설교통부령이 정하는 건설기계를 건설교통부령이 정하는 유효기간의 만료후에 계속하여 운행하고자 할 때 실시하는 검사

48 기관의 연료장치에서 희박한 혼합비가 미치는 영향으로 옳은 것은?

① 저속 및 공전이 원활하다.
② 시동이 쉬워진다.
③ 연소속도가 빠르다.
④ 출력의 감소를 가져온다.

49 인력 운반 작업의 재해 중 취급하는 중량물과 지면, 건축물 등에 끼여 발생하는 재해는?

① 협착
② 전도
③ 충돌
④ 낙하

50 기둥 박기, 건물의 기초공사 등에 주로 사용되는 기중기의 작업장치는?

① 셔블
② 훅
③ 드래그 라인
④ 파일 드라이버

51 여과기 종류 중 원심력을 이용하여 이물질을 분리시키는 형식은?

① 건식 여과기
② 습식 여과기
③ 오일 여과기
④ 원심식 여과기

52 디젤기관의 연료 여과기에 장착되어 있는 오버플로 밸브의 역할이 아닌 것은?

① 연료 계통의 공기를 배출한다.
② 연료 공급 펌프의 소음 발생을 방지한다.
③ 분사 펌프의 압송 압력을 높인다.
④ 연료압력의 지나친 상승을 방지한다.

53 기중기에 설치된 카운터웨이트의 기능은?

① 상부회전체를 회전시켜 준다.
② 권상하중이 커지는 것을 방지해 준다.
③ 차체의 균형을 유지시켜 준다.
④ 장비의 회전반경을 작게 해준다.

54 기관에서 폭발행정 말기에 배기가스가 실린더 내의 압력에 의해 배기밸브를 통해 배출되는 현상은?

① 블로 바이(blow by)
② 블로 백(blow back)
③ 블로 업(blow up)
④ 블로 다운(blow down)

55 타이어식 기중기의 좌·우 타이어 공기압이 같지 않을 때 일어나는 현상은?

① 가속 시 진동이 감소한다.
② 제동 시 차체가 한쪽으로 쏠린다.
③ 고속 주행 시 직진성이 좋아진다.
④ 곡선 주행 시 안전성이 향상된다.

해설

48 혼합비가 희박하면 혼합기에 연료가 적게 포함되므로 출력 저하(동력 감소), 시동 불량을 초래한다.

49 협착(좁을 협, 좁은 착): 물체 등에 끼인 상태
전도: 사람이 평면상으로 넘어짐

50 • 셔블: 장비가 지면보다 높은 곳의 땅파기에 적용
• 드래그 라인(drag line): 버킷을 지면에 끌어 땅파기에 적용
• 파일 드라이버(pile driver): 건물 신축 시 또는 교량건설 시 해머를 낙하시켜 기둥(pile) 박기에 적용

51 원심식 여과기: 원심력을 이용하는 것으로서 원심 분리와 거의 같다.

52 **오버플로우 밸브**의 기능
• 여과기 내의 압력이 규정 이상으로 상승 방지
• 엘리먼트 보호, 운전 중 공기빼기, 공급펌프의 소음 방지, 연료탱크의 기포 방지, 여과 성능 향상 등

53 카운터웨이트는 **차체의 균형을 유지**하여 전복을 방지한다.

54 ① 블로 바이(blow by): 압축·폭발행정에서 압축가스나 연소가스가 피스톤과 실린더 사이로 누출되는 현상
② 블로 백(blow back): 압축·폭발행정에서 압축가스나 연소가스가 밸브와 밸브시트 사이로 누출되는 현상
④ **블로 다운**(blow down): 배기밸브가 열려 배기가스 자체의 압력을 배출되는 현상

55 공기압이 다르므로 차체가 한쪽으로 쏠려 **직진성이 나빠지며**, 안전성도 저하된다.

정 답 **48** ④ **49** ① **50** ④ **51** ④ **52** ③ **53** ③ **54** ④ **55** ②

56 기중기에 작업반경을 크게 하기 위하여 사용하는 기구는?

① 보조 로프
② 카운터 웨이트
③ 보조 붐
④ 훅

57 기동 전동기의 마그네틱 스위치는?

① 전자식 스위치
② 저항 조절기
③ 전압 조절기
④ 전류 조절기

58 기중기의 작업 시 고려해야 할 사항으로 적절하지 않은 것은?

① 하중의 크기와 종류 및 형상
② 작업 지반의 강도
③ 화물의 현재 임계하중과 권하 높이
④ 붐 선단과 상부 회전체 후방 선회 반지름

59 기중기의 붐 각이 커졌을 때의 설명으로 옳은 것은?

① 작업반경이 작아진다.
② 기중능력이 작아진다.
③ 붐의 길이가 짧아진다.
④ 임계하중이 적어진다.

60 여러 사람이 공동으로 물건을 운반할 때의 안전사항과 거리가 가장 먼 것은?

① 최소한 한손으로는 물건을 받친다.
② 명령과 지시는 한 사람이 한다.
③ 앞쪽에 있는 사람이 부하를 적게 담당한다.
④ 긴 화물은 같은 쪽의 어깨에 올려서 운반한다.

---

56 작업반경은 붐 길이로 결정하므로 **보조 붐(지브 붐)**을 연결하여 확장시킨다.

57 마그네틱 스위치는 전동기에 부착되어 있어 시동 시 **전자석**이 되어 전동기에 부착된 피니언 기어가 플라이휠의 링기어를 회전시켜 엔진이 시동이 걸리게 한다.

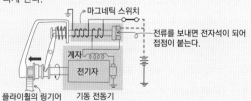

마그네틱 스위치
전류를 보내면 전자석이 되어 접점이 붙는다.
계자
전기자
플라이휠의 링기어 기동 전동기

58 화물의 임계하중이 아니라, 붐의 임계하중을 고려해야 하며, 권상 높이를 고려해야 한다.

59 **붐 각이 커지면 작업반경이 작아진다.**
※ 임계하중 : 붐이 파손(휘어짐)되지 않고 견딜 수 있는 최대 하중
※ 화물을 크레인에 달 때 붐의 길이를 짧게 하고, 올릴 때는 점차 길게 한다.

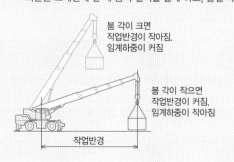

붐 각이 크면
작업반경이 작아짐.
임계하중이 커짐

붐 각이 작으면
작업반경이 커짐.
임계하중이 작아짐

작업반경

실전모의고사 2회

01 무한궤도식 기중기의 주행을 담당하는 것은?

① 스윙모터
② 스티어링 펌프
③ 메인 펌프
④ 주행모터

02 디젤기관의 윤활유 압력이 낮은 원인으로 거리가 먼 것은?

① 윤활유 압력 릴리프 밸브가 열린 채 고착되어 있다.
② 윤활유의 양이 부족하다.
③ 점도지수가 높은 오일을 사용하였다.
④ 오일펌프가 과대 마모되었다.

03 기중기의 작업 반경이란?

① 기중기의 후부 선단에서 화물 선단까지의 거리
② 붐의 길이
③ 기중기의 총길이
④ 회전체 중심에서 화물 중심까지의 거리

04 무한궤도식 기중기의 상부가 회전할 수 있는 최대 각도는?

① 60도
② 200도
③ 360도
④ 120도

05 건설기계 유압기기에서 유압유 온도를 알맞게 유지하기 위해 오일을 냉각하는 부품은?

① 유압 밸브
② 오일 쿨러
③ 방향 제어 밸브
④ 어큐뮬레이터

06 산소농도가 낮은 곳에서 작업할 때 쓰는 마스크로 가장 적절한 것은?

① 방독 마스크
② 방진 마스크
③ 일반 마스크
④ 송기 마스크

07 건설기계 보관 장소에서 전기 화재가 발생했다. 화재 분류에 따른 전기 화재의 명칭은?

① C급 화재
② B급 화재
③ D급 화재
④ A급 화재

해설

01 주행모터(유압모터)는 메인펌프에서 발생된 유압에너지를 기계적 에너지로 변환하여 감속기를 거쳐 트랙을 구동한다.

02 점도지수는 온도변화에 따른 점도 변화를 말하며, 점도지수가 높다는 것은 점도 변화가 없다는 의미이다.
※ 점도가 낮을 때 압력이 낮다.
※ 릴리프 밸브가 열린 채 고착되면 펌프에서 발생된 유압이 유압탱크로 흐르므로 유압이 낮다.

03 기중기의 작업 반경 : **회전체 중심에서 화물 중심(또는 훅 중심)까지의** 거리

04 무한궤도식 기중기의 상부체가 회전할 수 있는 최대 각도는 **360°**이다.

05 오일이 과열되면 점도가 낮아져 압력이 낮아져 효율이 떨어지고 열화, 윤활 작용 감소 등의 원인이 되므로 오일의 적정온도를 유지시켜야 한다. 이로 인해 유압 리턴라인에 **오일쿨러를 설치**하여 냉각시킨다.

06 산소농도가 낮은 곳에서는 호흡용 공기를 공급할 수 있는 **송기식 마스크**를 사용한다.

07 **화재의 분류**

A급 화재	목재, 종이, 천 등 고체 가연물의 화재
B급 화재	가연성 유류 및 가스에 의한 화재
C급 화재	**전기에 의한 화재**
D급 화재	금속나트륨이나 금속칼륨 등의 금속화재

정답 01 ④　02 ③　03 ④　04 ③　05 ②　06 ④　07 ①

08 축전지의 점검 방법으로 가장 적절한 것은?

① 충격에 의한 점검

② 가열에 의한 점검

③ 단자 단락에 의한 점검

④ 부하에 의한 점검

09 다음 중 유압 기호에 해당하는 것은?

① 가변용량형 유압모터

② 가변 토출 밸브

③ 가변 흡입 밸브

④ 유압펌프

10 건설기계 기관에서 건식과 습식 등이 있으며 실린더 내로 공기와 함께 흡입되는 이물질, 먼지 등을 여과하는 이 장치는?

① 공기 청정기

② 기동전동기

③ 조속기

④ 축전지

11 드릴 작업 시 금지사항으로 가장 잘못된 것은?

① 작업 중 칩 제거를 금한다.

② 작업 중 보안경 착용을 금한다.

③ 균열이 있는 드릴은 사용을 금한다.

④ 작업 중 면장갑 착용을 금한다.

12 건설기계관리법령상 비사업용(자가용) 건설기계 등록 번호표의 색상으로 옳은 것은?

① 흰색 바탕에 검은색 문자

② 황색 바탕에 녹색 문자

③ 청색 바탕에 녹색 문자

④ 적색 바탕에 흰색 문자

13 기중기의 붐 각이 커졌을 때의 설명으로 옳은 것은?

① 붐의 길이가 짧아진다.

② 작업반경이 작아진다.

③ 기중능력이 작아진다.

④ 임계하중이 적어진다.

14 기중기의 붐이 하강하지 않는 원인으로 옳은 것은?

① 와이어로프가 오일에 오염되었기 때문이다.

② 붐 호이스트 브레이크가 풀리지 않기 때문이다.

③ 붐과 호이스트 레버를 하강방향으로 같이 작용시켰기 때문이다.

④ 붐에 낮은 하중이 걸려 있기 때문이다.

15 직류 발전기와 비교한 교류 발전기의 특징으로 틀린 것은?

① 소형이며 경량이다.

② 전류 조정기만 있으면 된다.

③ 브러시의 수명이 길다.

④ 저속 시에도 충전이 가능하다.

07

---

08 축전지의 단자 전압 측정에는 **무부하 상태**에서 축전지 용량 테스터를 사용하여 점검하거나 전조등을 켜는 등 **부하 상태**에서 측정한다.

09 **가변용량형 유압 모터의 기호**
삼각형 꼭짓점이 원 안으로 향하면 유압모터를 나타낸다. (반대로 원 밖으로 향하면 유압펌프를 나타낸다) 원 밖으로 표시된 화살표는 가변용량형을 나타낸다.

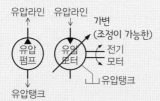

10 **공기 청정기**는 건식, 습식, 원심식이 있으며 공기를 여과시킨다.

11 드릴 작업 시 모재의 특성에 따라 칩 일부가 눈으로 튈 수 있으므로 **보안경을 착용하는 것이 좋다**.

12 • 비사업용(관용 또는 **자가용**): 흰색 바탕에 검은색 문자
 • 대여사업용: 주황색 바탕에 검정색 문자

13 기중기의 붐 각이 커지면 **작업반경이 작아지고**, 임계하중은 커지므로 기중능력은 커진다.

14 **붐 호이스트의 브레이크가 풀리지 않으면** 붐이 하강하지 못한다.
 ※ 붐 호이스트 브레이크는 와이어로프에 의해 붐이 상승/하강하는 격자형 기중기(크롤러 기중기)에 주로 사용되며, 붐 정지시 갑작스런 붐의 낙하로 인한 사고를 방지한다.

15 교류 발전기는 전압조정기(레귤레이터)만 필요하고, 컷아웃 릴레이와 **전류조정기는 필요없다**.

정답 **08** ④ **09** ① **10** ① **11** ② **12** ① **13** ② **14** ② **15** ②

16 기중기에 클램셸을 설치하면 어느 작업에 가장 적합한가?

① 경사지 구축 작업
② 배수로 굴토 작업
③ 수직 굴토 작업
④ 수평 평삭 작업

17 유압펌프의 소음발생 원인으로 틀린 것은?

① 펌프축의 센터와 원동기축의 센터가 일치한다.
② 펌프 흡입관부에서 공기가 혼입된다.
③ 펌프 상부커버의 고정 볼트가 헐겁다.
④ 펌프의 회전이 너무 빠르다.

18 작업 중 기계장치에서 이상한 소리가 날 경우 작업자가 해야 할 조치로 가장 적합한 것은?

① 속도를 줄이고 작업한다.
② 장비를 멈추고 열을 식힌 후 작업한다.
③ 즉시 기계의 작동을 멈추고 점검한다.
④ 진행 중인 작업을 마무리 후 작업 종료하여 조치한다.

19 주행장치에 따른 기중기의 분류가 아닌 것은?

① 트럭식
② 무한궤도식
③ 로터리식
④ 타이어식

20 기중기로 작업 시 양중라인이 느슨해지는 원인이 아닌 것은?

① 보조 훅의 볼이 무거운 경우
② 갑자기 하중을 해제하는 경우
③ 양중 라인을 너무 풀었을 경우
④ 양중 작업을 급속히 할 경우

21 유압장치에서 방향제어밸브에 대한 설명으로 틀린 것은?

① 액추에이터의 속도를 제어한다.
② 유압실린더나 유압모터의 작동방향을 바꾸는데 사용된다.
③ 유체의 흐름 방향을 변환한다.
④ 유체의 흐름 방향을 한쪽으로 허용한다.

22 작업하중을 지키며 양중작업을 하였으나 장비가 전도 될 수도 있는 요인으로 가장 거리가 먼 것은?

① 양중 작업 중 풍속이 갑자기 강해졌을 때
② 양중물을 장비 정면으로 하여 인양 시
③ 양중 작업 중 급격한 회전 시
④ 경사면에서 양중 작업 시

23 이동식 기중기의 아우트리거 설치 시 주의사항으로 틀린 것은?

① 아우트리거 1점 지지 사용 확인
② 기중기 수평 상태 확인
③ 지반 상태 확인
④ 타이어와 지면의 떨어짐 확인

해설

16 클램셸(clam shell)은 좁은 곳을 **수직 굴착**하거나 토사를 채취할 때 적합하다.

17 유압펌프는 원동기(엔진)의 동력을 받으므로 축센터가 일치할 경우 소음이 발생하지 않는다.

18 작업 중 이상한 소리가 날 경우 즉시 작동을 멈추고 점검해야 한다.

19 주행장치에 따른 기중기의 분류: 타이어식(휠형), 무한궤도식(크롤러식), 트럭식

20 훅의 볼은 훅(hook)에 무게를 주어 와이어로프의 흔들림을 최소화하는 역할을 한다. (낚시의 납과 같은 역할)
※ 양중라인: 화물을 들어올릴 때의 와이어로프

훅의 볼

21 · 압력제어: 최대 압력을 제한하거나 특정 부분의 압력을 조절
· **유량제어: 속도를 제어**
· 방향제어: 유체의 흐름 방향을 변경하여 엑추에이터의 작동방향을을 제어

23 아우트리거 설치 시 기중기 수평상태, 지반상태를 확인해야 하며, 타이어와 지면의 떨어져야 한다. 또한, **3점(4점) 이상의 지지**를 사용하여 무게와 양중하중을 분산시킨다.

---

24 냉각장치에 사용되는 전동팬에 대한 설명으로 가장 거리가 먼 것은?

① 정상온도 이하에서는 작동하지 않는다.
② 엔진이 시동되면 동시에 회전한다.
③ 팬벨트가 필요 없다.
④ 냉각수 온도에 따라 작동한다.

25 건설기계관리법령상 시·도지사는 검사에 불합격한 건설기계에 대해 검사를 완료한 날부터 며칠 이내에 건설기계 소유자에게 정비 명령을 해야 하는가?

① 5일　　　　　　② 15일
③ 30일　　　　　④ 10일

26 건설기계정비업 범위에서 제외된 항목이 아닌 것은?

① 오일 보충
② 전구 교환
③ 필터류 교환
④ 브레이크류 부품 교환

27 건설기계를 등록신청하기 위하여 일시적으로 등록지로 운행하는 임시운행기간은?

① 1개월 이내
② 3개월 이내
③ 15일 이내
④ 10일 이내

28 유압장치의 일상점검 항목이 아닌 것은?

① 오일의 누유 여부 점검
② 오일의 변질 상태 점검
③ 오일탱크의 내부 점검
④ 오일의 양 점검

29 권상 와이어를 너무 감으면 와이어가 절단되거나 훅 블록이 시브와 충돌하여 기계를 파손시키는데 이를 방지하기 위해 설치한 장치는?

① 무부하 장치
② 지브 기복 정지장치
③ 권과 경보장치
④ 과부하 방지장치

30 아우트리거 잭 실린더 유압회로의 고압호스나 파이프가 파손될 경우 압력을 차단하여 기중기가 균형을 잃은 것을 방지하기 위해 설치하는 것은?

① 드럼 홀드
② 아우트리거 안전밸브
③ 아우트리거 수직 록 핀
④ 아우트리거 수평 록 핀

31 기관이 작동되는 상태에서 점검 가능한 사항으로 가장 적절하지 않은 것은?

① 냉각수의 온도
② 기관 오일의 압력
③ 충전상태
④ 엔진 오일량

07

---

24 전동팬의 특징
- 배터리 전원을 이용하며 크랭크축의 회전력을 이용하지 않으므로 **팬벨트가 필요 없다.**
- 냉각수 온도가 낮을 경우(정상온도 이하) 작동하지 않고, 정상온도 이상일 때만 작동하여 라디에이터를 냉각시킨다.

25 검사에 불합격된 건설기계에 대해서는 31일 내의 기간동안 건설기계 소유자에게 검사완료한 날부터 **10일 이내**에 정비명령을 해야 한다.

26 건설기계정비업 범위에서 제외된 항목
- 오일의 보충
- 에어클리너엘리먼트 및 필터류의 교환
- 배터리·전구·창유리의 교환
- 타이어의 점검·정비 및 트랙의 장력 조정

27 임시운행기간은 **15일 이내**이다.

28 오일탱크의 내부 점검은 일상점검이 아니다.

29 권과방지·경보장치에 대한 설명이다.

30 고압호스나 파이프가 파손되면 아우트리거(outrigger)의 실린더 내 오일이 빠져나가 확장이 풀리게 되어 균형을 잃는다. 이를 방지하기 위해 안전밸브(체크밸브)를 설치하여 압력을 차단한다.

31 엔진의 오일량은 워밍업을 한 후 **엔진 구동을 멈추고** 점검해야 한다.

---

32 도로에 설치되어 있는 「도로명판」이 아닌 것은?

① 대정로23번길 / Daejung-ro 23Beon-gil / 1→63

② 중앙로 / Jungang-ro / 92 ... 96

③ 평촌길 / Pyeongchon-gil / 60

④ 강남대로 / Gangnam-daero / 1→699

33 리듀싱(감압) 밸브에 대한 설명으로 옳지 않은 것은?

① 출구의 압력이 감압 밸브의 설정 압력보다 높아지면 밸브가 작동하여 유로를 닫는다.
② 입구의 주 회로에서 출구의 감압회로로 유압유가 흐른다.
③ 상시 폐쇄상태로 되어 있다.
④ 유압장치에서 회로 일부의 압력을 릴리프밸브 설정압력 이하로 하고 싶을 때 사용한다.

34 기중기 붐에 설치하여 작업할 수 있는 장치로 적절하지 않은 것은?

① 파일드라이버
② 훅
③ 스캐리파이어
④ 셔블

35 유압유의 온도가 과열되었을 때 유압계통에 미치는 영향으로 틀린 것은?

① 유압펌프의 효율이 높아진다.
② 오일의 점도 저하에 의해 누유되기 쉽다.
③ 오일의 열화를 촉진한다.
④ 온도변화에 의해 유압기기가 열변형 되기 쉽다.

36 와이어로프 슬링을 이용한 중량물 인양작업방법으로 틀린 것은?

① 화물이 기울어지지 않게 균형을 맞춰 들어야 한다.
② 로프의 정격하중이 화물의 무게보다 커야한다.
③ 모서리가 각이 진 화물은 보호대를 로프와 화물 사이에 삽입한다.
④ 화물을 들어 올릴 때 혹의 중심은 항상 화물의 중심에서 벗어나게 한다.

37 기중기의 훅 작업 시 준수사항으로 틀린 것은?

① 인양할 화물이 보이지 않을 경우에는 경험을 바탕으로 신중히 작업할 것
② 인양할 화물을 바닥에서 끌어당기거나 밀어내는 작업을 하지 아니할 것
③ 고정된 물체를 직접 분리·제거하는 작업을 하지 아니할 것
④ 인양 중인 화물이 작업자의 머리 위로 통과하지 않도록 할 것

38 건설기계가 위치한 장소에서 정기검사를 받을 수 있는 경우가 아닌 것은?

① 최고속도가 시간당 25킬로미터인 경우
② 너비가 3.5미터인 경우
③ 도서지역에 있는 경우
④ 자체중량이 20톤인 경우

해설

32 ③은 일반용 건물번호판이다.

33 리듀싱(감압) 밸브는 릴리프 밸브와 달리 **평상시에는 유로가 개방**되어 감압(저압)된 유압이 흐르도록 하고, 고압이 될 경우 밸브가 닫히는 구조이다.

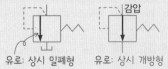

유로 : 상시 밀폐형
[릴리프 밸브]

유로 : 상시 개방형
[감압 밸브]

※ '상시 개방형'이란 단어가 나오면 무조건 감압 밸브를 연상할 것
※ 두 밸브의 기호는 비슷하므로 구분할 것

34 스캐리파이어(scarifier, 노면 파쇄기)는 도로 공사용 굴삭기계장치로, 지반의 견고한 흙을 긁어 일으키기 위하여 주로 모터 그레이더, 로더 등의 후면에 부착한다.

35 유압유의 온도가 과열되면 열화(산화)가 촉진되어 오일의 성질이 변해 점도가 변해 **효율이 저하된다.**

36 화물 인양 시 **혹의 중심은 화물의 중심에 있어야** 안정적이다.

※ '슬링(Sling)'이란 화물에 직접 접촉하거나 단말가공 후 훅 등의 보조기구에 매달려 운반, 권상·권하 등의 줄걸이 작업시 사용하는 와이어이다.

38 건설기계가 위치한 장소에서 검사를 할 수 있는 경우(출장검사)
• 도서지역에 있는 경우
• **자체중량이 40톤을 초과하거나 축하중이 10톤을 초과**하는 경우
• 너비가 2.5미터를 초과하는 경우
• 최고속도가 시간당 35킬로미터미만인 경우

정답 32 ③ 33 ③ 34 ③ 35 ① 36 ④ 37 ① 38 ④

39 기중기의 선회장치 회전중심을 지나는 수직선과 훅의 중심을 지나는 수직선 사이의 최단거리를 무엇이라 하는가?

① 텀블러 중심간 거리
② 트랙 중심간 거리
③ 작업반경
④ 중심면

40 건설기계 기관에서 캠 회전수와 밸브 스프링의 고유 진동수가 같아질 때 강한 진동이 수반되는 공진 현상은?

① 수격 현상
② 밸브스프링 서징현상
③ 모세관 현상
④ 장막 현상

41 직선 왕복운동을 하는 유압 액추에이터는?

① 스테핑 모터
② 유압 모터
③ 유압 펌프
④ 유압 실린더

42 수공구 사용 시 적절한 작업방법과 가장 거리가 먼 것은?

① 해머작업 시 손에서 미끄러짐을 방지하기 위해서 반드시 면장갑을 끼고 작업한다.
② 조정 렌치는 고정조에 힘을 받게 하여 사용한다.
③ 줄 작업으로 생긴 쇳가루는 브러시로 털어낸다.
④ 쇠톱 작업은 밀 때 절삭되게 작업한다.

43 도로교통법령상 야간에 자동차를 도로에서 정차 또는 주차하는 경우에 반드시 켜야 하는 등화는?

① 미등 및 차폭등
② 전조등
③ 방향지시등
④ 실내등

44 도로교통법상 신호기가 없는 철길 건널목을 통과하는 방법으로 옳은 것은?

① 좌·우를 살피면서 서행하여 통과한다.
② 좌·우를 살피면서 신속히 통과한다.
③ 비상등 점멸하며 신속히 통과한다.
④ 일시정지하여 안전 여부를 확인한 후 통과한다.

45 붐의 각도에 따라 물건을 들어 올려서 안전하게 작업할 수 있는 하중은?

① 기중하중
② 권상하중
③ 작업하중
④ 임계하중

46 도로교통법령상 안전거리 확보의 정의로 옳은 것은?

① 주행 중 급정지하여 진로를 양보할 수 있는 거리
② 주행 중 앞차가 급제동할 수 있는 거리
③ 앞차가 갑자기 정지하게 되는 경우 그 앞차와 충돌을 피할 수 있는 필요한 거리
④ 우측 가장자리로 피하여 진로를 양보할 수 있는 거리

39 지문은 **작업반경**에 대한 설명이다.

40 **밸브스프링 서징현상**은 밸브 스프링의 고유진동수와 스프링에 가해지는 힘의 주기와 일치하여 나타나는 공진 현상을 말하며, 밸브 개폐가 불규칙해지고, 심할 경우 밸브 스프링이 절손된다.

41 유압 액추에이터
• 유압 실린더 – 직선 왕복운동
• 유압모터 – 회전 운동

42 해머작업 시 손에서 미끄러짐을 방지하기 위해 **면장갑을 벗고** 작업한다.

44 야간에 주·정차 시 반드시 켜야 하는 등화: **미등, 차폭등**

44 신호기가 없는 철길 건널목을 통과할 때 일시정지하여 안전 여부를 확인한 후 통과한다.

45 화물을 들어올려 안전하게 작업할 수 있는 하중은 **작업하중**이다.
• 권상하중: 크레인의 구조와 재료에 따라 들어올릴 수 있는 최대 하중(달기 기구의 중량을 포함)
• 정격하중: 권상하중에서 훅, 그래브 또는 버킷 등 달기기구의 하중을 뺀 하중

46 안전거리 확보: 모든 차의 운전자는 같은 방향으로 가고 있는 앞차의 뒤를 따르는 경우에는 **앞차가 갑자기 정지하게 되는 경우 그 앞차와의 충돌을 피할 수 있는 필요한 거리**를 확보하여야 한다

47 유압모터에 대한 설명으로 <u>옳지 않은</u> 것은?

① 구조가 간단하다.
② 자동 원격조작이 가능하다.
③ 관성력이 크다.
④ 무단변속이 가능하다.

48 건설기계 조종사 면허증을 <u>반납하지 않아도 되는</u> 경우는?

① 면허가 취소된 때
② 일시적인 부상 등으로 건설기계 조종을 할 수 없게 된 때
③ 분실로 인하여 면허증의 재교부를 받은 후 잃어버린 면허증을 발견한 때
④ 면허의 효력이 정지된 때

49 차량계 건설기계를 화물자동차에 싣거나 내리는 작업을 할 때, 전도 방지를 위한 준수사항으로 <u>틀린</u> 것은?

① 발판을 사용하는 경우에는 충분한 길이, 폭, 강도를 가진 것을 사용한다.
② 싣거나 내리는 작업은 평탄하고 견고한 장소에서 실시한다.
③ 발판은 화물자동차의 최대 높이에 맞추어 최대경사로 설치한다.
④ 마대나 가설대 등을 사용하는 경우에는 충분한 폭과 강도를 가진 것을 사용한다.

50 와이어로프의 마모의 원인으로 <u>틀린</u> 것은?

① 고열의 화물을 걸고 장시간 작업한 경우
② 무리하게 장력이 걸리는 경우
③ 시브(활차)의 지름이 큰 경우
④ 급유가 부족할 경우

51 작업장에서 공동 작업으로 물건을 들어 이동할 때 <u>잘못된</u> 것은?

① 무게로 인한 위험성 때문에 가급적 빨리 이동하여 작업을 종료할 것
② 힘의 균형을 유지하여 이동할 것
③ 손잡이가 없는 물건은 안정적으로 잡을 수 있게 주의를 기울일 것
④ 이동 동선을 미리 협의하여 작업을 시작할 것

52 드라이버 작업 시 주의사항이 <u>아닌</u> 것은?

① 드라이버는 홈보다 약간 큰 것을 사용한다.
② 전기작업 시에는 절연된 드라이버를 사용한다.
③ 드라이버의 날이 상한 것은 쓰지 않는다.
④ 작업 중 드라이버가 빠지지 않도록 한다.

53 건설기계 기관을 구동시키기 위한 전기장치로, 종류에는 직권, 분권, 복권식 등이 있으며 계자 철심 내에 설치된 전기자에 전류를 공급하여 발생한 회전력으로 작동하는 이 장치는?

① 무한궤도
② 소음기
③ 과급기
④ 기동전동기

---

47 유압모터는 **관성력이 작아** 응답성이 빠르다.

48 부상과 면허증 반납과는 무관하다.

49 발판은 안전상 **경사를 최소**로 해야 한다.

50 **와이어로프 마모 요인**
• 와이어로프 및 시브 베어링의 급유가 부족
• 고열 상태의 하중을 걸고 장시간 작업할 때
• 와이어로프가 드럼에 흐트러져 감길 때
• 로프에 부착된 이물질
• 부적당한 시브(활차, 도르래)의 홈
• 과하중에 의한 영향
• 킹크 발생에 의한 영향

53 **기동전동기**(직류전동기)
• 종류(전기자와 계자의 연결상태에 따라): 직권, 분권, 복권식
• 전기장을 만드는 계자 철심 안에 설치된 전기자에 전류를 공급하여 플레밍의 왼손 법칙에 의해 전기자 축에 회전력을 발생시킨다.

---

54 일반적인 재해 조사방법으로 적절하지 <u>않은</u> 것은?

① 재해 조사는 사고 현장 정리 후에 실시한다.
② 재해 현장은 사진 등으로 촬영하여 보관하고 기록한다.
③ 현장의 물리적 흔적을 수집한다.
④ 목격자, 현장 책임자 등 많은 사람들에게 사고 시의 상황을 듣는다.

55 퓨즈가 끊어졌을 때 조치방법으로 거리가 <u>가장 먼</u> 것은?

① 탈착한 퓨즈보다 더 큰 용량으로 교환한다.
② 퓨즈 교환 시 안전에 주의하여 교환한다.
③ 철사 또는 전선 등으로 대용하여 사용하지 않는다.
④ 탈착한 퓨즈와 같은 용량으로 교환한다.

56 유압기기의 고정부위에서 누유를 방지하는 것으로 가장 적합한 것은?

① V-패킹
② L-패킹
③ U-패킹
④ O-링

57 경고표지로 사용되지 <u>않는</u> 것은?

① 급성독성물질 경고
② 방진마스크 경고
③ 인화성물질 경고
④ 낙하물 경고

58 안전장치에 관한 사항으로 <u>틀린</u> 것은?

① 안전장치 점검은 작업 전에 실시한다.
② 안전장치가 불량할 때는 즉시 수리한다.
③ 안전장치는 상황에 따라 일시 제거해도 된다.
④ 안전장치는 반드시 설치하도록 한다.

59 연료계통의 고장으로 기관이 부조를 하다가 시동이 꺼지는 원인으로 <u>가장 거리가 먼</u> 것은?

① 연료파이프 연결 불량
② 연료필터 막힘
③ 리턴호스 고정클립 체결 불량
④ 탱크 내에 이물질이 연료장치에 유입

60 특수 달기기구의 종류 중 부피가 크거나 긴 부하를 인양할 때 사용되며, 허용 용량 범위 내에서 길이를 조정할 수 있는 도구는?

① 턴버클
② 스프레더 빔
③ 샤클
④ 클램프

54 재해 조사는 **사고 직후에 실시**한다.

55 퓨즈는 전기기기에 정격용량보다 큰 용량이 흐를 때 차단시켜 전기기기의 손상을 방지하는 역할을 하므로 **더 큰 용량으로 교환해서는 안된다.**

56 유압기기의 고정부위에는 **O-링**을 사용하여 누유를 방지한다. (패킹은 주로 운동부위에 설치된다.)

57 마스크·보안경·안전모·안전화 등 **착용에 관한 것은 지시표지**에 해당한다.

58 안전장치는 제거해서는 안된다.

59 부조란 인젝터에 연료 공급 부족 등으로 연료 흐름이 원활하지 못할 때 과희박 혼합기로 인해 엔진 회전수가 불규칙해지고 엔진이 떨리는 현상이며, 부조하다가 시동이 꺼지는 원인은 연료 공급이 불량할 때이다.
   ※ 연료의 리턴과는 무관하다.

60 지문은 스프레더 빔에 대한 설명이다.

실전모의고사 3회

01 건설기계관리법령상 건설기계의 등록 말소 사유로 적절하지 않은 것은?

① 건설기계를 교육·연구목적으로 사용하는 경우
② 건설기계를 도난 당한 경우
③ 건설기계의 차대가 등록 시의 차대와 다른 경우
④ 건설기계를 정기검사한 경우

02 기중기의 주행 장치별 종류가 아닌 것은?

① 타이어식
② 트럭 탑재식
③ 토윙 윈치식
④ 무한궤도식

03 기중기의 아우트리거 설치 시 주의사항으로 틀린 것은?

① 아우트리거는 평탄하고 견고한 지면에 설치한다.
② 아우트리거와 타이어가 같이 지면을 지지할 수 있도록 설치하고 유압방식의 경우 레버를 동시에 여러 개 조작해야 한다.
③ 아우트리거 설치 시 지면이 견고하지 않으면 받침대나 매트를 사용한다.
④ 장비수평 여부를 확인하여 아우트리거를 설치한다.

04 다음 그림과 같은 「도로명판」에 대한 설명으로 틀린 것은?

> **대정로23번길**
> 1←65 Daejeong-ro 23beon-gil

① '대정로23번길'의 도로구간의 총 길이는 약 650m이다.
② '대정로23번길'의 도로구간이 끝나는 위치에 설치된 도로명판이다.
③ '대정로23번길'이란 '대정로'의 시작지점에서부터 약 230m 지점의 왼쪽방향으로 분기된 도로이다.
④ '대정로23번길'의 시작 지점 인근에 설치되어 있다.

05 기관의 흡입공기를 선회시켜 엘리먼트 이전에서 이물질을 제거하는 에어클리너 방식은?

① 습식
② 건식
③ 비스커스식
④ 원심 분리식

06 유압 액추에이터의 기능에 대한 설명으로 옳은 것은?

① 유압을 일로 바꾸는 장치이다.
② 유압의 오염을 방지하는 장치이다.
③ 유압의 방향을 바꾸는 장치이다.
④ 유압의 빠르기를 조정하는 장치이다.

 해설

01 정기검사한 경우 정상 운행이 가능하다.

02 **기중기의 주행 장치별 종류**: 타이어식, 무한궤도식(크롤러), 트럭 탑재식
※토윙 윈치식은 로프를 감아 올리는 드럼 종류이다.

03 **타이어는 지면에서 떨어지도록** 아우트리거를 확장시켜 지면에 지지하도록 하며, 아우트리거를 동시에 여러 개를 조작하는 것보다 **하나씩 조작**하는 것이 좋다.

04 ① 이 도로는 총 650m의 길이이다.(65×10m)
② ,④ 이 표지는 '대정로23번길'의 **끝 지점 인근**에 설치된다.
③ 대정로 시작지점에서부터 약 230m 지점에서 왼쪽으로 분기된 도로를 나타낸다. (번길 사이의 간격은 20m이며, 홀수 또는 짝수로 나뉜다)

05 **습식**은 엘리먼트를 거치기 전에 거친 입자의 이물질이 오일에 젖신 엘리먼트에 통과시켜 여과시킨다.
※ 원심 분리식: 흡입공기를 원심력 관성에 의해 먼지를 제거

06 액추에이터란 각 동력원에 의해 최종적으로 작동하는 장치를 말하며, 유압 액추에이터는 **유압을 일로** 바꾸는 실린더나 유압모터 등이 해당된다.
※ 참고) 전기에 의해 작동되는 액추에이터에는 전기모터 등이 해당된다.

정답 01 ④ 02 ③ 03 ② 04 ④ 05 ① 06 ①

07 와이어로프의 교체기준에 해당하지 않는 것은?

① 소선이 10% 이상 절단된 경우
② 심한 변형이 발생한 경우
③ 꺽이거나 꼬임(kink)이 발생한 경우
④ 지름이 5% 이상 줄어든 경우

08 직류 발전기와 비교한 교류 발전기의 특징으로 틀린 것은?

① 전류 조정기만 있으면 된다.
② 브러시의 수명이 길다.
③ 저속 시에도 충전이 가능하다.
④ 소형이며 경량이다.

09 클러치 라이닝의 구비조건으로 적절하지 않은 것은?

① 내마모성이 우수할 것
② 고온에 견딜 것
③ 온도 변화에 의한 마찰계수의 변화가 클 것
④ 기계적 강도가 클 것

10 사고의 직접적인 원인으로 가장 적절한 것은?

① 성격 결함
② 사회적 환경요인
③ 유전적인 요소
④ 불안전한 행동 및 상태

11 기중기 작업 시작 전 확인해야 할 사항으로 가장 거리가 먼 것은?

① 작업관리자 위치
② 장비사양
③ 신호수 위치
④ 부하반경

12 도로교통법상 폭설로 가시거리가 100미터 이내일 때 건설기계로 도로운행 시 최고속도의 얼마로 감속하여야 하는가?

① 100분의 20을 줄인 속도
② 100분의 70을 줄인 속도
③ 100분의 50을 줄인 속도
④ 100분의 30을 줄인 속도

13 기중기로 양중작업을 할 때 확인해야 할 사항이 아닌 것은?

① 작업계획서
② 장비매뉴얼
③ 정비지침서
④ 양중능력표

14 건설기계 운전 중 완전 충전된 축전지에 낮은 충전율로 충전이 되고 있는 경우 확인해야 하는 것은?

① 전해액 비중을 재조정 해야 한다.
② 전류설정을 재조정 해야 한다.
③ 충전장치가 정상이다.
④ 전압설정을 재조정 해야 한다.

---

07 **지름이 7% 초과**하여 줄어든 경우

08 교류발전기는 전류조정기와 컷아웃 릴레이가 필요 없이 전압조정기만 필요하다.

09 마찰계수란 어떤 재료가 다른 재료 사이의 마찰력을 수치화한 것으로, 온도 변화에 의한 **마찰계수(마찰력)의 변화가 작을수록** 좋다.

10 사고의 직접적인 원인: **불안전한 행동 및 상태**
　①, ②, ③은 간접적 원인에 해당한다.

11 작업관리자(작업책임자)는 작업 계획서에 의해 작업 순서 및 작업 방법을 정하고 작업자를 배치하여 당해 작업을 지휘, 감독한다.
　※ 신호수: 인양작업 시 사고예방 및 원활한 작업진행을 위해 수신호, 무전기, 기신호 등을 이용하여 안전한 작업을 유도하는 역할을 한다.

12 **최고속도의 100분의 50**을 줄인 속도로 운행하여야 하는 경우
　• 폭우·폭설·안개 등으로 가시거리가 100m 이내인 경우
　• 노면이 얼어 붙은 경우
　• 눈이 20mm 이상 쌓인 경우

13 양중작업 시 정비지침서는 필수자료가 아니다.

14 운전 중에는 각종 전장장치 사용으로 배터리가 방전되므로 충전율이 낮아지므로 충전장치는 정상이다.

---

15 유압유가 넓은 온도범위에서 사용되기 위한 조건으로 옳은 것은?

① 산화작용이 양호해야 한다.
② 소포성이 낮아야 한다.
③ 발포성이 높아야 한다.
④ 점도지수가 높아야 한다.

16 기중기의 양중작업에서 물체의 무게가 무거울수록 붐의 길이와 각도를 어떻게 조절해야 하는가?

① 길이는 짧게, 각도는 그대로 둔다.
② 길이는 짧게, 각도는 올린다.
③ 길이는 길게, 각도는 내린다.
④ 길이는 길게, 각도는 올린다.

17 다음 중 기관 시동이 잘 안될 경우 점검할 사항으로 틀린 것은?

① 기관 공전회전수
② 배터리 충전상태
③ 연료량
④ 시동모터

18 건설기계관리법령상 건설기계 운전자가 조종 중 고의로 인명피해를 입히는 사고를 일으켰을 때 면허처분 기준은?

① 면허효력 정지 20일
② 면허취소
③ 면허효력 정지 30일
④ 면허효력 정지 10일

19 건설기계 보관 장소에서 화재가 발생했다. 화재 소화 작업 시 행동 요령으로 틀린 것은?

① 유류화재에는 물을 뿌린다.
② 화재가 일어나면 화재 경보를 한다.
③ 가스 밸브를 잠근다.
④ 전기 스위치를 끈다.

20 기중기 작업장치 중 디젤해머로 할 수 있는 작업은?

① 수중 굴토
② 와이어로프 감기
③ 파일 항타
④ 수중 굴착

21 건설기계관리법령상 건설기계를 검사유효기간이 끝난 후에 계속 운행하고자 할 때 받아야 하는 검사는?

① 수시검사
② 정기검사
③ 신규등록검사
④ 계속검사

22 건설기계관리법령상 건설기계조종사의 적성검사 기준을 설명한 것으로 틀린 것은?

① 시각은 150도 이상일 것
② 두 눈을 동시에 뜨고 잰 시력(교정시력을 포함)이 1.0 이상일 것
③ 55데시벨의 소리를 들을 수 있을 것(단, 보청기 사용자는 40데시벨)
④ 언어분별력이 80퍼센트 이상일 것

 해설

15 **점도지수**: 온도 변화에 따른 점도 변화를 나타내며, 점도지수가 높다는 것은 온도 변화에 따른 점도 변화가 적다는 것을 말한다.

16 화물의 무게와 각도, 붐길이와의 관계

화물의 무게	각도	붐의 길이
가벼울 때	작게 ▼	길게 ▲
무거울 때	크게 ▲	짧게 ▼

17 엔진의 시동 과정: **배터리** 전원으로 **시동모터**를 회전 → 크랭크축 회전 → 피스톤의 왕복운동 → 폭발행정에서 점화 및 **연료**분사 → 엔진 회전 시작

18 건설기계 운전자가 조종 중 고의로 인명피해를 입히는 사고를 일으켰을 때 **면허가 취소**된다.

19 유류화재에는 물을 뿌리면 화염이 확산된다.

20 디젤해머는 **파일**(pile, 말뚝)을 때려(**항타**) 기둥 등을 세우는 역할을 한다.

21 검사유효기간이 끝난 후에 계속 운행하고자 할 때 정기검사를 받아야 한다.

22 건설기계조종사의 적성검사 기준
  • 시각: 150° 이상
  • 시력: 두 눈을 동시에 뜨고(교정시력 포함) **0.7** 이상(각각 0.3 이상)
  • 청력: 55dB (보청기 착용: 40dB)
  • 언어분별력: 80% 이상

정답 15 ④ 16 ② 17 ① 18 ② 19 ① 20 ③ 21 ② 22 ②

23 왁스실에 왁스를 넣어 온도가 높아지면 팽창축을 올려 열리는 온도 조절기는?

① 바이메탈형
② 벨로즈형
③ 바이패스 밸브형
④ 펠릿형

24 도로교통법령상 편도 2차로 고속도로에서 건설기계는 몇 차로로 통행하여야 하는가?

① 1차로
② 2차로
③ 갓길
④ 통행불가

25 연삭기에서 연삭칩의 비산을 막기 위한 안전 방호장치는?

① 안전 덮개
② 양수 조작식 방호장치
③ 급정지 장치
④ 광전식 안전 방호장치

26 안전교육의 목적으로 맞지 않는 것은?

① 소비절약 능력을 배양한다.
② 위험에 대처하는 능력을 기른다.
③ 능률적인 표준작업을 숙달시킨다.
④ 작업에 대한 주의심을 파악할 수 있게 한다.

27 건설기계 조종수가 장비 점검 및 확인을 위하여 사용하는 공구 중 볼트 머리나 너트 주위를 완전히 감싸기 때문에 사용 중에 미끄러질 위험성이 적은 렌치는?

① 조정 렌치
② 오픈 엔드 렌치
③ 파이프 렌치
④ 복스 렌치

28 와이어로프 슬링 선정 시 고려사항이 <u>아닌</u> 것은?

① 하중에 충분한 강도를 가지고 있을 것
② 화물의 크기와 비슷한 길이일 것
③ 화물에 손상을 주지 않을 것
④ 화물의 고정이 용이할 것

29 방진마스크를 착용해야 하는 작업장으로 가장 적절한 것은?

① 소음이 심한 작업장
② 분진이 많은 작업장
③ 산소가 결핍되기 쉬운 작업장
④ 온도가 낮은 작업장

30 전기장치의 배선작업 시작 전 제일 먼저 조치하여야 할 사항은?

① 배터리 비중을 측정한다.
② 고압케이블을 제거한다.
③ 배터리 접지선을 제거한다.
④ 점화 스위치를 켠다.

07

---

23 온도 조절기의 종류
- **펠릿형**: 왁스실에 **왁스**를 넣어 온도가 높아지면 왁스가 팽창하여 팽창축을 열리게 하는 방식(주로 사용)
- **벨로즈형**: 벨로즈 안에 에테르를 밀봉한 방식

24 편도 2차로 고속도로에서는 차종에 관계없이 2차로에 주행해야 하며, 1차로는 앞지르기 차로이다.

25 연삭칩의 비산(흩뿌려짐)을 막기 위해 **안전 덮개**를 장착한다.

27 **복스렌치**: 볼트 머리나 너트 주위를 완전히 감싸는 구조

28 와이어로프 슬링: 화물을 안정적으로 인양하기 위해 무게중심에 맞추기 위해 와이어로프와 화물 사이를 연결하기 위한 보조 용구이며, ②은 고려대상이 아니다.

29 방진(防塵): 막을 방, 먼지(티끌) 진

30 배선작업 시 단락(쇼트) 방지를 위해 **배터리 접지선**(⊖선)을 분리해야 한다.

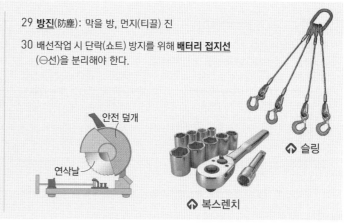

안전 덮개
연삭날
⚙ 복스렌치
⚙ 슬링

정답 **23** ④ **24** ② **25** ① **26** ① **27** ④ **28** ② **29** ② **30** ③

실전모의고사 3회 **279**

31 기중기의 시동 전 일상점검 사항으로 가장 거리가 먼 것은?

① 냉각수량
② 변속기 기어 마모 상태
③ 연료탱크 유량
④ 엔진오일 유량

32 가동 중인 기관에서 기계적 소음이 발생할 수 있는 사항으로 가장 적절하지 않은 것은?

① 분사노즐 끝 마모
② 밸브 간극이 규정치보다 커서
③ 크랭크축 베어링의 마모
④ 냉각팬 베어링의 마모

33 건설기계관리법에서 정의한 '건설기계형식'에 대한 설명으로 옳은 것은?

① 높이 및 넓이를 말한다.
② 엔진이 구조 및 성능을 말한다.
③ 구조·규격 및 성능 등에 관하여 일정하게 정한 것을 말한다.
④ 유압의 성능 및 용량을 말한다.

34 유압장치에 부착되어 있는 오일탱크의 부속장치가 아닌 것은?

① 배유구
② 유면계
③ 피스톤 로드
④ 배플 플레이트

35 건설기계 장비 보관, 정비 등 관련 산업현장에서 에어공구 사용 시 주의사항으로 틀린 것은?

① 압축공기 중 수분을 제거하여 준다.
② 규정 공기압력을 유지한다.
③ 보호구는 사용 안 해도 무방하다.
④ 에어 그라인더 사용 시 회전수에 유의한다.

36 기중기에서 와이어로프 드럼에 주로 쓰이는 브레이크 형식은?

① 외부 확장식
② 내부 수축식
③ 내부 확장식
④ 외부 수축식

37 도로교통법령상 좌회전을 하기 위하여 교차로 내에 진입되어 있을 때 황색 등화로 바뀌면 어떻게 하여야 하는가?

① 좌회전을 중단하고 횡단보도 앞 정지선까지 후진하여야 한다.
② 신속히 좌회전하여 교차로 밖으로 진행한다.
③ 그 자리에 정지하여야 한다.
④ 정지하여 정지선으로 후진한다.

38 둘 이상의 분기회로를 가질 때 각 유압실린더를 일정한 순서로 순차 작동시키고자 할 때 사용하는 것은?

① 시퀀스 밸브
② 체크 밸브
③ 교축 밸브
④ 언로드 밸브

31 변속기 기어 마모 상태는 일상점검 사항이 아니다.

32 **분사노즐**은 연료가 연소실에 분사되는 부품으로, 마모 시 연료분사량에 영향을 줄 수 있으나 기계적 소음과는 무관하다.
　※ **베어링**은 축의 회전을 원활하게 하기 위한 것이므로 불량 시 소음이 발생된다. 밸브 간극이 너무 크면 로커 암과 밸브 사이의 변위가 커져 접촉에 의해 발생하는 충격이 크다.

33 **건설기계형식**: 건설기계의 구조·규격 및 성능 등에 관하여 일정하게 정한 것을 말한다.

34 **오일탱크의 부속장치**: 배플 플레이트, 급유구, 배유구, 유면계, 스트레이너 등
　※ **피스톤 로드**는 실린더의 피스톤에 연결시켜 동력을 밖으로 전달하는 역할을 한다.

35 압축공기의 압력은 매우 높기 때문에 사고 방지를 위해 보안경 등 보호구를 착용한다. 압축공기 중 발생되는 수분은 금속배관 등의 부식을 유발시키므로 제거해야 한다.

36 와이어로프 드럼 브레이크는 **외부수축방식**을 주로 사용한다. 실린더로 브레이크 밴드를 수축시켜 브레이크 림과 마찰을 통해 드럼의 회전을 멈추게 한다.

37 교차로에 진입한 후, **황색 등화로 바뀐 경우에는 신속히 좌회전하여 교차로 밖으로 진행**한다.

38 **시퀀스 밸브**(시퀀스 회로)는 유압회로가 분기(2개 이상)으로 나뉘어진 경우 순서대로 작동(**순차**)시킨다.

정답 31 ②　32 ①　33 ③　34 ③　35 ③　36 ④　37 ②　38 ①

39 무한궤도식 건설기계에서 리코일 스프링의 역할로 옳은 것은?

① 주행 중 트랙 전면에서 오는 충격 완화
② 클러치의 미끄러짐 방지
③ 트랙의 벗어짐 방지
④ 차체의 하중을 분산

40 유압 모터의 장점이 아닌 것은?

① 관성력이 크며, 소음이 크다.
② 작동이 신속·정확하다.
③ 광범위한 무단변속을 얻을 수 있다.
④ 급정지를 쉽게 할 수 있다.

41 기중기 훅 작업 시 호이스트 와이어로프가 처지게 되는 원인으로 틀린 것은?

① 양중라인을 너무 풀었을 경우
② 양중물의 무게 중심이 너무 낮은 경우
③ 갑자기 하중을 해제하는 경우
④ 보조 훅의 볼이 너무 가벼운 경우

42 유압장치에서 가변용량형 유압펌프의 기호는?

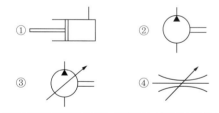

43 기중기를 트레일러에 상차하는 방법을 설명한 것으로 틀린 것은?

① 붐을 분리하거나 불가능한 경우 낮고 짧게 유지시킨다.
② 아우트리거는 완전히 집어넣고 상차한다.
③ 흔들리거나 미끄러져 전도되지 않도록 고정한다.
④ 최대한 무거운 카운터웨이트를 부착하여 상차한다.

44 착화성이 가장 좋은 연료는?

① 중유
② 가솔린
③ 등유
④ 경유

45 건설기계 안전을 위한 장비 점검 및 확인 시 공구 및 장비 사용에 대한 설명으로 가장 적절하지 않은 것은?

① 마이크로미터를 보관할 때는 직사광선에 노출시키지 않는다.
② 볼트와 너트는 가능한 소켓 렌치로 작업한다.
③ 공구를 사용 후 공구상자에 넣어 보관한다.
④ 토크 렌치는 볼트와 너트를 푸는데 사용한다.

46 건설기계 조종수로서 장비 점검 및 확인을 위한 조정렌치 사용상 안전 및 주의사항으로 옳은 것은?

① 렌치를 사용할 때는 반드시 연결대를 사용한다.
② 상황에 따라 망치 대용으로 렌치로 두들긴다.
③ 렌치를 사용할 때는 규정보다 큰 공구를 사용한다.
④ 렌치를 잡아당길 때 힘을 준다.

07

---

39 리코일 스프링은 주행중 전면에서 트랙과 아이들러에 가해지는 충격을 완화하여 차체의 파손을 방지하고 원활한 운전을 하도록 돕는다.

40 유압 모터는 관성이 적어 응답성이 좋다.

41 양중물의 무게중심은 낮을수록 안정적이다.

42 ① 단동 실린더, ② 정용량형 유압펌프, ④ 가변 교축 밸브

43 트레일러에 상차 시 붐과 무게 균형이 이루어지도록 카운터웨이트의 무게를 조절한다.

44 착화성이 가장 좋은 연료는 '경유'이다.
 ※ 가솔린 엔진은 공기와 연료를 혼합한 혼합기를 압축하여 점화장치를 이용하여 점화·폭발하지만, 디젤 엔진은 공기를 압축시켜 고온고압의 공기에 연료를 분사시켜 불을 붙는(착화) 원리이다. 그러므로 착화성이 좋아야 한다.

45 토크 렌치는 볼트나 너트를 조일 때 사용하는 도구로, 볼트·너트가 풀리지 않도록 설정값으로 세팅한 후 조인다.

46 렌치는 안전을 위해 잡아당길 때 힘을 준다.

정답 **39** ① **40** ① **41** ② **42** ③ **43** ④ **44** ④ **45** ④ **46** ④

47 다음 그림과 같은 안전 표지판이 나타내는 것은?

① 비상구
② 출입금지
③ 인화성 물질경고
④ 보안경 착용

48 화물을 내려놓기 전에 일단 정지하고 확인해야 할 사항으로 틀린 것은?

① 흔들림 상태
② 받침목 위치 상태
③ 와이어 로프 인장력 상태
④ 묶임 상태

49 작동 중인 유압펌프에서 소음이 발생하는 원인으로 거리가 가장 먼 것은?

① 엔진의 출력 저하
② 유압유 내에 공기 혼입
③ 펌프에 이물질 혼입
④ 흡입 라인의 막힘

50 윤활유에 첨가하는 첨가제의 사용 목적으로 틀린 것은?

① 응고점을 높게 해준다.
② 산화를 방지한다.
③ 점도지수를 향상시킨다.
④ 유성을 향상시킨다.

51 기중기의 정격하중과 작업반경에 관한 설명 중 옳은 것은?

① 정격하중과 작업반지름은 반비례한다.
② 정격하중과 작업반지름은 비례한다.
③ 정격하중과 작업반지름은 제곱에 반비례한다.
④ 정격하중과 작업반지름은 제곱에 비례한다.

52 기중기의 작업장치별 특성에 대한 설명으로 옳은 것은?

① 드래그라인은 굴착력이 강하므로 주로 견고한 지반의 굴착에 사용된다.
② 단단한 지면 파쇄를 위해 리퍼를 사용한다.
③ 토사를 직접 굴토하여 트럭에 적재하는 작업에 사용된다.
④ 크램셀은 좁은 면적의 깊은 굴착에 적합하다.

53 자체중량에 의한 자유낙하 등을 방지하기 위하여 회로에 배압을 유지하는 밸브는?

① 체크 밸브
② 릴리프 밸브
③ 감압 밸브
④ 카운터 밸런스 밸브

54 유압모터를 선택할 때의 고려사항과 가장 거리가 먼 것은?

① 동력
② 효율
③ 점도
④ 부하

---

55 실린더 헤드 개스킷에 대한 구비 조건으로 틀린 것은?

① 내열성과 내압성이 있을 것
② 강도가 적당할 것
③ 복원성이 적을 것
④ 기밀 유지가 좋을 것

56 건설기계관리법령상 건설기계의 등록 전 임시운행 사유에 해당하지 않는 것은?

① 신개발 건설기계를 시험·연구의 목적으로 운행하는 경우
② 수출을 하기 위하여 건설기계를 선적지로 운행하는 경우
③ 장비 구입 전 이상유무 확인을 위해 1일간 예비 운행을 하는 경우
④ 등록신청을 하기 위하여 건설기계를 등록지로 운행하는 경우

57 기중기를 양중상태로 이동 시 준수사항으로 가장 적절하지 않은 것은?

① 고압선을 통과할 때에는 보조 붐을 반드시 사용한다.
② 가능한 한 붐을 짧게 한다.
③ 붐이 흔들리지 않도록 주의한다.
④ 터널 통과 시 높이를 확인한다.

58 기중기의 텔레스코픽 붐에 대한 설명으로 옳은 것은?

① 붐의 확장이 필요한 경우 붐을 핀으로 연결한다.
② 윈치를 이용한 와이어로프의 풀림과 감김으로 붐을 확장하거나 수축시킨다.
③ 무한궤도식 기중기에만 사용한다.
④ 붐 내부의 유압실린더를 이용하여 붐을 확장하거나 수축시킨다.

59 유압모터의 회전속도가 규정 속도보다 느린 경우 그 원인으로 거리가 먼 것은?

① 오일의 내부 누설
② 유압유의 유입량 부족
③ 유압 펌프의 오일 토출량 과다
④ 각 작동부의 마모 또는 파손

60 타이어형 기중기에서 좌우 방향에 안전상을 주어서 작업할 때 전도가 되는 것을 방지하는 것은?

① 드래그라인
② 탠덤 드라이브
③ 페어리드
④ 아웃트리거

---

55 실린더 헤드 개스킷은 혼합기·연소가스·오일·냉각수 등의 기밀을 목적으로 실린더 헤드와 실린더 블록 사이에 끼워진 금속성 실(seal)을 말하며 **복원성이 좋아야** 한다.
※ 강도가 너무 크면 깨지기 쉬우므로 적당해야 한다.

56 ③은 건설기계의 등록 전 임시운행 사유에 해당하지 않는다.

57 고압선을 통과할 때는 보조 붐을 사용해서는 안되고, 붐을 충분히 수축시켜야 한다.

58 텔레스코픽(Telescopic) 붐 크레인은 다단의 붐을 망원경식으로 넣고 빼내어 붐의 길이를 연장·수축하는 방식이다. 붐 연장 시 붐 내부에 유압실린더를 확장시킨다.

59 유압펌프의 토출량이 과다하면 모터의 회전이 빠르게 된다.

60 아웃트리거: 타이어식 크레인의 작업 시 차체가 전도되지 않도록 설치하는 안전장치이다.

실전모의고사 4회

01 기중기로 할 수 있는 작업으로 가장 적절한 것은?

① 인양 작업
② 다짐 작업
③ 송토 작업
④ 잡목 제거 작업

02 기관의 운전 상태를 감시하고 고장진단 할 수 있는 기능은?

① 제동 기능
② 윤활 기능
③ 조향 기능
④ 자기진단 기능

03 도로교통법령상 안전기준을 넘는 화물의 적재허가를 받은 사람은 그 길이 또는 폭의 양 끝에 몇 cm 이상의 빨간 헝겊으로 된 표지를 달아야 하는가?

① 너비 30cm, 길이 50cm
② 너비 100cm, 길이 200cm
③ 너비 5cm, 길이 10cm
④ 너비 10cm, 길이 20cm

04 자체중량에 의한 자유낙하 등을 방지하기 위하여 회로에 배압을 유지하는 밸브는?

① 체크 밸브
② 카운터 밸런스 밸브
③ 릴리프 밸브
④ 감압 밸브

05 유압 액추에이터에 해당하는 것은?

① 유압 펌프
② 유압 실린더
③ 어큐뮬레이터
④ 제어밸브

06 일반적으로 장갑을 착용하고 작업을 하게 되는데, 안전을 위해서 오히려 장갑을 사용하지 않아야 하는 작업으로 가장 적절한 것은?

① 해머 작업
② 오일 교환 작업
③ 타이어 교환 작업
④ 전기 용접 작업

해설

01 **인양**(引揚): 끌 인, 올릴 양 (끌어서 높은 곳으로 옮김)

02 **자기진단 기능**은 자동차(건설기계)의 각각 장치를 제어하는 컴퓨터에서 시스템을 감시하고, 필요에 따라 계기판을 통해 경고 신호를 보낸다. 또한 고장점검 테스트용 단자를 통해 외부에서 고장진단 결과를 출력하여 고장 파악을 용이하게 하는 기능을 한다.

03 안전기준을 초과하는 적재허가를 받은 사람은 **너비 30cm, 길이 50cm** 이상의 빨간 헝겊을 달아야 한다.

04 **카운터 밸런스 밸브**는 피스톤(플런저)의 자체 중량이나 하중이 작용할 때 제어속도 이상으로 낙하하여 실린더에 충격을 주는 것을 방지하는 역할을 한다.
  ※ **배압**: 실린더 출구쪽의 압력을 말하며, 배압을 이용하여 실린더의 피스톤 충격을 방지한다.

05 **유압 액추에이터의 종류**: 실린더, 유압모터 등
  ① 유압 펌프: 유압 발생
  ③ 어큐뮬레이터: 발생된 유압을 일시 저장하며, 서지압 흡수, 맥동 완화
  ④ 제어밸브: 유압의 압력·속도·방향 제어

06 해머, 연삭, 드릴 작업 시 장갑을 끼지 않는다.

정답 01 ①   02 ④   03 ①   04 ②   05 ②   06 ①

07 건설기계 관련 작업장에 그림과 같은 안전 표지판이 설치되어 있을 때 이 안전 표지판은?

① 출입금지
② 보안경 착용
③ 보행금지
④ 사용금지

08 도로교통법령상 모든 차의 운전자가 서행하여야 하는 장소에 해당하지 않는 것은?

① 비탈길의 고개 마루 부분
② 편도 2차로 이상의 다리 위
③ 도로가 구부러진 부근
④ 가파른 비탈길의 내리막

09 기관의 피스톤이 고착되는 원인으로 틀린 것은?

① 기관오일이 부족하였을 때
② 냉각수량이 부족할 때
③ 압축압력이 정상일 때
④ 기관이 과열되었을 때

10 기중기로 양중 이동 시 안전한 이동을 위한 붐의 상태로 옳은 것은?

① 조인트 붐을 삽입하여 사용한다.
② 지브 붐을 사용한다.
③ 붐의 길이를 짧게 한다.
④ 붐의 풋 핀 길이를 길게 한다.

11 무한궤도식 기중기의 주행을 담당하는 것은?

① 스티어링 펌프
② 메인 펌프
③ 주행모터
④ 스윙모터

12 유압장치의 구성요소가 아닌 것은?

① 유압모터
② 유압펌프
③ 차동장치
④ 유압제어밸브

13 기중기에서 훅(Hook)을 너무 많이 상승시키면 경보음이 작동되는데 이 경보장치는?

① 과부하 경보장치
② 전도 방지 경보장치
③ 붐 과권 방지 경보장치
④ 권상과권방지·경보장치

14 건설기계등록번호표에 대한 설명으로 옳지 않은 것은?

① 재질은 철판 또는 알루미늄판이 사용된다.
② 모든 번호표의 규격은 동일하다.
③ 자가용일 경우 흰색판 검은색 문자를 쓴다.
④ 번호표에 표시되는 문자 및 외곽선은 1.5mm 튀어나와야 한다.

---

07 그림은 **보행금지**를 나타낸다. 참고로 '사용금지'는 다음과 같다.

08 서행하여야 하는 장소
교통정리를 하고 있지 않는 교차로, 도로가 구부러진 부근, 비탈길의 고갯마루 부근, 가파른 비탈길의 내리막 등

09 피스톤 고착은 과열이 주 원인이다. 오일은 윤활 및 열분산작용을 하므로 부족 시 고착될 수 있다.

10 붐의 길이가 짧을수록 양중 하중을 무겁게 할 수 있다.
  ※ 지브 붐은 붐의 길이를 확장함

11 ① 스티어링 펌프: 동력조향장치의 유압 발생
  ② 메인 펌프: 엔진으로 구동되어 유압 발생
  ④ 스윙모터: 상부회전체 회전

12 차동장치: 엔진의 구동력이 좌우바퀴에 전달될 때 좌·우 회전을 다르게 하여 한쪽 바퀴의 미끄럼을 방지한다.

13 중량물을 올릴 때 와이어로프가 계속 감긴다면 크레인 상부와 충돌로 인해 와이어 손상 또는 인양된 화물의 낙하 등이 발생할 수 있으므로, 이를 방지하기 위해 리미트 스위치를 설치하여 경보음이 작동되도록 한다.
  ※ 과권(過卷)-over winding: 과할 과, 감길 권 (과하게 감김)

14 모든 건설기계등록번호표의 규격이 동일하지 않다.
  ※ 덤프트럭, 콘크리트믹서트럭, 콘크리트펌프, 타워크레인과 그 밖에 건설기계로 크기를 구분할 수 있다.

정답 **07** ③ **08** ② **09** ③ **10** ③ **11** ③ **12** ③ **13** ④ **14** ②

15 엔진오일이 많이 소비되는 원인이 **아닌** 것은?

① 피스톤링의 마모가 심할 때
② 실린더의 마모가 심할 때
③ 기관의 압축 압력이 높을 때
④ 밸브가이드의 마모가 심할 때

16 리코일 스프링의 설명으로 적절한 것은?

① 주행 중 아이들러에 미치는 충격을 흡수한다.
② 기중기 전체의 무게를 지지하여 균일하게 트랙에 배분한다.
③ 트랙의 무게를 지지하여 트랙이 처지는 것을 방지한다.
④ 좌·우트랙의 하중분포를 같게 하여 균형을 잡는 역할을 한다.

17 기중기에 적용되는 작업장치에 대한 설명으로 **틀린** 것은?

① 클램셸(Clamshell) 작업: 우물 공사 등 수직으로 깊이 파는 굴토 작업, 토사를 적재하는 작업
② 드래그라인(Dragline): 장비가 위치한 지면보다 낮은 곳을 굴착하는 작업
③ 콘크리트 펌핑(Concrete Pumping) 작업: 콘크리트를 펌핑하여 타설 장소까지 이송하는 작업
④ 마그넷(Magnet) 작업: 마그넷을 이용하여 철 등을 자석에 부착해 들어 올려 이동시키는 작업

18 직류 직권 전동기에 대한 설명 중 **틀린** 것은?

① 부하를 크게 하면 회전속도가 낮아진다.
② 부하에 관계없이 회전속도가 일정하다.
③ 기동 회전력이 분권 전동기에 비해 크다.
④ 부하에 따른 회전 속도의 변화가 크다.

19 냉각장치에 사용되는 라디에이터의 구성품이 **아닌** 것은?

① 코어
② 물재킷
③ 냉각수 주입구
④ 냉각핀

20 도로교통법령상 주차금지의 장소에 해당되지 **않는** 것은?

① 터널 안
② 다리 위
③ 전신주로부터 20m 이내인 곳
④ 교차로의 가장자리나 도로의 모퉁이로부터 5m 이내인 곳

21 유압장치에 부착되어 있는 오일탱크의 부속장치가 **아닌** 것은?

① 유면계
② 배유구
③ 배플 플레이트
④ 피스톤 로드

22 와이어로프 슬링 선정 시 고려사항이 **아닌** 것은?

① 화물의 크기와 비슷한 길이일 것
② 화물의 고정이 용이할 것
③ 화물에 손상을 주지 않을 것
④ 하중에 충분한 강도를 가지고 있을 것

 해설

15 실린더, 피스톤링 등의 마멸이 생기면 크랭크축의 오일이 연소실로 올라가 연소되며, 밸브 스템을 윤활하는 밸브 가이드의 오일이 누설되면 오일 소비량이 많아진다.
　※ 기관의 압축 압력이 높으면 출력이 향상된다.

16 리코일 스프링: 무한궤도형의 트랙장치에서 트랙과 프런트 아이들러의 충격 완화·파손 방지를 위한 부속품이다. 또한 트랙이 벗겨지지 않도록 하는 역할도 한다.

17 콘크리트 펌핑은 콘크리트 펌프카를 이용한다. 기중기와의 차이점은 붐에 콘크리트 배관이 연결되어 원하는 장소에 콘크리트를 부릴 수 있다.

18 직권 전동기는 전기자와 계자를 직렬로 연결하여 기동 회전력이 분권식에 비해 크고, 회전속도 변화가 크다.
　※ ②는 분권 전동기의 설명이다.

19 라디에이터의 구성품: 코어, 냉각핀, 냉각수 주입구
　※ 물재킷은 실린더 블록과 실린더 헤드에 설치된 냉각수 순환통로를 말하며, 엔진의 열을 흡수하여 라디에이터로 보낸다.

20 주차금지 장소로 전신주 주변은 해당하지 않는다.

21 피스톤 로드는 피스톤에 연결되어 최종적으로 유압에너지를 기계적 에너지로 변환하는 역할을 한다.

22 슬링(Sling)은 크레인의 훅 등에 인양물을 매달 때 훅 중심과 인양물의 무게중심이 일치하도록 화물에 매다는 보조 기구로, ②~④를 고려해야 한다.

정답 **15** ③　**16** ①　**17** ③　**18** ②　**19** ②　**20** ③　**21** ④　**22** ①

23 기중기 선정 시 사전에 검토해야 할 항목이 <u>아닌</u> 것은?

① 양중 높이
② 양중 무게
③ 양중 속도
④ 작업 반경

24 충전장치에서 발전기는 어떤 축과 연동되어 구동되는가?

① 변속기 입력축
② 추진축
③ 크랭크축
④ 캠축

25 건설기계관리법령상 건설기계 검사의 종류로 <u>옳지 않은</u> 것은?

① 구조변경검사
② 수시검사
③ 임시검사
④ 신규 등록검사

26 연약지반 위에 기중기를 설치할 때 운전자가 해야 할 조치사항으로 가장 적합한 것은?

① 아우트리거 빔을 최소한으로 인출한다.
② 목재받침 또는 강철판을 아우트리거 하부에 받친다.
③ 인양물 방향의 아우트리거를 5도 이상 높게 설치한다.
④ 인양물에서 가급적 멀리 설치한다.

27 기중기에 대한 설명 중 <u>틀린</u> 것을 모두 고른 것은?

> A: 붐의 각과 기중능력은 반비례한다.
> B: 붐의 길이와 작업반경은 반비례한다.
> C: 상부회전체의 최대 회전각은 270°이다.

① A, B
② A, C
③ A, B, C
④ B, C

28 건설기계관리법령상 건설기계조종사의 적성검사 기준을 설명한 것으로 <u>틀린</u> 것은?

① 시각은 150도 이상일 것
② 55데시벨이 소리를 들을 수 있을 것(단, 보청기 사용자는 40데시벨)
③ 언어분별력이 80퍼센트 이상일 것
④ 두 눈을 동시에 뜨고 잰 시력(교정시력을 포함)이 1.0 이상일 것

29 디젤기관에서 인젝터 간 연료 분사량이 일정하지 않을 때 나타나는 현상은?

① 출력은 향상되나 기관은 부조를 하게 된다.
② 연료 소비에는 관계가 있으나 기관 회전에는 영향을 미치지 않는다.
③ 연료 분사량에 관계없이 기관은 순조로운 회전을 한다.
④ 연소 폭발음의 차이가 있으며 기관은 부조를 하게 된다.

---

23 **기중기 선정 시 고려사항**: 양중 높이, 양중 무게, 작업 반경

24 발전기의 회전력은 **크랭크축**의 구동력을 벨트를 통해 전달된다.

25 건설기계 검사의 종류: 신규등록검사, 정기검사, 구조변경검사, 수시검사

26 ① 아우트리거 빔은 항상 **최대로 인출**시켜 고정되도록 한다.
　③ 아우트리거는 항상 **수평으로 설치**해야 한다.
　④ 인양물을 크레인에서 60cm 이상 이격하고, 가급적 가까이 설치하여 붐에 무리를 주지 않는다.

27 A: 붐의 각과 기중능력은 비례한다.
　B: 붐의 길이와 작업반경은 비례한다.
　C: 상부회전체의 최대 회전각은 360°이다.

28 건설기계조종사의 적성검사 기준
　• 두눈을 동시에 뜨고 잰 시력(교정시력을 포함)이 **0.7 이상**이고, 두눈의 시력이 각각 0.3이상일 것
　• 시각은 150° 이상일 것
　• 55데시벨(보청기 사용 시 40데시벨)의 소리를 들을 수 있을 것
　• 언어분별력이 80% 이상일 것

29 **인젝터 간 연료 분사량이 일정하지 않을 때**
　• 기관 회전이 불규칙하다.
　• 연소 폭발음의 차이가 있다.
　• 연료 소비가 증가할 수 있다.
　• 기관은 부조를 하게 된다.

---

30 리듀싱(감압) 밸브에 대한 설명으로 옳지 않은 것은?

① 유압장치에서 회로 일부의 압력을 릴리프 밸브 설정압력 이하로 하고 싶을 때 사용한다.
② 상시 폐쇄상태로 되어 있다.
③ 출구의 압력이 감압 밸브의 설정 압력보다 높아지면 밸브가 작동하여 유로를 닫는다.
④ 입구의 주 회로에서 출구의 감압회로로 유압유가 흐른다.

31 유압오일에서 온도에 따른 점도변화 정도를 표시하는 것은?

① 윤활성
② 점도지수
③ 점도분포
④ 관성력

32 소음기나 배기관 내부에 많은 양의 카본이 부착되면 배압은?

① 높아진다.
② 영향을 미치지 않는다.
③ 저속에서는 높아졌다가 고속에서는 낮아진다.
④ 낮아진다.

33 산업재해의 분류에서 사람이 평면상으로 넘어졌을 때(미끄러짐 포함)를 말하는 것은?

① 충돌
② 전도
③ 낙하
④ 추락

34 기중기의 권상 작업레버를 당겨도 중량물이 상승하지 않는 원인으로 옳은 것은?

① 주행 브레이크가 풀려 있을 때
② 케이블 길이가 짧을 때
③ 확장 클러치에 오일이 묻었을 때
④ 스프로킷이 마모되었을 때

35 고의로 경상 1명의 인명피해를 입힌 건설기계조종사에 대한 면허의 취소·정지처분 기준으로 옳은 것은?

① 면허효력정지 45일
② 면허 취소
③ 면허효력정지 30일
④ 면허효력정지 90일

36 건설기계 조종수가 장비를 점검하기 위하여 렌치를 사용하는 경우의 주의사항으로 틀린 것은?

① 너트보다 큰 치수를 사용한다.
② 렌치를 해머 대신에 사용하면 안 된다.
③ 훼손이나 변형된 것을 사용하지 않는다.
④ 몸의 자세를 안정되게 하고 작업한다.

37 기중기에서 와이어로프 드럼에 주로 쓰이는 브레이크 형식은?

① 외부 수축식
② 내부 확장식
③ 내부 수축식
④ 외부 확장식

해설

30 감압밸브는 **평상시 개방(열린 구조)상태**이며, 설정압력을 주회로(릴리프 밸브의 설정압력)보다 낮게 설정하면 감압밸브 작동 시 밸브가 닫혀 유압을 감소시킨다.

31 점도지수는 온도 변화에 따른 점도 변화 정도를 나타내는 치수를 말하며, 점도지수가 클수록 온도 변화에 따른 점도변화가 적다는 의미이다.

32 소음기나 배기관에 카본이 다량 퇴적되면 배압이 높아진다. (배압: 배기관쪽의 압력을 말하며, 배압이 커지면 출력저하의 원인이 된다)

33 전도(顚倒): 넘어질 전, 넘어질 도

34 드럼축에 유압모터가 구동하면 드럼클러치(확장 클러치)를 통해 감속기어를 거쳐 호이스트 드럼을 회전시키며 케이블을 감는다. 그러므로 클러치에 오일이 묻으면 미끄러져 케이블이 감겨지지 않는다.

35 피해규모에 관계없이 **고의로** 사고를 발생시켜 인명피해가 있으면 면허 취소이다.

36 렌치(스패너)는 반드시 볼트나 너트의 치수와 동일한 것으로 사용해야 한다.

37 • 드럼 브레이크: 외부 수축식
  • 드럼 클러치: 내부 확장식

38 건설기계 보관 장소, 다양한 작업장 등에서 발생하는 화재에 대한 설명으로 틀린 것은?

① 화재는 어떤 물질이 산소와 결합하여 연소하면서 열을 방출시키는 산화반응을 말한다.
② 전기 에너지가 발화원이 되는 화재를 C급 화재라 한다.
③ 가연성 가스에 의한 화재를 D급 화재라 한다.
④ 화재가 발생하기 위해서는 가연성 물질, 산소, 발화원이 반드시 필요하다.

39 그림과 같은 유압기호에 해당하는 밸브는?

① 체크 밸브
② 릴리프 밸브
③ 리듀싱 밸브
④ 카운터밸런스 밸브

40 건설기계 등록 말소신청 시 구비서류에 해당되는 것은?

① 건설기계등록증
② 수입면장
③ 제작증명서
④ 주민등록등본

41 유압 작동부에서 오일이 누유되고 있을 때 가장 먼저 점검하여야 할 곳은?

① 피스톤(piston)
② 실(seal)
③ 기어(gear)
④ 펌프(pump)

42 연삭 작업 시 주의사항으로 틀린 것은?

① 숫돌 측면을 사용하지 않는다.
② 연삭작업은 숫돌차의 정면에 서서 작업한다.
③ 작업은 반드시 보안경을 쓰고 작업한다.
④ 연삭숫돌에 일감을 세게 눌러 작업하지 않는다.

43 보안경을 사용해야 하는 작업과 거리가 가장 먼 것은?

① 장비 밑에서 점검 작업을 할 때
② 철분 또는 모래 등이 날리는 작업을 할 때
③ 전기용접 및 가스용접 작업을 할 때
④ 산소 결핍 발생이 쉬운 장소에서 작업을 할 때

44 벨트를 풀리에 장착할 때 기관의 상태로 옳은 것은?

① 저속으로 회전 상태
② 중속으로 회전 상태
③ 회전을 정지한 상태
④ 고속으로 회전 상태

45 납축전지 터미널에 녹이 발생했을 때의 조치방법으로 가장 적합한 것은?

① 녹을 닦은 후 터미널을 고정시키고 소량의 그리스를 상부에 도포한다.
② 녹슬지 않게 엔진오일을 도포하고 확실히 더 조인다.
③ (+)와 (−)터미널을 서로 교환한다.
④ 물걸레로 닦아내고 더 조인다.

---

38 가연성 가스에 의한 화재: **B급 화재**

39 그림은 **릴리프 밸브**에 대한 기호이다.

40 건설기계 등록 말소신청 시 첨부 서류
 · **건설기계등록증**
 · 건설기계검사증
 · 멸실·도난 등 등록말소사유를 확인할 수 있는 서류

41 **실(seal)**은 유압기기 내에 오일 누유를 방지하는 역할을 한다.

42 연삭숫돌의 측면부위로 연삭 작업을 않는다. 또한, 작업 시 연삭숫돌 정면에서 작업할 때 공작물이 회전하는 숫돌과의 반발력으로 인해 얼굴에 타격을 줄 수 있으므로 150° 정도 비켜서 작업한다.

43 산소 결핍 발생이 쉬운 장소에서는 **송기** 마스크를 착용한다.

44 벨트를 풀리에 장착할 때 정지해야 한다.

풀리
벨트

46 양중물의 인양작업 시 확인 및 점검사항으로 가장 거리가 먼 것은?

① 고임목의 위치
② 양중물의 수평유지와 안정성
③ 양중물의 무게와 중심위치
④ 와이어로프의 걸림 각도

47 와이어로프의 교체기준에 해당하지 않는 것은?

① 지름이 5% 이상 줄어든 경우
② 심한 변형·부식이 발생한 경우
③ 소선이 10% 이상 절단된 경우
④ 꺾이거나 꼬임(kink)이 발생한 경우

48 기중기 작업에서 붐의 각도, 기중능력 및 작업반경 등에 대한 설명으로 틀린 것은?

① 붐을 낮추면 붐 호이스트 로프에 걸리는 하중이 작아진다.
② 작업 시에는 작업반경과 기중능력을 동시에 고려해야 한다.
③ 화물의 하중이 커지면 붐의 길이는 짧게 하고 높은 각도는 올린다.
④ 붐을 낮추면 작업반경은 커지지만 기중능력은 작아진다.

49 기중기 시동 전 일상점검 사항으로 가장 거리가 먼 것은?

① 라디에이터 냉각수량
② 연료탱크 유량
③ 엔진오일 유량
④ 변속기 기어 마모 상태

50 다음 [보기]가 설명한 것은?

> 장비가 위치한 지면보다 낮은 곳의 연약 지반의 굴삭 작업에 적합하며 모래 채취, 배치 플랜트의 골재 투입에도 사용된다.

① 클램셸
② 파일링
③ 버킷
④ 드래그라인

51 다음 [보기]에 나타낸 것은 기관에서 어느 구성품을 형태에 따라 구분한 것인가?

> 직접분사식, 예연소실식, 와류실식, 공기실식

① 연료분사장치
② 연소실
③ 동력전달장치
④ 점화장치

52 유압유의 점도가 지나치게 높았을 때 나타나는 현상이 아닌 것은?

① 오일 누설이 증가한다.
② 유동저항이 커져 압력손실이 증가한다.
③ 동력손실이 증가하여 기계효율이 감소한다.
④ 내부마찰이 증가하고 압력이 상승한다.

해설

46 인양작업 시 아우트리거가 설치되어야 하므로 고임목 설치와는 무관하다.

47 지름의 감소가 공칭지름의 **7%를 초과**한 것

48 큰 각도에서 들 수 있는 무게라 하더라도 **붐을 낮추면** 작업반경은 커지지만 **호이스트 로프에 걸리는 하중이 커지므로** 기중능력이 작아진다.

49 **변속기 기어 마모 상태**는 정기점검 또는 특별점검(변속 불량시)에 해당한다.

50 [보기]는 드래그라인에 대한 설명이다.

51 [보기]는 디젤엔진의 **연소실** 형태 구분을 나타낸 것이다.

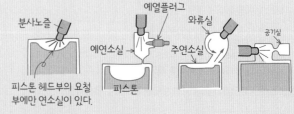

피스톤 헤드부의 요철부에만 연소실이 있다.

| 직접분사식 | 예연소실식 | 와류실식 | 공기실식 |

52 **점도가 매우 낮을 때** 오일 누설이 증가한다.

정답 46 ① 47 ① 48 ① 49 ④ 50 ④ 51 ② 52 ①

53 와이어로프를 훅에 거는 경우 각도는 얼마가 적당한가?

① 90도 이하
② 70도 이하
③ 80도 이하
④ 60도 이하

54 기중기의 상부선회체가 회전하지 못하도록 하는 선회 록 장치는 언제 사용하는가?

① 수직 굴토할 때
② 양중 작업할 때
③ 스윙 작업할 때
④ 도로를 주행할 때

55 유압모터의 장점이 아닌 것은?

① 급정지를 쉽게 할 수 있다.
② 광범위한 무단변속을 얻을 수 있다.
③ 작동이 신속·정확하다.
④ 관성력이 크며, 소음이 크다.

56 건설기계관리법령상 건설기계의 구조를 변경할 수 있는 범위에 해당되는 것은?

① 건설기계의 기종 변경
② 원동기의 형식 변경
③ 육상작업용 건설기계 적재함의 용량을 증가시키기 위한 구조변경
④ 육상작업용 건설기계의 규격을 증가시키기 위한 구조변경

57 무한궤도식 기중기를 구성하고 있는 장치가 아닌 것은?

① 트랙
② 호이스트 드럼
③ 블레이드
④ 선회장치

58 도로교통법령상 운전자가 주행방향 변경 시 신호 방법에 대한 설명으로 틀린 것은?

① 신호의 시기 및 방법은 운전자가 편리한 대로 한다.
② 방향전환, 횡단, 유턴, 정지 또는 후진 시 신호를 하여야 한다.
③ 진로 변경 시에는 손이나 등화로 신호할 수 있다.
④ 진로 변경의 행위가 끝날 때까지 신호를 해야 한다.

59 기계장치 취급 시 사고 발생 원인이 아닌 것은?

① 기계장치가 넓은 장소에 설치되어 있을 때
② 정리·정돈이 잘 되어 있지 않을 때
③ 보호장치가 잘 되어 있지 않을 때
④ 불량 공구를 사용할 때

60 건설기계의 안전관리 사항으로 가장 적절하지 않은 것은?

① 건설기계 조종사 이외에 관련이 없는 사람도 승차해도 된다.
② 사용 전에는 반드시 이상 유무를 확인 및 점검한다.
③ 주·정차하는 경우 작업장치(버킷, 불도저의 삽날, 포크 등)는 지면에 내려놓는다.
④ 건설기계에 세척 또는 윤활유를 주입할 때에는 기관을 정지한 상태에서 한다.

---

53 훅에 매다는 로프의 각도는 **60° 이하**로 한다.

54 선회 록 장치는 **도로를 주행할 때** 기중기의 상부선회체가 선회하지 못하도록 한다.

55 유압모터의 장점
 • 제어가 용이하다.
 • 소형장치로 큰 출력을 낼 수 있다.
 • 무단 변속이 가능하다.

56 건설기계의 구조를 변경할 수 **없는** 범위
 • 건설기계의 기종 변경
 • 육상작업용 건설기계의 규격 증가
 • 적재함의 용량 증가를 위한 구조변경

57 **블레이드**는 도저의 차체 앞에 장착된 삽날
(토공판, 배토판)을 말한다.

블레이드

Craftsman Crane Operator

SUMMARY
NOTE

기중기운전기능사 필기

핵심이론
빈출노트

핵심이론 빈출노트
시험직전 짜투리 시간에 한번 더 보아야 할 마무리 정리

01장 기중기의 구조와 작업

001 기중기의 주행장치별 구분

무한궤도식 (크롤러형)	• 습지, 사지, 연약지 및 기복이 심한 지반에서 작업이 용이 • 장거리 이동 및 기동성이 좋지 않음
타이어식 (휠형)	• 변속 및 주행 속도가 빠르다. • 장거리 이동이 쉽고 기동성이 양호 • 습지, 사지 등에서 작업이 곤란
트랙탑재형	• 기동성이 좋고, 기중 시 안전성이 좋다. • 트럭에 굴착 장치를 탑재하여 작업하는 형식으로 주로 소형에 사용

002 기중기의 3대 기본 구조
작업장치(전부장치), 상부 선회체(회전체), 하부 구동체(추진체)

003 기중기의 하중

작업하중 (안전하중)	• 안전하게 작업할 수 있는 하중 • 크롤러형, 타이어형의 작업하중 = 임계하중×75%
정격 총하중 (권상하중)	• 인양된 최대 허용하중(붐 길이 및 작업반경에 따라 결정)과 부가하중(훅와 그 이외의 인양된 도구들의 무게)을 합한 하중
정격하중	• 권상이 가능한 최대 하중 • 정격 총하중에서 훅 또는 버킷 등 달기기구의 중량에 상당하는 하중을 뺀 하중

004 기중기 7개 기본 동작

호이스트	인양물을 상승/하강하는 것 – 화물의 인양작업(기중작업)
붐 호이스트	붐을 상승, 하강시키는 운동
회전	상부 선회체를 360° 회전시키는 운동
파기	삽 혹은 버킷에 흙을 퍼 담는 운동 – 클램셸 버킷과 드래그라인과 같은 굴착장치 이용
당기기	삽을 당기는 운동
덤프	굴토된 흙을 부리는 운동
주행	하부 추진체의 추진 및 조향 운동

005 기중기의 상부 회전체

카운터 웨이트	• 밸런스 웨이트, 평형추라고도 함 • 상부 회전체의 가장 뒷부분에 설치되어 장비의 밸런스 유지(전복 방지)
선회장치	• 구성: 선회모터(유압모터), 선회 감속장치 • 선회 고정(록) 장치: 기중기 이동 시 상부 회전체의 회전을 고정
컨트롤 밸브	• 장비의 유압을 컨트롤하는 밸브
센터 조인트	• 상부 회전체와 하부 추진체의 회전 중심에 위치 • 상부 회전체가 360° 회전하더라도 상부 회전체의 오일을 하부 추진체의 주행모터 등에 공급할 때 오일 관로가 꼬이지 않도록 함

006 무한궤도식 기중기의 하부 구동체

트랙 프레임	• 하부 구동체의 몸체(상부롤러, 하부롤러, 트랙 아이들러, 스프로킷, 주행모터 등을 지지)
하부 롤러 (트랙 롤러)	• 트랙터 전체의 무게를 지지
상부 롤러 (캐리어 롤러)	• 스프로킷과 아이들러 사이에서 트랙의 처짐을 방지
트랙 아이들러 (전부 유동륜)	• 좌우 트랙 앞부분에 설치되어 트랙의 장력을 조정하면서 트랙의 진행방향을 유도
리코일 스프링	• 주행 중 트랙 전면에 외부 영향으로 스프링의 반동에 의해 아이들러(또는 트랙)에 가해지는 충격을 흡수하고 트랙의 장력을 유지
주행모터 (유압모터)	• 무한궤도형 기중기(유압식)의 주행 동력을 스프로킷을 통해 트랙에 전달
스프로킷	• 주행모터에 장착되어 최종 구동 동력을 트랙으로 전달 • 트랙의 장력이 과대하거나 또는 이완되어 있으면 스프로킷의 마모가 심해짐

007 트랙
① 주요 구성: 트랙 슈, 슈 볼트, 링크, 부싱, 핀, 더스트 실 등
② 마스터 핀: 트랙을 쉽게 분리하기 위하여 설치한 것
③ 트랙핀과 부싱을 뽑을 때는 유압프레스를 사용
④ 더스트 실: 진흙탕에서 작업 시 핀과 부싱 사이에 토사가 들어가는 것을 방지

008 트랙 슈

트랙 슈는 트랙의 겉면을 구성하는 트랙의 신발에 해당하는 부분으로 토질이나 작업 내용에 따라 단일 돌기, 이중 돌기 및 삼중 돌기 슈 등이 사용된다.

☞ 트랙 슈에는 그리스를 주유하지 않는다.

009 트랙장력의 조정

① 목적: 구성품의 수명연장, 트랙의 이탈방지, 스프로킷의 마모방지
② 방법: 트랙 어저스터(track adjuster)로 한다.

기계식(너트식)	조정나사를 돌려 조정
그리스 주입식	긴도조정실린더에 그리스를 주입하여 조정

③ 트랙장력의 측정: 아이들러와 1번 상부롤러 사이에서 측정하고 트랙 슈의 처진 상태가 30~40mm 정도면 정상
④ 트랙의 장력은 25~40mm 정도로 조정

☞ 주행 구동체인 장력 조정은 아이들러를 전 · 후진시켜 조정한다.

010 붐(boom)

① 상부 회전체에 풋 핀(foot pin)으로 설치되어 유압실린더에 의해 상하운동을 한다.
② 붐의 작동 속도가 늦은 이유: 유압이 낮아질 경우
③ 붐의 자연 하강량이 많은 이유: 유압이 낮아질 경우

011 지브 붐(Jib Boom): 인양 작업 시 작업 반경을 확장시키기 위해 일반 붐 끝에 붙인 붐으로, 메인 붐에 비해 구조가 간단하고 가볍다. 즉, 수평 도달 범위 증대와 기동성을 제공하는 보조 붐이다.

012 격자형 붐과 유압형 붐

격자형 붐	• 붐 길이 당 정격 용량의 톤당 비용이 낮다. • 붐 중량이 가벼워 긴 붐/반경을 가능케 한다. • 붐 조립·해체에 필요한 공간·시간이 필요하다. • 취급 시 붐이 쉽게 손상된다. • 붐 조립/해체 시 장소, 비용, 시간이 필요하다.
유압형 붐	• 이동·설치가 쉽다. • 작업 후 이동을 위한 준비시간이 짧다. • 훅에 부하를 걸고 붐을 확장시킬 수 있다. • 붐 끝을 구조물 안으로 확장할 수 있다. • 동일한 붐 길이에서 격자형보다 중량이 무겁다. • 붐 길이 당 정격 용량의 톤당 비용이 높다.

013 붐 길이: 붐 고정핀(foot pin)에서 붐 끝단의 아래 시브 핀까지의 거리

014 붐 길이를 결정하는 요소

• 작업 반경 (화물 이동거리)
• 권상 높이 (양중 높이)
• 화물의 무게

015 붐의 각도: 붐 고정핀(foot pin) 중심과 붐 중심선의 각
최대 제한각: 78°, 최소 제한각: 20°

016 와이어로프의 구성: 심강, 소선, 가닥(스트랜드)

017 유연성이 좋은 와이어로프: 소선이 가늘고 소선수가 많을수록 유연성이 좋다.

018 와이어로프의 꼬임 구분

보통 꼬임	• 로프를 구성하는 가닥(strand)의 꼬임 방향과 가닥을 구성하는 소선(wire)의 꼬임 방향이 반대로 된 것 • 소선과 외부의 접촉면이 짧아 마모 특성이 좀 나쁘지만 꼬임이 잘 풀리지 않아 일반적으로 많이 사용한다.
랭꼬임	• 로프를 구성하는 가닥의 꼬임 방향과 가닥을 구성하는 소선의 꼬임 방향이 동일하게 된 것 • 내마모성, 유연성, 내피로성이 우수

019 와이어로프의 안전계수(안전율)

① 안전율 $= \dfrac{\text{파단하중(기준강도)}}{\text{사용하중(허용능력)}}$

② 권상용 와이어 로프의 안전율: 5

020 와이어로프 단말처리

① 매다는 장치 끝부분의 단말처리의 종류: 소켓, 딤블, 웨지, 아이 스플라이스, 클립 체결
② 소켓 방식이 가장 효율이 좋으며 많이 사용된다. (효율: 100%)

021 와이어로프의 교체 기준

① 이음매가 있는 것
② 와이어로프의 한 꼬임(스트랜드)에서 끊어진(파단된) 소선의 수가 10% 이상인 것
③ 지름의 감소가 공칭 지름의 7%를 초과한 것
④ 꼬이거나, 마모·부식·파단된 것 – 수리하여 재사용 금지
⑤ 소선이 이탈된 것
⑥ 압착, 킹크, 부풀림, 스트랜드의 불량 등

022 와이어로프의 마모 원인

① 와이어로프의 윤활 부족
② 시브 베어링의 급유 부족
③ 시브 홈이 과도하게 마모된 경우
④ 시브 홈의 지름이 작을 경우
⑤ 드럼에 흐트러져 감길 때
⑥ 과열에 장시간 노출될 경우 등

023 시브(sheave, 활차, 도르래)

① 시브는 붐 끝 또는 훅 블록, 클램셸 버킷 등 다양한 곳에 설치
② 시브 홈 사이로 로프가 이동하며, 로프의 이동 방향를 바꾸어 인양물을 상승 또는 하강시킨다.
③ 시브 홈에서 로프가 이탈되어 있는지 점검해야 한다.
④ 올바른 시브의 홈은 와이어로프 직경의 135~150° 정도를 지지해야 한다.

024 줄걸이(달기기구)의 종류

① 훅(Hook), 로프슬링(Rope-sling), 체인슬링(Chain-sling), 링(Ring), 샤클(Shackle), 아이볼트 등
② 특수형: 스프레더 빔, 턴버클, 체인블록, 스내치 블록, 클램프 등

025 섬유로프형 줄걸이의 특징

① 가볍고, 유연하며, 미끄럼이 없다.
② 비교적 가벼운 화물에만 사용해야 한다.
③ 화학약품이나 기름에 대한 저항력이 있다.
④ 크기가 다양하며, 걸이에 있어 조정이 자유롭다.
⑤ 와이어로프·체인형에 비해 강도가 약하다.
⑥ 한번 끊어진 섬유로프는 재사용하지 않도록 폐기해야 한다.

026 와이어로프형·체인형의 특징

① 내마모성, 내열성이 우수하다.
② 수명이 길고, 안정성 및 인장강도가 우수하다.
③ 와이어 로프 슬링은 꼬임, 파손 등으로 사용할 수 없는 와이어로프는 미리 폐기 처분하여 작업자가 사용할 수 없도록 조치하여야 한다.
④ 체인 슬링은 화물과의 표면 마찰력이 떨어지므로 무게중심을 고려하여 사용하여야 한다.

027 화물의 결속 방법

① 1줄걸이: 화물이 회전할 우려가 있으며, 와이어로프의 꼬임이 풀릴 염려가 있어 원칙적으로 사용하지 않는다.
② 2줄걸이: 긴 자재를 인양할 때 적합
③ 3줄걸이: U자, T자형의 형상을 인양할 때 적합
④ 4줄걸이(십자걸이): 사다리꼴 형상에 적합하며, 2개의 로프를 십자형으로 걸 때 로프 간격이 같게 함
⑤ 비대칭걸이: 부하의 수평 유지를 위해 주로프와 보조로프의 길이를 다르게 함, 좌우 로프의 장력차에 주의해야 함

028 줄걸이 시 주의사항

① 반드시 무게중심과 훅의 위치를 수직선상에 위치하도록 한다.
② 여러 줄을 사용하는 것보다 굵은 소수의 가닥으로 구성하는 것이 좋다.
③ 줄걸이 로프의 걸이 각도: 60° 이내
④ 줄걸이 화물의 인양작업 시 로프가 인장을 받기까지 서서히 감아올리고 로프가 완전히 인장을 받은 상태에서 일단 정지하고 로프 상태를 확인한다.

029 와이어 드럼(윈치 드럼, 호이스트 드럼)

드럼 클러치	• 드럼에 동력을 전달/차단 • 내부 확장식(팽창식 클러치)
드럼 브레이크	• 화물을 들어올리거나 내릴 때 일시적으로 정지시키고 고정하는 역할 • 외부 수축식

030 플레이트 각도

드럼에 와이어 로프를 감을 때 와이어 드럼의 홈과 시브 롤러와의 사이를 이루는 각을 말하며, 2° 이내(홈이 있을 경우 4°)이어야 한다.

031 기중기의 안전장치(방호장치)

과부하방지장치	• 인양 시 정격하중 이상이 되면 경보음 및 경보등을 통해 운전자의 주의를 환기시키거나 자동으로 작동을 정지 • 과부하에 의한 붐의 파손, 장비의 전도 등의 사고 방지
권과방지장치	• 화물을 달아 감아올릴 때 와이어로프를 지나치게 감을 때 훅 블록과 시브와 충돌로 인한 와이어 로프 절단, 손상, 파선, 화물의 낙하 등을 방지 • 리미트 스위치를 사용 • 일정 한도 이상으로 감기면 권상모터를 정지시키고, 경보음이 울린다.
지브(붐) 전도 방지장치	• 기중 작업 시 권상 와이어로프가 절단되거나 화물이 로프에서 갑자기 이탈될 때, 험한 도로를 주행할 때 붐이 뒤로 넘어지는 것을 방지
비상정지장치	• 화물을 권상시킬 때, 위험한 상황에서 작업안전을 위해 급정지시킬 수 있도록 설치되어 있는 안전장치

032 작업 반경과 기중 능력

① 작업 반경: 크레인이 넘어지거나 무너지지 않고 화물을 들어올릴 수 있는 최대회전반경 또는 기중기의 선회중심선에서 훅의 중심선까지의 거리
② 붐의 길이는 작업 변경에 비례
③ 작업 반경은 기중 능력과 반비례
④ 붐의 길이가 짧고, 붐의 각도가 커질수록 기중 능력이 상승
⑤ 붐의 각도는 작업 반경에 반비례
⑥ 화물이 무거울수록 붐 길이는 짧게, 붐 각도는 크게

구분	기중 능력 증가	기중 능력 감소
붐의 길이	↓ 짧다	↑ 길다
작업 반경	↓ 작다	↑ 크다
붐의 각도	↑ 크다	↓ 작다

033 인양능력 결정 요소

① 크레인의 강도(구조물의 파괴 여부)
② 크레인의 안정도(크레인 전도)
③ 윈치 용량(중량물 권상 능력)

034 기중 용량에 영향을 주는 조건

① 지반 경사(수평 편차)
② 지반 상태 및 아우트리거 상태
③ 바람(풍속)
④ 측면 하중·충격 하중
⑤ 로프 감김이 치우침
⑥ 붐 처짐 등

035 로드 차트(하중 차트, 양중능력표)

① 로드 차트에는 작업 반경, 붐 길이, 붐 각도, 붐 끝 높이가 표시된다.
② 로드 차트는 읽기 쉽고, 편리한 장소(조종석)에 비치해야 한다.
③ 인양 능력을 계산할 때 기중기의 설정과 일치하지 않으면 반드시 다음 단계의 긴 반경, 긴 붐 길이, 낮은 붐 각도를 선택해야 한다.
④ 로드 차트를 정확하게 이해하는 것은 조종사와 작업 관련자에게 매우 중요하다.

036 작업 범위도

① 작업 범위도는 해당 기중기의 최대 운전 범위를 측면도로 표시한 것으로 붐 길이, 붐 각도, 부하 반경, 지상으로부터의 양정, 지브 설치 및 편심 각도 등을 확인할 수 있다.
② 부하 반경을 나타내는 수평 라인과 붐 끝 높이를 나타내는 수직 라인, 그리고 붐 길이에 따라 붐 끝이 그리는 반경과 각도가 표시

037 아우트리거(outrigger)

① 휠형(타이어식) 크레인의 필수 안전장치이며, 인양 작업 전에 반드시 아우트리거를 설치
② 실린더를 이용하여 빔과 잭을 확장시켜 기중기 본체의 하중을 지반에 지지시켜 인양작업 시 옆방향 전도를 방지한다.
③ 아우트리거의 빔은 최대로 인출한다.
④ 설치 후 잭을 조정하여 장비가 항상 수평 상태로 유지해야 한다.(수평계 이용)
⑤ 아우트리거 형식: H형, X형

038 크레인과 장애물과의 이격 거리: 60cm 이상

039 신호수

① 장치별로 신호수는 1인만 지정 (기중기의 공동작업을 할 경우에도 1인만 지정하여 신호할 것)
② 신호수는 크레인 조종자 및 줄걸이 작업자가 잘 보이는 곳에 위치할 것

040 크레인 주행 중 유의사항

① 기중기 이동 방법: 붐의 방향을 전방에 두고, 붐을 하강시키고, 붐 길이 짧게 한다.
② 상부회전체의 선회 방지를 위해 선회 브레이크(스윙 록)을 잠금
③ 후진 시는 기수를 세운다.

④ 이동식 크레인에서는 후방보다 측방 쪽의 양중 능력이 저하되는 경우가 있으므로 하중을 매달고 선회할 경우 유의
⑤ 트럭 크레인, 휠 크레인: 적정 타이어 공기압 점검, 주·정차 시 주차 브레이크를 걸어두고, 고인목 굄
⑥ 도로 주행의 경우 도로교통법(축하중 10톤, 총하중 40톤)을 준수하여야 하며, 주행 속도는 60~80km/h로 제한

041 인양작업 시 주의사항

① 화물을 권상 또는 착지할 경우 지면과의 간격을 30cm 유지시킨 후 실시할 것
② 작업 시 붐의 각도를 20° 이하, 78° 이상으로 하지 말 것
③ 지정된 신호수 1명의 신호에 따라서 양중
④ 작업 시 신호수와 교신이 불분명할 때는 작업을 중지
⑤ 고압선 주위에서 작업 시 3m 이상 거리 유지
⑥ 2대의 크레인으로 동시에 양중물을 인양할 때 동일 규격의 크레인을 선정하고, 보조수가 있어도 신호수는 1명으로 지정

042 화물을 매달고 이동하기(양중 이동)

① 붐을 가능한 짧게 하고, 지상으로부터 약 30cm 이하로 낮게 유지
② 크레인의 이동 방향과 붐의 방향 일치
③ 양중물에 흔들리지 않게 보조 로프(유도 로프)를 매달아 작업자가 잡는다.
④ 경사각 이동 시 전복을 방지하기 위해 오르막일 경우 붐을 내리고, 내리막일 경우 붐을 올린다.

043 작업장치의 종류

훅(갈고리)	• 화물을 들어 올리거나 내리는 인양 작업에 사용
파워 셔블 (삽)	• 장비가 위치한 지면보다 높은 쪽의 굴착에 적합 • 경사면의 토사 굴토, 적재
드래그라인 (긁어내기)	• 장비가 위치한 지면보다 낮은 곳의 굴착에 적합 • 굴착반경이 크고, 수중작업도 가능 • 정확한 굴착은 어렵고, 굴삭력은 작다. • 연약 지반의 굴착 작업에 적합 • 백호만큼 견고한 땅의 굴착은 어려움 • 수중작업, 제방구축, 평면 굴토 등에 사용
클램셸(조개)	• 수직 굴토작업, 오물제거, 토사적재작업에 사용
트렌치호 (도랑파기)	• 흙을 끌어당겨 퍼올리는 구조 • 비교적 협소한 배수로, 송유관 등의 굴토, 채굴, 매몰작업에 사용
파일 드라이버 (기둥 박기)	• 붐에 해머를 설치하여 파일을 땅에 때려 박는 작업 • 철도 또는 교량 기둥의 항타 또는 건물 기초 공사
어스 드릴	• 나사형식의 드릴 버킷을 갖는 지반 기중기로, 땅에 큰 구멍을 뚫어 기초 공사용 작업

리프팅 마그넷 (전자석)	• 마그넷을 이용하여 철 등을 전자석에 부착해 들어 올려 이동

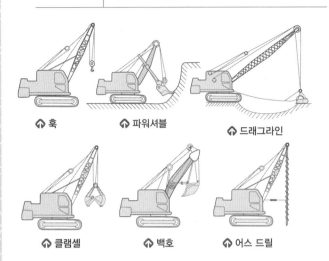

↥ 훅   ↥ 파워셔블   ↥ 드래그라인

↥ 클램셸   ↥ 백호   ↥ 어스 드릴

044 페어리드(fair lead): 드래그라인의 구성품이며, 드래그 로프를 드럼에 확실하게 감기도록 안내하는 활차이며, 와이어로프가 다른 구조물과 마찰을 방지하는 역할을 한다.

045 태그라인(tag line): 클램셸의 구성품이며, 선회나 지브를 기복할 때 버킷이 흔들리거나(요동), 스윙할 때 와이어로프(케이블)가 꼬이는 것을 방지하기 위해 와이어로프로 가볍게 당겨준다.

046 파일링(piling) 작업
① 교량 건설 및 건물을 신축할 때 기초를 튼튼히 하기 위해 파일을 박는 작업을 말한다.
② 파일 드라이버는 붐에 파일(말뚝)을 때리는 부속장치를 붙여서 드롭 해머 또는 디젤 해머를 이용하여 강관 파일이나 콘크리트 파일을 때려 박는데 사용된다.

047 항타 작업을 할 때 바운싱(Bouncing)이 일어날 때
① 파일이 장애물과 접촉 할 때
② 2중 작동 해머를 사용할 때
③ 가벼운 해머를 사용할 때

048 4행정 사이클 기관의 행정 순서
1 사이클: 흡입 → 압축 → 동력(폭발) → 배기

049 실린더 블록
특수 주철 합금제로 만드는 실린더 블록에는 실린더, 크랭크 케이스, 물 재킷, 크랭크축 지지부 등의 부품이 설치

050 실린더헤드 개스킷
① 연소실의 압축공기 또는 폭발가스의 누설을 방지(기밀작용)
② 실린더헤드 개스킷 손상 영향
  • 압축공기가 누설되어 압축압력이 떨어지거나, 폭발압력이 떨어져 출력 감소(연비 감소)
  • 실린더 블록·실린더헤드에 흐르는 냉각수나 엔진오일 누설

051 실린더 헤드 연소실의 구비조건
① 압축 행정시 혼합가스의 와류가 잘 되어야 함
② 화염 전파시간이 가능한 짧아야 함
③ 연소실 내의 표면적은 최소가 되어야 함
④ 가열되기 쉬운 돌출부를 두지 말 것

052 실린더에 마모가 생겼을 때 나타나는 현상
① 압축효율 및 기관 출력 저하
② 크랭크실 내의 윤활유 오염 및 소모

053 피스톤의 구비조건
① 고온·고압에 견딜 것
② 열전도가 잘될 것
③ 열팽창율이 적을 것
④ 관성력을 방지하기 위해 무게가 가벼울 것
⑤ 가스 및 오일누출이 없어야 할 것
☞ 기관 실린더 벽에서 마멸이 가장 크게 발생하는 부위: 상사점 부근(실린더 윗부분)
☞ 디젤기관에서 압축압력이 저하되는 가장 큰 원인: 피스톤링의 마모, 실린더벽의 마모

054 실린더와 피스톤의 간극

클 때	• 블로 바이(blow by) 에 의한 압축 압력 저하 • 오일이 연소실에 유입되어 오일 소비가 많아짐 • 피스톤 슬랩 현상이 발생되어 기관출력이 저하
작을 때	• 마찰열에 의한 소결 • 마찰에 따른 마멸 증대

055 피스톤 링의 작용
① 기밀 작용: 압축가스가 누설 방지
② 오일제어 작용: 실린더 벽의 엔진오일을 긁어 내림
③ 열전도 작용: 피스톤 헤드의 높은 열을 실린더 벽으로 전달

056 피스톤 링의 구비조건
　　① 내열성 및 내마멸성이 양호
　　② 제작이 용이
　　③ 실린더에 일정한 면압 유지하도록
　　④ 실린더 벽보다 약한 재질
　　☞ 피스톤 링 마모 시 → 엔진오일이 크랭크축에서 연소실로 올라옴

057 크랭크축
　　① 실린더 블록에 지지되어 캠 축을 구동시켜 주며, 피스톤의 직선운동
　　　을 회전운동으로 변환
　　② 크랭크축의 회전에 따라 작동되는 기구: 발전기, 캠 샤프트, 워터
　　　펌프, 오일펌프

058 크랭크축 베어링: 피스톤에 연결된 커넥터 로드와 회전운동으로 하
는 크랭크축 사이의 마찰 감소를 목적으로 사용되며, 윤활을 위한 오
일 공급

오일 간극이 크면	누설로 인해 윤활유 소비 증가
오일 간극이 작으면	마모 촉진, 소결(눌러붙음)

059 플라이 휠: 기관의 불균일한 맥동적인 회전을 원활하게 함

060 밸브 스프링의 서징 현상(surging)
　　캠 회전수와 밸브 스프링의 고유 진동수가 같아질 때 강한 진동이 수
　　반되는 공진 현상

061 밸브 오버랩 (valve overlap)
　　① 흡·배기 밸브를 동시에 열어주는 시기
　　② 밸브 오버랩의 효과: 흡입효율(체적 효율) 향상, 배기가스 완전 배출,
　　　실린더 냉각효과

062 디젤기관에서 시동이 되지 않는 원인
　　① 연료 부족
　　② 연료공급 펌프 불량
　　③ 연료계통에 공기 유입
　　④ 크랭크축 회전속도가 너무 느릴 때

063 디젤기관의 진동원인
　　① 분사시기, 분사간격이 다르다.
　　② 각 피스톤의 중량차가 크다.
　　③ 각 실린더의 분사압력과 분사량이 다르다.
　　④ 인젝터에 불균율이 크다.

064 디젤 연료의 구비 조건
　　① 세탄가가 높아야 함(착화성이 좋아야 함)
　　② 점도가 적당할 것
　　③ 인화점이 높을 것
　　④ 발열량이 클 것
　　⑤ 불순물과 유황분이 없어야 함
　　⑥ 연소 후 카본 생성이 적어야 함
　　☞ 경유의 중요한 성질: 비중 / 착화성 / 세탄가

065 혼합기에 따른 영향

희박한 혼합기	시동성 저하, 공전 중 부조현상, 출력 감소
농후한 혼합기	불안전 연소(유해가스 배출), 기관 과열, 카본 생성

066 출력에 영향을 미치는 요소
　　압축압력 부족, 연료분사량 부족, 노즐분사 압력 저하, 과도한 분사시
　　기 지각 등

067 디젤 노킹의 원인
　　① 착화기간 중 분사량이 많다.
　　② 노즐의 분무상태가 불량하다.
　　③ 기관이 과냉되어 있다.
　　④ 연료의 세탄가가 너무 낮다.
　　⑤ 연료의 분사 압력이 낮다.
　　⑥ 착화지연 시간이 길다.

068 디젤 노크 방지
　　① 연료의 착화지연시간을 짧게 함
　　② 착화성이 좋은 연료(세탄가가 높음)를 사용
　　③ 압축비를 높여 실린더 내의 압력·온도를 상승
　　④ 연소실 내에서 공기 와류가 일어나도록 함
　　⑤ 연소실 온도를 높게 유지

069 노킹이 발생되었을 때 디젤 기관에 미치는 영향
　　① 연소실 온도 상승 및 기관 과열
　　② 엔진 손상 초래
　　③ 기관의 출력 및 흡기 효율이 저하

070 연소실의 종류
　　① 직접분사식
　　② 예연소실식
　　③ 와류실식
　　④ 공기실식
　　☞ 직접분사식: 구조가 간단하고 열효율이 높음, 예열 플러그를 두지 않
　　　음

071 연료공급 순서
　　연료탱크 - 연료공급펌프 - 연료여과기 - 분사펌프 - 고압 파이프 - 분
　　사노즐 - 연소실
　　☞ 연료 분사펌프의 기능 불량 → 엔진이 잘 시동되지 않거나 시동이 되
　　　더라도 출력이 약해짐

072 오버플로우 밸브
　　① 여과기 내의 압력이 규정 이상으로 상승 방지(연료필터 엘리먼트 보호)
　　② 연료라인 내의 공기(기포) 배출 및 소음 발생 방지

073 프라이밍 펌프: 연료분사펌프에 연료를 보내거나 연료계통에 공기
　　를 배출할 때 사용

074 작업중 엔진부조를 하다가 시동이 꺼졌을 때의 원인

① 연료필터/분사노즐의 막힘
② 연료탱크 내에 물이나 오물의 과다
③ 연료 연결파이프의 손상으로 인한 누설
④ 연료 공급펌프의 고장

075 분사노즐

① 디젤엔진에서 연료를 고압으로 연소실에 분사
② 분사노즐 테스터기는 연료의 분포상태, 연료 후적 유무, 연료 분사 개시압력 등을 테스트하며, 분사시간은 테스트하지 않는다.

076 연료분사의 3대 요소

① 무화: 액체를 미립자화하는 것
② 관통력: 분사된 연료입자가 압축된 공기층을 통과하여 먼 곳까지 도달할 수 있는 힘
③ 분포: 연료의 입자가 연소실 전체에 균일하게 분포

077 연료계통의 공기빼기: 공급펌프 → 연료여과기 → 분사펌프

078 연소상태에 따른 배출가스 색

무색 또는 담청색	정상 연소
회백색	윤활유 연소(피스톤링의 마모, 실린더 벽의 마모, 피스톤과 실린더의 간극 점검)
검은색	농후한 혼합비(공기청정기 막힘 점검, 분사시기점검, 분사펌프의 점검)

☞ 비정상적인 연소가 발생할 경우 기관의 출력은 저하된다.

079 압력식 라디에이터 캡

① 압력밸브와 진공밸브가 설치
② 압력밸브: 과열 시 물의 비등점(끓는점) 상승
③ 진공밸브: 과냉 시 라디에이터 내부의 부압(진공) 해소

080 가압식 라디에이터의 장점

① 방열기의 최소화
② 냉각수의 비등점을 높임
③ 냉각수 손실 적음

081 수온 조절기(서모스탯)

① 냉각수의 온도를 일정하게 유지할 수 있도록 하는 온도 조절장치로, 65℃에서 열리기 시작하여 85℃가 되면 완전히 열린다.
② 열린 채 고장: 과냉의 원인이 됨
③ 닫힌 채 고장: 과열의 원인이 됨

082 워터펌프

냉각수를 강제적으로 순환시키는 것으로, 고장 시 기관 과열이 일어남

083 팬벨트로 구동되는 냉각팬

크랭크축에 의해 항상 구동되며, 팬벨트를 약 10kgf로 눌러서 처짐이 13~20mm 정도로 한다.

팬벨트의 장력이 너무 강할 때	발전기 베어링 손상
팬벨트 유격이 너무 클 때	기관 과열

084 전동팬

① 팬벨트 없이 모터로 직접 구동되므로 엔진의 시동과 무관
② 냉각수의 온도(약 85~100℃)에 따라 간헐적으로 작동

085 디젤기관의 과열 원인

① 냉각수 양이 적을 때
② 물 재킷 내의 물때가 많을 때
③ 물 펌프 회전이 느릴 때
④ 무리한 부하의 운전을 할 때
⑤ 냉각장치의 고장(물펌프의 고장, 라디에이터 코어 막힘 등)
⑥ 팬벨트의 유격이 클 때(느슨할 때)
⑦ 수온조절기(정온기)가 닫힌 채로 고장

086 과열·과냉의 영향

과열	• 조기점화나 노킹 유발(출력 저하) • 윤활유의 점도 저하로 유막 파괴 • 윤활유의 연소(부족) • 엔진 부품 변형 • 열팽창으로 인한 고착(소결)
과냉	• 출력 저하 • 연료 소비율 증대 • 베어링 등 마찰부의 마멸 증대

087 윤활유의 작용

① 마찰감소 및 마멸방지
② 냉각
③ 세척
④ 밀봉(기밀) 및 방청
⑤ 충격완화 및 소음 방지
⑥ 응력 분산

088 윤활유의 구비조건

① 인화점, 발화점이 높을 것
② 응고점이 낮을 것
③ 점도지수가 클 것(온도 변화에 의하여 점도 변화가 적을 것)
④ 열전도가 양호하고, 카본 생성이 적어야 한다.
⑤ 산화에 대한 저항이 커야 한다.
⑥ 비중이 적당할 것
⑦ 강인한 유막 형성

089 윤활유의 점도와 점도지수

구분	높다(크다)	낮다(작다)
점도	유동성 저하	유동성 향상
점도 지수	점도 변화가 적다	점도 변화가 크다

☞ 오일 점도가 높으면: 압력 상승, 동력 소모 증대, 부품 마모 촉진
☞ 오일 점도가 낮으면: 오일 누설

090 오일팬의 스트레이너: 오일 펌프의 흡입구에 설치되어 큰 입자의 불순물을 제거

091 오일 필터의 바이패스 밸브: 여과기가 막힐 경우 여과기를 통하지 않고 우회하여 윤활부로 직접 공급

092 엔진의 윤활유 압력이 낮은 원인
(엔진오일 압력 경고등의 점등 원인)

① 오일 압력 저하
② 오일 부족
③ 급격한 누설
④ 오일 필터가 막힘
⑤ 오일 점도가 낮아짐
⑥ 오일펌프 고장
⑦ 릴리프 밸브가 열린 채 고착

093 엔진오일이 많이 소비되는 원인: 연소와 누설

① 피스톤, 피스톤링의 마모
② 실린더 마모
③ 밸브가이드의 마모
④ 오일 누설

094 엔진 오일량 점검

Low와 Full 표시 사이에서 Full에 가까이 있으면 좋다.

095 공기청정기가 막힐 경우

① 배기색: 흑색
② 출력 감소, 유해가스 증가
③ 실린더 벽, 피스톤링, 피스톤 및 흡배기밸브 등의 마멸과 윤활부분의 마멸 촉진

☞ 건식공기청정기의 청소: 압축공기로 안에서 밖으로 불어냄
☞ 습식공기청정기는 세척하여 사용

096 터보차저(과급기)

① 흡기관과 배기관 사이에 설치되어 배기가스를 흡기관으로 보내 실린더 내의 흡입 공기량 증가
② 기관의 출력을 증대
③ 고지대에서도 출력의 감소 적고, 회전력 증가
④ 디퓨저(Diffuser): 과급기 케이스 내부에 설치되며, 공기의 속도에너지를 압력에너지로 변환
⑤ 블로어(Blower): 과급기에 설치되어 실린더에 공기를 불어넣는 송풍기

☞ 배기터빈 과급기에서 터빈축의 베어링에는 기관 오일로 급유

097 소음기(머플러)의 특성

① 카본이 많이 끼면: 엔진이 과열되고, 출력 저하
② 머플러가 손상되어 구멍이 나면: 배기음 커짐

098 배기관의 배압이 높을 때 영향

① 기관 과열
② 출력 감소
③ 피스톤의 운동 방해

099 예열 플러그

① 예연소실에 부착된 예열 플러그가 공기를 직접 예열하여 겨울철 시동을 쉽게하여 줌
② 예열 플러그의 오염원인: 불완전 연소 또는 노킹
③ 예열 플러그 회로는 디젤기관에만 해당되는 회로이다.
④ 히트레인지: 직접 분사식 디젤기관에서 예열 플러그의 역할

03장   전기장치

100 전류의 3대 작용

① 발열작용: 전구, 예열 플러그, 전열기 등
② 화학작용: 축전지, 전기 도금 등
③ 자기작용: 전동기, 발전기, 경음기 등

101 옴의 법칙

① $E = IR$, $I = \dfrac{E}{R}$, $R = \dfrac{E}{I}$ (I: 전류, E: 전압, R: 저항)

☞ 전류는 전압크기에 비례하고 저항크기에 반비례한다.

102 플레밍의 법칙

① 플레밍의 왼손 법칙: 도선이 받는 힘의 방향을 결정 (전동기의 원리)
② 플레밍의 오른손 법칙: 유도 기전력 또는 유도 전류의 방향을 결정 (발전기의 원리)

103 전조등

병렬로 연결된 복선식으로 구성

세미실드빔형	렌즈와 반사경은 일체이고 전구만 따로 교환
실드빔형	전조등의 필라멘트가 끊어진 경우 렌즈나 반사경에 이상이 없어도 전조등 전부를 교환

104 퓨즈

① 용량: 암페어(A) – 과전류방지 목적이므로
② 회로에 직렬로 설치한다.
③ 퓨즈 회로에 흐르는 전류 크기에 따르는 용량으로 사용
④ 철사 등으로 대용하면 안됨

105 계기류

충전경고등	작업 중 충전경고등에 빨간불이 들어오는 경우 충전이 잘 되지 않고 있음을 나타내므로, 발전기 등 충전계통을 점검
전류계	발전기에서 축전지로 충전되고 있을 때는 전류계 지침이 정상에서 (+) 방향을 지시
오일 경고등	작업 중 계기판에서 오일 경고등이 점등되었을 때 즉시 시동을 끄고 오일계통을 점검
기관 온도계	냉각수의 온도를 나타냄

106 (납산)축전지 일반

① 주 역할: 기동 전동기의 작동
② 극판의 작용물질이 떨어지기 쉬우며 수명이 짧고 무거움
③ 양극판은 과산화 납, 음극판은 해면상납을 사용하며, 전해액은 묽은 황산을 사용
④ 전해액이 자동 감소되면 증류수를 보충
  ☞ MF(Maintenance Free) 축전지: 전해액의 보충이 필요 없는 무보수용 배터리

107 전해액(묽은 황산)

① 완전충전 상태의 전해액 비중: 20℃ 기준 1.280
② 전해액의 비중과 온도는 반비례
③ 제조법: 황산을 증류수에 부어야 함

108 납산 축전지의 전압과 용량

① 1셀의 전압은 2~2.2V이며, 12V의 축전지는 6개의 셀이 직렬로 연결
② 12V 납산축전지의 방전종지전압: 10.5V
③ 납산 축전지 용량은 극판의 크기, 극판의 수, 전해액의 양(묽은 황산의 양)에 의해 결정
④ 축전지 용량 표시: Ah(암페어시)

109 축전지의 연결법

① 직렬 연결: 용량은 한 개일 때와 동일, 전압은 2배로 됨(전압 증가)
② 병렬 연결: 용량은 2배이고, 전압은 한 개일 때와 동일(전류 증가)

110 축전지의 급속 충전

① 긴급할 때에만 사용
② 충전시간은 가능한 짧게 함
③ 통풍이 잘 되는 곳에서 충전

111 축전지를 교환 및 장착할 때 연결 순서

① 탈거 시: ⊖(접지선) → ⊕ 선
② 장착 시: ⊕ 선 → ⊖(접지선)

112 기동 전동기

① 전동기의 원리: 플레밍의 왼손 법칙
② 주로 사용하는 타입: 직류 직권 전동기 (기동토크가 좋음)
③ 기동전동기의 시험: 무부하 시험, 부하 시험, 저항 시험
④ 전동기에 피니언 기어 부착, 플라이휠에 링기어 부착: 피니언 기어 구동 → 링기어(플라이휠) 회전 → 크랭크축 회전
⑤ 플라이휠 링기어가 소손되면: 기동전동기는 회전하지만 엔진 크랭킹이 안됨

113 기동전동기가 작동하지 않거나 회전력이 약한 원인

① 배터리 전압이 낮음
② 배터리 단자와 터미널의 접촉 불량
③ 배선과 시동스위치가 손상 또는 접촉 불량
④ 브러시와 정류자의 밀착 불량

114 충전장치

① 운행 중 여러 가지 전기 장치에 전력 공급
② 축전지에 충전전류 공급
③ 발전기와 레귤레이터 등으로 구성
④ 발전기는 크랭크축에 의하여 구동
⑤ 발전기는 전류의 자기작용을 응용(플레밍의 오른손 법칙의 원리)

115 교류발전기(AC 발전기)

① 건설기계장비의 충전장치는 주로 3상 교류발전기 사용
② 교류발전기의 구조

스테이터	• 교류(AC)발전기에서 전류가 발생되는 부분
로터	• 브러시를 통해 들어온 전류에 의해 전자석이 되어 회전하면 스테이터에서 전류가 발생한다.
슬립 링과 브러시	• 브러시는 스프링 장력으로 슬립링에 접촉되어 축전기 전류를 로터 코일에 공급
다이오드 (정류기)	• 교류 전기를 정류하여 직류로 변환시키는 역할 • 축전지에서 발전기로 전류의 역류 방지

  ☞ 직류발전기: 전기자에서 전류 발생
  ☞ AC 발전기의 출력: 로터 전류를 변화시켜 조정
  ☞ 다이오드를 거쳐 AC 발전기의 B단자에서 발생되는 전기: 3상 전파 직류전압

116 레귤레이터(전압 조정기)

레귤레이터 고장 → 발전기에서 발전이 되어도 축전지에 충전되지 않음

직류발전기 조정기	교류발전기 조정기
전압조정기, 컷 아웃 릴레이 전류 제한기	전압 조정기만 필요

117 유압 일반
① 압력: 단위면적당 작용하는 힘
① 압력 = 가해진 힘 / 단면적 (단위: kg/cm², Pa, psi 등)
② 유량: 단위시간에 이동하는 유체의 체적

118 파스칼의 원리
① 유체의 압력은 면에 대하여 직각으로 작용
② 각 점의 압력은 모든 방향으로 같다.
③ 밀폐된 용기 내의 액체 일부에 가해진 압력은 유체 각 부분에 동시에 같은 크기로 전달

119 유압펌프
① 엔진의 기계적 에너지를 유압 에너지로 변환
② 엔진의 플라이휠에 의해 구동
③ 엔진이 회전하는 동안에는 항상 회전
④ 유압탱크의 오일을 흡입하여 컨트롤 밸브로 송유(토출)
⑤ 작업 중 큰 부하가 걸려도 토출량의 변화가 적고, 유압토출 시 맥동이 적은 성능이 요구

120 기어펌프
① 정용량형 펌프
② 구조 간단, 고장 적음, 가격 저렴
③ 유압 작동유의 오염에 비교적 강함
④ 흡입 능력이 가장 큼
⑤ 피스톤 펌프에 비해 효율이 떨어짐
⑥ 소음이 비교적 큼

☞ 기어펌프의 회전수에 따라 유량이 변한다.
☞ 기어식 유압펌프에서 소음이 나는 원인: 흡입 라인의 막힘 / 펌프 베어링 마모 / 오일의 과부족

121 베인펌프
① 소형·경량·간단, 보수 용이, 긴 수명
② 맥동이 적음
③ 토크가 안정되어 소음이 적음

122 플런저 펌프(피스톤 펌프)
① 유압펌프 중 가장 고압, 고효율
② 가변용량이 가능
③ 고압 대출력에 사용
④ 높은 압력에 잘 견디고, 토출량의 변화범위가 큼
⑤ 단점: 구조 복잡 / 흡입능력이 낮음 / 베어링에 부하가 큼

123 유압펌프의 비교

구분	기어펌프	베인펌프	플런저펌프 (피스톤펌프)
구조	간단	간단	복잡
최고압력(kgf/cm²)	210 정도	175 정도	350 정도
토출량의 변화	정용량형	가변용량 가능	가변용량 가능
소음	중간	작다	크다
자체 흡입 능력	좋다	보통	나쁘다
수명	중간	중간	길다

124 유압의 제어방법
① 압력제어: 일의 크기 제어
② 방향제어: 일의 방향 제어
③ 유량제어: 일의 속도 제어

125 압력 제어밸브
① 유압 회로 내의 최고 압력을 규제하고 필요한 압력을 유지시켜 일의 크기를 조절
② 토크 변환기에서 오일의 과다한 압력을 방지
③ 압력제어 밸브는 펌프와 방향전환 밸브 사이에 설치

릴리프 밸브	• 펌프의 토출측에 위치하여 회로 전체의 압력 제어 • 유압이 규정치보다 높아질 때 작동하여 계통 보호 • 유압을 설정압력으로 일정하게 유지 • 릴리프 밸브의 설정 압력이 불량하면 유압건설 기계의 고압 호스가 자주 파열 • 릴리프 밸브 스프링의 장력이 약화될 때 채터링(떨림) 현상 발생
리듀싱 밸브	• 유압회로에서 입구 압력을 감압하여 유압실린더 출구 설정 압력으로 유지하는 감압 밸브
무부하 밸브	• 펌프를 무부하로 만들어 동력 절감과 유온 상승 방지(언로드 밸브)
시퀀스 밸브	• 두 개 이상의 분기회로에서 유압회로의 압력에 의해 유압 액추에이터의 작동 순서 제어
카운터 밸런스 밸브	• 실린더가 중력으로 인하여 제어속도 이상으로 낙하 방지

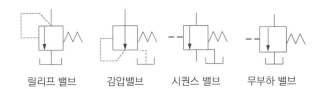

릴리프 밸브   감압밸브   시퀀스 밸브   무부하 밸브

126 방향 제어밸브

① 유체의 흐름 방향을 변환
② 유체의 흐름 방향을 한쪽으로만 허용
③ 유압실린더나 유압모터의 작동 방향을 바꾸는데 사용

체크 밸브	• 유압회로에서 오일의 역류를 방지하고, 회로 내의 잔류압력을 유지 • 유압유의 흐름을 한쪽으로만 허용하고 반대방향의 흐름을 제어
셔틀 밸브	• 두 개 이상의 입구와 한 개의 출구가 설치되어 있으며 출구가 최고 압력의 입구를 선택하는 기능 (즉, 저압측은 통제하고 고압측만 통과)

체크 밸브

127 유량 제어밸브

① 회로에 공급되는 유량을 조절하여 액추에이터의 운동 속도를 제어

스로틀 밸브 (교축밸브)	오일이 통과하는 관로를 줄여 오일량을 조절 (구성품: 오리피스와 쵸크)
분류 밸브	유량을 제어하고 유량을 분배
니들 밸브	내경이 작은 파이프에서 미세한 유량을 조정

교축밸브   가변 교축밸브

128 액추에이터(유압모터와 유압 실린더)

① 유압펌프를 통하여 송출된 에너지를 직선운동이나 회전 운동을 통하여 기계적 일을 하는 기기
② 압력에너지(힘)를 기계적 에너지(일)로 변환

129 유압모터

① 유압 에너지를 회전 운동으로 변화
② 유압 모터의 속도: 오일의 흐름 량에 의해 결정
③ 유압모터의 용량: 입구압력(kgf/cm^2)당 토크

가변용량형
유압모터

130 유압 모터의 종류

기어형 모터	• 구조 간단, 가격 저렴 • 고장 발생이 적음 • 전효율은 70% 이하로 그다지 좋지 않다.
베인형 모터	• 출력 토크가 일정하고 역전이 가능한 무단 변속기 • 상당히 가혹한 조건에도 사용
피스톤형 (플런저형) 모터	• 구조가 복잡, 대형, 가격 비쌈 • 펌프의 최고 토출압력, 평균효율이 가장 높아 고압 대출력에 사용

131 유압 실린더

① 유압 에너지를 직선왕복운동으로 변화
② 유압 실린더의 작동속도는 유량에 의해 조절
③ 유압 실린더의 과도한 자연낙하현상: 작동압력이 저하되면 생긴다.

132 유압 실린더의 종류

단동식	• 피스톤의 한쪽에서만 유압이 공급되어 작동 • 피스톤형, 램형, 플런저형
복동식	• 피스톤의 양쪽에 압유를 교대로 공급하여 작동 • 편로드형, 양로드형
다단식	• 유압 실린더의 내부에 또 하나의 실린더를 내장하거나, 하나의 실린더에 여러개의 피스톤을 삽입하는 방식

단동 실린더   단동식 편로드형   단동식 양로드형

복동식 편로드형   복동식 양로드형

133 오일 실의 종류

① 패킹(Packing): 운동용 연결부
② 개스킷(Gasket): 고정형 연결부
③ O 링(O-Ring): 고정형 연결부, 운동부 연결부

134 유압탱크의 기능

① 계통 내의 필요한 유량 확보
② 격판에 의한 기포 분리 및 제거
③ 탱크 외벽의 방열에 의한 적정온도 유지
④ 스트레이너 설치로 회로 내 불순물 혼입 방지

135 유압 탱크와 구비조건

① 발생한 열을 발산
② 오일에 이물질이 혼입되지 않도록 밀폐
③ 드레인(배출밸브) 및 유면계를 설치
④ 흡입관과 복귀관(리턴 파이프) 사이에 격판이 설치
⑤ 적당한 크기의 주유구 및 스트레이너를 설치
⑥ 유면은 적정범위에서 "F"에 가깝게 유지

136 유압탱크의 부속품

스트레이너	흡입구에 설치되어 회로내의 불순물 혼입방지
배플(칸막이)	기포의 분리, 제거
드레인 플러그	오일 탱크 내의 오일을 전부 배출시킬 때 사용하는 탱크 하부에 위치한 마개
주입구 캡	주입구 마개
유면계	오일의 적정량을 측정

137 축압기(어큐뮬레이터)

① 기능: 유압 에너지의 저장, 충격 흡수, 압력 보상
② 공기압축식: 피스톤형, 블래더형(블래더형의 고무주머니에는 질소를 주입), 다이어프램형

어큐뮬레이터

138 유압장치의 여과기

① 유압장치의 금속가루 및 불순물을 제거하기 위한 장치
② 필터와 스트레이너가 있다.

139 배관의 구분과 이음

① 나선 와이어 브레이드 호스: 유압기기 장치에 사용되는 유압호스 중 가장 큰 압력에 견딘다.
② 유니온 조인트: 호이스트형 유압호스 연결부에 가장 많이 사용

140 오일 실

① 오일 실(seal)은 기기의 오일 누출을 방지
② 유압계통을 수리할 때마다 오일 실은 항상 교환
③ 유압작동부에서 오일이 새고 있을 때 가장 먼저 점검

☞ 더스트 실(dust seal): 유압장치에서 피스톤 로드에 있는 먼지 또는 오염 물질 등이 실린더 내로 혼입되는 것을 방지

141 작동유의 구비조건

① 온도에 의한 점도변화가 적을 것
② 열팽창계수가 작을 것
③ 산화 안정성, 윤활성, 방청 방식성이 좋을 것
④ 압력에 대해 비압축성일 것
⑤ 발화점이 높을 것
⑥ 적당한 유동성과 적당한 점도를 가질 것
⑦ 강인한 유막을 형성할 것
⑧ 밀도가 작고 비중이 적당할 것

142 유압유의 점도

점도가 높을 때	• 관내의 마찰 손실이 커짐 • 동력 손실이 커짐 • 열 발생의 원인 • 유압이 높아짐
점도가 낮을 때	• 오일 누설에 영향 • 펌프 효율이 떨어짐 • 회로 압력이 떨어짐 • 실린더 및 컨트롤밸브에서 누출 발생

143 캐비테이션(공동현상)

① 작동유 속에 용해된 공기가 기포로 발생하여 유압 장치 내에 국부적인 높은 압력, 소음 및 진동이 발생하여 양정과 효율이 저하되는 현상
② 필터의 여과 입도수(mesh)가 너무 높을 때 발생

144 작동유의 정상 작동 온도 범위: 40~60℃

145 유압 장치의 수명 연장을 위한 가장 중요한 요소: 오일 필터의 점검과 교환

146 유압 회로

압력제어 회로	작동 목적에 알맞은 압력을 얻음
속도제어 회로	유압 모터나 유압 실린더의 속도를 임의로 쉽게 제어
무부하 회로	작업 중에 유압펌프 유량이 필요치 않을 시 펌프를 무부하시킴

147 속도 제어회로

미터인 회로	액추에이터의 입구 쪽 관로에 설치한 유량제어 밸브로 흐름을 제어하여 속도 제어
미터아웃 회로	액추에이터 출구 쪽 관로에 설치한 회로로서 실린더에서 유출되는 유량을 제어하여 속도 제어
블리드 오프 회로	실린더 입구의 분기 회로에 유량제어 밸브를 설치하여 실린더 입구 측의 불필요한 압유를 배출시켜 작동 효율을 증진

148 유압회로의 점검

① 압력에 영향을 주는 요소
① 유체의 흐름량/ 유체의 점도/ 관로 직경의 크기
② 유압의 측정은 유압펌프에서 컨트롤 밸브 사이에서 한다.
③ 회로내 압력손실이 있으면 유압기기의 속도가 떨어진다.
④ 회로내 잔압을 설정하여 작업이 신속히 이루어지고, 공기 혼입이나 오일의 누설을 방지한다.

05장　건설기계관리법 및 도로교통법

149 건설기계 관리법의 목적

건설기계를 효율적으로 관리하고 건설기계의 안전도를 확보함으로써 건설공사의 기계화를 촉진

150 건설기계사업

건설기계사업을 하려는 자는 대통령령으로 정하는 바에 따라 사업의 종류별로 시장 · 군수 또는 구청장에게 등록해야 함

건설기계 대여업	건설기계를 대여를 업으로 하는 것
건설기계 정비업	건설기계를 분해·조립 또는 수리 등의 건설기계를 원활하게 사용하기 위한 모든 행위를 업으로 하는 것
건설기계 매매업	중고건설기계의 매매 또는 그 매매의 알선, 등록사항에 관한 변경신고의 대행을 업으로 하는 것
건설기계 폐기업	국토교통부령으로 정하는 건설기계 장치의 폐기를 업으로 하는 것

151 건설기계의 등록

① 등록신청: 대통령령으로 정하는 바에 따라 건설기계 소유자의 주소지 또는 건설기계의 사용 본거지를 관할하는 특별시장·광역시장 또는 시·도지사에게 취득일로부터 2월 이내(전시 등에는 5일)

② 등록사항의 변경: 변경이 있는 날부터 30일 이내(전시 등은 5일 이내)에 대통령령이 정하는 바에 따라 시·도지사에게 신고

152 건설기계를 등록 신청할 때 제출하여야 할 서류

① 건설기계의 출처를 증명하는 서류: 건설기계 제작증, 수입면장, 매수증서 중 하나

② 건설기계의 소유자임을 증명하는 서류

③ 건설기계 제원표

④ 보험 또는 공제의 가입을 증명하는 서류

153 등록이전신고

① 등록한 주소지 또는 사용본거지가 시·도 간의 변경이 있는 경우에 함

② 변경이 있은 날부터 30일(상속의 경우에는 상속개시일부터 6개월) 이내에 새로운 등록을 관할하는 시·도지사에게 신청

154 등록의 말소 사유

① 거짓 그 밖의 부정한 방법으로 등록을 한 경우

② 건설기계가 천재지변 또는 이에 준하는 사고 등으로 사용할 수 없게 되거나 멸실된 경우

③ 건설기계의 차대가 등록 시의 차대와 다른 경우

④ 건설기계가 법 규정에 따른 건설기계안전기준에 적합하지 아니하게 된 경우

⑤ 정기검사 유효기간이 만료된 날부터 3월 이내에 시·도지사의 최고를 받고 지정된 기한까지 정기검사를 받지 아니한 경우

⑥ 건설기계의 수출 시

⑦ 건설기계의 도난·폐기 시

⑧ 건설기계를 제작·판매자에게 반품한 경우

⑨ 건설기계를 교육·연구목적으로 사용하는 경우

155 등록번호표의 식별색칠

구분	색칠
비사업용 (관용 또는 자가용)	흰색 바탕에 검은색 문자
대여사업용	주황색 바탕에 검은색 문자

156 등록번호표의 반납

다음의 사유가 발생하였을 때 10일 이내에 시·도지사에게 등록번호표 반납

① 건설기계의 등록이 말소된 경우

② 등록된 건설기계의 소유자의 주소지 또는 사용본거지의 변경 (시·도 간의 변경이 있는 경우에 한함)

③ 등록번호의 변경

④ 등록번호표(또는 그 봉인)가 떨어지거나 식별이 어려울 때 등록 번호표의 부착 및 봉인을 신청하는 경우

157 특별표지 부착 대상 건설기계

① 길이: 16.7m 초과

② 너비: 2.5m 초과

③ 높이: 4.0m 초과

④ 최소회전반경: 12m 초과

⑤ 총중량: 40톤 초과

⑥ 축하중: 10톤 초과

158 적재물 위험 표지

① 안전기준을 초과하는 적재허가를 받았을 때 다는 표지

② 너비 30cm 길이 50cm 이상의 빨간 헝겊

159 임시운행의 요건

① 등록신청을 위해 등록지로 운행하는 경우

② 신규등록검사 등을 위해 검사장소로 운행하는 경우

③ 수출을 하기 위해 선적지로 운행하는 경우

④ 수출을 하기 위하여 등록말소한 건설기계를 정비, 점검하기 위하여 운행

⑤ 신개발 건설기계를 시험·연구의 목적으로 운행하는 경우

⑥ 판매 또는 전시를 위해 일시적으로 운행하는 경우

☞ 미등록 건설기계를 사용하거나 운행한 자는 2년 이하의 징역이나 2천만원 이하의 벌금을 내야 한다.

160 정기검사 대상 건설기계 및 유효기간

검사유효기간	기종	구분	비고
6개월	타워크레인	-	-
1년	기중기	타이어식	-
	기중기, 아스팔트살포기 천공기, 항타항발기	-	-
	덤프트럭, 콘크리트 믹서트럭, 콘크리트 펌프	-	20년 초과 연식 시 6개월
2년	로더	타이어식	20년 초과 연식 시 1년
	지게차	1톤 이상	
	모터그레이더	-	
1~3년	특수건설기계	-	-
3년	그 밖의 건설기계		20년 초과 연식 시 1년

161 건설기계의 검사를 연장 받을 수 있는 기간

① 해외임대를 위하여 일시 반출된 경우 : 반출기간 이내

② 압류된 건설기계의 경우: 압류기간 이내

③ 건설기계 대여업을 휴지하는 경우: 휴지기간 이내

④ 타워크레인 또는 천공기가 해체된 경우: 해체되어 있는 기간 이내

162 건설기계의 구조 또는 장치를 변경하는 사항

① 건설기계정비업소에서 구조변경 범위 내에서 구조 또는 장치의 변경작업을 한다.
② 구조변경검사를 받아야한다.
③ 구조변경검사는 주요구조를 변경 또는 개조한날부터 20일 이내에 신청하여야한다.
④ 건설기계의 기종 변경, 육상 작업용 건설기계의 규격의 증가 또는 적재함의 용량 증가를 위한 구조 변경은 할 수 없다.

163 건설기계가 출장검사를 받을 수 있는 경우

① 도서 지역
② 차체 중량: 40톤 초과
③ 축중: 10톤 초과
④ 너비: 2.5m 초과
⑤ 최고속도: 35km/h 미만

☞ 덤프트럭, 콘크리트 믹서 트럭, 트럭적재식 콘크리트 펌프, 아스팔트 살포기는 검사장에서 검사를 받아야 한다.

164 건설기계 정비업

정비항목		종합건설기계정비업	부분건설기계정비업	전문건설기계정비업	
				원동기	유압
1. 원동기	가. 실린더헤드의 탈착정비	○		○	
	나. 실린더·피스톤의 분해·정비	○		○	
	다. 크랭크축·캠축의 분해·정비	○		○	
	라. 연료펌프의 분해·정비	○		○	
	마. 기타 정비	○	○	○	
2. 유압장치의 탈부착 및 분해·정비		○	○		○
3.변속기	가. 탈부착	○	○		
	나. 변속기의 분해·정비	○			
4. 전후차축 및 제동장치정비 (타이어식으로 된 것)		○	○		
5. 차체 부분	가. 프레임 조정	○			
	나. 롤러·링크·트랙슈의 재생	○			
	다. 기타 정비	○	○		
6. 이동 정비	가. 응급조치	○	○	○	○
	나. 원동기의 탈·부착	○	○	○	
	다. 유압장치의 탈·부착	○	○		○
	라. 나목 및 다목 외의 부분의 탈·부착	○	○		

☞ 유압장치의 호스교환은 시설을 갖춘 전문정비사업자만이 정비할 수 있으므로, 원동기 정비업자는 정비할 수 없음

165 운전면허로 조종하는 건설기계(1종 대형면허)

① 덤프트럭, 아스팔트 살포기, 노상 안정기
② 콘크리트 믹서 트럭, 콘크리트 펌프, 천공기(트럭적재식)
③ 특수 건설기계 중 국토교통부장관이 지정하는 건설기계

166 조종사 면허의 결격사유

① 18세 미만인 사람
② 정신질환자 또는 뇌전증 환자
③ 시각장애, 청각장애, 그 밖에 국토교통부령으로 정하는 장애인
④ 마약·대마·향정신성의약품 또는 알코올중독자
⑤ 건설기계조종사면허가 취소된 날부터 1년이 지나지 않거나 건설기계조종사면허의 효력정지처분 기간 중에 있는 자

167 면허의 반납

① 면허의 취소
② 면허의 효력 정지
③ 면허증의 재교부 후 잃어버린 면허증을 찾은 경우에 사유가 발생한 날부터 10일 이내에 시장·군수·구청장에게 면허증을 반납

168 건설기계의 주행차로

① 고속도로 외의 도로: 편도 4차선 → 3, 4 차로, 편도 3차선 →3차로
② 고속도로: 1차로를 제외한 오른쪽 차로

169 도로교통법상 통행의 우선 순위

① 긴급자동차 → 긴급자동차 외의 자동차 → 원동기장치자전거→ 자동차 및 원동기장치자전거 이외의 차마
② 긴급자동차 외의 자동차 서로간의 통행의 우선순위는 최고 속도 순서에 따른다.
③ 비탈진 좁은 도로: 내려가는 차 우선
④ 화물적재차량이나 승객이 탑승한차 우선

☞ 긴급 자동차는 대통령령이 정하는 자동차로 그 본래의 긴급한 용도로 사용되고 있을 때 우선권과 특례의 적용을 받는다.

170 이상기후 시 감속

운행속도	이상기후 상태
최고속도의 20/100을 줄인 속도	• 비가 내려 노면이 젖어 있는 때 • 눈이 20mm 미만 쌓인 때
최고속도의 50/100을 줄인 속도	• 노면이 얼어붙은 경우 • 폭우·폭설·안개 등으로 가시거리가 100m 이내일 때 • 눈이 20mm 이상 쌓인 때

171 앞지르기 금지 장소

① 교차로, 터널 안, 다리 위
② 경사로의 정상부근
③ 급경사의 내리막
④ 도로의 구부러진 곳(도로의 모퉁이)
⑤ 앞지르기 금지표지 설치장소

172 주·정차 금지 장소

주정차 금지	• 교차로·횡단보도·건널목이나 보도와 차도가 구분된 도로의 보도(노상주차장은 제외) • 교차로의 가장자리나 도로의 모퉁이로부터 5미터 이내 • 안전지대의 사방으로부터 각각 10미터 이내 • 버스의 정류지임을 표시하는 기둥이나 표지판 또는 선이 설치된 곳으로부터 10미터 이내 • 건널목의 가장자리 또는 횡단보도로부터 10미터 이내 • 지방경찰청장이 필요하다고 인정하여 지정한 곳
주차 금지	• 터널 안 및 다리 위 • 다음 항목으로부터 5미터 이내 　– 소화설비: 소화기, 스프링클러 등 　– 경보설비: 비상벨, 자동화재탐지설비, 가스누설경보기 등 　– 피난설비: 피난기구, 유도등, 유도표지, 비상조명등 등 　– 비상구 및 영업장 내부 피난통로 　– 그 밖의 안전시설 • 지방경찰청장이 필요하다고 인정하여 지정한 곳

173 기타 도로교통법상 중요사항

① 도로교통법상 신호 중 경찰공무원의 신호가 가장 우선
② 교통 사고가 발생하였을 때 즉시 사상자를 구호하고 경찰 공무원에게 신고 → 인명의 구조가 가장 중요
③ 술에 취한 상태의 기준은 혈중 알콜 농도가 0.03% 이상이며, 0.08% 이상이면 면허가 취소
④ 1년간 벌점의 누산점수가 121점 이상이면 운전면허가 취소
　☞ 교통사고를 야기한 도주차량 신고로 인한 벌점상계에 대한 특혜 점수는 40점
⑤ 승차인원·적재중량·적재용량에 관하여 안전기준을 넘어서 운행하고자 하는 경우 출발지를 관할하는 경찰서장에게 허가받아야 함
⑥ 30km/h 이상의 속도를 낼 수 있는 타이어식 건설기계에는 좌석안전띠를 설치해야 함
⑦ 도로교통 안전표지의 구분
① 주의표지, 규제표지, 지시표지, 보조표지, 노면표지

06장　안전관리

174 재해예방 4원칙

① 손실 우연의 원칙　　② 예방 가능의 원칙
③ 원인 계기의 원칙　　④ 대책 선정의 원칙

175 안전표지 (금지, 경고, 지시, 안내)

① 금지표지

출입금지	보행금지	차량통행금지	사용금지
탑승금지	금연	화기금지	물체이동금지

② 경고표지

인화성물질 경고	산화성물질 경고	폭발성물질 경고	급성독성 물질 경고
부식성물질 경고	방사성 물질 경고	고압전기 경고	매달린 물체 경고
낙하물 경고	몸균형 상실 경고	레이저광선 경고	위험장소 경고

③ 지시표지 (착용에 대한 표지)

보안경	방독마스크	방진마스크	보안면	안전모
귀마개	안전화	안전장갑	안전복	

④ 안내표지: 바탕은 녹색, 관련 부호 및 그림은 흰색

녹십자표지	응급구호표지	들것	세안장치
비상용기구	비상구	좌측비상구	우측비상구

176 산업재해의 원인

직접적 원인	• 불안전한 행동: 재해요인 비율 중 가장 높음 (작업자의 실수 및 피로 등) • 불안정한 상태: 기계의 결함, 불안전한 환경, 안전장치 결여 등
간접적 원인	• 안전수칙 미제정, 안전교육 미비, 작업자의 가정환경 등의 직접적 요인 이외의 것
불가항력	• 천재지변 등

177 재해 발생 시 조치순서

운전정지 → 피해자 구조 → 응급처치 → 2차 재해방지

178 작업자가 작업을 할 때 반드시 알아두어야 할 사항

안전수칙 / 작업량 / 기계 기구의 사용법

179 작업 시 장갑을 착용하지 않고 해야 하는 작업

연삭 작업 / 해머 작업 / 정밀기계 작업 / 드릴 작업

180 렌치(스패너)

① 렌치의 종류: 오픈엔드렌치, 복스렌치, 토크렌치
② 복스렌치: 볼트·너트를 완전히 감싸는 구조이므로 사용 중에 미끄러지지 않는다.
③ 토크 렌치: 볼트·너트를 조일 때 조이는 힘을 매뉴얼 등의 규정 토크 값에 맞게 사용하는 렌치이며, 풀 때는 사용할 필요가 없다.
④ 오픈엔드 렌치: 죠(jaw)가 열린 구조로, 연료 파이프 피팅을 풀고 조일 때 사용
⑤ 조정 렌치: 가동 죠(jaw)를 조절하여 크기를 조정할 수 있는 것으로, 고정 죠에 힘이 가해지게 하여 사용
⑥ 렌치는 몸쪽으로 당기며 잠거거나 푼다.

181 수공구 취급 시 주의사항

① 공구를 사용한 후 오일을 바르지 않는다.
② 작업과 규격에 맞는 공구를 선택하여 사용할 것
③ 사용 후 일정한 장소에 관리 보관할 것
④ 드라이버 작업 시 드라이버 날 끝이 나사홈의 너비와 길이에 맞는 것을 사용하며 정 대용으로 사용해서는 안 된다.
⑤ 작은 크기의 부품인 경우라도 바이스(vise)에 고정시키고 작업하는 것이 좋다.
⑥ 해머 작업 시 보안경을 착용하며, 장갑을 사용해서는 안 된다.

⑦ 해머 작업 시 처음에는 작게 휘두르고, 차차 크게 휘두른다.
⑧ 공동으로 해머 작업 시 호흡을 맞추고 마주보고 작업하지 말 것
⑨ 연삭작업 시 보안경과 방진 마스크를 착용하고, 숫돌의 측면을 사용하면 안 된다.
⑩ 연삭기의 숫돌과 받침대의 간격은 3mm 이내로 한다.
⑪ 드릴 작업 시 보안경을 착용하고, 장갑을 착용하지 않아야 한다.
⑫ 작고 가벼운 가공물은 구멍이 거의 뚫렸을 때 드릴링 마지막에서 드릴과 함께 회전할 수 있으므로 바이스에 물리고 손으로 고정하고 작업해서는 안 된다.

182 작업복의 조건

① 몸에 알맞고 동작이 편해야 함
② 주머니가 적고 팔이나 발의 노출 최소
③ 옷소매 폭이 너무 넓지 않고 조여질 수 있는 것
④ 단추가 달린 것은 되도록 피함
⑤ 화기사용 작업 시 방염성, 불연성 재질
⑥ 강산, 알칼리 등의 액체(배터리 전해액)를 취급 시 고무 재질
⑦ 작업에 따라 보호구 및 기타 물건 착용 가능한 것

183 마스크 종류

① 방진 마스크: 분진이 많은 작업장에서 사용
② 방독 마스크: 유해 가스가 있는 작업장에서 사용
③ 송기(공기) 마스크: 산소결핍의 우려가 있는 장소에서 사용

184 용접 작업 시: 차광보안경 착용

185 각종 기계장치 및 동력전달장치 계통에서의 안전수칙

① 벨트 교환 시 회전을 완전히 멈춘 상태에서 작업
② 기어 회전 부위: 커버를 이용하여 위험 방지
③ 안전방호장치를 장착 후 작업 수행

☞ 사고로 인한 재해가 가장 많이 발생하는 장치: 벨트와 풀리(대부분 회전 부위가 노출)

186 연소의 3요소: 점화원, 가연물, 산소

187 화재안전

A급 화재	• 일반가연성 물질의 화재 • 산 또는 알칼리 소화기가 적합 • 포말소화기: 보통 종이나 목재 등의 화재 시
B급 화재	• 유류·가스로 인한 화재 • 분말 소화기, 탄산가스 소화기가 적합 • 유류화재 시 물을 뿌리면 안 됨
C급 화재	• 전기화재 • 이산화탄소 소화기가 적합
D급 화재	• 금속화재 • 소화에는 건조사(마른 모래), 흑연, 장석분 등을 뿌리는 것이 유효

Craftsman Crane Operator

수험교육의 최정상의 길 - 에듀웨이 EDUWAY

(주)에듀웨이는 자격시험 전문출판사입니다.
에듀웨이는 독자 여러분의 자격시험 취득을 위한 교재 발간을 위해 노력하고 있습니다.

2025 기분파
기중기운전기능사 필기

2025년 02월 01일 1판 1쇄 인쇄
2025년 02월 10일 1판 1쇄 발행

지은이　|　에듀웨이 R&D 연구소(건설부문)
펴낸이　|　송우혁

펴낸곳　|　(주)에듀웨이
주　소　|　경기도 부천시 소향로13번길 28-14, 8층 808호(상동, 맘모스타워)
대표전화|　032) 329-8703
팩　스　|　032) 329-8704
등　록　|　제387-2013-000026호
홈페이지|　www.eduway.net

기획,진행|　에듀웨이 R&D 연구소
북디자인|　디자인 동감
교정교열|　신상훈
인　쇄　|　미래피앤피

책값은 뒤표지에 있습니다.
ISBN 979-11-94328-10-0

이 도서의 국립중앙도서관 출판시도서목록(CIP)은 서지정보유통지원시스템 홈페이지
(http://seoji.nl.go.kr)와 국가자료공동목록시스템(http://www.nl.go.kr/kolisnet)에서 이
용하실 수 있습니다.